国家科学技术学术著作出版基金资助出版

垃圾渗滤液
处理处置技术

王宝贞　刘研萍　王琳　编著

TREATMENT AND
DISPOSAL TECHNOLOGY OF
LANDFILL LEACHATE

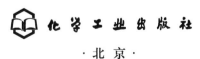

化学工业出版社

·北京·

内容简介

本书以垃圾渗滤液处理处置技术及应用为主线，在介绍垃圾渗滤液的成分、性质及其影响因素，以及国内外垃圾填埋场渗滤液性质实例分析的基础上，侧重介绍了垃圾渗滤液的生物处理技术、高级氧化处理技术、膜处理技术，以及塘系统和人工湿地生态系统处理技术等，其中既有能够有效处理"年轻"和"中年"填埋场渗滤液的生物处理技术，也有适于处理"老年"填埋场渗滤液的反渗透和高级氧化处理工艺，同时也介绍了一些新工艺、新技术以及多种处理技术联用的工艺等。

本书理论与实践相结合，具有较强的技术应用性和针对性，可供从事废水处理处置，尤其是渗滤液处理处置、资源化利用及污染控制等的工程技术人员、科研人员和管理人员参考，也可供高等学校环境科学与工程、市政工程、生态工程及相关专业师生参阅。

图书在版编目（CIP）数据

垃圾渗滤液处理处置技术 / 王宝贞，刘研萍，王琳编著 . —北京：化学工业出版社，2023.6

ISBN 978-7-122-43121-9

Ⅰ.①垃… Ⅱ.①王…②刘…③王… Ⅲ.①滤液–垃圾处理–研究 Ⅳ.①X705

中国国家版本馆 CIP 数据核字（2023）第 045243 号

责任编辑：刘兴春 刘 婧 文字编辑：王文莉

责任校对：宋 玮 装帧设计：韩 飞

出版发行：化学工业出版社（北京市东城区青年湖南街 13 号 邮政编码 100011）

印 装：北京建宏印刷有限公司

787mm×1092mm 1/16 印张 22¾ 彩插 4 字数 506 千字 2024 年 1 月北京第 1 版第 1 次印刷

购书咨询：010-64518888 售后服务：010-64518899

网 址：http：//www.cip.com.cn

凡购买本书，如有缺损质量问题，本社销售中心负责调换。

定 价：198.00 元

我国正处在经济高速发展阶段，相应城市化在迅速发展，人民的生活水平在不断提高，垃圾也在不断增多，致使许多城市的垃圾填埋场不断地扩建和新建，以适应及时处理垃圾的需求。垃圾填埋场的运行管理中最棘手的难题就是垃圾渗滤液的污染和治理。生活垃圾在填埋过程中必然会产生大量垃圾渗滤液，其成分复杂，难以处理，是一种含有多种污染物（包括有毒有害污染物）的高浓度废水，如果不加以处理或者处理不当就会对周围环境，尤其是地下水和土壤造成严重的污染。2016年，中共中央、国务院在《中华人民共和国国民经济和社会发展第十三个五年规划纲要》中提出：加快城镇垃圾处理设施建设，完善收运系统，提高垃圾焚烧效率，做好垃圾渗滤液处理处置。早先建设的处理设施和传统工艺技术已无法达到《生活垃圾填埋场污染控制标准》（GB 16889—2008）要求。十几年来，我国垃圾渗滤液处理处置技术有了长足的进步和发展，但是仍然缺少渗滤液处理处置工艺和技术专业的书籍。为更好地为研究人员及企业开展研究、工程运行等提供全面翔实的参考资料，有必要编写一部垃圾渗滤液处理与处置的著作，归纳国内外有关垃圾渗滤液处理和处置的先进技术和经验，对于促进和提升垃圾渗滤液无害化技术及工程规范化运行和管理具有重要意义。

本书共分5章：第1章着重介绍了垃圾渗滤液的性质，渗滤液在性质上的特征与其他废水截然不同，其成分和性质随填埋年龄变化，从年轻渗滤液易于生物降解到老龄渗滤液难以生物降解，必须相应地采用不同的工艺进行处理，另外还介绍了国内外垃圾填埋场中渗滤液性质实例分析等；第 2 章～第 5 章主要介绍了垃圾渗滤液的生物处理技术、高级氧化处理技术、膜处理技术，以及塘系统和人工湿地生态系统处理技术等，其中既有能够有效处理年轻和中等填埋年龄渗滤液的生物处理技术，也有适于处理老龄填埋场渗滤液的反渗透和高级氧化处理工艺。同时，本书也介绍了一些新工艺、新技术以及多种处理技术联用的工艺。例如，生产规模的膜生物反应器技术已成功地用于渗滤液处理；用好氧生物技术处理过的年龄较短的和可生物降解的渗滤液具有良好的运行效能，可有效去除 BOD_5、COD 和重金属。此外，本书还对能够加速垃圾填埋场稳定化、增强填埋气产生和利用、能进行渗滤液自身处理或最后减少渗滤液排放量和处理量的渗滤液在填埋场中的循环处理技术，以及经济、节能和有效处理渗滤液的塘－湿地处理系统做了较多的阐述。

本书由王宝贞、刘研萍、王琳编著；另外，在图书编著和出版过程中，刘硕、王黛、王春荣、沈耀良、李军、缪佳、王承武、王建玲、王丽、计冰等给予了一定的建议和协助，在此表示感谢。同时，非常感谢韩德民先生对本书编著的大力支持，并提供有关碟管式反渗透（DTRO）的技术资料，使本书内容在这方面得到进一步充实。另外，本书在编著过程中，也参考了国内外部分相关资料，同时也结合长期从事相关研究学者的最新成果，并吸纳了一些同行的建议，归纳了国内外有关垃圾渗滤液处理和处置的先进技术和经验，努力将本书编著成一本适合当前需要的参考书，为水污染治理（尤其是渗滤液处理）领域的研究、教学、设计、工程技术和管理人员提供一些信息以供参考。在此，对上述资料的原专家、学者表示衷心的感谢。

限于编著者水平、资料收集的局限性，以及编著时间的仓促性，书中不足和疏漏之处在所难免，恳请广大读者批评指正。

编著者

2022 年 10 月

第 4 章 垃圾渗滤液的膜处理技术 ———————— 217

第 1 章

垃圾渗滤液的成分和性质

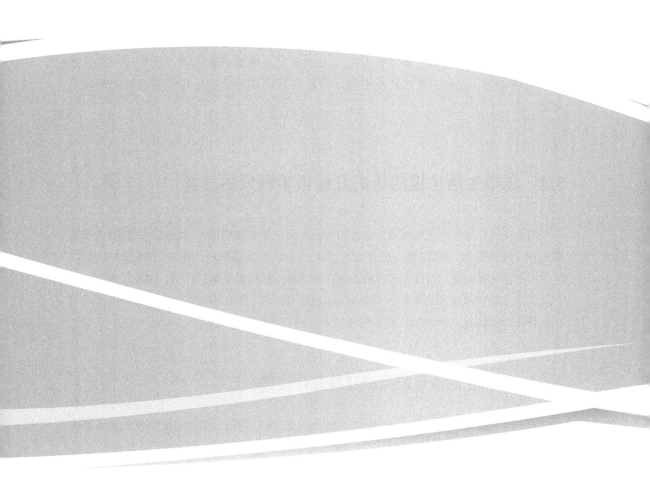

卫生填埋作为一种城市生活垃圾处理方式已被国内外广泛应用，目前我国城市生活垃圾产生量以年均 8% ～ 10% 的增长幅度快速增加[1]，2022 年我国生活垃圾卫生填埋量为 11804.3 万吨，占比 60%；卫生填埋作为生活垃圾处置的兜底保障性设施，将永久存在。在卫生填埋过程中，由于压实和微生物的分解作用，垃圾中所含的污染物将随水分溶出，并与降雨、径流等一起形成垃圾渗滤液（浸出液）。渗滤液是一种污染很强的高浓度有机废水，其成分主要由垃圾的种类和成分所决定，并随垃圾填埋场的"年龄"而变化。垃圾简单填埋处理所产生的渗滤液主要是依靠下层土地来净化，但随时间的延长和地质构造对污染物去除容量的有限性，渗滤液会对地下水、地表水及垃圾填埋场周围环境造成污染，使地表水体缺氧、水质恶化、富营养化，威胁饮用水和工农业用水水源，使地下水质受到污染而变坏并丧失利用价值。有机污染物进入食物链将直接威胁人类健康[2-4]。为了防止垃圾渗滤液污染水体，美、英等国家对垃圾填埋提出了严格的技术要求[5]。我国也早在 1989 年颁布了《城市生活垃圾卫生填埋技术标准》（CJJ 17—88）；1997 年颁布了《生活垃圾填埋污染控制标准》（GB 16889—1997），2008 年对其进行修订，更名为《生活垃圾填埋场污染控制标准》（GB 16889—2008），对垃圾渗滤液的排放极限值提出了要求[6]。因此，现代意义的垃圾卫生填埋处理已发展成底部密封型结构或底部和四周都密封的结构，从而防止了渗滤液的流出和地下水的渗入，同时对渗滤液进行收集和处理，有效地保证了环境的安全。

垃圾渗滤液处理难度大，实现其经济有效处理是垃圾填埋处理技术中的一大难题，也是一个研究热点。为给垃圾渗滤液的处理提供可靠的理论依据，并指导处理工艺和技术参数的确定，防止垃圾渗滤液污染的加剧，我们首先要对渗滤液的危害、成分和性质有全面的了解。本章将对垃圾卫生填埋场渗滤液的来源、产生量、组成成分、水质特征、影响因素以及不同地区垃圾填埋场渗滤液特性进行调查研究和综合介绍。

1.1 城市生活垃圾的组成及垃圾填埋场的分类

随着现代化城市的迅速发展，城市的生活垃圾产量也急剧增长，已成为困扰城市的严重问题。数据显示，2022 年，我国 202 个大、中城市生活垃圾产生量为 20224.4 万吨，其中产生量最大的是北京市，产生量为 901.8 万吨；其次是上海、广州、深圳和成都[7]。

城市生活垃圾是指在城市日常生活中或者为城市日常生活提供服务的活动中产生的固体废物以及法律、行政法规规定视为城市生活垃圾的固体废物。

1.1.1 城市生活垃圾的组成及其变化趋势

根据《生活垃圾分类标志》（GB/T 19095—2019）可知，生活垃圾主要分为可回收物、有害垃圾、厨余垃圾和其他垃圾四大类。

① 可回收物表示适宜回收利用的生活垃圾，包括纸类、塑料、金属、玻璃、织物等。

② 有害垃圾表示《国家危险废物名录》中的家庭源危险废物，包括灯管、家用化学品和电池等。

③ 厨余垃圾表示易腐烂的、含有机质的生活垃圾，包括家庭厨余垃圾、餐厨垃圾和其他厨余垃圾等。厨余垃圾也可称为湿垃圾。

④ 其他垃圾表示可回收物、有害垃圾、厨余垃圾外的生活垃圾。其他垃圾也可称为干垃圾。

需要指出的是，垃圾的成分组成受许多因素影响，其组成比例是不断变化的，且不同地区的比例也是不同的。以北京市 4 个地区为例（表 1-1、表 1-2 [8]），生活垃圾组成均以厨余垃圾为主，占总量的 50% 以上；其次是纸张和塑料橡胶。另外，石景山区和西城区的灰土含量相比顺义区和大兴区要少，而纸张和塑料橡胶则偏多。

表 1-1　垃圾的组成　　　　　　　　　　单位：%

项目	厨余	灰土	砖瓦陶瓷	纸张	塑料橡胶	织物	玻璃	金属	竹木
顺义区	51.16	5.19	0.40	19.11	16.19	0.98	1.59	0.59	4.79
大兴区	53.08	5.17	0.00	16.95	16.09	1.49	1.23	0.76	4.58
西城区	50.52	0.28	0.56	20.96	22.00	0.37	1.43	0.46	3.41
石景山区	50.78	0.18	0.25	20.99	21.23	0.57	1.91	0.23	3.64

表 1-2　垃圾的物理性质

项目	含水率 /%	应用基低位发热值 /（kJ/kg）	可燃物 /%
顺义区	56.20	5030	24.88
大兴区	57.43	4640	23.02
西城区	58.18	5748	24.74
石景山区	58.18	5661	27.20

我国城市生活垃圾在产量迅速增加的同时，垃圾构成及其理化性质也相应地发生了很大变化。我国城市生活垃圾构成有以下变化趋势：

① 有机物所占比例增加；

② 厨余垃圾及纸张增多；

③ 可回收利用物（纸张、塑料等）增多；

④ 可利用价值增大。

1.1.2　垃圾填埋场的分类

城市生活垃圾的处理方法有焚烧、堆肥和填埋等。其中卫生填埋法由于成本低、技术相对简单、处理迅速，成为国内外应用最广泛的垃圾处置方式。我国城市生活垃圾处理中 90％以上采用填埋法。

根据填埋场的地理位置，把垃圾填埋场分成山地填埋场、海滩填埋场和平原填埋场 3 类。其各自的特点如下所述。

（1）山地填埋场

山地填埋场是利用天然的沟渠和山谷形成的填埋场。一般而言，这种填埋场高度差异比较大，且地质处于稀释与渗透之间。所以，雨污分流、排出、防渗系统的设置是垃圾填埋场使用的关键。

（2）海滩填埋场

海滩填埋场在海滩附近。长时间的冲积形成的海滩，底标高低于标准地面，底部接近地下水位。对于这类填埋场，规划填埋区应设置人工防渗坝，其关键是设置地下水防渗系统。

（3）平原填埋场

平原填埋场一般在地势平坦、地下水较少的地区使用。对于高于地面的填埋高度，应充分考虑工程坡比，一般为 1∶4。顶部填埋面积可保证垃圾车及压实设备的安全运行。在垃圾填埋作业中，由于缺少搜寻源，问题十分突出。填埋底部开挖基坑是保证填埋小盖板材料的有效途径。

垃圾种类和成分决定着渗滤液的成分，因此了解垃圾的组成可以预测渗滤液的成分。表 1-3 为垃圾填埋场中垃圾的主要污染物成分及指标。

表 1-3　垃圾填埋场中垃圾的主要污染物成分及指标

垃圾种类	pH 值	COD	BOD$_5$	NH$_3$-N	SS	色度	大肠埃希菌	蒸发残物	臭气	重金属
一般废弃物、有机物、可生物降解的废物	√	√	√	√		√	√		√	√
燃渣、无机物的物化分解物										
厨余、燃渣	√	√	√		√	√	√	√	√	√
覆盖及周围土壤					√					

1.2　垃圾渗滤液的来源及形成过程

1.2.1　垃圾渗滤液的来源

垃圾渗滤液的产生受诸多因素影响，不仅水量变化大，而且变化无规律性。垃圾渗滤液的产生来自以下 5 个方面：

① 降水的渗入。降水包括降雨和降雪，降雨的淋溶作用是渗滤液产生的主要来源。

② 外部地表水的流入。包括地表径流和地表灌溉。

③ 地下水的渗入。当填埋场内渗滤液水位低于场外地下水水位，且没有设置防渗系统时，地下水就有可能渗入填埋场内。

④ 垃圾本身含有的水分。这包括垃圾本身携带的水分以及在大气和雨水中吸附的水分。当垃圾含水率为 47% 时每吨垃圾可产生 $0.2m^3$ 渗滤液[9]。

⑤ 垃圾填埋后由于微生物的厌氧分解作用而产生的水。垃圾中的有机组分在填埋场内分解时会产生水分[10]。

1.2.2　垃圾渗滤液产生量的影响因素

渗滤液的产生量受诸多因素的影响，如降水量、蒸发量、地面流失、地下水渗入、垃圾的特性、地下层结构、表层覆土和下层排水设施情况等。

① 降水量和蒸发量是影响渗滤液产生的重要因素，这可以从当地的气象资料来获得。

② 填埋场表面的坡度很重要，在平缓的地面上，水易于集结，因而渗滤液产量大，而在较陡的地面上，水容易流失，从而减少了到达垃圾中的水量。垃圾填埋场的最终覆土层一般做成中心高、四周低的拱形，保持 1%～2% 的坡度，这样可使部分降雨沿地表流走。但当表面坡度大于 8% 时，表面径流就有可能侵蚀垃圾堆的顶部覆盖物，使填埋场暴露，因此表面坡度不应太大，能够预防表面径流侵蚀即可。

③ 填埋场最终覆土后，表面生长植物，可以通过根系吸收水分，并通过叶面蒸发作用减少渗滤液产生量。

④ 地下水的渗透，要根据场内渗滤液水位和场外地下水位来定，对于防渗措施良好的填埋场，可以不考虑渗滤液的渗出和外部地下水的渗入。

渗滤液产生量波动较大，但对于同一地区的填埋场，其单位面积的年平均产生量是在一定范围内变化的。

1.2.3　垃圾填埋场中废弃物的降解过程

在垃圾填埋场中废弃物的降解主要是通过微生物作用来完成。对大多数城市垃圾填埋场的调查研究证明，填埋废物的稳定要依次经历最初调节、过渡、产酸、产甲烷和成熟 5 个阶段，而且填埋场产生的渗滤液和生物气的产率与性质在各个阶段有所不同，这反映了在填埋场内发生了微生物参与的降解过程。固体废物降解所经历的过程说明如下[11]。

（1）阶段1：最初调节阶段

这一阶段是填埋场内固体废物的放置和水分积累的过程。在达到能够为有活性的微生物群落提供足够的水分之前，可观测到有一个适应阶段（或是最初的滞留时期）。为了创造适宜的生化降解条件，填埋废物在成分和性质方面发生了初步的变化。

（2）阶段2：过渡阶段

在过渡阶段，运来和填埋的废物超过了该填埋场的容量，导致填埋废物中的氧气被消耗殆尽，从而发生从好氧向厌氧环境的转化。由于氧向硝酸盐和硫酸盐传递电子受体以及氧被二氧化碳取代而逐渐形成还原条件，在这一阶段的最后渗滤液中可测出可计量的 COD 和挥发性有机酸（VOA）。

（3）阶段3：产酸阶段

在这一阶段中，填埋的固体废物的连续水解以及随后的（或者同时进行的）微生物降解可生物降解有机组分，导致产生高浓度的中间产物——挥发性有机酸。经常观测到 pH 值降低，随之而来的是一些金属成分的溶出和移动。这一阶段的主要特征是由产酸菌构成的活性生物体的增长以及底物和营养物质的快速消耗。

（4）阶段4：产甲烷阶段

在这一阶段，挥发性有机酸被甲烷菌所消耗并转化为甲烷和二氧化碳，而硫酸盐和硝酸盐分别被还原为硫化物和氨氮。pH 值有所上升，这由重碳酸盐缓冲系统来控制，因此支持了甲烷菌的增殖。一些重金属通过络合和化学沉淀而被去除。

（5）阶段5：成熟阶段

在垃圾填埋稳定的最后阶段，可利用的底物数量和营养物质都变得有限，从而使微生物活性进入相对的休眠状态。生物气的产量急剧下降，渗滤液稳定地保持着很低的浓度。慢慢地可以观测到氧气和氧化产物重新出现。但是，难降解有机组分的缓慢降解可能持续很长时间并产生腐殖质类物质。

在不同的阶段垃圾渗滤液的成分变化相当大，如果不能很好地了解垃圾渗滤液中成分的化学变化和从产酸阶段到产甲烷阶段的时间范围，就很难设计出适宜的垃圾渗滤液处理系统[12]。

1.2.4　垃圾填埋场中污染物的溶出分析

垃圾中污染物的溶出是在厌氧微生物的作用下实现的。垃圾填埋层中厌氧微生物的作用特性与渗滤液的水质变化有紧密的联系。事实上，上述诸多影响渗滤液水质特性的因素中，大部分是通过对微生物生长特性的影响而体现的。由图 1-1 可见，直接与污染物溶出率有关的因素有垃圾特性、微生物生长特性、大气降水等，间接影响因素有垃圾填埋场内温度、垃圾填埋深度、垃圾初期含水率等[13]。

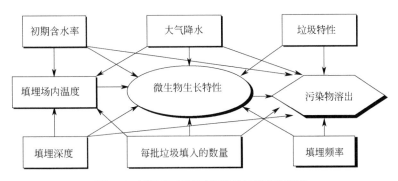

图 1-1　诸因素对垃圾中污染物溶出率的影响

卫生填埋场本身是一个以微生物为中介体并受多种运行和环境条件影响的动态生物转化系统。Reinhart 等[11]报道了他们对垃圾稳定化过程中渗滤液中污染物溶出及生物转化的中试和生产性试验结果。在单批填埋的垃圾稳定化过程中，微生物为易生物降解有机成分的溶出和转化为无机成分及难降解有机物的溶出和转化提供了良好的生物和化学环境，而由微生物作用所引发的氢（H_2）的转化，亚硝酸盐（NO_2^-）、硝酸盐（NO_3^-）以及硫酸盐（SO_4^{2-}）的还原等，又为垃圾中其他组分的溶出或转化提供了有利的物理化学环境。实际上，这些转化过程与城市和工业废水的厌氧处理过程类似。而在卫生填埋场内，由于其大量的序批式基质的供给和较长的停留时间，其生物转化过程的特征更为明显。

图 1-2 反映了在垃圾稳定化过程中各污染物的溶出和有关指标的变化规律。

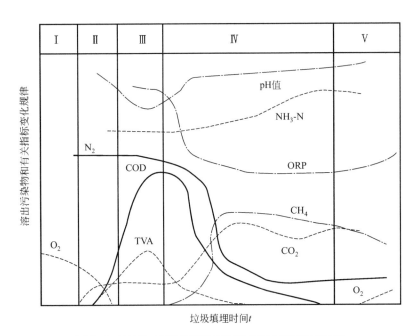

图 1-2　渗滤液中污染物随垃圾稳定过程各阶段的变化规律

1.2.5　填埋场渗滤液中污染物衰减速率规律

填埋场渗滤液中污染物浓度与填埋时间的关系可以用微生物代谢一级反应速率方程来描述。表1-4中的公式可用来预测垃圾填埋场渗滤液的趋稳年限。其中I类为James等建立的垃圾填埋场渗滤液中COD和氯化物一级反应速率方程；II类为刘疆鹰等根据上海市老港垃圾填埋场现场试验建立的COD和NH₃-N一级反应速率方程[14-15]。

表1-4　国内外垃圾填埋场渗滤液中污染物衰减速率规律

类别	一级反应速率方程
I类	$\rho(COD)=89500\times10^{-0.0454t}$
	$\rho(Cl^-)=4200\times10^{-0.050t}$
II类	$\rho(COD)=9104.88\times0.99844^t$ ($145d \leqslant t \leqslant 1227d$)
	$\rho(COD)=1340\times0.99936^{t-A}$ ($A=1168d$, $t \geqslant 1227d$)
	$\rho(NH_3\text{-}N)=824.029\times0.9995^t$ ($t \geqslant 500d$)

1.3　垃圾渗滤液成分和性质的评价

尽管各填埋场的渗滤液不尽相同，同一填埋场的不同时期渗滤液成分也可能存在较大的差异[16]，但是总的来说，垃圾填埋场渗滤液的主要成分及其性质主要有以下几个方面。

1.3.1　垃圾渗滤液的物理性质

渗滤液均具有很高的色度，其外观多呈茶色、暗褐色或黑色，色度可达2000～4000倍（稀释倍数），垃圾腐败臭味极其明显。

1.3.2　垃圾渗滤液中有机物的组成

一般而言，垃圾渗滤液中的有机物通常可分为3种：
① 低分子量的脂肪酸；
② 中等分子量的灰黄霉酸类物质；
③ 高分子量的碳水化合物类物质、腐殖质类。
渗滤液中的有机成分随填埋时间而变化。填埋初期，渗滤液中的有机物约90%的可溶性有机碳是短链的可挥发性脂肪酸，其中以乙酸、丙酸和丁酸浓度最大。其次的成分常是带有相对高密度的羟基和芳香族羟基的灰黄霉酸。随着填埋时间的增加，填埋场

逐步趋于相对稳定，此时渗滤液中挥发性脂肪酸含量减少，而灰黄霉酸和腐殖质类成分则增加。

1.3.3 垃圾渗滤液水质评价

（1）pH 值

垃圾填埋初期渗滤液的 pH 值在 6 ～ 7 之间，随着填埋时间的推移和填埋场的稳定，pH 值可提高至 7 ～ 8。

（2）BOD_5

随时间的变化及填埋场微生物活动的增强，渗滤液中 BOD_5 浓度发生变化。一般变化规律是垃圾填埋后的 6 ～ 30 个月间渗滤液 BOD_5 浓度逐步增至高峰，此时 BOD_5 多以溶解性为主；此后 BOD_5 的浓度开始下降，至 6 ～ 15 年填埋场完全稳定时为止，此时，BOD_5 浓度保持在某一低值范围内（≤ 100mg/L），且波动很小。因此，渗滤液 BOD_5 浓度的变化过程实质是填埋场稳定化的过程。通过定期测定渗滤液的 BOD_5，根据 BOD_5 浓度随时间变化规律可以判断填埋场的稳定程度。

（3）COD

其情况同 BOD_5 相似，但是随着填埋时间的推移，COD 的降低较 BOD_5 缓慢得多。

（4）BOD_5/COD 值

有机物种类的变化造成 BOD_5/COD 值的变化。填埋初期 BOD_5/COD 值较高，可达 0.5 以上，但随着时间的推移，由于 BOD_5 和 COD 的降低速率和幅度不同，BOD_5 急速下降而 COD 下降较缓慢，因此该比值逐渐下降。当填埋场完全稳定之后，该值最终在某一范围内（≤ 0.1），而且波动极小。

（5）溶解固体总量

垃圾渗滤液中含有较高的溶解固体总量。这些溶解固体在渗滤液中的浓度通常随填埋时间而发生变化。填埋初期渗滤液溶解固体总量高，且有相当高的钠、钙、氯化物、硫酸盐等。一般在填埋后 6 ～ 30 个月达到高峰值，此后随填埋时间的增加无机物浓度通常下降，直至达到最终稳定。

（6）氨氮（NH_3-N）

垃圾渗滤液 NH_3-N 含量高，是由于含氮可生化有机组分的厌氧水解和发酵，因 pH 接近中性，它主要以 NH_3-N 形态存在于渗滤液中，很少以氨气形式释放，或以游离氨形式存在。

由于目前多采用厌氧填埋技术，因而渗滤液中的 NH_3-N 浓度在填埋场进入产甲烷阶段后不断上升，在达到高峰值后延续很长时间直至最后封场，甚至当垃圾填埋场稳定后仍可达到相当高的浓度（1000mg/L）[17]。Shiskowski 等[18] 对加拿大 Burns Bog 垃圾填埋场渗滤液为期 160d 的研究表明，NH_3-N 浓度由 200mg/L 迅速增加至 1200mg/L，最高达 1500mg/L。

渗滤液中高浓度的 $NH_3\text{-}N$ 及其随时间的变化，不仅加重了其对受纳水体的污染程度，也给其处理工艺的选择带来了困难，增加了复杂性。"中老年"填埋场渗滤液中具有高浓度的 $NH_3\text{-}N$，这是垃圾渗滤液的重要水质特征之一，也是其处理难度增大的一个重要原因。

垃圾渗滤液中高浓度的 $NH_3\text{-}N$ 造成了过低的 C/N 值，这也给其处理工艺的选择带来了困难。过高的 $NH_3\text{-}N$ 含量要求进行脱氮处理，而过低的 C/N 值则对常规的生物处理有抑制作用，而且因有机碳源缺乏，难以进行有效的反硝化。例如，广州市老虎窟填埋场渗滤液的 C/N 值仅为 4.0，而大田山填埋场渗滤液的 C/N 值更低，仅为 2.0。

（7）磷

垃圾渗滤液中的磷元素总是缺乏的，例如在北美几个垃圾填埋场，垃圾渗滤液中的 BOD_5/TP 值都大于 300，此值与微生物生长所需要的碳磷比 100∶1 相差甚远。渗滤液中磷含量很少，特别是溶解性磷酸盐浓度更低。渗滤液中溶解性磷酸盐的含量主要受磷灰石 $Ca_5OH(PO_4)_3$ 的控制，因此渗滤液中的溶解性磷酸盐含量受到钙离子浓度或碱度水平的影响，导致生物处理中的缺磷问题。在采用厌氧（ABR）-好氧工艺处理渗滤液与城市混合废水的过程中发现，当渗滤液与城市污水的体积混合比达（4∶6）～（4∶5）时仍有缺磷问题[19]。

（8）重金属

对于只填埋生活垃圾的填埋场，由于在垃圾填埋之前一般已经多次挑拣，且生活垃圾中金属的溶出率低，在水溶液中为 0.05%～1.80%，在微酸性溶液中为 0.5%～5.0%。一般渗滤液中重金属含量较其他污染物低得多。

渗滤液中所含的重金属主要有镉（Cd）、镍（Ni）、锌（Zn）、铜（Cu）、铬（Cr）和铅（Pb）等。在中等浓度的城市垃圾填埋场渗滤液中，这些重金属的浓度会在下列范围：Cd 2～20μg/L，Ni 100～400μg/L，Zn 500～2000μg/L，Cu 20～100μg/L，Cr 100～500μg/L 和 Pb 50～200μg/L。但在工业垃圾和生活垃圾混合填埋时重金属溶出量会明显增加。但由于固体废弃物的性质和填埋场所采用的技术不同，以及对渗滤液取样方法的不同，所得到的值会有一定的偏差[20]。我国各城市垃圾填埋场渗滤液中重金属含量比较见表 1-5。

表 1-5　各城市垃圾填埋场渗滤液中重金属含量　　　　单位: mg/kg

项目	广州老虎窟垃圾填埋场		香港 Jordan Velley 垃圾填埋场	香港 Gin Drinkers Bay 垃圾填埋场	杭州市天子岭垃圾填埋场	西安市江村沟垃圾填埋场
	运行期	关闭后				
Cd	0.454	0.002	＜0.01	＜0.01	0.012	0.001
Pb	49.98	0.061	0.04	0.6	0.196	0.047
Cu	0.224	0.019	0.02	0.04	0.207	0.11
Zn	0.445	0.07	1	0.21	0.462	0.5
Cr	0.588	0.185	0.12	0.22	0.049	0.32
Mn	13.012	3.611	未检出	0.91	未测	0.25
As	0.505	0.157	未检出	0.06	未测	0.14

通过对垃圾填埋场中新鲜垃圾和陈腐垃圾进行分析（见表 1-6），可知陈腐垃圾的重金属含量远高于新鲜垃圾，说明垃圾本身对重金属有较强的吸附能力[21]。

表 1-6 垃圾和渗滤液中重金属含量比较

项目	新鲜垃圾		陈腐垃圾	垃圾渗滤液	
	含量 / (mg/kg)	污染物总量 /kg	含量 / (mg/kg)	含量 / (mg/L)	污染物累积量 /kg
Cd	0.261	114.41	0.566	0.454①	248.45
Pb	48.16	21 094.08	222.66	49.98①	27364.05
Cu	58.41	25 584.89	229.43	0.224	122.42
Zn	107.15	46 933.45	588.05	0.445	243.75
Cr	35.13	15 387.82	57.19	0.588	321.88
Mn	257.10	112 609.80	438.75	13.012	7 123.85
As	28.13	12 321.82	33.41	0.505	276.32

① 已确定受到工业垃圾的污染。

1.3.4 垃圾渗滤液的特性

（1）有机污染物种类繁多，水质复杂

垃圾渗滤液中含有大量的有机物，含量较多的有烃类及其衍生物、酸酯类、醇酚类、酮醛类和酰胺类等。郑曼英等[21]对广州大田山垃圾渗滤液有机污染物的分析研究表明，渗滤液中含有主要有机物 77 种，其中有芳烃 29 种，烷烃、烯烃类 18 种，酸类 8 种，酯类 5 种，醇、酚类 6 种，酮、醛类 4 种，酰胺类 2 种，其他 5 种。77 种有机物中，有可疑致癌物 1 种、辅致癌物 5 种，被列入我国环境优先污染物"黑名单"的有机物超过 5 种。上述 77 种有机化合物仅占该渗滤液中 COD 的 10% 左右。张兰英等[22]采用 GC-MS-DS 联用技术测定出垃圾渗滤液中含有 93 种有机化合物，其中 22 种被列为我国和美国 EPA（环保署）环境优先控制污染物的黑名单。

美国 EPA 1988 年公布了垃圾填埋场中检测到的 20 余种非甲烷类有毒有害挥发性有机化合物，如苯、二甲苯、含卤素化合物等，部分有致癌作用，其浓度达 10^{-6}（ppm）数量级[23]。近年来，从渗滤液中还检测出致癌物可吸附有机卤素（AOX）。工业部门使用的垃圾填埋场，其渗滤液中还含有有毒物质，水质更为复杂。

（2）污染物浓度高且变化范围大

垃圾渗滤液的这一特性是其他污水无法比拟的，其中的 BOD_5 和 COD 浓度最高可达几万毫克每升，主要是在酸性发酵阶段产生的，pH ≤ 7，此时 BOD_5/COD 值为 0.5 ～ 0.6。一般而言，COD、BOD_5、BOD_5/COD 值随填埋场的"年龄"增长而降低，碱度上升。

表 1-7 所列为渗滤液中的污染物及其浓度变化范围。

表 1-7　渗滤液中的污染物及其浓度变化范围[3]

污染物	浓度范围	污染物	浓度范围	污染物	浓度范围
COD	$100 \sim 90000$	pH 值	$5 \sim 8.6$	Cu	$0 \sim 9.9$
BOD_5	$40 \sim 73000$	Cl^-	$5 \sim 6420$	Pb	$0.002 \sim 2$
TS	$0 \sim 59200$	SO_4^{2-}	$1 \sim 1600$	Mn	$0.07 \sim 125$
SS	$10 \sim 7000$	Ca^{2+}	$23 \sim 7200$	Zn	$0.2 \sim 370$
NH_3-N	$6 \sim 10000$	Fe	$0.05 \sim 2820$	Cr	$0.01 \sim 8.7$
NO_x^--N	$0.2 \sim 124$	Mg	$17 \sim 1560$	VFA	$10 \sim 1702$
TP	$0 \sim 125$	Cd	$0.003 \sim 17$	大肠菌群值 / (个 /L)	$2.3 \times 10^4 \sim 2.3 \times 10^8$

注：除 pH 值和大肠菌群值外，其余单位均为 mg/L。

（3）水质水量变化大

垃圾渗滤液水质水量变化大，主要体现在以下几个方面：

① 产生量随季节变化大，雨季明显大于旱季。

② 污染物组成及其浓度也随季节变化，例如平原地区填埋场在干冷季节渗滤液中的污染物成分浓度较低。

③ 污染物组成及其浓度随填埋时间而变化。

中国台湾省某市填埋场，填埋第 1 年，排出渗滤液的 BOD_5、COD 浓度和 BOD_5/COD 值分别为 25000mg/L、35000mg/L 和 0.71；而 3 年后分别变为 2900mg/L、18500mg/L 和 0.17；10 年后又变为 100mg/L、1050mg/L 和 0.08。深圳市某填埋场，前 5 年的渗滤液 COD、BOD_5、NH_3-N 典型值为 35000mg/L、15000mg/L、1000mg/L；5 年后相应值为 10000mg/L、4000mg/L、800mg/L。由此可见，渗滤液性质在较大的范围内变化，而这些变化对渗滤液处理工艺的选择特别重要。

④ 金属含量高。垃圾渗滤液中含有 10 多种金属离子，由于国内垃圾不像国外那样经过严格的分类和筛选，所以国内城市垃圾渗滤液的金属离子浓度与国外城市垃圾渗滤液中金属离子浓度有差异。其中铁的浓度可高达 2050mg/L，铅的浓度可达 12.3mg/L，锌的浓度可达 130mg/L，钙的浓度可达 4300mg/L [24]。

⑤ NH_3-N 含量高。城市垃圾渗滤液是一种组成复杂的高浓度有毒有害有机废水，其中高 NH_3-N 浓度是城市垃圾渗滤液的重要水质特征之一。渗滤液中的 NH_3-N 浓度随着垃圾填埋年数而增加，可以高达 1700mg/L。渗滤液中的氮多以 NH_3-N 的形式存在。当 NH_3-N（尤其是游离氨）浓度过高时，会影响微生物的活性，降低生物处理的效果。

⑥ 营养元素比例失调。对于生化处理，污水中适宜的营养元素比例是 BOD_5：N：P=100：5：1，而一般的垃圾渗滤液中的 BOD_5/P 值＞ 300，与微生物生长所需的磷元素相差较大。

⑦ 其他特点。渗滤液在进行生物处理时会产生大量泡沫，不利于处理系统正常运行。由于渗滤液中含有较多难降解的有机物，一般在生化处理后 COD 浓度仍在 500 ～ 2000mg/L 范围内。

1.4 垃圾渗滤液成分和性质的影响因素

某一特定垃圾填埋场，其渗滤液量的多少不仅与气候、水文条件有关，还与垃圾的成分、填埋场结构、填埋参数、填埋的时间及垃圾本身的含水率等因素有关。由于垃圾成分复杂，有机物含量高，填埋后发生分解、溶出、发酵等反应，渗滤液中含有大量的有机物、氮磷类营养物质和种类繁多的金属类物质。因此，垃圾渗滤液不仅是一种高浓度的有机废水，且其水质和水量的变化很大，水质成分也相当复杂[1]。

1.4.1 垃圾成分对渗滤液性质的影响

由于垃圾成分、性质的不同，稳定化过程所需的时间以及渗滤液的特性也会有所不同。在英国和中国香港的不同城市的垃圾填埋场及其渗滤液特性的研究中发现，由于压实和微生物的作用，垃圾填埋场内常常可产生较高的温度，从而可加快微生物对垃圾中有机成分的降解速率。在垃圾的稳定化过程中主要存在两种过程：

① 固体垃圾中有机物分解并形成可溶性或可挥发性的产物，这些产物及其引起的溶出和洗脱作用产生重金属离子，从而形成污染严重的渗滤液，同时有机物被转化为气体，所形成的渗滤液和气体最终将离开填埋场；

② 稳定的腐殖质的合成。

以上两个过程的综合结果，使渗滤液中既含有高浓度的有机物，也含有大量的植物营养物（主要是 NH_3-N）及多种金属离子。

渗滤液中的有机污染负荷主要由城市垃圾中剩余废物的含量所决定，因人们的生活水平、生活习惯及环保意识不同而异。表 1-8 为国内外部分城市垃圾组成成分[25, 26]、表 1-9 为国内外一些垃圾填埋场渗滤液的水质[27-29]。

表 1-8 国内外部分城市垃圾组成成分　　单位：%

组成	美国纽约	法国巴黎	英国伦敦	希腊克里特岛	中国北京	中国上海	中国重庆	中国广州（干基组分）
厨余	22	28.8	28	39.15	63.36	58.55	59.20	24.00
竹木与织物	4	7.1	3.4	5.24	4.27	3.34	10.30	17.31
纸	44.8	25.3	37	19.94	11.07	12.68	10.10	13.94
塑料	5.1	14.3	5.2	16.85	12.70	11.84	15.70	24.44
金属	8	4.1	6.0	3.51	1.53	2.00	1.10	3.23
玻璃	11.6	13.1	10.8	5.33	1.20	4.05	3.40	5.68
无机废物（尘土等）	4.5	7.3	9.6	9.98	5.87	7.54	0.20	11.41

表 1-9   国内外部分城市垃圾渗滤液水质

参数	中国上海	中国杭州	中国广州	中国深圳	中国台北	英国 Bryn Posteg	西班牙 Barcelona
COD/ (mg/L)	1500～8000	1000～5000	1400～5000	15000～60000	4000～37000	5518	86000
BOD$_5$/ (mg/L)	200～4000	400～2500	400～2000	5000～36000	6000～28000	3670	73000
TN/ (mg/L)	100～700	80～800	150～900	650～2000	200～2000	157	2750
SS/ (mg/L)	30～500	60～650	200～600	1000～6000	500～2000	184	1500
NH$_3$-N/ (mg/L)	60～450	50～500	160～500	400～1500	100～1000	130	1750
pH 值	5～6.5	6～6.5	6.5～8.0	6.2～8.0	5.6～7.5	5.0～8.0	6.2

1.4.2   填埋场结构对渗滤液性质的影响

填埋场的结构直接影响到渗滤液的生物降解及稳定化进程。根据垃圾填埋层中空气的存在状况，填埋场结构可分为厌氧填埋、好氧填埋及准好氧填埋。

（1）厌氧填埋

厌氧填埋是将垃圾填埋体独立于周围的环境，垃圾在这种"封闭容器"中必须经过漫长的厌氧发酵才能实现最终稳定和无害化的目的。

一些国土比较辽阔的欧美国家，由于无需填埋场早期稳定化或土地再利用，故多采用厌氧填埋方式，同时回收甲烷气体用于发电。但厌氧填埋方式对渗滤液中污染物质分解速率慢，以及近年来由于甲烷气破坏臭氧层，使这些国家开始采用好氧填埋方式。

（2）好氧填埋

好氧填埋是利用鼓风机直接向宽厚的垃圾填埋体中鼓风，在通常情况下好氧性结构的垃圾填埋场能够使渗滤液中污染物质快速降解，并很快达到稳定。但好氧性垃圾填埋场的建设和维护费用相当高，而且对运行操作要求十分严格。日本福冈大学的研究者根据填埋层中空气的存在状况，提出并开发了"准好氧性填埋方式"[30]。

（3）准好氧填埋

准好氧填埋的设计思想是不用动力供氧，使渗滤液集水沟水位低于渗滤液集水干管管底高程，使大气可以通过集水管上部空间和排气通道，在垃圾堆体发酵产生温差的推动下，使填埋层处于好氧状态，并使填埋场内部存在一定的好氧区域，特别是在渗滤液集、排水管和排气管周围存在好氧区域，以使渗滤液得以处理和加快填埋垃圾的分解稳定速度。

与垃圾的厌氧填埋相比，准好氧性结构能够使渗滤液中污染物质快速降解，从而使渗滤液水质稳定化期间明显缩短。实际中由于准好氧性结构的垃圾填埋场在费用上与厌氧填埋没有大的差别，而在有机物分解方面又与垃圾的好氧填埋相近，因此得到越来越广泛的应用。

准好氧填埋结构概念如图 1-3 所示[30]。

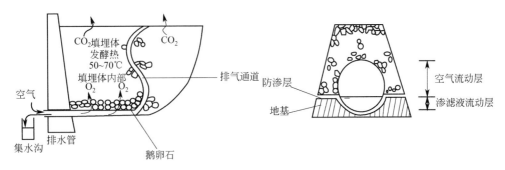

图 1-3　准好氧填埋结构概念

1.4.3　垃圾填埋参数对渗滤液水质的影响

垃圾的填埋参数（如压实密度、填埋深度等）对渗滤液的水质具有一定的影响。增加垃圾的填埋密度和填埋深度，即可减少垃圾的含水量和土壤的渗水量，限制外来水进入填埋场，由此可推迟垃圾中有机成分的降解作用，使渗滤液的浓度较低，延长渗滤液的产生时间。

1.4.4　垃圾填埋场"年龄"对渗滤液性质的影响

垃圾填埋场的"年龄"被认为是影响垃圾渗滤液最重要的因素[31]。垃圾填埋后，随着填埋"年龄"的增长，垃圾中有机物的降解速率、垃圾的持水能力和水的透过性能均发生变化。所产生的渗滤液在填埋场的不同"年龄"段中也会有不同的性质，因此垃圾填埋场的"年龄"会对渗滤液的性质产生较大影响。一些研究表明，美国、法国及欧洲其他国家的许多 10 年以上的垃圾填埋场的渗滤液水质与"年轻"填埋场的明显不同，前者的稳定化程度远高于后者。

1.4.4.1　垃圾填埋场"年龄"的划分及其渗滤液的水质特点

采用填埋的方法处理城市垃圾，实际上是一个垃圾的填充、覆土和压实等多个过程的反复循环，这样使得垃圾填埋场内各不同位置的垃圾层可能处于不同的稳定阶段，或者说垃圾场中不同部位垃圾的"年龄"是不同的。因而，各部位垃圾中微生物的物理、化学和生物学特性及其活动方式是不同的。随着所填埋的垃圾的增多即填埋场使用年限的延长，渗滤液的水质将发生变化。

垃圾渗滤液通常可根据填埋场的"年龄"分为年轻、中年、老年三大类。其中，"年轻"的渗滤液（也称早期渗滤液），其填埋时间在 5 年以下，所产生的渗滤液的水质特点是：pH 值较低，BOD_5 及 COD 浓度较高，且 BOD_5/COD 值较高，易生物降解的挥发性脂肪酸含量较高，同时各类重金属离子的浓度也较高（较低的 pH 值所致），易于生物处理。

"中年"的填埋场产生的渗滤液（也称中期渗滤液），其填埋时间在 5 年以上，所产生的渗滤液的主要水质特点是：pH 接近中性（一般在 7 ～ 8 之间），BOD_5 及 COD 浓度较低，且 BOD_5/COD 值较低，易生物降解的有机物浓度很低，而 NH_3-N 的浓度较高（由含氮可生化有机成分的厌氧水解和发酵所致，尤其是当采用利于填埋垃圾中易生物降解组分降解的循环回灌处理方法时，渗滤液中 NH_3-N 浓度将更高），重金属离子浓度则开始下降（pH 值升高所致），对它宜采用生化 - 物化联合工艺进行处理。

运行时间超过 15 年的垃圾填埋场，所产生的渗滤液在大多数情况下均为"老年"（晚期）渗滤液，故渗滤液处理工艺的选择要以晚期渗滤液的水质为根据。我国垃圾填埋场晚期渗滤液的水质数据列于表 1-10。

表 1-10　我国垃圾填埋场晚期渗滤液的水质浓度

项目	浓度范围	平均值
pH 值	7.5 ～ 8.5	8.3
COD/（mg/L）	2000 ～ 4000	3000
BOD_5/（mg/L）	300 ～ 800	500
总凯氏氮（TKN）/（mg/L）	800 ～ 1400	1000
NH_3-N/（mg/L）	800 ～ 1400	1000
总磷（TP）/（mg/L）	10 ～ 30	15
总碱度/（mg/L）	5000 ～ 8000	7000

"老年"渗滤液处理的难点在于高浓度的氨氮，如此高浓度的氨氮，在没有外加碱度的条件下进行硝化反应会使好氧曝气沉淀池出水的 pH 值降到 5 以下。例如，外加碱，耗碱量为 3.0kg Na_2CO_3/m^3 左右，将增加渗滤液处理费用。这种高浓度氨氮的反硝化脱氮相应的 COD 碳源明显不足，根据理论和实际反硝化脱氮对碳源的消耗，一般要求经硝酸盐反硝化的 COD/TKN 值为 4.0，对晚期渗滤液来讲，往往达不到这一要求，故补充部分碳源是不可避免的。但近年来人们注意到经过亚硝酸盐反硝化可以节省碳源约 40%，亦即亚硝酸盐反硝化只要求 COD/TKN 值＞ 2.5 就可。所以应积极开发经亚硝酸盐的硝化 - 反硝化脱氮过程，以及在厌氧 / 缺氧条件下由自养性细菌完成 NO_2^- 与 NH_4^+ 之间的氧化还原反应形成氮气的 Anammox 工艺 [32]，这对于晚期渗滤液高氨氮和低 BOD_5 及类似废水治理具有重要意义 [30]。

1.4.4.2　渗滤液特性与"年龄"关系

垃圾填埋场可按"年龄"分为年轻（＜ 5 年）、中年（5 ～ 10 年）、老年（10 年以上）三类，不同时期的渗滤液特性有所不同 [33]。表 1-11 列出了渗滤液特性与填埋场"年龄"的关系，由表 1-11 中数据可清楚地看出渗滤液中主要污染物指标随填埋场

"年龄"而变化的规律。渗滤液的水质还与当地的气候、水文等条件和垃圾填埋场所在地的地形地貌有关。垃圾渗滤液是通过垃圾层中厌氧微生物的作用将有机成分分解转化并使它们溶出进入垃圾层中的水体而形成，因而污染物的溶出规律也是决定渗滤液水质的重要因素之一，而气温则是影响其溶出规律的重要因素。垃圾层内较高的温度可加速微生物对有机成分的降解和加速垃圾的稳定化过程，并可在短期内产生高浓度的渗滤液。

表 1-11 渗滤液特性随填埋场"年龄"的变化[34]

考察指标	＜5 年（年轻）	5～10 年（中年）	＞10 年（老年）
pH 值	6.5～7.5（7.0）	7.0～8.0（7.5）	7.5～8.5（8.0）
COD/（g/L）	10～30（15）	3～10（5）	＜3（2）
BOD_5/COD 值	0.5～0.7（0.6）	0.3～0.5（0.4）	＜0.3（0.2）
NH_3-N/（mg/L）	500～1000（700）	800～2000（1000）	1000～3000（2000）
COD/NH_3-N 值	5～10（6）	3～4（3）	＜3（1.5）

注：括号中的数值是典型值。

1.4.4.3　渗滤液水质随"年龄"变化原因分析

Chian 和 De Walle [35] 指出，在"年轻"的垃圾填埋场中，COD/TOC 值和 BOD_5/COD 值较高，大约有 2/3 的总有机碳（TOC）是由短链的脂肪酸组成，这也反映出厌氧产甲烷降解过程所需的底物是充足的。一般来讲，当垃圾卫生填埋场运行至 3～5 年时，不仅底物和微生物的量都随填埋场"年龄"的增加而日渐降低，而且渗滤液的组成也有显著改变。在填埋场的"中年"或"老年"期，渗滤液中主要有机物为难降解的长链碳水化合物和腐殖质。由此可观察到 BOD_5/COD 值也降低了。Gau 等 [36] 指出，在垃圾填埋场处置固体废物时，最初的微生物对有机物的降解作用是易生物降解的化合物（挥发性脂肪酸）被降解，由此使垃圾渗滤液具有较高的浓度。随着填埋场"年龄"的增长，垃圾中难降解的高分子有机化合物逐渐取代了易生物降解的有机物。例如，在中国台湾省台北 Futekeng 垃圾填埋场的渗滤液中，初始的 BOD_5/COD 值在 0.6～0.8 之间。然而，在运行了 5 年之后，BOD_5/COD 值降低到了 0.2～0.4。尽管经过生物处理过程，但是出水中 COD 的浓度仍然保持了较高的值，这是由于难降解的有机物在 COD 中占优势，使传统的絮凝沉淀法出水无法达到排放标准。

1.4.4.4　渗滤液水质随"年龄"变化实例分析

（1）中国台湾省垃圾卫生填埋场垃圾渗滤液水质随"年龄"变化

有关垃圾填埋场的"年龄"与渗滤液性质之间的关系，已在台湾省的 9 个垃圾卫生填埋场进行了调查研究[37]。

1）BOD$_5$/COD 值的变化

BOD$_5$/COD 值代表了渗滤液中易生物降解的含碳有机物所占的比例。图 1-4 所示的 BOD$_5$/COD 值随垃圾填埋场"年龄"变化的曲线表明，在垃圾填埋场运行的第一年中 BOD$_5$/COD 值有明显的降低，而后随着垃圾填埋场"年龄"的增加该比值的降低趋势逐渐趋于平缓。

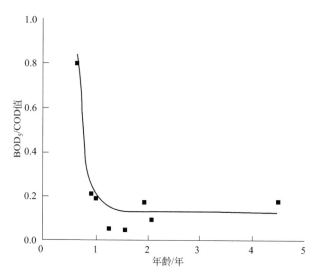

图 1-4　BOD$_5$/COD 值随垃圾填埋场"年龄"的变化

这一现象表明，在第一个 1.5 年的时间内可生物降解的有机物的降解是迅速的，然后很快会达到稳定的阶段。这意味着，在经过大约 1.5 年的时间之后可生物降解有机物所占的比例已有了很大的降低。经过这一时期，能降解 BOD$_5$ 的生物反应已经很有限了。BOD$_5$/COD 值降低的另一个原因，可能是雨水的冲刷作用。上述结论意味着对运行不到 1.5 年的垃圾填埋场中渗滤液的处理宜采用生物处理工艺。在垃圾填埋场运行了 1.5 年之后，由于 BOD$_5$/COD 值已很低（约为 0.13），其有机物难生物降解的特性表明渗滤液的处理需要额外的化学辅助沉淀系统或预处理工艺。

2）BOD$_5$/TKN 值的变化

BOD$_5$/TKN 值代表了垃圾渗滤液中有机物与氮的比值。如图 1-5 所示，在经过大约 1.5 年的时间后，BOD$_5$/TKN 值基本不随填埋场的"年龄"增长而变化。在这以前，BOD$_5$/TKN 值随着垃圾填埋场"年龄"的增加而急剧降低，这主要是由微生物对易生物降解化合物（脂肪酸）的较强生物降解所致。在这段时期以后，在稳定的条件下，BOD$_5$/TKN 值逐渐低于 0.3，C/N 值也趋于 0.1。这意味着，随着 C/N 值的降低，微生物对有机营养物质的降解率也变得非常有限。

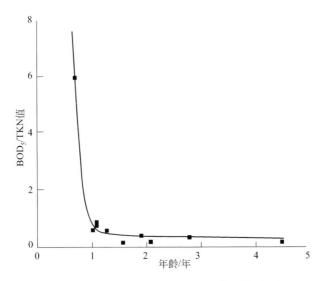

图 1-5　BOD_5/TKN 值随垃圾填埋场"年龄"的变化

3）VSS/FSS 值的变化

VSS/FSS 值代表了挥发性悬浮固体与不可挥发性悬浮固体之间的比值。该值随垃圾填埋场"年龄"的增加而降低。所观察到的降低是由于有机物的降解和雨水对渗滤液的冲刷作用的影响。图 1-6 所示为 VSS/FSS 值随填埋场"年龄"的变化，其变化规律与 $BOD_5/$COD 值和 BOD_5/TKN 值的变化是一致的。VSS/FSS 值在第 1 年的运行时间内显著降低，然后在 1～1.5 年的时间内逐渐达到稳定的阶段。在稳定阶段 VSS/FSS 值大约为 1.6。

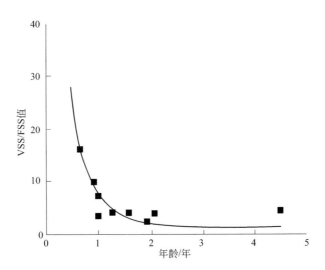

图 1-6　VSS/FSS 值与垃圾填埋场"年龄"之间的关系

4）pH 值的变化

图 1-7 为随垃圾填埋场"年龄"的增加，pH 值也逐渐增加，最终达到稳定。这一

现象是由有机物经生物降解作用形成氨氮所引起的，随时间的增加，氨氮浓度逐渐升高，pH 值也相应地升高。

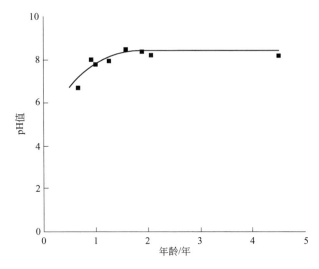

图1-7　pH 值与垃圾填埋场"年龄"之间的关系

（2）中国香港垃圾卫生填埋场垃圾渗滤液水质随"年龄"变化

1）COD 的变化

图 1-8 所示为随垃圾填埋场"年龄"的增加 COD 变化的趋势。图中各填埋场渗滤液的最高 COD 值约 20g/L，这分别是在马游塘中部和西部的填埋场得到的数据。1 年后，各垃圾填埋场的 COD 值浮动相对较小（约小于 3g/L），且会保持 10 年以上[12]。

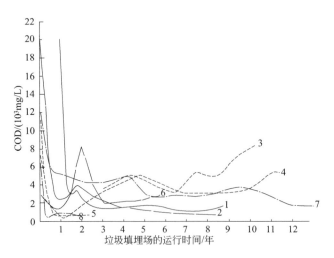

图1-8　中国香港各垃圾填埋场渗滤液中 COD 随填埋场"年龄"的变化

1—马游塘（中心）；2—马游塘（西边）；3—西草湾（位置 1）；4—西草湾（位置 2）；5—佐敦谷；6—望后石；7—船湾；8—垃圾湾

2）NH$_3$-N 的变化

图 1-9 所示为随垃圾填埋场 "年龄" 的增加渗滤液 NH$_3$-N 浓度变化的趋势。

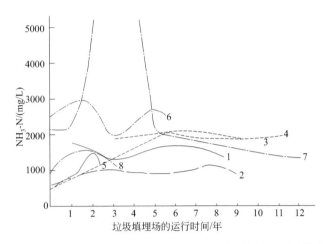

图 1-9　中国香港各垃圾填埋场渗滤液中 NH$_3$-N 浓度随填埋场 "年龄" 的变化

1—马游塘（中心）; 2—马游塘（西边）; 3—西草湾（位置1）; 4—西草湾（位置2）; 5—佐敦谷; 6—望后石; 7—船湾; 8—垃圾湾

与其他位于气候温和地区的发展中国家相比，中国香港垃圾填埋场的渗滤液中 NH$_3$-N 浓度相对较高。如图 1-9 所示，在垃圾填埋场运行的前几年和后几年，NH$_3$-N 的浓度普遍较高。在可生物降解的蛋白质水解酸化之后，渗滤液中 NH$_3$-N 的浓度通常很高。从第二阶段厌氧段开始（第 2 年后），NH$_3$-N 的浓度逐渐升高，并在很长的时期保持很高的浓度，这与理论上是一致的。

3）COD/TOC 值的变化

图 1-10 所示为随着不同的垃圾填埋场运行时间的增加 COD/TOC 值的变化。

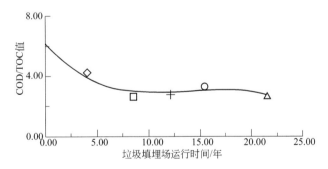

图 1-10　垃圾填埋场渗滤液 COD/TOC 值随填埋场 "年龄" 的变化

◇—佐敦谷; ○—牛池湾; ╀—马游塘西边; □—马游塘中心; △—醉酒湾

在不同的填埋场中，随着运行时间的增加，渗滤液 COD/TOC 值呈降低的趋势，从 "年轻" 期的 4.1 降低到 "老年" 期的 2.7。对于 "年轻" 的填埋场，COD/TOC 值可能达到的最大值约为4.0，对于"老年"期的填埋场其比值可低至1.16[38]。然而在中国香港处于"老龄"期的垃圾填埋场仍具有较高的COD/TOC值，这说明在中国香港垃圾渗滤液中不可氧化的有机物质的含量较其他国家要高。在所取的各试样中，这一比率逐渐降低，可解释为其中存在较多氧化态的有机碳，这使微生物生长所需的能量不易被利用。这些被氧化的有机物质是微生物生命活动的产物，并且会随垃圾填埋场运行"年龄"的增长而增加。

4）BOD_5/COD 值的变化

垃圾渗滤液可生物降解性的改变也从 BOD_5/COD 值中反映出来。BOD_5 是衡量垃圾渗滤液是否可采用生物处理工艺最直接的指示参数。在图1-11中，BOD_5/COD 值随垃圾填埋场"年龄"的增加而呈下降的趋势。这与COD/TOC值变化的趋势是相同的。这说明渗滤液中原有的大多数有机物都是可生物降解的，并且在垃圾填埋场处于"年轻"期可采用生物处理工艺来去除。然而，在处于"老年"期的垃圾填埋场，其渗滤液中存在大量的生物惰性物质，这从较低的 BOD_5/COD 值或从COD和BOD_5浓度之间存在较大的差距就可以看出。这种关系进一步证实了 Chen 和 Bowerman 的研究结果[39]，根据他们所得到的数据对 BOD_5/COD 值进行了计算，得出在23年的时间内该比值由0.47降低到了0.07，而在对中国香港垃圾渗滤液的研究中，该比值由0.24降低到了0.04。

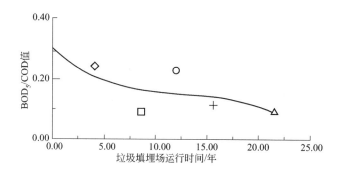

图1-11 垃圾填埋场渗滤液中BOD_5/COD值随填埋场"年龄"的变化

◇—佐敦谷；+—牛池湾；○—马游塘西边；□—马游塘中心；△—醉酒湾

5）SO_4^{2-}/Cl^- 值的变化

图1-12描述了不同的垃圾填埋场随"年龄"的增加其渗滤液中 SO_4^{2-}/Cl^- 值的降低情况。由于氯化物是惰性且不可生物降解的化合物，它可以用于评价垃圾渗滤液被污染的程度。SO_4^{2-}/Cl^- 值降低可归因为垃圾填埋场中厌氧条件下硫酸盐还原的结果，即硫酸盐被还原成了硫化物。

当 SO_4^{2-}/Cl^- 值降低较大时，垃圾填埋场中也相应处于较高的厌氧程度。SO_4^{2-}/Cl^- 值的变化趋势与相应的氧化还原电位（ORP）值相反，因而证实了填埋场处于高度的厌氧条件下。SO_4^{2-}/Cl^- 和ORP变化带来的最重要的影响就是金属离子的可溶性。在厌氧的环境下，硫化物作为生物活性的产物将与金属离子反应生成不溶的金属硫化物沉淀。

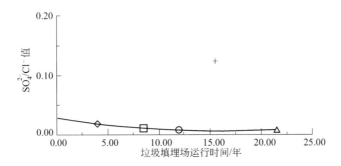

图1-12　垃圾填埋场中渗滤液 SO_4^{2-}/Cl^- 值随填埋场"年龄"的变化

◇—佐敦谷；十—牛池湾；○—马游塘西边；□—马游塘中心；△—醉酒湾

6）重金属浓度的变化

在中国香港，研究者们对10座不同"年龄"垃圾填埋场的渗滤液中重金属的含量进行了分析。结果表明，镉、铜、铁和锌等重金属，在填埋场运行的初始阶段，在渗滤液中都具有相当高的浓度。然而，与其他的无机物相比，随着垃圾填埋场运行时间的增加重金属的含量会快速降低。渗滤液中锌的典型变化如图1-13所示，在"年轻"的垃圾填埋场，由于有机酸大量产生导致的低的pH环境使金属大量地溶解。随着填埋场"年龄"的增加，pH值逐渐升高，金属的溶解性逐渐降低。此外，在最后的阶段，随着垃圾填埋场"年龄"的增加ORP也增加，吸附和沉淀反应也由此得到加强，从而使锌浓度保持了较低的值。

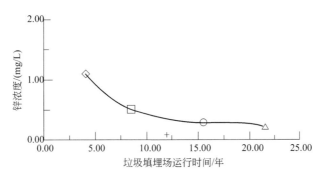

图1-13　垃圾填埋场渗滤液中锌浓度随运行时间的变化

◇—佐敦谷；○—牛池湾；十—马游塘西边；□—马游塘中心；△—醉酒湾

很明显，垃圾渗滤液的性质在很大程度上受垃圾填埋场"年龄"的影响，并且其关系是以1～1.5年为分界线。对于各种性质的渗滤液，在垃圾填埋1～1.5年后均可达到稳定状态。因此，为了发展更为有效和更为可行的垃圾渗滤液处理工艺，并将其处理成无毒害的物质，在渗滤液处理工艺的设计和运行中，根据垃圾填埋场的"年龄"来调整处理工艺及其运行参数是十分必要的。

1.4.5　降雨及雨水径流对渗滤液的影响

垃圾渗滤液的产生量受降水量、蒸发量、地表径流量、地下水入渗量、垃圾自身特性及填埋结构等多种因素的影响，其中最主要的是降水量。对于敞开的作业系统，渗滤液的产生量受气候和季节的影响非常大，如在积雪和非积雪地区，渗滤液产生量的最大值和最小值之比分别为 10 : 1 和 4 : 1。大气降雨和填埋场的地形地貌与进入填埋场的外来水量的多少有密切的关系，从而对渗滤液的污染物负荷产生明显的影响。

在中国台湾地区，城市固体废物的性质与其他国家不同，这与当地较高的降水量有关，其年均降雨量可达 2500mm。尽管所降的雨水在垃圾填埋场中不断地流入流出，但由降雨所造成的入流负荷对填埋场地区的影响也是十分显著的。在本节中，将以中国台湾大屯垃圾填埋场的渗滤液处理厂为例，分析降雨及雨水径流对渗滤液的性质和渗流量的影响。

1.4.5.1　降雨及雨水径流对渗流量的影响

降雨及雨水径流对渗流量有较大影响。在大屯垃圾渗滤液处理厂，降雨量是由安放于管理楼顶部的降雨量测定装置来测量的。渗滤液的流量由水位计算得出。采用总有机碳和电导率这两个参数作为反映渗滤液性质的主要参数。

降雨量的变化与渗滤液流量随时间的变化如图 1-14 所示。渗滤液流量的变化基本为 7.5 ~ 19.5m³/d，平均值为 15m³/d。与预计的情况一致，渗滤液流量随降雨量的增加而增加。从降雨量与渗滤液流量所做的线性回归分析中得出 R^2=0.932。渗滤液流量与降雨量之间的关系可如式（1-1）所示：

$$Q=21.25 + 2.40i \tag{1-1}$$

式中　Q——每日渗滤液流量的平均值，m³/d；

　　　i——每日平均降雨量，mm/d。

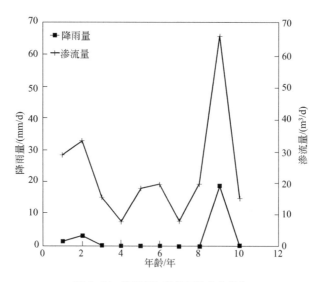

图 1-14　降雨量与渗流量的变化趋势

渗滤液的流量有多种预测方法，其中有理公式法被认为是最简单和可行的方法。该方程如式（1-2）所示：

$$Q = \frac{CiA}{1000} \tag{1-2}$$

式中　C——渗滤系数；

　　　A——垃圾填埋场的面积，m^2。

在本研究中，所得的数据均与有理方程所预测的渗滤系数 C 相吻合。正如图 1-15 所示，C 值随本研究中降雨量的增加而降低，但不是线性的。

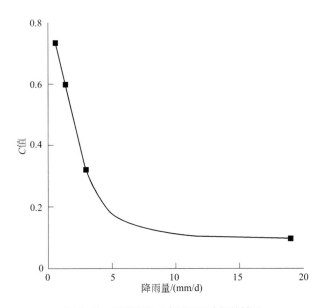

图 1-15　渗滤系数 C 与降雨量之间的关系

1.4.5.2　降雨对渗滤液性质的影响

在本节中，采用总有机碳（TOC）和电导率来研究垃圾渗滤液的性质和降雨量之间的关系。由于其测定的便利性和有效性，用测定 TOC 代替 COD 的测定。通过对 COD 与 TOC 的线性回归分析，得到了如式（1-3）所示的方程：

$$[COD] = 1.79 + 2.21 [TOC] \tag{1-3}$$

该方程的相关性非常好，$R^2 = 0.990$。式（1-3）表明了在本研究中，COD 的浓度大约是 TOC 浓度的 2.2 倍。

（1）TOC 的变化

TOC 随降雨量的变化所得的数据分为两个部分：连续降雨和持续降雨。在此，连续降雨是指连续不间断地降雨，而持续降雨是指有规律地重复降雨。在连续降雨的日子里，由于雨水的稀释作用，TOC 的浓度随降雨量的增加而降低。二者之间的相关性也非常好，如图 1-16 所示。线性回归方程如式（1-4）所示：

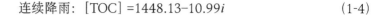

$$连续降雨：[TOC]=1448.13-10.99i \tag{1-4}$$

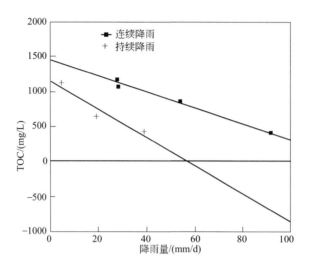

图 1-16　在连续降雨期和持续降雨期内 TOC 与降雨量之间的关系

相关系数 R^2 可达到 0.984。图 1-16 中同时也表示出在持续降雨的日子中 TOC 与降雨量之间的关系。这些数据可由式（1-5）表示：

$$持续降雨：[TOC]=1133.19-19.70i \tag{1-5}$$

上式的相关性系数为 0.954。图 1-16 所示的结果表明，在连续降雨和持续降雨期间存在着不同的稀释斜率，在持续降雨期斜率较大。这是由于在连续降雨期间，雨水渗流不断地冲失有机物。在这段时间内，可观察到渗滤液中含有较高的 TOC 浓度，这使连续降雨期内的稀释斜率较小。在持续降雨期，由于雨水的冲失作用较低，有机物可通过垃圾填埋层中微生物的降解作用得到去除。因而，其有机物的浓度较低，同时获得了较大的稀释斜率。同样，Chang 等也指出在干旱的季节，渗滤液中有机物的浓度要低于雨季[40]。

（2）电导率的变化

当水中溶解固体总量（TDS）较高时即可获得较大的电导率。因此，电导率的测定结果可代表 TDS 物质的含量。

同样，电导率随降雨量的变化也表明，所得的数据可分为两个部分（连续降雨和持续降雨）进行进一步比较。在连续降雨期，电导率随降雨量的增加而略有降低（见图 1-17）。通过对电导率和降雨量变化的线性回归分析得出相关系数 $R^2=0.932$。可表述为式（1-6）：

$$连续降雨：电导率 =4.23-0.03i \tag{1-6}$$

根据图 1-17 所示的结果，经过雨水的稀释电导率在持续降雨期也降低了。通过对电导率和降雨量变化的线性回归分析得出方程式（1-7）：

$$持续降雨：电导率 =12.19-0.29i \tag{1-7}$$

所得的相关性非常好，$R^2=0.999$。可观察到在图 1-16 与图 1-17 之间有一些相似的趋势。在连续降雨和持续降雨期之间存在不同的稀释率，同时在持续降雨期稀释率较大。

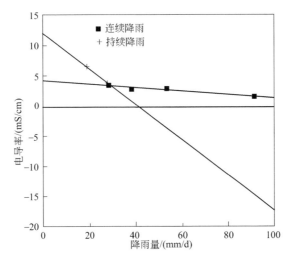

图 1-17　在连续降雨期和持续降雨期内电导率与降雨量之间的关系

1.5　国内外垃圾填埋场中渗滤液性质实例分析

渗滤液中含有多种污染物，且浓度变化往往很大。渗滤液不仅具有复杂的成分，含有多种污染物质，也是一种有害的高浓度有机废水，如不加以收集处理，则将对环境带来严重的污染，而且各污染物的浓度变化范围很大，给处理工艺的选择带来了困难。国内外垃圾填埋场中渗滤液的性质是垃圾渗滤液处理系统的设计中所应掌握的最基本数据，本节将对国内外各垃圾填埋场渗滤液中的典型污染物组成及浓度变化进行介绍。

1.5.1　国内填埋场垃圾渗滤液的成分

1.5.1.1　重庆长生桥垃圾填埋场渗滤液成分分析

长生桥垃圾填埋场占地面积约 1037 亩（1 亩 =666.67 平方米），库容 1160 万立方米，设计日处理生活垃圾 1500t，使用年限为 20 年。自 2003 年 6 月建成以来，主要为重庆主城区的渝中、巴南、九龙坡、大渡口、南岸五区服务，日处理量占全市主城区生活垃圾总量的 41% ～ 60%。截至 2015 年年底，长生桥垃圾填埋场已累计处理垃圾约千万吨，发挥了其安全有效的垃圾填埋功能，为保障整个主城区人民群众生活环境发挥了巨大作用。

表 1-12 为重庆长生桥垃圾填埋场的渗滤液成分及含量。

表 1-12　重庆长生桥垃圾填埋场的渗滤液成分及含量[41]

成分	含量	成分	含量
pH 值	8～9	Fe/ (mg/L)	7.18
COD/ (mg/L)	2543	Cu/ (mg/L)	0.32
TN/ (mg/L)	1271	Zn/ (mg/L)	0.44
NH_3-N/ (mg/L)	1013	Ca/ (mg/L)	254
TP/ (mg/L)	2.88	Cd/ (mg/L)	0.12
SS/ (mg/L)	5477	Ni/ (mg/L)	0.82
色度	外观黑色	K/ (mg/L)	1276

1.5.1.2　深圳市垃圾填埋场垃圾渗滤液成分分析

（1）下坪垃圾填埋场

下坪场位于深圳市罗湖区清水河下坪山谷内，总占地面积 145hm²，按设计规划分期建设：一期填埋区占地 63.4hm²，库容约 1493 万立方米，服务年限 12 年；二期填埋区占地 59.4hm²，库容约 1780 万立方米，服务年限 10 年，总服务年限达 30 年以上。下坪场一期工程按国际通用的卫生填埋技术规范设计，二期工程按严于国内外的最新技术规范设计，主要包括水平防渗、地下水收集、渗滤液收集处理、填埋气体收集利用等系统。一期工程于 1997 年 10 月投入使用，一期填埋库区于 2012 年 4 月填满，目前已封场。2010 年开始建设二期工程，2012 年 5 月投入使用。

下坪场所填埋的垃圾种类繁多、成分复杂，经压实后产生的渗滤液中也含有多种污染物。下坪场采取厌氧型垃圾填埋的方式，填埋垃圾类型为居民生活垃圾。其中有部分是餐厨垃圾，餐厨垃圾中含有大量蛋白质，在厌氧条件下降解速度快，极短的时间内发生氨化作用产生大量含氨化合物，从而使得渗滤液中的氨氮含量偏高，氨氮含量最高达到 4000mg/L。

下坪场渗滤液处理站水质运行监测资料显示：渗滤液随着时间的延长呈非周期性变化，渗滤液中的 COD、BOD_5 含量呈逐年降低趋势，氨氮含量逐年增加到某一程度呈稳定的规律。

下坪场填埋垃圾渗滤液水质受到诸多因素影响，例如气候条件、地质地形、填埋方式等。通常渗滤液为深褐色液体，内含高浓度有机物质和无机盐，并且伴有恶臭气味，随着时间的推移水质逐渐变差并且无规律性。水的 pH 逐渐从弱酸性转变为中性再变为弱碱性[42]。

（2）玉龙坑垃圾填埋场

玉龙坑填埋场是深圳市最早的垃圾填埋场之一，于 1983 年启用，初期仅是简易垃圾填埋点，在 1991 年前没有设置任何防渗导气和渗滤液集排设施。随着深圳市的高速发展，城市垃圾产生量越来越多，玉龙坑填埋场相继进行了 6 次扩建，直到第 3 期扩建时才设置了一定的排气和排水系统，是临时措施。该填埋场于 1998 年停止垃圾进场，共使用了 14 年。场区占地面积约 1.0×10⁵m²，填埋垃圾总量约 3.5×10⁶t，加之填土覆盖，总容量达 $4.7 \times 10^6 m^3$ [43]。在玉龙坑填埋场封闭 10 年后，其渗滤液成分及含量如表 1-13 所列。

表 1-13　深圳市玉龙坑垃圾填埋场（封闭 10 年后）渗滤液成分及含量

项目	COD	BOD$_5$	SS	TN	NH$_3$-N	pH 值
典型值/（mg/L）	2000	1000	800	800	800	7～9

深圳市生活垃圾渗滤液 BOD$_5$/COD 值一般为 0.4～0.7，属于易生物降解的有机废水。同时，该渗滤液含氨氮高达 400～4000mg/L，若要处理后出水达 NH$_3$-N $<$ 25mg/L，必须进行除氮处理。

1.5.1.3　广州市垃圾填埋场渗滤液性质

随着人口的增加、居民物质生活水平的提高及大量外地民工的流入，垃圾已成为困扰该市发展的一大难题。市区生活垃圾平均年增长率为 9.68%。

（1）老虎窿生活垃圾填埋场

老虎窿生活垃圾填埋场位于广州市北郊金盘岭广从公路旁，属山谷型垃圾填埋场，总面积 34000m²，设计填埋高度 34m。1987 年投入使用，是广州市第一个具有渗滤液处理能力的填埋场。日平均进场垃圾 200t，最高峰达 300t。由于管理不善，仅使用 5 年即填满。

老虎窿生活垃圾填埋场在运行期间和关闭后渗滤液主要污染物含量如表 1-14 所列。

表 1-14　广州老虎窿生活垃圾填埋场运行期间和关闭后渗滤液主要污染物含量　单位: mg/L

项目	运行期间		关闭后	
	平均值	关联度（r）	平均值	关联度（r）
BOD$_5$	2172.96	0.5789	265.36	0.1972
COD	4631.20	0.5948	1555.2	0.4624
挥发酚	2.765	0.1184	0.035	0.0014
石油类	14.679	0.0138	4.942	0.0110
TP	8.956	0.955	6.978	0.1803
NH$_3$-N	1317.7	0.6924	1152.88	1.6036
SS	786.98	0.0610	241.93	0.0498
S^{2-}	3.07	0.0203	0.028	0.0006
As	0.505	0.0172	0.157	0.0208
Cu	0.224	0.0035	0.019	0.0012
Pb	49.98	0.6995	0.061	0.0028
Cd	0.454	0.0744	0.002	0.0005
Zn	0.445	0.0016	0.07	0.0010
Cr	0.588	0.0066	0.185	0.0086
Mn	13.012	0.0586	3.611	0.0295

表 1-14 列出了老虎窟垃圾填埋场在运行期间和关闭后渗滤液中主要污染物含量。数据表明，渗滤液中各污染物的浓度变化范围很大。渗滤液以高浓度 BOD_5、COD 有机污染和 N、P 无机污染为主。

在老虎窟垃圾填埋场渗滤液的非金属无机污染物主要是 N 和 P，但在老虎窟填埋场封闭后，在相当长的一段时间内，渗滤液的 N 和 P 仍然保持着原来的高浓度，使渗滤液无机污染负荷比迅速上升。

老虎窟填埋场日进场垃圾 200t，日均排出渗滤液 250m^3，至封场为止渗滤液带出的重金属累积量占垃圾带入总量的 0.5% ～ 6.5%。可见，垃圾中的微量重金属只有很少一部分进入了渗滤液。但是，在该填埋场中渗滤液的 Pb 和 Cd 含量较高，这是由于工业垃圾进入填埋场，导致渗滤液中某些重金属浓度升高。

（2）大田山生活垃圾填埋场

大田山生活垃圾填埋场位于广州市黄埔北部一环山盆地中，原是黄埔区的小型垃圾堆放场，1989 年扩建为广州市规模较大、较正规的生活垃圾填埋场之一，占地面积 158700m^2，设计容积为 $1.69 \times 10^6 m^3$。日进场垃圾 1200 ～ 1500t，占广州市垃圾总量的 40% ～ 50%。大田山垃圾填埋场渗滤液主要污染物含量如表 1-15 所列[44]。

表 1-15　广州大田山垃圾填埋场渗滤液主要污染物含量　　　　　单位: mg/L

项目	最小值	最大值	平均值	关联度 (r)
BOD_5	112.0	4050.0	1205.5	0.5270
COD	512.8	11328.5	3670.1	0.6590
挥发酚	0.003	2.163	0.669	0.0512
石油类	1.700	22.30	10.478	0.0222
TP	0.560	13.96	7.360	0.1931
NH_3-N	250.0	1462.0	845.01	0.9810
SS	49.5	1416.0	385.63	0.0752
S^{2-}	0.040	127.2	14.51	0.3866
As	0.019	0.22	0.096	0.0109
Cu	0.02	0.184	0.085	0.0054
Pb	0.015	57.08	3.25	0.1297
Cd	0.000	2.85	0.126	0.0503
Zn	0.049	0.978	0.299	0.0030
Cr	0.063	0.594	0.269	0.0091
Mn	0.42	5.15	1.37	0.0115

在大田山垃圾填埋场，运行中的填埋场渗滤液 BOD_5、COD 含量较高，且随着填埋场进入稳定运行期，渗滤液 COD 和 BOD_5 的浓度也保持在较高的水平。BOD_5/COD 值一般在 0.3 以上，且两者间呈良好的相关性，渗滤液的可生化性较好。

渗滤液的非金属无机污染主要是 N 和 P。大田山渗滤液的 N 和 P，随着填埋场运行时间的延长，浓度升高并保持在较高的水平。大田山渗滤液的 pH 值为 7.0 ～ 8.0，在这种条件下垃圾的金属溶出率很低。

（3）李坑垃圾填埋场

李坑垃圾填埋场位于广州市白云区龙归镇永兴乡李坑山塘，呈南东—北西走向，三面山岗环绕。该场于 1992 年初开始填埋，占地面积 32000m²，总集水面积为 0.3031km²，填埋容积为 287 万立方米，日处理生活垃圾 1400～1700t。表 1-16 所列的填埋场渗滤液水质为某年的监测数据[45]。

表 1-16　广州李坑垃圾填埋场渗滤液水质季节变化

项目	pH 值	COD/（mg/L）	BOD₅/（mg/L）	SS/（mg/L）	NH₃-N/（mg/L）
春	8.30	942	207	365	502
夏	8.20	1559	440	373	422
秋	8.03	942	250	373	453
冬	8.04	678	100	373	416
年平均	8.03	1026	249	371	448

1.5.1.4　湖南垃圾填埋场渗滤液性质

（1）新化县垃圾填埋场

新化县垃圾填埋场位于新化县上渡办事处勤二村，距县城中心 7km。于 2011 年正式投产运行。填埋工艺采用改良型厌氧卫生填埋处理工艺，建设规模为日处理垃圾 250t，日处理渗滤液 100m³，有效库容 1.2×10⁶m³，使用年限 11 年。

该垃圾填埋场填埋坑采用复合式三布一膜防渗漏工艺，边坡采用草泥护坡。垃圾经过填埋处理后不会污染地下水及周边环境，同时还配套有垃圾沼气发电厂，将存在安全隐患和污染环境的沼气转化成电能。

垃圾渗滤液水质会受到天气、地表水的分布、地下水的水位高度、垃圾的填埋年限、垃圾的组成成分、填埋区覆土厚度和地下排水设施等因素影响，水质波动很大。通常在旱季雨水量少时垃圾渗滤液中污染物浓度高，在雨季雨水量充足时垃圾渗滤液中污染物浓度低。另外，由于填埋区中垃圾入场时间大部分都达到 5 年以上，故其产生的垃圾渗滤液具有高 NH_3-N、低 C/N 值、可生化性差等特点。部分水质指标见表 1-17[46]。

表 1-17　新化县垃圾填埋场渗滤液水质情况

水质指标	pH 值	COD/（mg/L）	NH₃-N/（mg/L）	TN/（mg/L）	色度 / 度	BOD₅/COD 值
指标数值	7～8	1680～4700	1520～2206	1672～2426	200～380	0.1～0.2

（2）长沙县垃圾填埋场

长沙县安沙镇垃圾填埋场位于汉山村的山间谷地，紧邻 107 国道，距离城区 32km，主要接受星沙开发区的生活垃圾。该垃圾填埋场于 2002 年 8 月开始运行，平均填埋量为 400t/d，渗滤液产生量为 10～80m³/d，其垃圾渗滤液的基本性质见表 1-18。

表 1-18　长沙县垃圾填埋场渗滤液基本性质

项目	COD/ (mg/L)	BOD₅/ (mg/L)	TN/ (mg/L)	NH₃-N/ (mg/L)	SS/ (mg/L)	pH 值
数值范围	1600～5000	398～1246	160～900	80～400	30～280	6.2～6.5

1.5.1.5　中国台湾省中部地区垃圾填埋场渗滤液性质

在中国台湾省，城市固体废弃物的性质与其他地区不同，这与当地较高的降水量有关，其年均降雨量可达 2500mm。尽管所降的雨水在垃圾填埋场中不断地流入和流出，但由降雨所造成的入流负荷对于填埋场地区的影响仍是很显著的。因此，垃圾渗滤液的处理已成为重要的问题。台湾省中部地区九个垃圾卫生填埋场的渗滤液特性如表 1-19 所列。

表 1-19　台湾省中部地区垃圾渗滤液的性质　单位: mg/L（pH 值除外）

填埋场	BOD₅	COD	NH₃-N	TKN	SS	VSS	pH 值	P	Fe	Zn	Cr	Ag
苗栗头屋填埋场	967	1214	133	162	102	96	6.7	6.7	28.6	1.0	0.3	0.67
台中大屯填埋场	414	1944	866	1	120	109	8.0	10.6	6.6	5.6	5.0	0.92
彰化田中填埋场	743	3641	1452	1	66	58	7.8	27.5	11.8	ND	1.3	1.00
彰化埤头填埋场	247	1311	379	452	54	42	7.7	8.9	0.8	ND	ND	1.00
彰化埔盐填埋场	43	825	13	75	10	8	8.0	21.7	9.8	ND	0.3	1.25
彰化田尾填埋场	70	1456	47	544	20	16	8.5	23.5	21.8	0.6	0.5	1.58
彰化溪州填埋场	386	2282	962	1	110	78	8.4	7.9	8.4	ND	0.3	1.92
彰化芳苑填埋场	18	204	29	102	5	4	8.2	5.2	1.0	ND	0.2	2.08
台中填埋场	620	3447	2505	2	194	160	8.2	15.4	7.7	3.4	1.1	4.50

注: ND 表示未检出。

垃圾渗滤液的性质：大屯垃圾填埋场垃圾渗滤液的性质如表 1-20、表 1-21 所列。

表 1-20　大屯垃圾填埋场垃圾渗滤液的组成

项目	范围	平均值
pH 值	7.9～9.8	8.3
温度 /℃	23.2～27.0	25.5
电导率 / (mS/cm)	12.3～18.3	16.1
DO/ (mg/L)	0.2～2.1	0.6
SS/ (mg/L)	144～314	239
VSS/ (mg/L)	108～213	180
BOD₅/ (mg/L)	162～438	296
COD/ (mg/L)	1940～5704	3340
NH₃-N/ (mg/L)	1540～2312	1892
TKN/ (mg/L)	1713～2386	2119
P/ (mg/L)	11.8～19.4	15.1
Fe/ (mg/L)	3.84～5.02	4.48
Cu/ (mg/L)	ND	ND
Cr/ (mg/L)	0.96～1.38	1.22

注: ND 表示未检出。

表 1-21 大屯垃圾填埋场垃圾渗滤液的性质

项目	范围	平均值
BOD_5/COD 值	$0.060 \sim 0.154$	0.095
BOD_5/P 值	$11.3 \sim 32.5$	19.8
BOD_5/TKN 值	$0.076 \sim 0.184$	0.137
NH_3-N/TKN 值	$0.870 \sim 0.969$	0.912

1.5.2 国外填埋场垃圾渗滤液的成分和含量

1.5.2.1 丹麦垃圾填埋场渗滤液的化学性质

渗滤液样品是从丹麦的 Amager Faelled 垃圾填埋场（L1）、Sandholt-Lyndelse 垃圾填埋场（L2）、Logster 垃圾填埋场（L3）和 Hojer 垃圾填埋场（L4）4 座垃圾填埋场采集的。这 4 座垃圾填埋场的"年龄"最低处于"年轻"期，接收主要由有机废物组成的城市垃圾。

这 4 座垃圾填埋场渗滤液的性质如表 1-22 所列。所有渗滤液样品的 pH 均为中性（6.5 ～ 7.5），但可观察到这 4 座填埋场渗滤液的其他水质指标有较大波动，各填埋场样品参数间的变化因数在 2 ～ 60 之间。L4 填埋场样品中的电导率和 TOC 浓度的碱度值最高，大多数的阳离子、阴离子和重金属也具有较高值。另外，L2、L3 和 L4 填埋场的 TOC、阳离子、阴离子和重金属的浓度普遍较高。

表 1-22 丹麦 4 座垃圾填埋场渗滤液的化学性质

项目	L1	L2	L3	L4
pH 值	7.0	6.7	7.3	7.5
温度 /℃	15.5	14.0	3.2	7.0
浊度 /NTU	2.5	—	125	11
电导率 / (mS/cm)	3.2	7.1	8.9	12
TOC/ (mg/L)	78	120	190	540
Fe/ (mg/L)	0.6	1.5	22	21
Mn/ (mg/L)	1.8	0.25	0.5	2.0
Ca/ (mg/L)	320	145	130	315
Mg/ (mg/L)	56	63	100	125
Na/ (mg/L)	385	665	560	720
K/ (mg/L)	79	705	590	870
NH_3-N/ (mg/L)	36	260	580	820
HCO_3^-/ (mg/L)	2010	2020	3630	5820
Cl^-/ (mg/L)	260	1440	1060	1300
PO_4^{3-}-P/ (mg/L)	1.8	2.5	1.5	6.0
SO_4^{2-}-S/ (mg/L)	13	15	7	11
Cd/ (mg/L)	0.2	0.4	0.3	3.6
Ni/ (mg/L)	28	84	54	62
Zn/ (mg/L)	200	360	85	5310
Cu/ (mg/L)	2	7	34	2
Cr/ (mg/L)	< 5	< 5	56	188
Pb/ (mg/L)	3	16	0	2

1.5.2.2　土耳其 Izmir 市的 Harmandali 城市填埋场渗滤液组成

土耳其 Izmir 市的 Harmandali 城市填埋场为典型的城市垃圾填埋场，从其垃圾渗滤液的组成中可以看出，BOD_5/COD 值较高，具有良好的生化性，且渗滤液中重金属的含量较少，见表 1-23。

表 1-23　土耳其 Izmir 市的 Harmandali 城市填埋场垃圾渗滤液的组成及含量[47]

参数	变化范围（最小～最大）
pH 值	7.3 ～ 7.8
BOD_5/（mg/L）	10750 ～ 11000
TOC/（mg/L）	5100 ～ 6000
COD/（mg/L）	16200 ～ 20000
TKN/（mg/L）	1350 ～ 2650
NH_3-N/（mg/L）	1120 ～ 2500
碱度/（mg/L $CaCO_3$）	7050 ～ 12100
挥发性脂肪酸/（mg/L）	7700 ～ 9500
磷酸盐/（mg/L）	48 ～ 80
硫酸盐/（mg/L）	350

1.5.2.3　加拿大渥太华 Carleton 城市垃圾填埋场渗滤液组成

加拿大渥太华 Carleton 城市垃圾填埋场的渗滤液组成见表 1-24，其 COD 值不是很高，介于 3210 ～ 9190mg/L 之间，部分重金属的含量较少，渗滤液成分和含量与 Harmandali 城市垃圾填埋场有所不同，这与当地居民的生活水平具有很大的相关性。

表 1-24　加拿大渥太华 Carleton 城市垃圾填埋场的渗滤液组成及含量[48]

项目	数值/（mg/L[②]）	项目	数值（mg/L[②]）
电导率	1.7 ～ 13.5[①]	Be	＜ 0.001 ～ 0.002
pH 值	6.9 ～ 9.0	Cd	＜ 0.008 ～ 0.012
COD	3210 ～ 9190	Co	＜ 0.008 ～ 0.011
Al	＜ 0.02 ～ 0.92	Cr	＜ 0.015 ～ 0.092
B	1.82 ～ 9.63	Cu	0.008 ～ 0.061
Ba	0.006 ～ 0.164	Mo	0.004 ～ 0.015
Ca	2.15 ～ 113.90	Ni	0.02 ～ 0.27
Fe	1.28 ～ 4.90	Pb	＜ 0.04 ～ 0.06
K	161.9 ～ 1993.8	Zn	0.035 ～ 0.429
Li	0.017 ～ 0.171	V	0.31 ～ 0.32
Mg	181.40 ～ 627.48	SO_4^{2-}	＜ 20 ～ 165
Mn	0.028 ～ 1.541	F^-	＜ 1
Na	672.40 ～ 1748.46	Cl^-	755.91 ～ 3035
P	＜ 0.5 ～ 27.0	NO_2^-	＜ 1 ～ 5
S	7.44 ～ 36.22	Br^-	＜ 5 ～ 22.84
Si	3.72 ～ 10.48	NO_3^-	＜ 2 ～ 11
Sr	0.137 ～ 5.005	HPO_4^{2-}	＜ 10

① 单位为 μS/cm。

② 除特定单位外，其余单位均为 mg/L。

1.5.2.4　韩国垃圾填埋场渗滤液性质

表 1-25 中所列的垃圾渗滤液取自韩国的 3 座垃圾填埋场[49]，这 3 座垃圾填埋场分别处于不同的"年龄"期，G 填埋场属"年轻"填埋场，运行时间小于 5 年；P 填埋场属于"中年"填埋场，运行时间在 5 ～ 10 年间；N 填埋场属"老年"填埋场，运行时间已超过 10 年。G 填埋场是凹陷峡谷型城市垃圾卫生填埋场；P 填埋场是一座城市垃圾卫生填埋场，建于再生的海滩上；N 填埋场是一座已关闭的非卫生填埋场，主要处置含建筑垃圾的城市垃圾、污泥和工业垃圾。由于该填埋场无渗滤液收集系统，N 填埋场稳定期的渗滤液试样是通过填埋场中斜坡来收集的。所有的渗滤液样品均在 8 月 13 ～ 17 日间采集，这也反映出韩国夏季高温和 6 月底至 8 月初期间雨季后湿润的气候特点。

表 1-25　韩国垃圾填埋场渗滤液水质分析

项目	L1 (G)	L2 (P)	L3 (N)
有机物 / (mg/L)			
TCOD	41507	5348	1367
SCOD	38969	4749	1106
TBOD$_5$	32790	2684	145
SBOD$_5$	29990	2195	138
TBOD$_5$/TCOD 值	0.79	0.50	0.11
COD	18362	1630	863
固体 / (mg/L)			
TS	32685	13095	4815
TVS	17956	3587	907
SS	1873	143	17.2
VSS	1367	86.7	7.0
挥发性脂肪酸 / (mg/L)			
乙酸	5861	187	ND[②]
丙酸	1959	368	ND[②]
正丁酸	4001	824	ND[②]
异丁酸	504	131	ND[②]
正戊酸	2237	80	ND[②]
异戊酸	428	53	ND[②]
正己酸	2217	19	ND[②]
其他			
pH 值	6.6	7.9	8.2
ORP/mV	−208	−490	14.9
TKN[①]	2482	2192	1064
NH$_3$-N[①]	1896	1826	892
碱度	9130	7928	2784

① 单位为 mg/L。

② 指未检出。

1.5.2.5 美国佛罗里达州埃斯坎比亚县 Perdido 垃圾填埋场渗滤液性质

表 1-26 是 Perdido 垃圾填埋场渗滤液长期监测分析数据。Perdido 填埋场主要用于中小社区城市生活垃圾的填埋，接收部分建筑、商业和工业废物，故填埋场渗滤液中的氮含量不像典型的垃圾填埋场那样高。该县计划将 Perdido 填埋场作为基础改建堆肥设施，用以处理 270000t 的有机废物，目前该填埋场已关闭。

表 1-26　Perdido 垃圾填埋场渗滤液水质分析[50]

参数	浓度
pH 值	7.73
浊度 /NTU	92.1
（氧化 / 还原电位）/mV	−24.1
BOD/（mg/L）	＞166
COD/（mg/L）	1311
溶解氧 /（mg/L）	2.62
氨态氮 /（mg/L）	205.9
硝酸盐 /（mg/L）	7.64
碳酸盐硬度 /（mg/L）	1918
Cl^-/（mg/L）	626
Na/（mg/L）	631
Fe/（mg/L）	42.6
Mg/（mg/L）	163.7
TDS/（mg/L）	2923

1.5.3　国内外填埋场垃圾渗滤液的成分一览

表 1-27 和表 1-28 总结了国内外部分垃圾渗滤液中主要污染物的成分和含量，这对研究国内垃圾渗滤液有很好的参考价值。表 1-29 根据国内外垃圾渗滤液的成分和含量，总结出了典型垃圾渗滤液的成分含量。

表 1-27　国内几个城市垃圾渗滤液的主要成分对比

成分	上海	杭州	广州	深圳	台湾省某市
COD	1500～8000	1000～5000	1400～5000	3000～60000	4000～37000
BOD_5	200～4000	400～2500	400～2000	1000～36000	600～28000
TN	100～700	80～800	150～900		200～2000
SS	30～500	60～650	200～600	100～6000	500～2000
NH_3-N	60～450	50～500	160～500	400～1500	100～1000
pH 值	5～6.5	6～6.5	6.5～7.8	6.2～3.0	5.6～7.5

注：除 pH 值外，其他成分单位均为 mg/L。

表 1-28 部分地区和国家填埋场渗滤液的主要成分一览表

成分	中国香港		英国	美国		加拿大	日本
	望后石填埋场	马游塘填埋场	Chapel Farm填埋场	Chicopee填埋场	Coyd's填埋场	Bumns Bsg填埋场	某填埋场
pH 值	8.1～8.6	7.6～8.1	7.0	5.7～6.8	5.9～6.8	6.9～7.7	7.6～9.0
COD	2460～2830	641～837	10600	800～10000	202～377	190～430	86～221
BOD$_5$	135～348	57～117	4100	30～4650	45～185	7～62	1～26
NH$_3$-N	1190～2700	784～1156	412	—	6～47	140～240	104～332
碱度（以CaCO$_3$ 计）	10700～11700	3230～4940	5150	280～2600	315～780	1240～1920	—
Mn	26～32	18～20.5	420	10～65	4～18	0.6～3.3	—
Zn	0.8～2.2	0.2～1.0	0.09	0.01～0.08	0.07～0.22	<0.1～1.8	—
TP	20.1～125	9.8～29.7	1.8		0～0.2	0.1～6.4	—

注：除 pH 值外，其他成分单位均为 mg/L。

表 1-29 典型填埋场渗滤液的成分

成分	"年轻"期		"中年"期		"老年"期	
	典型含量	范围	典型含量	范围	典型含量	范围
BOD$_5$	16000	2000～40000	1500	200～5000	50	20～200
COD	30000	3000～60000	3500	400～8000	1000	200～2000
NH$_3$-N	500	50～750	700	50～1000	800	60～1200
pH 值	6.0	4.2～7.8	7.0	6.0～7.2	8.0	7.5～8.2
Fe	500	250～2500	100	50～500	50	20～200
Zn	50	25～250	2.0	10～100	10	5～20
Pb	2	0.2～10	1	0.1～5	0.5	0.02～1.0

注：除 pH 值外，其他成分单位均为 mg/L。

参考文献

[1] 张文存，张国辉，王丽莉，等．垃圾渗滤液处理技术研究进展 [J]．应用化工，2022，51（4）：1207-1211，1218.

[2] 李军，王宝贞，聂梅生．生活垃圾填埋渗滤液处理中试研究 [C] //21 世纪国际城市污水处理及资源化发展战略研讨会与展览会，2001.

[3] 喻晓，张甲耀．垃圾渗滤液污染特性及其处理技术研究和应用趋势 [J]．环境科学与技术，2002，25 (5)：42-46.

[4] 郑铁鑫．城市垃圾处理场对地下水的污染 [J]．环境科学，1999，10 (3)：89-99.

[5] 郑雅杰．我国城市垃圾渗滤液量预测与污染防治对策 [J]．城市环境与城市生态，1997，10 (1)：29-34.

[6] 国家环境保护局．生活垃圾填埋场污染控制标准：GB 16889—2008 [S]．北京：国家环保局，2008.

[7] 王琴．城市生活垃圾管理研究 [J]．皮革制作与环保科技，2021，2 (19)：62-63.

[8] 程伟.北京城区和农村地区生活垃圾组成特性的对比分析 [J].再生资源与循环经济,2020,13(01):17-22.

[9] Keyikoglu R,Karatas O,Rezania H,et al. A review on treatment of membrane concentrates generated from landfill leachate treatment processes [J]. Separation and Purification Technology,2021,259: 118182.

[10] 范洁,张悦,郑兴灿.城市垃圾填埋场渗滤水的水质特征及其处理技术 [C] // 土木工程学会水工业分会排水委员会第四届理事会第一次会议论文集.2001.

[11] Reinhart D R,Al-Yousfi B. The impact of leachate recirculation on municipal solid waste landfill operating characteristics [J]. Waste Management and Research,1996,14: 337-346.

[12] Lo I M-C. Characteristics and treatment of leachates from domestic landfills [J]. Environment International,1996,22(4): 433-442.

[13] 沈耀良,王宝贞.垃圾填埋场渗滤液的水质特征及其变化规律分析 [J].污染防治技术,1999,12(1):10-13.

[14] 刘疆鹰,赵有才,赵爱华,等.大型垃圾填埋场渗滤液 COD 的衰减规律 [J].同济大学学报,2000,28(3):328-333.

[15] 刘疆鹰,徐迪民,赵有才,等.大型垃圾填埋场渗滤水氨氮衰减规律 [J].环境科学学报,2001,21(3):323-328.

[16] Naveen B P,Mahapatra D M,Sitharam T G,et al. Physico-chemical and biological characterization of urban municipal landfill leachate [J]. Environ Pollut,2017,220: 1-12.

[17] 夏素兰,周勇,曹丽淑,等.城市垃圾渗滤液氨氮吹脱研究 [J].环境科学与技术,2003,91(3): 26-30.

[18] Shiskowski D M,Mavinic D S. Biological treatment of a high ammonia leachate : Influence of external carbon during initial startup [J]. Water Research,1998,32(8): 2533-2541.

[19] 张彤,赵庆祥,朱怀兰.城市垃圾渗滤液及其生物处理对策 [J].城市环境与城市生态,1994,7(4):44-49.

[20] Jensen D L,Christensen T H. Colloidal and dissolved metals in leachates from four Danish landfills [J]. Wat Res,1999,33(9): 2130-2147.

[21] 郑曼英,李丽桃.垃圾渗滤液的污染特性及其控制 [J].环境卫生工程,1997(2): 7-11.

[22] 张兰英,韩静磊,安胜姬,等.垃圾渗滤液中有机污染物的污染及去除 [J].中国环境科学,1998,18(2): 184-188.

[23] 郭洪中,张展霞,张淑娟.城市固体垃圾填埋场中污染物的浓度 [J].华南理工大学学报(自然科学版),1996,24(12): 178-183.

[24] 杨霞,杨朝晖,陈军,等.城市生活垃圾填埋场渗滤液处理工艺的研究 [J].环境工程,2000,18(5):12-14.

[25] 国家环境保护局污染控制司.城市与固体废物管理与处理处置技术 [M].北京:中国石化出版社,2000.

[26] 于晓华,李国建,何晶晶,等.城市垃圾渗滤场内循环处理的探讨 [J].新疆环境保护,2003,25(1):24-27.

[27] Gidarakos E,Havas G,Ntzamilis P. Municipal solid waste composition determination supporting the

integrated solid waste management system in the island of Crete[J]. Waste Management（New York, N. Y.）, 2006, 26（6）.

[28] Li Z S, Yang L, Qu X Y, et al. Municipal solid waste management in Beijing City [J]. Waste Management, 2009, 29（9）: 2596-2599.

[29] 唐志华, 呼和涛力, 熊祖鸿, 等. 广州市生活垃圾典型重金属污染及生态风险评价 [J]. 新能源进展, 2018, 6（2）: 130-139.

[30] 赵宗升, 刘鸿亮, 李炳伟. 垃圾填埋场渗滤液污染的控制技术 [J]. 中国给水排水, 2000, 16（6）: 20-23.

[31] Dorota K, Ewa K. The effect of landfill age on municipal leachate composition [J]. Bioresource Technology, 2008, 99（13）: 5981-5985.

[32] 王宝贞, 王琳. 水污染控制新技术——新工艺、新概念、新理论 [M]. 北京: 科学出版社, 2004: 60-68.

[33] Luo H W, Zeng Y F, Cheng Y, et al. Recent advances in municipal landfill leachate: A review focusing on its characteristics, treatment, and toxicity assessment [J]. Science of the Total Environment, 2020, 703: 135468.

[34] Wang K, Li L S, Tan F X, et al. Treatment of landfill leachate using activated sludge technology: A review [J]. Archaea, 2018: 1039453.

[35] Chian E S K, De Walle F B. Evaluation of leachate treatment, Vol. I: Characterization of leachate [J]. U. S. Environmental Protection Agency, Cincinnati, Ohio, USA, 1977（EPA 600/2-77-186a）.

[36] Gau S H, Chang P C, Chang F S. A study on the procedure of leachate treatment by Fenton method [J] // 16th Conf. On Wastewater Treatment Technology in Taiwan, 1991: 527-537.

[37] Chen P H. Assessment of leachates from sanitary landfills: Impact of age, rainfall and treatment [J]. Environment International, 1996, 22（2）: 225-236.

[38] Cameron R D, McDonald E C. Toxicity of landfill leachate [J]. J Water Pollut Control Fed, 1982, 52（4）: 760-769.

[39] Chen K Y, Bowerman F R. Mechanisms of Leachate Formation in Sanitary Landfills [M]. Ann Arbor, MI: Ann Arbor Scientific Publishing Co, 1974.

[40] Chang J E, Kao C F, Hsu C H. Research on the removal of organics in landfill leachate [J]. In special issue of Wastewater Treatment Technology in Taiwan, 1990: 125-138.

[41] 张宇飞. 重庆市主城区垃圾焚烧厂和垃圾填埋场渗滤液水质研究 [D]. 重庆: 西南大学, 2008.

[42] 陈玲. 深圳市下坪固体废物填埋场渗滤液 MBR+NF 组合工艺的应用效果研究 [D]. 吉林: 吉林农业大学, 2014.

[43] 姜建生, 蒋建国, 梁顺文, 等. 深圳玉龙坑垃圾填埋场填埋气体产生量预测研究 [J]. 新疆环境保护, 2004, 26（2）: 27-30.

[44] 范家明, 周少奇. 广州大田山垃圾填埋场渗滤液污染现状的调查 [J]. 环境卫生工程, 2001, 9（4）: 160-163.

[45] 周劲风, 李耀初. 广州李坑垃圾填埋场水环境污染调查 [J]. 上海环境科学, 1999, 18（2）: 94-97.

[46] 龚魁彦. 新化垃圾填埋场中晚期渗滤液处理工艺改造研究 [D]. 长沙: 湖南大学, 2019.

[47] Timur H, Özturk I. Anaerobic sequencing batch reactor treatment of landfill leachate [J]. Wat Tes, 1999, 33 (15): 3225-3230.

[48] Kennedy K J, Lentz E M. Treatment of landfill leachate using sequencing batch and continuous flow upflow anaerobic sludge blanked (UASB) reactors [J]. Wat Res, 2000, 34 (14): 3640-3656.

[49] Kang K H, Shin H S, Park H Y. Characterization of humic substances present in landfill leachates with different landfill ages and its implications [J]. Water Research, 2002, 36: 4023-4032.

[50] Wu Y D, Wang B Y, Chen G. Sustainable landfill leachate treatment [J]. Waste Management & Research, 2020, 38 (10): 1093-1100.

第 2 章

垃圾渗滤液的生物处理技术

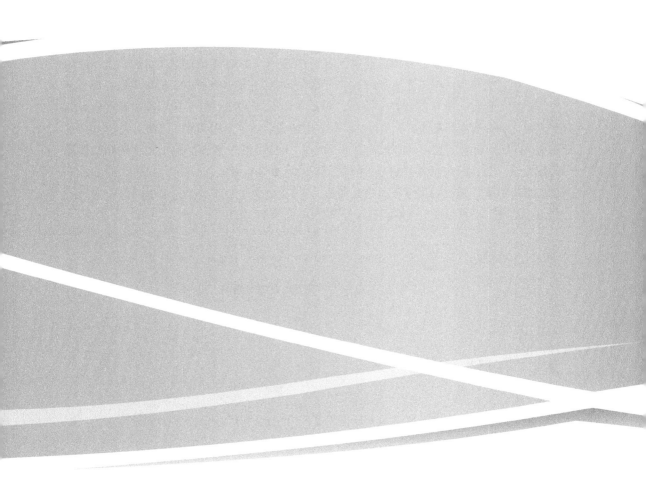

　　垃圾填埋场渗滤液的处理技术既有普通废水处理技术的共性，也有其突出的特殊性。纵观国内外垃圾渗滤液处理现状，目前渗滤液的处理方案有场内处理（渗滤液循环喷洒或场内建独立的处理系统）、场外处理（直接与城市污水合并处理）以及场内外联合处理（预处理后的渗滤液与城市污水合并处理）三种。其中将渗滤液与城市污水合并进行处理是最经济和最简单的方法，其优点是利用大量的城市生活废水稀释垃圾渗滤液，降低处理难度。Yu 等 [1] 采用 A^2/O 生物反应系统对广州大坦沙污水处理厂和垃圾渗滤液混合处理进行了现场试验，发现在最佳体积比为 0.2% 时，COD、TN 的去除率分别为 82.65% 和 57.10%。尽管渗滤液与污水合并处理技术上可行，但存在的问题是渗滤液的远距离输送所涉及的管道投资、输送成本及维护成本等，以及对污水处理厂造成冲击负荷，影响城市污水厂出水水质的稳定性。渗滤液循环喷洒也并不能彻底处理渗滤液。因此，需要对渗滤液进行单独的处理。

　　渗滤液的处理技术可分为生物处理、物化处理、土地处理三种。渗滤液处理工艺必须将两种以上处理技术合理组合，才能使处理后渗滤液达到排放要求。渗滤液随填埋场的使用时间而变化，由此产生性质截然不同的新填埋场渗滤液和老填埋场渗滤液，必须相应采用不同的处理工艺或改变工艺参数。

　　目前国内外渗滤液的处理工艺，总体上采用以生物处理为主体工艺，物化法作为预处理工艺，土地法作为后处理工艺的系统，如图 2-1 所示。其中塘、芦苇床、活性污泥法及生物膜法等厌氧处理和好氧处理均受到重视和应用。近年来，生产规模的膜生物反应器技术已成功地用于渗滤液处理。用好氧生物技术处理时间较短和可生物降解的渗滤液具有良好的运行效能，可有效去除 BOD_5、COD 和重金属。然而，用好氧生物法处理时间较长、可生物降解性差的渗滤液，出水 COD 水平往往不能达到直接或间接排放的要求。而且当出现由于渗滤液毒性和缺乏营养而导致的特殊问题时，好氧生物处理更是难以奏效。因此，常常需要物化处理（如絮凝-沉淀、吸附等）、厌氧生物处理作为预处理单元来提高渗滤液的可生化性并减少其中的重金属浓度和毒性，或利用厌氧-好氧、缺氧-好氧等组合工艺提高出水质量。一般对 COD 浓度在 50000mg/L 以上的高浓度垃圾渗滤液，建议采用厌氧方法后接好氧工艺进行处理；对 COD 浓度在 5000mg/L 以下的垃圾渗滤液，建议采用好氧生物处理法；对 COD 浓度在 5000 ~ 50000mg/L 之间的垃圾渗滤液，可以根据实际情况选用好氧或厌氧处理工艺。

图 2-1　典型的渗滤液场内独立处理系统

2.1　好氧生物处理

　　填埋场初期渗滤液的 BOD_5/COD 值较高，可生化性好，此时各种好氧处理工艺，如活性污泥法、氧化沟、生物膜、氧化塘及其改进工艺用于处理渗滤液在国内外均有成功经验。

2.1.1　活性污泥法

活性污泥法是利用悬浮生长微生物的生物处理系统，运行费用低，效率高，在污水处理领域已经有 90 年成功运行的历史，国内外的渗滤液处理系统大多使用了该技术。

有研究报道[2]，美国宾夕法尼亚州 Fall Township 污水处理厂，垃圾渗滤液进水的 COD_{Cr} 为 6000 ～ 21000mg/L，BOD_5 为 3000 ～ 13000mg/L，氨氮为 200 ～ 2000mg/L。曝气池的污泥浓度（MLVSS）为 6000 ～ 12000mg/L，是一般污泥浓度的 3 ～ 6 倍。在体积有机负荷为 1.87kg $BOD_5/(m^3 \cdot d)$ 时，有机负荷率（F/M）为 0.15 ～ 0.31kg $BOD_5/(kg\ MLSS \cdot d)$，BOD_5 的去除率为 97%；在体积有机负荷为 0.3kg $BOD_5/(m^3 \cdot d)$ 时，F/M 为 0.03 ～ 0.05kg $BOD_5/(kg\ MLSS \cdot d)$，BOD_5 的去除率为 92%。这表明，采用活性污泥法能够有效处理垃圾渗滤液。郑俊等[3] 采用合建式完全混合曝气沉淀池处理稀释后的垃圾渗滤液，在曝气区投加磁粉以提高污泥沉淀效率和回流污泥浓度。在曝气区有效容积为 41L、沉淀区表面积为 0.07m² 条件下，调节溶解氧浓度为 2 ～ 3mg/L、水温为 10 ～ 15℃、HRT 为 10h，每隔 3 ～ 4d 投加磁粉，当磁粉投加量到 3 ～ 4g/L 时，曝气区 MLVSS 可从 2000mg/L 左右缓慢增加至 5500mg/L 左右，对 COD 和氨氮的去除率可分别从 45% 和 35% 增加至 83% 和 66%。浙江省杭州市天子岭垃圾填埋场渗滤液采用两段式活性污泥法生物处理工艺[4]，当进水 COD 和 BOD_5 浓度分别为 938.1 ～ 3640mg/L 和 472.6 ～ 2380mg/L 时，两级曝气池的停留时间分别为 20h 和 15h，有机负荷率分别为 0.16kg COD/（kg MLSS·d）和 0.07kg BOD_5/（kg MLSS·d）时，COD 和 BOD_5 的去除率可分别达 62.3% ～ 92.3% 和 78.6% ～ 96.9%，磷的平均去除率达 90.5%，总凯氏氮（TKN）平均去除率达 67.5%。北京阿苏卫垃圾填埋场在活性污泥系统运行稳定后，渗滤液中有机物去除率可以达到 85%[5]。

近几十年来，随着人们对其生化反应和净化机理广泛和深入的研究，活性污泥法得到快速发展，出现多种运行方式并应用于渗滤液的治理中。序批式活性污泥法（SBR）已经在牡丹江市郭家沟、汕头市油麻埔以及杭州市天子岭垃圾填埋场成功运行[6-7]。SBR 的变形 CASS 工艺在辽宁省盘锦市垃圾填埋场渗滤液处理系统中应用，其处理效果良好，运行稳定[8]。福建省福州市红庙岭垃圾填埋场还使用了氧化沟工艺，运行处理状况良好。

由于负荷小，渗滤液有机物含量高，在采用活性污泥法处理渗滤液时，其水力停留时间一般都比较长，而且由于增加曝气量，提高了处理能耗。杭州市天子岭垃圾填埋场渗滤液处理工艺流程如图 2-2 所示，胡慧青等[9] 的研究结果表明，渗滤液的吨水处理费用达 3.25 元（处理规模为 300t/d，即日运转费为 975 元，年运转费则为 35.6 万元），去除 1kg COD 需 1.46 元。同时，随着填埋时间的增加，渗滤液可生化性变差，后来第二曝气池基本上没有去除效果，只起到硝化作用。

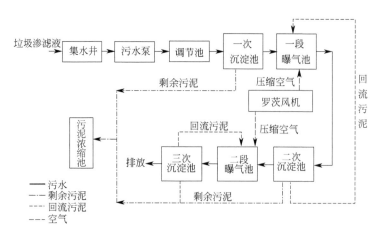

图 2-2　杭州市天子岭垃圾填埋场渗滤液处理工艺

2.1.2　生物膜法

生物膜法是向污水中加入填料和滤料，使得微生物在其表面生长，从而形成一种由各种微生物组成的生物膜。当污水经过生物膜时，利用微生物活性降解污水中的有害物质以达到处理污水的作用。由于悬浮生长系统，如传统活性污泥工艺、氧化沟和 SBR 等这些方法都有局限性，如对低温敏感、生物相可分离性差而丧失活性等，促使人们在不断寻找替代工艺。许多研究者报道了用附着生长系统，如滴滤池、淹没式曝气生物滤池、旋转生物接触反应器（生物接触转盘）等处理渗滤液的研究。该法利用附着生长微生物的生物处理系统，与悬浮生长系统相比，其具有抗冲击负荷能力强、不会因生物相可分离性差而丧失活性等优点。同时，生物膜内微生物比较丰富，含有世代周期长且具有硝化作用的微生物，能实现较好的硝化效果，且硝化作用受低温的影响较小。对于含氨氮浓度较高的渗滤液，在氨氮的硝化以及氮的去除要求上，生物膜法是应优先考虑选择的方法之一。

加拿大的 Zou 等[10]通过颗粒状污泥基反应器（GSR）进行垃圾填埋场渗滤液处理，在 HRT=6h 的条件下，短启动期后，氨和总无机氮去除效率分别稳定在 99% 和 93%，实现了高氨氧化速率 [约 0.64g N/（g VSS·d）]，其中约 93% 的氨转化为亚硝酸盐，然后再还原为氮气。微生物分析结果显示，亚硝基单胞菌（氨氧化细菌）和 Thauera（反硝化剂）是具有参与 Nit/DNit 的关键功能基因的优势细菌。梁柱等[11]通过改良型倒置 A^2/O 生物膜工艺对湿垃圾渗滤液进行脱氮除磷性能研究，结果显示，在 DO 质量浓度维持在 2.0mg/L、硝化液体积回流比为 200% 的条件下，系统对 COD、氨氮、总氮及总磷的去除率分别可达 84.9%、92.8%、70.9% 和 75.3%。Loukidou 等[12]对附着生物膜和移动床工艺进行了对比研究，由于生物降解和吸附的共同作用，其对渗滤液中污染物的去除效果显著。季民等[13]采用厌氧生物滤池 - 好氧移动床生物膜反应器（AF-MBBR）工艺处理垃圾卫生填埋场高盐渗滤液，结果表明，好氧移动床生物反应器对渗滤液中的氨氮去除率高达 78% ～ 100%。Ding 等[14]在反应器中加入可生物降解的填料，利用高效菌群（EM）得到 40% 的 COD 去除。李燕等[15]采用生物转盘对渗滤液和生活污水进行混合处理，结果表明，当渗滤液和生活污水的混合比例为 1∶600 时的处理效果最好，在 HRT 为 10h、转盘转速为 2r/min 的最优工况下，出水浓度 NH_3-N < 5mg/L，COD < 50mg/L，TN < 15mg/L，均达到了《城镇污水处理厂污染物排放标准》（GB 18918—2002）一级 A 标准。

悬浮载体生物膜工艺（SCBP）或移动床生物膜工艺是一种新型的附着生长系统，这种工艺在近几年备受重视。该工艺以悬浮和流化状态的塑料作为生物膜载体，正广泛地用于城市污水的硝化和反硝化处理。生物膜工艺中硝化的氧局限性导致在这类系统中硝化率对低温的依赖性。SCBP 的硝化作用在很大程度上也取决于溶解氧水平，但其硝化率与氧浓度几乎呈一级函数关系，而不是像其他生物膜工艺那样呈半级反应。因此当温度和比硝化率下降时，氧饱和程度上升，氧向生物膜中渗透得更深，从而使硝化生物膜量增多。

瑞典 U. Welander 等[16]利用 SCBP，以 Hyllstofta 填埋场的垃圾渗滤液为研究对象进行处理。Hyllstofta 垃圾填埋场主要收集生活和工业废弃物。工业废弃物主要来自垃圾填埋场附近的一个大型塑料工厂。研究过程中，垃圾填埋场所接收的各种垃圾总量为 330000t 生活垃圾、430000t 工业废弃物、190000t 污泥和 100000t 炉灰。每年产生的渗滤液一般在 60000～70000m³ 之间。渗滤液先收集在容积为 12000m³ 的水池里，然后排放至城市污水处理厂。取水池中的水作为实验用水。所用渗滤液氨氮浓度为 460～600mg/L，COD 为 800～1300mg/L，BOD_5 为 30～140mg/L。pH 值约为 8，乙酸和丙酸浓度较低，分别为 20mg/L 和 < 5mg/L。渗滤液的低 BOD_5/COD 值、高 pH 值和低浓度的乙酸及丙酸是垃圾在产甲烷阶段总的特性。

实验采用了三种不同类型的载体。载体 A 由若干 8mm 长的聚乙烯及附加 5% 氯化铵制成的挤压管（直径 8mm）组成，添加氯化铵是为了塑料表面更坚硬。载体 B 由 10mm 长的聚乙烯管（直径 8mm）组成，在载体内部衬有纵向壁形成交叉，载体外部有散热装置。载体 C 由多孔纤维制成的小管（直径 3mm）组成。聚乙烯管载体不受磨损的比表面积（内表面，扣除由于表面粗糙造成的表面扩大）为 200m²/m³（载体 A）和 390m²/m³（载体 B）。载体 C 的比表面积（以管的光滑表面积计）为 1700m²/m³。

利用三种悬浮载体反应器（图 2-3、图 2-4）平行实验进行渗滤液的硝化作用的研究。

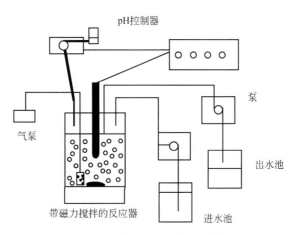

图 2-3　反应器 A 和 B 的实验装置

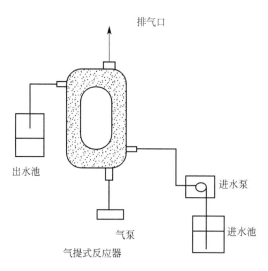

图 2-4 反应器 C 的实验装置

反应器 A、B 有效体积均为 600mL，各装填 60% 的载体 A 和 B。反应器内用磁力搅拌器进行混合，通过充气泵和扩散器曝气。用直径小于载体的出口管保持反应器内的载体颗粒。在不同温度（5～20℃）和水力停留时间（2～5d）下运行反应器。反应器 C 的有效体积为 220mL，装有 10% 的载体 C。反应器设计成气提式反应器，包括曝气和不曝气两部分。反应器的曝气方法与其他反应器相同。载体颗粒在曝气部分被空气提升，不曝气部分重力下降（载体密度大于水的密度），在这部分产生向下水流。反应器出水取自反应器不曝气部分的表面，由于载体沉淀，这一部分不含载体。进水 pH 值人工控制为 9（在反应器中为 7.5）。实验在室温（20～22℃）下进行。规律性地测定反应器中溶解氧（DO）水平，在不同温度下调整气流保持溶解氧水平在饱和溶解氧的80%。在不同温度和 HRT 下，3 个反应器中的硝化速率和氨氮浓度如表 2-1、表 2-2 所列。所有反应器运行近 5 个月。

表 2-1　在不同温度和 HRT 下反应器 A 的硝化速率和氨氮浓度

温度 /℃	HRT/d	NH_4^+ [1]/ (mg/L)	硝化程度 /%	硝化速率 /[g NH_4^+-N/ ($m^3 \cdot h$)]
20	3.5	23 (6.2) [1]	95	6.2
20	5.0	7.0 (2.5)	99	4.5
20	2.0	17 (5.8)	97	11.1
15	3.5	40 (7.5)	93	6.1
15	5.0	6.0 (2.5)	99	4.5
15	4.0	3.0 (4.0)	97	5.6
10	3.5	113 (18)	79	5.2
10	4.0	12 (3.4)	98	5.6
10	4.6	2.4 (1.1)	99.6	5.0
5	3.0	120 (14)	79	6.0
5	3.5	20 (6.5)	97	4.8
5	2.7	100 (16)	83	7.4

[1] 括号中的为标准偏差。

表 2-2 在不同温度和 HRT 下 3 个不同反应器的硝化速率、硝化程度和氨氮浓度

反应器	温度 /℃	HRT/d	$NH_4^{+[1]}$/ (mg/L)	硝化程度 /%	硝化速率 /[g NH_4^+-N/ ($m^3 \cdot h$)]
A	20	3.5	23 (6.2) [1]	95	6.2
A	20	2.0	17 (5.8)	97	11.1
A	15	3.5	40 (7.5)	93	6.1
A	15	4.0	3.0 (0.4)	97	5.6
B	20	3.0	25 (3.9)	95	6.1
B	20	2.0	13 (2.3)	98	11.0
B	15	3.4	32 (3.3)	94	6.8
B	15	4.3	3.0 (6.5)	99	5.5
C	20	0.6	13 (3.7)	98	39.7
C	20	0.4	45 (6.1)	90	39.0
C	20	0.9	2.0 (0.5)	99.6	24.6

① 括号中的为标准偏差。

在启动期间，硝化速率对水力停留时间依赖性强（图 2-5），但受温度影响不明显（表 2-1、表 2-2，图 2-6）。

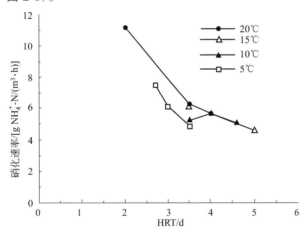

图 2-5 在反应器 A 中硝化速率随 HRT 的变化

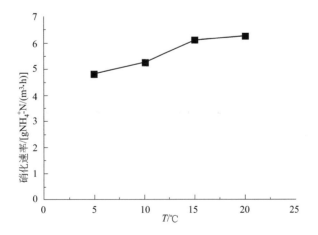

图 2-6 在反应器 A 中硝化速率随温度的变化

悬浮生物膜技术在垃圾渗滤液硝化过程中的应用有很大的潜力。在不是由于分离问题而导致生物量损失的情况下，渗滤液硝化速率可达到 40g NH_4^+-N/（$m^3 \cdot h$），与活性污泥系统具有同一水平。低温对工艺的运行影响很小。

载体 A 和 B 效果相似，而载体 C 体积硝化速率相当高（表 2-2）。对于载体 A 和 B，在 20℃时使出水氨氮浓度达到要求（< 10mg/L）的最小水力停留时间为 4 ~ 5d，而载体 C 在水力停留时间仅为 22h 即可实现氨氮的低浓度排放。不同载体的对比显示载体表面特性对运行效能有重要影响。尽管载体 A 的比表面积仅为载体 B 的 1/2，二者的体积硝化速率却相近。这是由于载体 A 的表面更粗糙，可使更小的生物膜附着在其表面。这种影响与本实验中产生的薄生物膜有很大关系，因为当生物膜厚度远大于表面的不平整程度时，与光滑表面相比，生长在粗糙载体表面的生物膜表面积并没有增大。载体 C 优良的运行效果显然是由于这种载体具有多孔结构，另外薄层生物膜不堵塞载体的小孔。因此，生物膜的实际表面积应比载体表面积更大，这就是载体 B 的单位体积可用表面积（填充度 60% 时 234m^2/m^3）比载体 C（填充度 10% 时 170m^2/m^3）大，但载体 C 的体积硝化速率却远大于载体 B 的原因。

但载体 C 的小粒径和高密度使这种载体比载体 A 和 B 更难在实际中应用。小粒径导致难用屏障截流，而重力沉淀截流会导致载体慢慢流失且同时会累积其他较重的物体。另外，要保持较重的载体处于悬浮状态需要相当高的能量，当填充度大于本实验中的 10% 时很难运行。工艺的运行可以通过专门针对渗滤液的硝化作用来设计填料以进一步改善处理效果。例如结合不同载体的特性，一个密度与水相近的大尺寸的载体、大的比表面积和多孔结构可使载体比本实验中所用的任何其他载体更适于处理垃圾渗滤液。

需要注意的是，虽然在最短的水力停留时间内获得了最高的硝化速率，但该水力停留时间下氨氮浓度并未达到排放标准（< 10mg N/L）。因此，实际应用中该工艺必须延长水力停留时间。两级或多级工艺可能更具优点：由于前一级的高负荷反应器的高硝化速率，后段低负荷工艺可使出水氨氮浓度低于排放标准。

2.1.3 优化好氧生物处理系统

过去的 20 多年里，人们意识到单一的处理工艺往往对付不了渗滤液水质变化很大的特性，因此促使在垃圾填埋场渗滤液处理技术的复杂性和可靠性上都有很大进步。尽管某些设计方案并不完善，但目前总的趋势是多数垃圾填埋场（包括已建好的和正在施工中的）都能将渗滤液处理到具体场地所要求的标准。

2.1.3.1 前置反硝化工艺

传统硝化反硝化工艺被广泛应用于老龄垃圾渗滤液（> 10 年）的脱氮处理[17]。广州市某生活垃圾填埋场产生的老龄垃圾渗滤液已封场，进入老龄化阶段，产生的垃圾渗滤液氨氮和 COD 浓度高，且大部分有机物均为难生物降解物质，导致污水 C/N 值严重失调，给传统的完全硝化反硝化脱氮工艺带来极大的困难。陈小珍[18] 以其为研究对象，采用了"前置反硝化 -ZBAF 部分亚硝化 - 厌氧氨氧化"组合工艺处理该填埋场老龄垃圾渗滤液，见图 2-7，该工艺反硝化单元采用升流式厌氧污泥床（UASB），以避免渗滤液中可生物降解有机物对 PN- 厌氧氨氧化的影响。结果表明，回流比为 2.0 时，脱氮效果最佳。出水 NH_4^+-N 浓度和 NO_2^--N 浓度分别低于 67.5mg/L 和 97.8mg/L，平均氨氮去除率、总氮去除率和总氮去除负荷分别为 96.6%、86.1% 和 0.266kg N/ $(m^3 \cdot d)$。

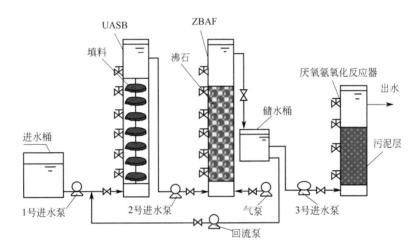

图 2-7 反硝化 -ZBAF 部分亚硝化 - 厌氧氨氧化组合工艺流程示意

2.1.3.2 混合膜过滤工艺

上海长宁区废弃物综合处置中心为 2010 年上海世博会配套环卫建设项目，工程分期建成，主要承担上海市长宁区固体废物处理。长宁区废弃物综合处置中心内渗滤液主要来源于 800t/d 的垃圾中转站及 60t/d 的餐厨垃圾处理厂。2016 年处置中心内开始建设处理量为 100m³/d 的渗滤液处理设施。由于渗滤液污染物浓度高，现场用地狭小，形状极不规则，该项目选用了高效环流曝气双段式工艺（以 CJR 环流生化＋超滤为主），该工艺处理效率高，运行稳定，系统出水达到《污水排入城镇下水道水质标准》（GB/T 31962—2015）的要求。

沈阳市老虎冲垃圾场积存渗滤液较多，原有系统不能完全满足日益增长的渗滤液处理需求，因此于 2019 年进行扩容改造。渗滤液污染物浓度高，成分复杂，氨氮含量高，属高浓度有机废水，主要污染物表征值为 COD_{Cr}、NH_3-N、SS 等。根据老虎冲垃圾处理园区及周边环境保护需求，扩容新增处理量 500m³/d 渗滤液处理系统，采用"水质均衡＋ CJR 环流生化＋纳滤＋反渗透"作为主体工艺路线，项目出水水质达到《城镇污水处理厂污染物排放标准》（GB 18918—2002）一级 A 标准。

沈渎生活垃圾填埋场位于江苏省常州市金坛区城北 8km 处，2000 年建成投运，填埋物以生活垃圾和已固化稳定的生活垃圾焚烧飞灰为主，日处理垃圾 300t。垃圾渗滤液属于可生化性较差的、老龄化的高浓度有机废水，收集后贮存于 10000m³ 的调节池中，调节池渗滤液经调配后由进水泵提升至生化池。生化池由反硝化池和硝化池组成，渗滤液首先进入反硝化池内，自流进入硝化池，渗滤液 COD 和氨氮在充氧曝气的硝化池内充分降解并经超滤实现固液分离，浓缩液回流至反硝化池实现生物脱氮，清液进入纳滤系统进行深度处理，纳滤清液经反渗透再次处理后出水水质达标排放。

生化系统产生的剩余污泥定期排入污泥池，反渗透浓缩液回流到超滤清液中间水箱中，纳滤浓液排入氧化池，通入臭氧进行强氧化处理后输送至沉淀池进行混凝沉淀，沉淀物排入污泥池，上清液回生化池；污泥池内的污泥通过离心脱水系统进行固液分离，脱水上清液回生化池，脱水污泥通过加入石灰进行干化后回填埋场与生活垃圾一起填埋。具体工艺流程见图 2-8 [19]。

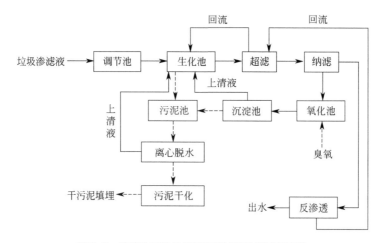

图 2-8　沈渎生活垃圾填埋场渗滤液处理工艺流程

2.2　厌氧生物处理

2.2.1　厌氧反应器技术的发展

厌氧处理技术发展至今已有 100 多年的历史。相比好氧处理法，厌氧处理造价低廉、剩余污泥少，对高浓度有机质以及可生化性差的垃圾渗滤液处理效果显著[20]。早在 1860 年 Mouras 就采用厌氧方法处理沉淀的固体物质，1896 年英国出现第一座用于处理生活污水的厌氧消化池，产生的沼气用于照明[21]，1904 年德国将其发展成为沿用至今的 Imhoff 双层沉淀池（腐化池）[22]。20 世纪 50 年代，Schroepfer 开发了厌氧接触反应器，这种反应器在出水沉淀池中增设了污泥回流装置，增大了厌氧反应器中污泥浓度，增大了其处理负荷和效率，上述被称为第一代反应器。

废水厌氧处理技术因其一系列优点而得到较快的发展，并出现了一批以升流式厌氧污泥床（UASB）反应器、厌氧滤池（AF）等为代表的第二代厌氧反应器处理技术。这些反应器的共同特点是将污泥停留时间与水力停留时间相分离，使得厌氧处理高浓度有机废水所需要的 HRT 由原来的数十天缩短到几天乃至十几或几小时，反应器所需的容积大大缩小，在保证处理要求的前提下处理能力大大提高，因而它们的应用日趋广泛。

高生物固体截流能力和良好的水力混合条件是高效厌氧反应器有效运行的两个基本前提。因此确保反应器中泥水的良好接触、避免短流是厌氧反应器设计中需考虑的重要问题。厌氧反应器内混合进水（或出水回流）导致的上升流速升高和产生的生物气的气泡搅拌混合作用能实现固、液间充分混合和接触，但当在常温或低温下无法采用高负荷（水力负荷和有机负荷）时，往往由于反应器内混合效果差而产生严重的短流或沟流现象。此外，目前所应用的第二代厌氧反应器中，如 AF 运行关键是高效、稳定和易操作管理的填料的使用，高效填料成本高，而廉价的填料则易造成反应器的堵塞；而 UASB 的运行关键是三相分离器的合理设计和培养性能良好的颗粒污泥，高效的三相分离器的设计有较大的难度，而颗粒污泥的培养在国内外已有成功的经验。但是，颗粒污泥的形成需较长时间，且操作要求严格，尤其在处理低浓度有机废水时，不可能产生大量沼气满足搅动需求，反应器中混合效果较差。如果提高反应器混合状况、水力负荷来改善状况，就不可避免出现污泥流失，使得第二代厌氧处理工艺的应用受到了一定的限制。所以，为了解决这些问题，20 世纪 90 年代在国际上提出了以 EGSB、IC、UBF、ABR 为代表的第三代厌氧反应器。

第三代厌氧反应器的开发研究始于 20 世纪 80 年代中后期，主要有：荷兰 Wageningen 农业大学的厌氧膨胀颗粒污泥床（EGSB）反应器，它与 UASB 不同的是，EGSB 反应器配有专门的出水回流系统且其运行方式不同，上流速度可达 2.5 ～ 6.0m/h，远大于 UASB 0.5 ～ 2.5m/h 的上流速度，因此反应器内颗粒污泥呈"膨胀"状态；20 世纪 80 年代中期由荷兰 PAQUES 公司推出的内循环厌氧反应器（IC 厌氧反应器），是第三代高效厌氧反应器的代表。第二代 UASB 反应器的一般容积负荷为 5 ～ 8kg COD/（m³·d），第三代 IC 厌氧反应器的容积负荷达到 15 ～ 30kg COD/（m³·d）。IC 厌氧反应器适用于高浓度有机废水，如玉米淀粉废水、柠檬酸废水、啤酒废水、马铃薯加工废水和酒精废水等。依据功能，反应器自下而上分为混合区、第一厌氧区、第二厌氧区、沉降区和气液分离区，类似由 2 层 UASB 反应器串联而成。由于其占地面积小、有机负荷高、耐冲击能力强、功能更安稳等优点，引起各国水处理人员瞩目，目前该工艺已成功地应用于啤酒、造纸及食品加工等行业的生产污水处理中；美荷 Biothane 系统国际公司的厌氧升流式流化床（UFB），是介于 UASB 和流化床之间的反应器，可以在极高的水和气体的上升流速（两者都可达到 5 ～ 7m/h）下产生和保持颗粒污泥，无需采用载体物质，另外高的流速使得进水和污泥之间形成良好的混合状态；美国 McCarty 等开发的厌氧折流板反应器（ABR）等三代反应器也得到广泛的应用与研究。

这些反应器的应用发展较快，在国内外已建成的厌氧处理工程中约 60% 的项目都采用了 UASB 反应器技术，以其为基础的 EGSB 也已占厌氧工艺应用总数的 11%[23]，可见发展之迅速。

2.2.2 厌氧生物处理的优点

与好氧法相比，厌氧生物处理具有以下优点[24]。

① 好氧法需消耗能量（空压机、转刷曝气等），而厌氧处理却可产生可利用资源（甲烷气）。COD 浓度越高，好氧法耗能越多，厌氧法产能越多，两者的差异就越明显[25]。

② 厌氧处理时有机物转化成污泥的比例（0.1kg MLSS/kg COD）远小于好氧处理的比例（0.5kg MLSS/kg COD），因此污泥处理和处置的费用大为降低。

③ 厌氧处理时污泥的比增长量小，对无机营养元素的要求远低于好氧处理，因此适于处理磷含量比较低的垃圾渗滤液。

④ 许多在好氧条件下难于处理的卤素多环芳烃等有机化合物在厌氧时可以被生物降解。

⑤ 厌氧处理的有机负荷比较高，处理系统占地面积比较小。

近年来，随着微生物学、生物化学等学科发展和工程实践的积累，不断开发出新的厌氧处理工艺，克服了传统的水力停留时间长、有机负荷低等特点，使它在理论与实践上有很大进步，在处理高浓度（$BOD_5 \geqslant 2000mg/L$）废水方面取得了良好的效果。

因此，厌氧法比较适用于高浓度有机废水包括垃圾渗滤液的处理。

2.2.3 典型厌氧反应器及其应用

2.2.3.1 厌氧滤池（AF）

厌氧滤池（AF）内部填料上附着着大量厌氧微生物，废水由下往上流动时经过填料，在微生物作用下分解有机物，该反应器抗冲击负荷能力较强，对 COD 有很好的去除效果。以湖南某地设计规模为 $1.0 \times 10^5 m^3/d$ 的城市生活污水处理厂提标改造为例[26]，湖南省某地级市污水处理厂设计规模为 $1.0 \times 10^5 m^3/d$，该污水厂于 2004 年投入运行，原设计出水水质执行《污水综合排放标准》（GB 8978—1996）的二级标准，采用 TF/SC 处理工艺，其处理工艺流程为：污水来水→格栅间、污水提升泵站→沉砂池→初沉池→高负荷生物滤池→固体接触池→二沉池→紫外消毒池→出水达标排放。该污水厂提标改造工程已于 2019 年竣工验收，近期污水厂进出水的实时水质监测显示，处理效果达到了预期，出水可稳定达到《城镇污水处理厂污染物排放标准》（GB 18918—2002）一级

A 标准。根据污水处理厂的进出水水质监测结果，计算去除率如表 2-3 所列。

表2-3　改造前后进出水水质

	项目	COD_{Cr}	BOD_5	SS	TN	TP	
改造前	进水水质 /（mg/L）	71.04	16.59	142.63	9.7	1.07	
	出水水质 /（mg/L）	13.5	2.87	15.88	8.3		
	去除率 /%	80.99	82.68	88.87	14.41		
	项目	COD_{Cr}	BOD_5	SS	NH_3-N	TN	TP
改造后	进水水质 /（mg/L）	95.1	27.9	70.87	9.89	14.6	1.11
	出水水质 /（mg/L）	10.2	4.04	3.85	0.14	6.52	0.15
	去除率 /%	89.27	87.3	94.57	98.62	55.34	86.21

注：由于该污水厂的纳污管道仍为雨污分流制，主要污染因子未达到设计值，另外由于检测时间是在冬季，TN 的指标按 8mg/L 比对。

根据表 2-3 提标改造前后对各污染因子的去除率分析对比，提标改造后，COD_{Cr}、BOD_5 的去除率都将近 90%，SS 的去除率甚至达到了 95%，而 TN 和 TP 的去除率也有了很大的提升。

根据污水厂提供的各构筑物连续水质监测指标 [《运营项目月报》（2012.01—2013.03）]，计算各构筑物对污染物的去除效果。由表 2-4 可知，沉砂池对各指标的去除率比较低；初沉池对 COD_{Cr}、BOD_5、SS 去除效果明显；高负荷生物滤池对 COD_{Cr}、SS 去除效果明显；固体接触池对各项指标的去除率都呈负增长趋势；二沉池对 COD_{Cr}、BOD_5、SS 去除效果明显。

表2-4　各构筑物对污染物去除效果

项目	沉砂池	初沉池	高负荷生物滤池	固体接触池	二沉池	总去除率 /%
COD_{Cr}	3	25	30	-39	62	81
BOD_5	3	30	5	-2	49	83
SS	2	40	12	-55	90	89
TN	2	2	6	0	4	14

注：除总去除率外，其余数值单位均为 mg/L。

2.2.3.2　升流式厌氧污泥床（UASB）

20 世纪 70 年代初，荷兰学者 Lettinga 开发了一种较新型的厌氧处理反应器——升流式厌氧污泥床（UASB）反应器，由于其颗粒污泥浓度高（60 ～ 80g/L），使其比其他厌氧处理设备具有更高的处理能力。作为一种高效厌氧反应器，主要是通过反应器内驯化良好的厌氧颗粒污泥中的水解发酵菌、产氢产乙酸菌以及产甲烷菌等微生物利用基质的代谢作用，达到去除有机物的目的。有效去除渗滤液中的有机污染物、降低有机负荷是预处理渗滤液的主要目的，近年来，随着反应器越来越受到研究者的关注，其在垃圾渗滤液处理方面的应用也逐渐成为研究热点，研究者在这一领域也取得了一些研究结论。

西南交通大学郭曼[27]在连续稳定运行的基础上采用联用技术，分析其对渗滤液中小分子有机物的去除特性；通过添加腐殖酸，表征处理渗滤液中难降解大分子有机物的降解规律及特性，实验结果表明，反应器具有良好的稳定性和有机物处理效果，工艺运行性能可靠，去除率保持在 95% 左右，未出现积累现象。张勇等[28]利用升流式厌氧污泥床（UASB）处理垃圾焚烧发电厂渗滤液，并投加蜂巢石研究其对厌氧消化效率的影响。实验结果显示，投加蜂巢石缩短了 UASB 污泥驯化时间，与未投加蜂巢石的反应器相比，COD_{Cr} 去除率提前 12d 稳定达到 85% 以上；污泥形貌观察及粒径分布测试表明，蜂巢石作为固定微生物的载体能够有效加速污泥颗粒化进程；当有机负荷逐步提升至 28.77kg COD_{Cr}/($m^3 \cdot d$) 时，投加蜂巢石的反应器 COD_{Cr} 去除率仍稳定达到 97%，所能承受的最大有机负荷是未投加蜂巢石反应器的 2 倍以上，增加了微生物的多样性和丰富度，产甲烷丝菌代替产甲烷杆菌成为优势种属。连洁[29]对高含固污泥热水解滤液采用中温 UASB 反应器进行厌氧处理，UASB 启动实验结果表明：在中温条件下，以厌氧絮状污泥作为接种泥，处理高含固污泥热水解滤液，通过逐步降低 HRT，控制反应器容积负荷由低到高运行，可有效启动 UASB 反应器。

近年来，我国垃圾渗滤液处理有不少成功案例，其中采用厌氧-好氧组合工艺的包括武汉市流芳垃圾填埋场[30]、深圳下坪垃圾填埋场[31]，参考其处理方式，王晓明等[32]对山东省荣成市固废综合处理与应用产业园有限公司的垃圾渗滤液处理项目进行了详细介绍。荣成市作为山东省垃圾分类先行者，不仅前端分类方面尤为突出，后端垃圾渗滤液处理率也趋近于 100%。2018 年 10 月荣成市固废综合处理与应用产业园有限公司（以下简称"荣固园"）渗滤液深度处理项目建成投产，形成以生活垃圾焚烧发电项目为核心，配套进行固、液、气"三废"的处理。目前，国内渗滤液常见处理工艺包括：a. 氨吹脱+生物处理（A + O）+混凝沉淀+砂滤+超滤+纳滤[33]；b. 厌氧发生器 UBF +膜生物反应器+超滤+纳滤+反渗透等。上述两种工艺模式对高浓度有机污染物和氨氮处理效率较高，虽能使出水达标排放，但因膜的截留作用会产生占原液体积 1/8 ～ 1/6 的浓缩液。若未得到有效的处理将会对周围环境造成二次污染。因此，合理的渗滤液零排放运作模式在国内并未有效实现。现阶段，荣固园渗滤液年处理量近 20 万吨，处理工艺采用前端预处理、深度处理、终端产物处置三部分结合运作模式。主体工艺包括：前端预处理的"过滤+升流式厌氧污泥床（UASB）+膜生物反应器（MBR系统）+纳滤系统"；深度处理的"中水回用三级反渗透，浓缩液处理中 DTRO、物料膜及 MVR 系统相结合等"；终端产物与垃圾焚烧项目联合处置工艺。

UASB 主要针对高有机污染物浓度和高悬浮物浓度的特点，在反应器内培养高浓度厌氧活性污泥，利用厌氧生物将有机物降解为小分子物质，如沼气、水。厌氧系统设计采用中温厌氧，正常运行温度在 35℃ 左右。MBR 系统主要针对氨氮浓度高废水，包括硝化池、反硝化池、管式超滤系统。在微生物作用下，有机物分解转化为 CO_2、H_2O 等小分子物质；NH_3 和总氮物质经过水解、硝化、反硝化的作用过程最终转化为 N_2 排放到空气中；其他一部分有机物质分解和吸收，被微生物利用进行增殖，并最终以生化剩余污泥的形式排出系统。经过上述工艺可生化降解部分已基本去除，剩余部分为难降解有机物，无法通过一般生化方法进行处理。因此，物理分离成为有效手段，采用过滤孔径为 1nm 的美国陶氏纳滤膜，在一定压力作用下部分清水和小分子物质透过膜形成清液（中水），剩余的物质和水形成浓缩液。经过前端处理工艺的产水率可达 75%，满足《生活垃圾填埋场污染控制标准》（GB 16889—2008）中表 2[34] 排放要求，可以进入市政污水管道。

前端预处理产生的中水、浓缩液、污泥、沼气均进行深度处理，出水水质达到《城市污水再生利用　工业用水水质》（GB/T 19923—2005）中工艺与产品用水标准。中水回用系统工艺如图 2-9 所示。

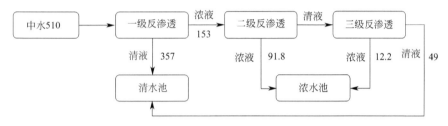

图 2-9　中水回用系统工艺（单位：t/d）

浓缩液进入浓缩液处理系统，主要包括碟管式反渗透（DTRO）、物料膜、机械式蒸汽再压缩技术（MVR）、单级反渗透。其工艺如图 2-10 所示。

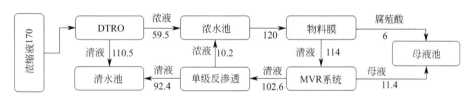

图 2-10　浓缩液处理系统工艺（单位：t/d）

渗滤液处理过程中产生的生化剩余污泥密闭传输至污泥干化系统，采用蒸汽与污泥隔离烘干，含水率可降至 20% 以下，经检测干污泥完全满足入炉焚烧条件（收到基高位发热量 6.36MJ/kg，干燥基高位发热量 7.85MJ/kg，收到基低位发热量 5.56MJ/kg）。通过专业密闭运输车辆送至炉膛焚烧；冷凝污水引入调节池，烟气余热加热除盐水，后引入锅炉作为一次风源。渗滤液产生的沼气经过净化装置直接进入炉膛进行焚烧发电，烟气经过烟气净化装置排入大气。清水池经过深度除盐系统，即一、二级反渗透和 EDI 装置，处理规模可达 480t/d，出水水质达到《火力发电机组及蒸汽动力设备水汽质量》（GB/T 12145—2016）标准，直接应用于垃圾焚烧电厂锅炉补给水，盐分较高的浓水部分与中水继续混合再循环；浓水池剩余部分（53.7t/d）应用于炉渣冷却，减少使用自来水；根据多年来各地实践经验，MVR 系统蒸发残留母液出路困难，但此项目母液

(17.4t/d) 与垃圾焚烧飞灰、螯合剂进行稳定固化，送至填埋场直接填埋处置，最终实现污水"零排放"，浓缩产物结晶盐，采用 PE 袋打包封存送至填埋场。荣固园渗滤液零排放项目利用园区集群效应，实现中水回用，母液与飞灰螯合固化，浓液冷却炉渣，污泥、沼气入炉焚烧等，如单独渗滤液处理站有如此成果实在困难。因此，未来零排放处理模式还需进一步研究。

2.2.3.3 厌氧折流板反应器（ABR）

1982 年，P. L. McCarty 等在总结了各种第二代厌氧反应器处理工艺特点、性能的基础上开发了一种新型厌氧污泥床工艺。ABR 就是一类源于 SMPA 理论的第三代新型厌氧反应器[35]，该工艺使用一系列垂直放置的折流板使反应器分隔成一定数目的格室（窄的下流室和宽的上流室），使废水在反应器内沿其上下流动，并依次流过各格室，如图 2-11 所示。各格室中泥水则借助于水流及产气的作用而得到混合。与其他类型的厌氧反应器相比，该反应器有以下几个突出的特点：

① 能提高 ABR 中的容积利用率，达到理想的水力流动模式；

② ABR 中的微生物生态系统能在各个不同的格室中形成各自不同的优势微生物种群，适应流入该格室中的废水特性；

③ 具有很高的处理稳定性，不会发生堵塞和污泥床膨胀而引起微生物流失；

④ ABR 中没有可动部分或机械搅拌装置，所以构造简单，建设费用较低；

⑤ 省去 UASB 中复杂的气、固、液三相分离器；

⑥ 启动容易且能形成性能不同的颗粒污泥。

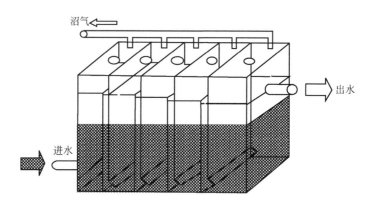

图 2-11 厌氧折流板反应器的构造示意

东北大学常铭东等[35] 对来自沈阳市老虎冲垃圾填埋场的垃圾渗滤液采用复合式厌氧折流板反应器的处理工艺进行研究，常用的 ABR 结构如图 2-12 (a) 所示；本书所述的 HABR 是基于此基本结构进行优化设计而成的，如图 2-12 (b) 所示，该反应器的有效工作容积为 40L，并分成 8 个格室。由于反应器第一格室承受的负荷远大于平均负荷，所以应适当增大第一格室的容积；其次，随着格室后移有机质浓度下降，最后一个格室的关键任务不再是处理能力而是污泥沉降，所以应适当增加第八格室的容积以降低其上升流速，利于污泥沉降。填料架使用 $\Phi4$ 不锈钢焊接制造，内部悬挂软性纤维填料，第一格室设 2 片填料，第八格室不设填料，其他格室各设 1 片填料。

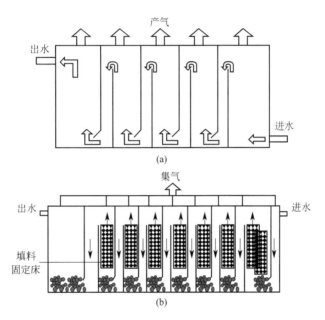

图 2-12　实验反应器结构

由于 HABR 是厌氧生物反应器，而处理氨氮所需的硝化细菌多数为异养细菌，在无氧环境下数量较少，导致 HABR 去除垃圾渗滤液中氨氮的能力有限。所以只考察温度、HRT 和进水氨氮浓度对反应器去除 COD 效果的影响。具体方案如下。

采用阶段实验法，分别以温度、HRT、进水氨氮浓度 3 个影响因素作为单一自变量，以出水 COD 质量浓度作为因变量。原垃圾渗滤液的 COD 质量浓度为 9 ~ 11g/L，通过添加葡萄糖或加水稀释对 COD 质量浓度进行调控，使进水 COD 质量浓度达到 10g/L。在反应器的运行过程中保证其他影响因素恒定不变，阶段性控制反应器运行过程中的单一自变量因素并在实验的各个阶段检测出水 COD 质量浓度。当以温度为自变量时，控制温度分别为 10℃、20℃、30℃、35℃、40℃，HRT 为 24h；当以 HRT 和进水氨氮质量浓度作为单一自变量时反应器各阶段的运行参数分别如表 2-5 所列。

实验发现，温度和 HRT 对反应器的处理效能有较大影响（图 2-13），在一定范围内较高的温度更适合反应器的运行，且温度越低对反应器的冲击越大，所以当出现突发性温度降低的情况时，应适当降低容积负荷来减少对系统的损伤；系统的 HRT 越长，反应器的处理效果越好，在一定容积负荷范围内反应器具有较好的抗冲击能力；进水中的氨氮会对微生物产生毒害作用，降低反应器的处理效率，且浓度越高影响越大，反应器的处理效果也越差。

表2-5　反应器各阶段的运行参数

阶段		时间/d	HRT/h	温度/℃	容积负荷/[kg/(m³·d)]
阶段一	1	1～7	48	30	5
	2	8～17	36	30	6.7
	3	18～29	24	30	10
	4	30～43	16	30	15
	5	44～58	12	30	20
阶段		时间/d	HRT/h	温度/℃	ρ(氨氮)/(mg/L)
阶段二	1	1～7	24	30	1500
	2	8～15	24	30	2000
	3	15～23	24	30	2500
	4	24～36	24	30	800
	5	37～42	24	30	3000
	6	43～51	24	30	3500
	7	52～64	24	30	800

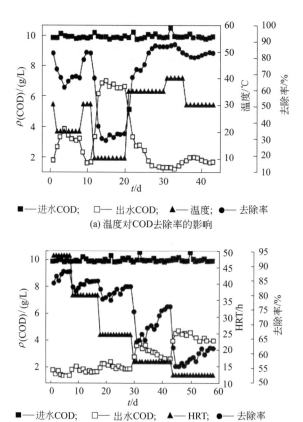

■—进水COD;　□—出水COD;　▲—温度;　●—去除率

(a) 温度对COD去除率的影响

■—进水COD;　□—出水COD;　▲—HRT;　●—去除率

(b) HRT对COD去除率的影响

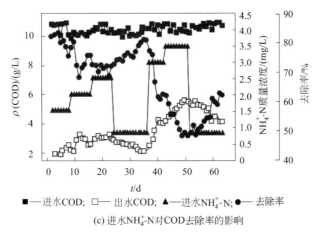

图例：■—进水COD; □— 出水COD; ▲—进水NH$_4^+$-N; ●— 去除率

(c) 进水NH$_4^+$-N对COD去除率的影响

图 2-13　温度、HRT、进水 NH$_4^+$-N 对 COD 去除率的影响

另外，通过选取一些典型的垃圾渗滤液处理工艺实例与本实验中的 HABR 工艺进行对比。为分析几种工艺对垃圾渗滤液的处理效果，通过测定 COD 去除率、容积负荷两个主要参数以及实验温度来进行对比。垃圾渗滤液处理工艺的比较如表 2-6 所列。ABR反应器运行稳定，并能有效去除污染物，这说明 ABR 反应器作为水解酸化单元，能有效处理含难降解有机物的渗滤液。

表 2-6　垃圾渗滤液处理工艺比较

处理方法	COD 去除率 /%	温度 /℃	COD 容积负荷 / [kg/ (m³ · d)]	参考文献
SBR	85.48	室温	8.87	[36]
UASB	85	35	8.4	[37]
PAC-UASB	70.7	15	6.0	[38]
ABR	61	室温	2.4	[39]
UBF	80	30	1.16	[40]
HABR	82.3	30	10.0	[35]

2.2.3.4　厌氧序批式反应器（AnSBR）

厌氧序批式反应器（AnSBR）能够在一个反应器内实现截留固体颗粒和去除有机物的双重功能，而无需澄清池。序批式反应器（SBR）与连续流工艺相比，具有如下优点：

① 就循环周期的时间和间歇运行而言，其工艺灵活性大；

② 如果需要的话，可在同一反应器内实现好氧、兼氧运行；

③ 在进水阶段，间歇运行近似于推流运行；

④ 接近理想化的静沉条件；

⑤ 无需另外的澄清池;

⑥ 无短流产生。

在考虑垃圾填埋场渗滤液的处理时,SBR 的高度灵活性是特别重要的,这是因为渗滤液的质和量变化较大。像其他的 SBR 工艺一样,AnSBR 也分为 4 个明显的阶段做周期运行:进水、反应、沉淀和排水 (F:R:S:D)。在某些系统中,如果有必要也可设置待机段。厌氧序批式反应器的整个运行周期见图 2-14。

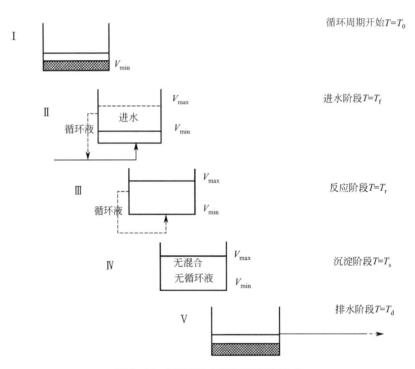

图 2-14　厌氧序批式反应器的运行方式

当时间为 T_0 时,反应器内沉淀的厌氧颗粒污泥占反应器的体积最小,即 V_{min}。该液面通常情况下位于出水口处。沉淀污泥上部为上清液。AnSBR 的一个循环周期以进水期为起点。废水通过位于反应器底部的进水口,用泵打入反应器内直到最高水位,同时达到最大体积 V_{max}。在进水的过程中,反应器中的液体和进水通过从反应器流出又通过进水口流入反应器进行混合。整个进水段的时间由废水进入反应器的流量控制。

张海生等[41]对预处理后的豆制品废水在厌氧 - 好氧 - 缺氧序批式反应器中通过优化 DO 含量和缺氧时间实现短程硝化反硝化偶联生物除磷。实验所用的 SBR 有效容积为 5.0L,实际进水为 2.0L。反应器上方设置机械搅拌器,在缺氧期控制转速为 120r/min,而在厌氧和好氧期均不工作。预处理和水解酸化后的大豆废水,pH 值为 4.5 ~ 6.5,COD 的浓度为 650 ~ 800mg/L,NH_4^+-N、PO_4^{3-}-P 的浓度分别为 200 ~ 250mg/L、10 ~ 15mg/L。接种污泥取自实验室培养的活性污泥,该活性污泥具有良好的脱氮除磷效果，混合液悬浮固体（MLSS）的浓度为 3.5 ～ 4.5g/L，污泥沉降比（SV）为 35%，污泥容积指数（SVI）为 82.3mL/g。实验结果表明，SDN-P 系统稳定出水 COD 为 41.2 ～ 50.3mg/L，NH_4^+-N、NO_2^--N、PO_4^{3-}-P 的浓度分别为 7.4 ～ 10.1mg/L、13.5 ～ 19.8mg/L、0.7 ～ 0.9mg/L，亚硝化率为 73.8% ～ 78.6%。低 DO 含量有助于实现短程硝化与反硝化。

李灿等以厌氧生物处理工艺（AnSBR/AnMBR）为基础，组合好氧生物处理工艺（SBR）和物化工艺（混凝吸附高压膜分离），主要考察了 AnSBR 对印染废水有机污染物（COD）的降解效果以及 AnSBR 的污泥特性。工艺运行时间表和实验设计物料投加量分别如表 2-7 和表 2-8 所列。

表 2-7 工艺运行时间表

HRT/h	污泥浓度 / (mg/L)	进水 /h	反应 /h	沉淀 /h	排水 /h	待机 /h
48	4000	0.65	20	2	0.65	0.7
24	4500	0.65	9	1	0.65	0.7

表 2-8 物料投加表

编号	组别	F/M	接种污泥 /g	NaHCO₃/g	废水 COD/g	葡萄糖当量 COD/g	去离子水 /mL
1	实验组	1.5	3.46	0.2	0.2		
2		1.5	3.46	0.2	0.2		
3		0.8	6.66	0.2	0.2		
4		0.8	6.66	0.2	0.2		
5	对照组	1.5	3.46	0.2		0.2	400
6		0.8	6.66	0.2		0.2	400
7	空白组		3.46	0.2			400
8			6.66	0.2			400

本实验共运行 50d，考察了两个 HRT（48h 和 24h）的工况。实验开始前对污泥进行驯化，待污泥较适应废水时进行实验（图 2-15）。第一工况（HRT=48h）进水 COD 在 1300mg/L，AnSBR 出水 COD 呈波动下降趋势，初期出水 COD（600mg/L）较高，随着厌氧污泥对废水的逐渐适应，逐步下降至工况末的 400mg/L。COD 去除率从初始 50% 逐步升高到 70%，表明厌氧微生物对印染废水具有较好的适应性和去除效果。第二工况 HRT 为 24h，进水 COD 为（1100±50）mg/L，AnSBR 出水 COD 前期（36 ～ 45d）稳定在 300mg/L，后期（45 ～ 50d）小幅上升至 400mg/L。COD 去除率从前期 75% 降至后期的 70% 左右，与第一工况末端类似。实验期间 AnSBR 的最佳 COD 去除率为 82%，出水色度去除率为 92%（出水 50 倍）。由于印染废水中有机物性质较为复杂，单纯地使用 AnSBR 处理印染废水有一定的去除效果，但出水 COD 显著高于印染废水的间接 / 直接排放标准 [（200mg/L）/（80mg/L）]。国内采用 AnSBR 处理印染废水的典型案例也较少，处理市政污水的情况较多，一般 AnSBR 处理市政污水污染物的去除率达到 90%，鉴于印染废水的复杂性，与国外相关报道（60% ～ 70%）的 COD 去除

率相近^[42]。综合来看 AnSBR 对印染废水的处理有一定的效果，但出水 COD 浓度仍较高。

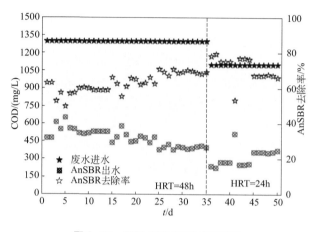

图 2-15　SBR 工艺 COD 去除情况

　　AnSBR 污泥浓度和出水悬浮物浓度随时间的变化见图 2-16。AnSBR 污泥浓度经历前期（1 ～ 20d，4000 ～ 4800mg/L）上升、后期（25 ～ 50d，4800mg/L）基本稳定的过程。污泥逐渐适应印染废水过程中，自身会不断地增殖，随着污泥负荷的稳定，污泥浓度也趋于稳定状态。出水悬浮物的浓度在 HRT=48h、24h 时均处于较稳定的状态（50 ～ 70mg/L）。在第二工况的末段（45 ～ 50d），出水的 SS 浓度有急剧的上升（270mg/L），主要是由于酸碱泵的调节出现了故障，加酸过多导致污泥沉降性变差。

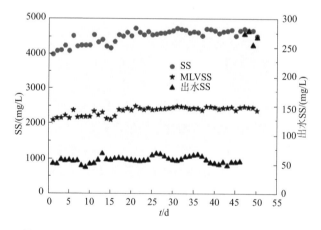

图 2-16　AnSBR 中污泥浓度及出水悬浮物浓度的变化情况

　　甲烷产量如图 2-17 所示，投加易降解葡萄糖基质的对照组（F/M 为 1.5 和 0.8）的甲烷产量及速率基本一致，显示 F/M 对其厌氧降解活性无显著影响。投加印染废水的实

验组 F/M=1.5 的反应器甲烷产量及速率均比 F/M=0.8 的反应器高，显示 F/M 越高印染废水的厌氧降解活性越高，但与对照组相比甲烷产量及速率明显较低，表明印染废水可厌氧降解性低于葡萄糖。综合来看，印染废水具有一定的厌氧可降解性，相对较高的 F/M（1.5）有利于促进其产甲烷转化过程。

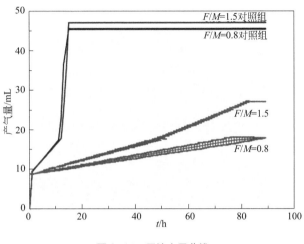

图 2-17　甲烷产量曲线

厌氧膜生物反应器（AnMBR）共运行 85d，以水力停留时间为主要操作变量，顺序考察了 HRT 分别为 48h、24h、12h、8h、6h 的 5 个工况下的 COD 去除效果（图 2-18）。在 AnMBR 第一个 HRT 为 48h、共 35d 的运行工况内，上清液和膜出水 COD 整体上均呈现先上升后趋于稳定再下降的变化趋势。初期（约 1 周）上清液 COD 的上升（350 ~ 550mg/L）主要是由于微滤膜对上清液高分子有机物（例如废水中原有的胶体有机物、蛋白多糖等高分子微生物代谢产物）的截留。随着上清液 COD 的累积，被膜截留的部分有机物因与厌氧微生物的接触时间增长而得到去除，进而达到新的动态平衡，表现为上清液 COD 达到稳定值（500 ~ 550mg/L）。运行 3 周后，上清液 COD 进一步下降至约 400mg/L 的稳定水平，显示出印染废水对厌氧微生物的驯化效果。由于微滤膜对上清液有机物的部分截留导致膜出水 COD 比上清液 COD 低 150 ~ 250mg/L。

与上清液 COD 趋势相反，COD 表观生物去除率呈先下降后趋于稳定再上升的变化趋势（70% → 55% → 70%，图 2-19），真实生物去除率与表观生物去除率的趋势大致相同（82% → 75% → 83%），COD 总去除率也呈现类似的趋势（83% → 75% → 80%）。微滤膜对 COD 的截留率在 27% ~ 64% 之间，平均 41.9%，有机物停留时间（ORT）平均值为 3.55d。厌氧生物降解是 AnMBR 有机物去除的主体途径，而微滤膜截留起到了稳定出水水质的作用，这与已有处理模拟活性黑印染废水的 AnMBR 报道是类似的（表观生物去除率 70% ~ 90%，膜截留 COD 去除率 5% ~ 15%）[43]。

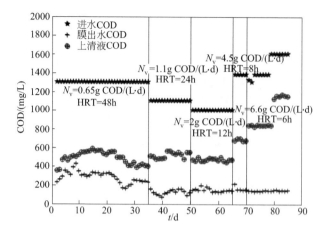

图 2-18 AnMBR 进水、上清液和膜出水 COD

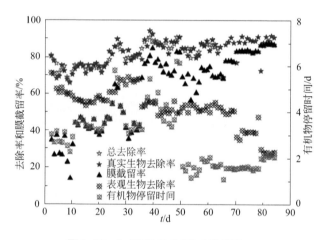

图 2-19 AnMBR 的 COD 去除效果

设置 9 组实验，采用原始接种污泥、AnSBR 污泥、AnMBR 污泥三种，每种污泥设置空白（即不投加基质）、对照（投加葡萄糖，F/M=1.5）、实验（投加印染废水，F/M=1.5）三组。产甲烷分析实验原料投加情况如表 2-9 所列。

表 2-9 产甲烷分析实验原料投加情况

编号	F/M	接种污泥/g	NaHCO₃/g	废水量/mL	葡萄糖当量/g	去离子水/mL
1	1.5	3.46	0.2	0.2		
2	1.5	3.46	0.2	0.2		
3	0.8	3.46	0.2	0.2		
4	0.8	3.46	0.2		400	400
5	1.5	3.46	0.2		400	400
6	1.5	3.46	0.2		400	400
7		3.46	0.2			400
8		3.46				400
9		3.46	0.2			400

AnSBR 与 AnMBR 实验中空白组均未检测到甲烷（图 2-20），对照组和实验组均收集到甲烷，表明 AnSBR 和 AnMBR 污泥具备产甲烷能力。对于每种污泥，投加葡萄糖的对照组甲烷产量及产率均明显高于投加印染废水的实验组，与前期的厌氧降解性实验结果一致。对于葡萄糖基质，不同污泥的甲烷产量顺序为接种污泥 > AnMBR 污泥 > AnSBR 污泥，表明长时间接触印染废水后的污泥产甲烷活性有所下降，可能与印染废水中含有毒性物质有关。对于印染废水基质，不同污泥的甲烷产量顺序为接种污泥 ≈ AnMBR 污泥 > AnSBR 污泥，表明 AnMBR 污泥降解转化印染废水有机物的活性与接种污泥基本一致，并显著高于 AnSBR 污泥，可能与 AnMBR 污泥被微滤膜组件完全截留从而与接种污泥特性更相似有关。

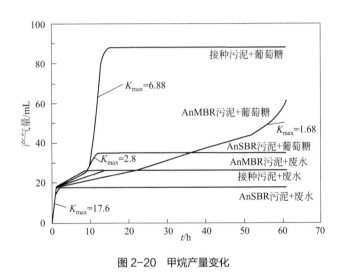

图 2-20　甲烷产量变化

2.2.3.5　厌氧膜生物反应器（AnMBR）

中国污水处理厂收集的城市污水 ρ（COD）为 $100 \sim 500\text{mg/L}$ [44]，而欧美城市污水 COD 浓度较高，可达到 500mg/L 甚至 800mg/L [45]，由日本三菱化工机株式会社搭建的中试 AnMBR（图 2-21）应用于日本宫城县仙台市郊区某污水处理厂区空地上 [25]，该污水厂日处理污水 120000t，服务流域面积大，污水管网长，水质相对稳定，是目前世界上最大的浸没型一体式 AnMBR。

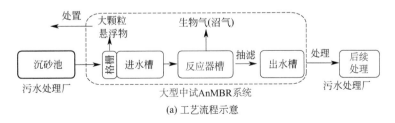

(a) 工艺流程示意

图 2-21

(b) 实景照片

图 2-21　中试 AnMBR 系统工艺流程示意与实景照片

此污水处理厂收集的城市污水 ρ（COD）稳定在 $300 \sim 500$mg/L，pH 值约为 7.1，碱度为 $150 \sim 220$mg/L（表 2-10），因研究所使用的日本实际城市污水的性状与我国相近，所以更具有东亚国家的代表性。

表 2-10　城市污水水质指标　　单位: mg/L（pH 值与 HRT 除外）

HRT/h	pH 值	碱度	ρ (COD)	ρ (BOD$_5$)	ρ (SS)	ρ (NH$_4^+$-N)	ρ (TN)	ρ (SO$_4^{2-}$)
24	7.11±0.18	170.1±13.4	367.7±39.2	153.6±17.2	229.0±27.3	28.3±2.8	44.1±3.0	54.3±6.7
12	7.13±0.09	184.8±11.8	403.1±28.1	146.9±14.2	247.6±38.0	26.2±3.6	37.7±3.9	61.8±2.2
8	7.20±0.16	198.8±20.3	433.1±24.4	188.0±13.5	230.4±38.6	24.9±3.6	38.7±4.8	56.8±8.7
6	7.11±0.17	180.9±11.4	460.9±27.1	245.6±42.8	239.8±48.6	23.9±6.4	36.6±3.0	64.7±4.8

在保持模拟常温 25℃的稳定条件下，经过长达 217d 的连续运行，HRT 由最初的 48h 逐渐降低到 6h，该中试 AnMBR 取得稳定而优异的去除效果。如图 2-22 所示，COD 去除率稳定在 90% 以上，BOD$_5$ 去除率稳定在 95% 以上。出水水质 ρ（COD）< 50mg/L（表 2-11），每处理 1m^3 污水可回收沼气 $0.09 \sim 0.10$m^3。每去除 1g COD 可回收约 0.25L 沼气，沼气中的甲烷含量可达到 75% 以上（表 2-12）。

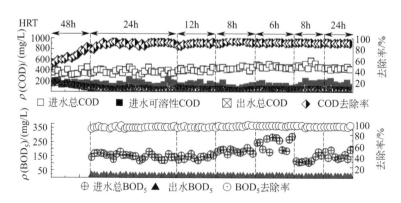

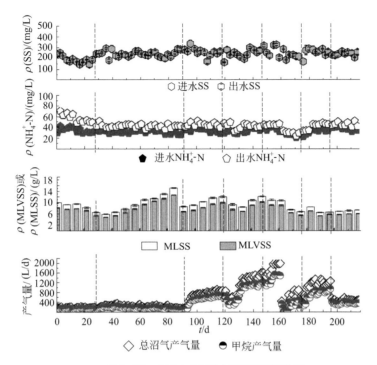

图 2-22 中试 AnMBR 长期稳定运行效果

表 2-11 AnMBR 不同 HRT 下的出水水质   单位：mg/L

HRT/h	碱度	ρ (COD)	ρ (BOD$_5$)	ρ (NH$_4^+$-N)	ρ (TN)	ρ (TP)
24	233.5±25.6	37.2±3.5	7.9±1.6	35.5±3.4	40.5±2.7	7.1±0.6
12	251.3±29.3	40.3±5.2	9.4±1.6	34.1±3.7	32.7±4.7	5.4±0.8
8	228.1±31.1	29.2±6.6	8.8±2.4	32.0±5.0	32.5±5.2	5.7±0.8
6	247.9±40.5	40.8±3.6	9.9±1.1	28.2±8.8	31.3±11.9	7.1±2.3

表 2-12 不同 HRT 下沼气产量及其组分

HRT/d	沼气产量 /L		沼气组分			
	每处理 1L 污水	每去除 1g COD	N$_2$/%	CH$_4$/%	CO$_2$/%	H$_2$S/ (mL/m^3)
24	0.1	0.26	13.9	78.3	7.8	3278
12	0.09	0.25	17.6	77	5.4	3217
8	0.1	0.25	17.3	76.8	5.9	3208
6	0.1	0.25	17.4	76.7	5.9	3300

在本实验 AnMBR 产生的沼气中，H$_2$S 含量高达 3200mL/m^3 以上（表 2-12）。H$_2$S 来自进水中硫酸盐的还原以及蛋白质的分解[46]。本研究中沼气需通过填充氧化铁颗粒的脱硫塔进行干式脱硫。

在不同 HRT 运行条件下，实际污泥产率如表 2-13 所列。可知：污泥转化系数随着 HRT 的降低与有机负荷率（OLR）的升高而成比例升高。HRT 由 24h 缩短到 6h，

OLR 相应地从 0.37kg/ (m³·d) 增长到 1.84kg/ (m³·d)，在 HRT 为 6h 时污泥浓度增长速率最高，达到 0.35g/ (L·d) （表2-13）。根据污泥增长速率可估算出 AnMBR 的污泥龄。确定稳定的运行污泥浓度后可定时排泥，防止污泥浓度过高而引起的抽滤困难与膜污染。

表 2-13　中试 AnMBR 处理城市污水的各阶段污泥产率

HRT/d	SRT/d	OLR/ [kg/ (m³·d)]	MLSS (MLVSS) 增长速率 / [g/ (L·d)]	COD-MLSS 转化系数 / (g/g)	SS-MLSS 转化率 /%
24	123.5	0.37	0.08 (0.072)	0.21	35.41
12	62.5	0.81	0.16 (0.123)	0.19	33.82
8	39.5	1.3	0.25 (0.213)	0.28	42.68
6	29	1.84	0.35 (0.299)	0.21	41.54

本研究中试厌氧膜生物反应器的成功运行为厌氧消化技术与膜技术在污水处理领域的推广提供了基本运行参数和工程可靠性基础。膜污染是制约 AnMBR 稳定运行的最大问题，在运行过程中受到污水性状、有机负荷与污泥浓度的影响，定期在线反冲洗与排泥是维持膜通量的有效方法。并且膜通量受制于膜材料本身的过滤性能，不同制造商所生产的膜性能不尽相同，提高膜材料本身的耐污染能力也是当务之急。

2.2.3.6　不同类型厌氧反应器组合应用

（1）UASB ＋ SBR ＋ AF 的工艺应用

近年来，广西很多淀粉企业因达不到淀粉行业水污染物排放标准被迫关停，而本项目是能稳定实现废水达标排放的企业之一。韦科陆等[47]以广西某木薯淀粉生产企业所采用的废水处理工艺"预处理＋ UASB ＋ SBR ＋生物滤池"为研究对象，通过分析该系统调试工艺控制参数、运行状况及处理效果，为同类型废水处理提供可参考的理论依据。目前木薯淀粉废水处理应用较多的是"厌氧＋好氧＋物化"组合工艺，但还是存在生物处理后出水总氮、总磷难以达标和出水不稳定情况，且由于木薯淀粉加工属于季节性生产（每年12月至次年3月），对生物反应器的启动与调试运行也存在一定的影响。

该淀粉厂主要以鲜木薯为原料生产原淀粉，年产 6000t 淀粉，每天废水排放总量为 1200m³，淀粉厂共计生产 100d，总废水排放量 $1.2 \times 10^5 m^3/a$。

进出水水质指标见表 2-14。

表 2-14　进出水水质指标　　　　　　　　　　单位：mg/L

指标	COD	SS	TN	NH₃-N	TP
进水指标	11000 ～ 12000	5000 ～ 6000	230 ～ 350	200 ～ 300	50 ～ 60
出水指标	≤ 100	≤ 30	≤ 30	≤ 15	≤ 1

木薯淀粉废水排放具有水量大、间歇性排放以及高 COD 浓度、高氨氮浓度等水质特点，本项目采用"预处理＋UASB＋SBR＋生物滤池"的组合工艺进行处理，废水处理工艺流程见图 2-23。

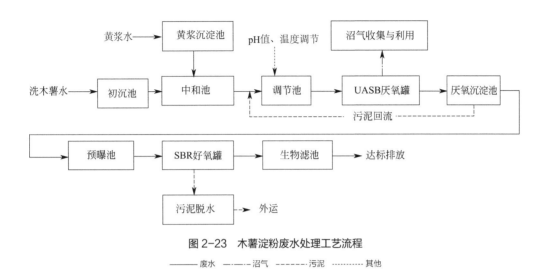

图 2-23　木薯淀粉废水处理工艺流程

——— 废水　—·—·— 沼气　------- 污泥　········· 其他

在洗木薯生产工段，废水含有较多的悬浮物和无机物，故需设置初沉池进行沉降，而黄浆水自流到黄浆沉淀池，在此单元沉淀废水中的黄浆粉，降低进水污染物浓度的同时回收黄浆粉；两类废水进入中和池进行混合，废水泵入调节池，调节 pH 值和利用蒸汽加热，以满足厌氧中温发酵适宜温度（35℃），废水中的有机物在厌氧条件下经微生物降解转化为甲烷、二氧化碳等，产生的气体收集后作为燃料送入锅炉燃烧，污泥返回污泥床，厌氧后废水从反应器上部出水进入厌氧沉淀池进行泥水分离；经过泥水分离后的厌氧出水经预曝池处理后进入 SBR 好氧罐，进一步降解废水中的有机物，并且通过兼氧、好氧一系列生化反应除磷脱氮；为了提高处理后水质指标，好氧出水再进入生物滤池进行处理，使废水中悬浮物及其他杂质进一步得到降解、过滤去除，最后通过在线监测系统检测后，实现达标排放。

① 初沉池及黄浆沉淀池。初沉池尺寸为 25m×10m×4m（有效容积：1000m³），黄浆沉淀池尺寸为 35m×30m×5m（有效容积：5000m³），钢筋混凝土结构。各配备 2 台提升泵（1 备 1 用），设备参数：型号 100IS-80-12，Q=120m³/h，N=11kW。

② 调节池。1 个，调节池尺寸为 6m×5m×4m（有效容积：100m³）。配备 2 台提升泵（1 备 1 用），设备参数：Q=120m³/h，N=15kW。

③ 厌氧沉淀池。1 个，尺寸为 25m×10m×4.5m（有效容积：1100m³），钢筋混凝土结构，配备 2 台污泥回流泵，设备参数：Q=40m³/h，N=3.5kW（型号：GD75）。

④ SBR 好氧罐。2 套，碳钢结构，表面采用涂料防腐，单个尺寸为 ϕ20m×5m，有效容积为 1500m³。MLSS=4g/L，HRT=8.5h，污泥负荷 0.15kg BOD₅/（kg MLSS·d）；配备 2 台罗茨鼓风机（1 备 1 用），设备参数：Q=32m³/min，N=55kW（型号：JSR-150）；配备好氧污泥回流泵 2 台，设备参数：Q=80m³/h，N=5.5kW（型号：GD100）。

⑤ 生物滤池。1 座，尺寸为 6m×6m×6m（有效容积：200m³），钢筋混凝土结构，池内装有陶粒等填料，填料高 1.2 m。

本系统从 2018 年 12 月开始调试，经过一个多月调试达到满负荷运行，2019 年 1 月、2 月进行了连续采样分析，采样点为各处理单元的主要工艺段，测定的指标主要为 COD、NH₃-N、TN、TP、SS。监测结果见表 2-15。

表 2-15 调试后系统监测结果

序号	处理单元	COD	NH₃-N	TN	TP	SS
1	原液 / (mg/L)	11000	320	340	54	5000
2	黄浆沉淀池出水 / (mg/L)	10080	300	330	25	1000
3	调节池出水 / (mg/L)	9000	295	326	20	800
4	厌氧罐出水 / (mg/L)	1800	280	320	10	550
5	厌氧沉淀池出水 / (mg/L)	1530	275	300	8	250
6	预曝池出水（好氧进水）/ (mg/L)	850	250	278	8	120
7	好氧罐出水 / (mg/L)	60	2	28	1.0	45
8	生物滤池出水 / (mg/L)	45	2	24	0.8	25
9	去除率 /%	99.6	99.4	92.9	98.5	99.5

由表 2-15 可见，系统的出水 COD、NH₃-N、TN、TP、SS 浓度分别为 45mg/L、2mg/L、24mg/L、0.8mg/L、25mg/L，去除率则分别达到 99.6%、99.4%、92.9%、98.5%、99.5%。排放口出水各项指标达到《淀粉工业水污染物排放标准》（GB 25461—2010）的要求，实现了废水稳定达标排放。另外，由表 2-15 结合表 2-16 可知，木薯淀粉废水通过 UASB 发酵沼气产量为 3500m³/d [沼气产量 = 水量 ×COD 去除量 × 沼气产率 =1080m³/d×（9000−1800）mg/L×0.45m³/kg COD÷1000=3500m³/d]，按燃烧 1m³ 沼气等同于燃烧 0.7kg 标煤的热值计，每天节约 2.45t 标煤，标煤按 700 元 /t，则节省 1715 元，一个榨季按 100d 计，则节约成本 17.2 万元，真正实现了废物资源化利用。经该废水系统处理后，排入外环境的 COD、NH₃-N 每年减少约 1180t、34t，减排效果明显。与其他污水处理工程技术的经济指标比较见表 2-16。

表 2-16 木薯淀粉废水处理运行成本

序号	处理规模 / (m³/d)	工艺类型	工程总投资 / 万元	运行成本 / (元 /m³)	参考文献
1	1080	UASB + SBR	300	1.28	[47]
2	2000	UASB + CASS +混凝	400	1.39	[48]
3	2500	UASB +接触氧化膜	580	1.40	[49]
4	1400	物化+水解酸化+接触氧化	486	1.48	[50]

本工程采用"预处理 + UASB + SBR +生物滤池"组合工艺处理木薯淀粉废水，出水水质各项指标稳定达到《淀粉工业水污染物排放标准》（GB 25461—2010）的要求，达到减少污染物排放的目标，为促进淀粉行业的可持续发展提供有效保障，适宜同行推广使用。

（2）UASB＋A/O＋UF＋NF＋RO 组合工艺处理垃圾渗滤液

李喜林等[51]就辽宁某垃圾填埋场渗滤液处理工程进行调查研究，此垃圾填埋场于 2019 年建成并投入使用，占地面积 $5.5×10^5m^2$，库容 $2.20×10^6m^3$，垃圾处理规模 1375t/d。在填埋过程中产生了大量含有高浓度重金属和有毒有机物的垃圾渗滤液，如果不慎排入环境，会使地下水水质恶化，失去其利用价值[52]。国内对垃圾渗滤液的处理方法较多，以"预处理＋生化处理＋深度处理"为主[53]，万金保等[54]采用 UASB-氨吹脱 - 氧化沟 -RO 工艺，处理后出水达到 GB 16889—2008 中表 2 对一般地区的排放要求。该工程采用物化预处理（细格栅＋调节池）＋生化处理（UASB＋A/O＋UF）＋膜深度处理（NF/RO）工艺，处理规模为 $200m^3/d$。工程采用防渗膜，辽宁地下水短缺，故降雨量决定了渗滤液产生量。该地区多年年平均降雨量为 472.3mm，填埋区占地面积 $2×10^5m^2$，考虑厂区生活、生产废水等，渗滤液产生量约为 $200m^3/d$。工程设计处理规模 $200m^3/d$，进水水质结合建设方案设定，出水水质在满足《生活垃圾填埋场污染控制标准》（GB 16889—2008）要求的同时，也要达到 DB 2/1627—2008 的要求，出水可作为填埋场绿化、车辆道路冲洗等非生活用水。设计进出水水质见表 2-17。

表 2-17 进出水水质情况

项目	COD/（mg/L）	BOD/（mg/L）	ρ（SS）/（mg/L）	ρ（NH₃-N）/（mg/L）	ρ（TN）/（mg/L）	pH 值
进水	8000	3500	1500	1000	1000	6～8
排放标准	50	10	20	8	15	6～8

由于垃圾渗滤液污染浓度高，生化处理难以使其达到排放标准，因此采用纳滤与反渗透串联的深度处理工艺，并设置超越管线，根据水质情况和 MBR 系统运行情况决定是否采用反渗透系统，在保证出水水质的前提下节约成本。本工程 NF 和 RO 系统的浓缩液产量小，可采用回灌的方法处理，浓缩液回灌有利于垃圾填埋场对污染物质的消纳分解。具体工艺流程见图 2-24。

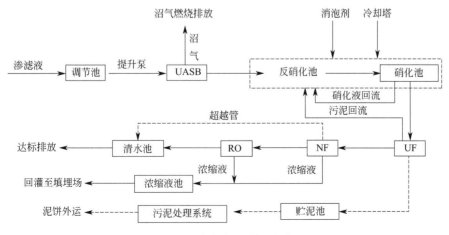

图 2-24 渗滤液处理站工艺流程

① 调节池。1 座。计算可知每年渗滤液最大累计余量为 15389.6m³，详细数据见表 2-18。渗滤液产生量受多种因素影响，调节池安全系数采用 1.1，确定调节池容积为 $1.8 \times 10^4 m^3$，尺寸为 $L \times B \times H = 70m \times 55m \times 5m$。配套设备有电磁流量计 1 套；湿式污水提升泵 2 台，$Q=18m^3/h$，$H=15m$，$N=1.5kW$。在调节池前采用过滤器进行预处理，除去较粗大的颗粒和悬浮物，以便减轻后续构筑物的处理负荷。为阻止填埋场气体外泄向四周扩散和减少渗滤液量，调节池表面采用 2mm 厚的 HDPE 土工膜。

表 2-18　降水量及渗滤液产生情况

月份	降雨量 /mm	渗滤液产生量 /m³	渗滤液处理量 /m³	月富余量 /m³	年最大富余总量 /m³
1	3.10	353.4	6200	-5846.6	
2	3.10	353.4	5600	-5246.6	
3	9.30	1060.2	6200	-5139.8	
4	15.00	1710.0	6000	-4290	
5	42.20	4810.8	6200	-1389.2	
6	80.20	9142.8	6000	3142.8	
7	123.80	14113.2	6200	7913.2	15389.6
8	92.40	10533.6	6200	4333.6	
9	41.60	4742.4	6000	-1257.6	
10	22.80	2599.2	6200	-3600.8	
11	10.30	1174.2	6000	-4825.8	
12	3.00	342.0	6200	-5858.0	

② UASB 反应器。1 座，圆柱形池体，尺寸为 $D \times H = 4.5m \times 4.0m$，HRT 为 35h，设计容积负荷 9.9kg COD/（$m^3 \cdot d$）。安装 pH 指示仪，始终保持反应器内在产甲烷菌时最佳 pH 值为 6.8 ~ 7.2。系统中产生的沼气由顶部设置的排气管排出，作为炊事、采暖或者厌氧反应器换热的热源。配套设备有袋式过滤器 1 套，$Q=20m^3/h$；射流循环泵 2 台，$Q=300m^3/h$，$H=10m$；水下搅拌机 1 台，$N=1.5kW$；负压式射流器 4 套。

③ 外置式 MBR。A/O 池，分为反硝化池和硝化池，各 1 座。其中，反硝化池为 152m² 的搪瓷拼装罐，HRT 为 12.5h；硝化池为 435m² 的搪瓷拼装罐，HRT 为 40.4h。UF 装置 1 套。采用 6 支外置式管式膜元件，单支膜面积 27m²，膜通量 60L/（$m^2 \cdot h$），膜材料为 PVDF，膜管内径 8mm，产水率 90%。配套设备有超滤进水泵 2 台，$Q=12.5m^3/h$，$N=3.0kW$；循环泵 2 台，$Q=10m^3/h$，$N=1.5kW$；50μm 的精密过滤器 1 套；超滤化学清洗装置 1 套；不锈钢冷却塔 1 座，$Q=60m^3/h$，$N=3.0kW$；板式换热器 1 座；热介质循环泵 1 台，$N=3.0kW$；溶解氧测量仪 1 套；射流曝气系统 1 套；消泡系统 1 套；碳源添加系统 1 套。

④ NF 系统。1 套，设计纳滤进水量 185m³/d，产水率 85%。采用碟管式纳滤膜组件，膜片为聚酰胺复合膜，有效面积 9.405m²/ 支，耐压等级 90bar（1bar=0.1MPa，下同）。设 6 组压力系统，膜元件以 4：2 的方式排列，每个压力容器含有 6 支纳滤膜元件。配套设备有纳滤精密过滤器 1 套；纳滤循环泵 1 台，N=1.5kW；纳滤清洗泵 2 台，N=1.5kW；纳滤清洗槽 1 座，PP 材质，V=1m³；pH 计 1 套；电磁流量计 1 套。

⑤ RO 系统。1 套，设计反渗透进水量 160m³/d，产水率 85%，采用碟管式反渗透膜组件，有效面积 9.405m²/ 支，耐压等级 75bar。设 6 个压力容器系统排成一列，每个压力容器含有 6 支反渗透膜元件。配套设备有反渗透高压泵 1 台，N=7.5kW；反渗透循环泵 4 台，N=1.5kW；pH 计 1 套；电磁流量计 1 套。

⑥ 污泥处理系统。根据工程渗滤液处理方案，污泥量确定为 3%，即 6m³/d，含水率为 99.5%。污泥处理系统主要处理来自各个处理单元的污泥和浓缩液，将其收集到贮泥池，通过隔膜泵提升至重力浓缩池进行浓缩，使含水率降到 95%～98%，上清液回流至生化处理系统，浓缩污泥用螺杆泵提升到脱水机房，经板框式压滤机脱水后，含水率降至 75%～80%，上清液回流至生化处理系统。为达到含水率低于 55% 的填埋要求，使用生石灰对污泥进行碱化稳定后，再运至填埋场进行卫生填埋。配套设备有气动隔膜泵 1 台，流量 0.68m³/h，压力 8.3bar；污泥螺杆泵 2 台，N=2.2 kW；絮凝剂投加系统 1 套；板框压滤机 1 套；空压机 1 台，Q=1.0m³/h，N=0.7MPa。

工程实践证明，采用 UASB 反应器 /MBR 系统 / 膜深度处理系统组合工艺处理垃圾渗滤液，系统运行稳定，COD、BOD_5、SS、NH_3-N、TN 的去除率分别为 99.6%、99.8%、99.9%、99.9%、99.1%，达到辽宁省《污水综合排放标准》（DB 21/1627—2008）有关规定。同时，厌氧系统沼气可作为炊事、采暖或者厌氧反应器换热的热源。污泥产生量较少，性质稳定，经浓缩脱水、碱化、稳定后即可做最终处置——运至填埋场进行卫生填埋。中水供垃圾填埋场回用，可用于绿化、冲洗路面等。深度处理浓缩液回灌至垃圾填埋场，实现"零排放"，是一套处理效果稳定、技术成熟、实施性强、经济效益好的处理方案。

（3）UASB ＋ A/O ＋ MBR ＋两级 RO 处理垃圾焚烧发电厂渗滤液

高波等 [55] 以国内某垃圾焚烧发电厂 450m³/d 的渗滤液处理项目为例，针对垃圾焚烧发电厂渗滤液的特点，采用 UASB ＋ A/O ＋ MBR ＋两级 RO 组合处理工艺，确保处理后出水稳定达到《生活垃圾填埋场污染控制标准》（GB 16889—2008）的要求。RO 浓缩液采用高压管网式反渗透（STRO）减量化处理后回喷焚烧炉。该项目于 2018 年 3 月正式投产，近几年的工程运行结果表明，该组合工艺具有耐冲击负荷能力强、处理出水稳定达标、占地省等优点，对 COD、BOD_5、NH_3-N、TN 的平均去除率分别为 99.8%、99.9%、99.0%、98.7%，各项指标均达到了设计标准。该工艺流程见图 2-25。

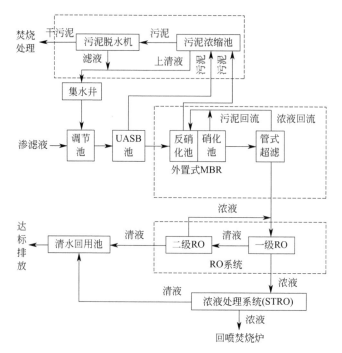

图 2-25 工艺流程

（4）UASB ＋ MBR ＋ NF ＋ RO 处理生活垃圾焚烧厂渗滤液

付真真[56]针对浙江某地垃圾焚烧厂渗滤液处理工程，介绍了升流式厌氧污泥床（UASB）反应器、膜生物反应器（MBR）、纳滤（NF）和反渗透（RO）相结合的处理工艺在焚烧厂渗滤液处理中的应用情况。运行结果表明，该工艺对垃圾渗滤液中的污染物具有较高的去除率，COD、BOD_5、NH_3-N、SS 的去除率高达 99.95%、99.98%、99.93%、100%。处理后出水指标可以达到《城市污水再生利用　工业用水水质》（GB/T 19923—2005）中的敞开式循环冷却水水质标准。

随着我国经济的迅速发展和人口的增多，城市生活污水和工业废水的总量也迅速增加。为了达到可持续发展的要求，研究能在线反映反应器内重要参数的传感器，可以实时观测厌氧反应动态变化，开发多功能（脱氮、脱硫）的新型高效厌氧反应器是我国厌氧反应器的主要发展方向。

2.3 厌氧（缺氧）- 好氧生物处理

由于垃圾渗滤液具有成分复杂，水质、水量变化巨大，有机物和氨氮浓度高，微生物营养元素比例失调等特点，其处理技术一直是国内外研究的难点和热点，通常需要多种工艺的组合运行才能达到要求的处理目标。

城市固体废物填埋场渗滤液中含有高浓度的氨氮（NH_4^+-N）、有机物以及其他无机化合物，其中 NH_4^+-N 可能会带来许多问题，并在处理过程中产生毒性和气味。将未经处理的 NH_4^+-N 排放至受纳水体，会刺激藻类增生，消耗水体溶解氧，使受纳水体生态环境恶化。

NH_4^+-N 可通过物理／化学或生物方法予以去除，然而物理／化学方法（如吹脱、鸟粪石凝聚沉淀以及离子交换等）均存在一些缺陷，例如产生气味，造成空气污染；化学药剂费用高；剩余污泥产量高。自 1964 年 Wuhrmann 的研究之后，生物脱氮工艺开始应用于市政废水处理，目前该工艺常被用于处理高浓度 NH_4^+-N 废水。近年来，有学者开展了亚硝酸氮短程反硝化的研究，研究表明该工艺有以下特点：

① 反应速率快；

② 有机碳源需要量低；

③ 污泥产率低；

④ 硝化阶段需氧量小。

为了实现亚硝酸氮的反硝化，必须先实现亚硝酸氮积累。已经发现在影响亚硝酸氮积累的几个因素中，高游离氨的浓度或 pH 值是最重要因素。

2.3.1 厌氧（缺氧）－好氧两段式处理工艺

（1）厌氧－好氧处理是中、高浓度有机废水的适宜工艺

这是因为：

① 厌氧法多适用于高浓度有机废水的处理，能有效地降解好氧法不能去除的有机物，具有抗冲击负荷能力强的优点，但其出水的综合指标往往不能达到处理要求和排放标准；

② 厌氧法能耗低，运行费低，尤其在处理高浓度有机废水时厌氧法要比好氧法经济得多；

③ 好氧法则多适用于中低浓度有机废水的处理，对于高浓度且水质水量不稳定的废水的耐冲击负荷能力不如厌氧法，尤其当进水中含有复杂的高分子有机化合物时，其处理效果往往受到严重的影响。

（2）厌氧－好氧处理工艺与单独的厌氧或好氧工艺相比具有的特点

① 由于在厌氧阶段可大幅度去除水中的悬浮物和有机物（视工艺要求而定），其后续好氧处理工艺的污泥量可得到有效减少，从而使设备容积也可缩小。有报道指出，在实践中，厌氧－好氧处理工艺的总容积不到单独好氧工艺的 1/2。

② 厌氧工艺的污泥产量远低于好氧工艺（仅为好氧工艺的 1/10 ～ 1/5），并已高度矿化，易于处理。同时其后续的好氧处理所产生的剩余污泥必要时可回流至厌氧段，以增加厌氧段的污泥浓度，并通过水解、酸化和甲烷产生而减少污泥量，由此可使需要处

理的污泥量大为减少。

③ 厌氧工艺可对进水负荷的变化起缓冲作用，从而为好氧处理创造较为稳定的进水条件。

④ 厌氧处理能耗和运行费用低，且其对废水中有机物的去除亦可节省好氧段的需氧量和相应的能耗，从而节省整体工艺的运行费用。

2.3.1.1　国内应用实例

生化处理部分采用"厌氧＋好氧"的工艺模式，采用 UASB 反应器进行厌氧发酵，提升污水可生化性；好氧生化系统采用外置式 MBR，COD 和 TN 去除效率高，出水无菌体和悬浮物，出水水质优质稳定。辽宁省某垃圾填埋场于 2019 年建成并投入使用，占地面积 $5.5×10^5m^2$，库容 $2.2×10^6m^3$，垃圾处理规模 1375t/d。采用物化预处理（细格栅＋调节池）＋生化处理（UASB ＋ A/O ＋ UF）＋膜深度处理（NF/RO）工艺，处理规模为 200m³/d [51]。工程运行结果表明，该工程处理效率高，处理出水水质稳定，实现"零排放"。系统出水 COD、BOD_5、SS、NH_3-N、TN 的去除率分别为 99.6%、99.8%、99.9%、99.9%、99.1%，达到辽宁省《污水综合排放标准》（DB 21/1627—2008）中表 2 的要求。渗滤液处理工艺见图 2-24，出水水质见表 2-19。

表 2-19　渗滤液处理站出水口水质检测表

时间 / 周	COD/ (mg/L)	BOD_9/ (mg/L)	ρ/ (mg/L)		
			NH_3-N	SS	TN
1	31	6.5	0.9	1.8	10.2
2	29	6.3	0.7	1.9	9.4
3	28	6.7	0.8	1.7	8.9
4	32	6.6	1.3	2.0	9.3
5	33	6.1	0.9	2.1	9.7
6	31	5.9	0.7	1.8	9.6
7	30	6.3	0.9	2.0	10.0
8	27	6.4	0.8	2.1	10.3
9	30	6.2	1.0	2.0	9.5
10	29	6.1	1.1	1.6	9.1
11	28	6.0	0.9	1.9	8.7
12	31	5.8	0.8	2.1	8.5

渗滤液在调节池内混匀并初步降解，6～8 月的 3 个月间产生的渗滤液量最多，其余月份产生的渗滤液量较少。在填埋作业期间，为确保在暴雨季节渗滤液不外溢，调节池采取年内调节的方式，即 6～8 月过量渗滤液贮存于调节池中，上个雨季的剩余渗滤液将在 9 月至次年 5 月处理。之后，由提升泵提升至 UASB 反应器中，渗滤液在反应器

中进行厌氧发酵，将有机物转化为 H_2O、CH_4、CO_2 等物质，提高了渗滤液可生化性。好氧系统采用外置式 MBR，用超滤代替了常规生化工艺的二沉池。UASB 出水流入 A/O 池，反硝化 / 硝化菌去除了大部分 COD、BOD、氨氮、硝态氮，脱氮后的渗滤液流入超滤膜中，通过膜组件的高效截留作用将泥水彻底分离。由于垃圾渗滤液污染浓度高，生化处理难以使其达到排放标准，因此采用纳滤与反渗透串联的深度处理工艺，并设置超越管线，根据水质情况和 MBR 系统运行情况决定是否采用反渗透系统，在保证出水水质的前提下节约成本。垃圾填埋场渗滤液处理工程总投资 809 万元，其中土建投资 112 万元、设备和材料投资 615 万元、其他 82 万元。运行成本：人工费 4.17 元 /m^3 废水，药剂费（包括膜清洗剂、消泡剂、阻垢剂等）4.03 元 /m^3 废水，电费 10.15 元 /m^3 废水，设备维修费、管理费和膜更换等其他费用 4.60 元 /m^3 废水，污水处理经营成本为 22.95 元 /m^3。

2.3.1.2　国外应用实例

在厌氧甲烷化后，渗滤液的可降解有机物浓度相对较低，但氨氮含量较高。为了满足出水水质要求，通常需要同时去除氨氮和剩余的有机物。将好氧工艺作为后处理是可行的，同时又因为经厌氧预处理渗滤液中的有机物浓度很低，氨氮的去除有助于硝化过程的缓慢进行。厌氧处理中产生的挥发性脂肪酸还会阻碍硝化过程。而垃圾渗滤液中可生物利用的磷含量较少，这可能会抑制硝化过程，或者引起污泥膨胀。为了在低温下实现硝化过程，需要一个大容积的曝气池，或曝气池中的生物量浓度较高。在硝化反应器中增加生物量和泥龄的一个方法就是通过向曝气池中投加填料来增加微生物附着的比表面积，并使其成倍增长。

Yabroudi 等 [57] 研究了在活性污泥序批反应器中通过亚硝酸盐化对垃圾填埋场渗滤液进行生物处理。在缺氧阶段（1h）结束时，NO_2-N 的去除率为 8% ～ 31%，这表明渗滤液中易生物降解有机物的可用性很低。在处理周期的好氧阶段（48h）结束时，没有观察到亚硝酸盐化过程的不平衡，证明了简化的亚硝酸盐化 / 脱氮法在处理低 C/N 值的污水中的适用性。

该处理系统为一个 70L 的活性污泥序批式反应器，内部尺寸为 42cm×42cm× 66cm，材质为丙烯酸树脂。以 10% 的浸出率（7L 渗滤液，70L 反应器）给系统加料，这首先在缺氧反应阶段开始时进行稀释来控制污染物的浓度，为处理过程提供了一定的稳定性，防止了渗滤液中高浓度氮的毒性对微生物产生抑制现象。然后开始缺氧阶段，缓慢地搅拌使反应器内的液体完全混合，目的是将全部氧化氮以亚硝酸盐（NO_2^-）的形式还原为氮气。在启动曝气阶段后，当反应器内的溶解氧浓度维持在 2 ～ 2.5mg O_2/L 时，为了将氨氮氧化到用分析方法检测不到的水平，此时停止曝气，进行约 30min 的沉降。处理装置和运行参数见图 2-26 和表 2-20。

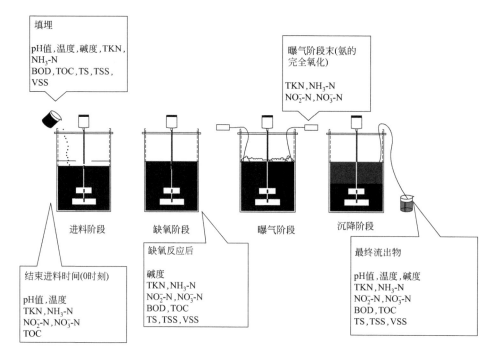

图 2-26　处理周期和装置

表 2-20　运行参数

循环	初始 BOD/ (mg/L)	初始 TOC/ (mg/L)	初始 TKN/ (mg/L)	初始 NH₃-N/ (mg/L)	V_1/L	V_2/L	T_2	pH₁ 值	pH₂ 值	pH₃ 值	使用率 / (kg BOD/m³)	θ_C/d
1	532	691	2358	2156	67.8	65.8	48	8.24	8.24	8.01	0.532	203
2	1816	2188	2212	2016	67.8	66.0	32	8.27	8.20	8.03	1.816	406
3	556	619	2128	1826	68.3	67.0	48	8.27	8.30	8.59	0.556	124
4	1318	809	2162	1960	68.4	67.1	32	8.11	8.36	8.76	0.809	236
5	1911	2078	2190	1943	68.9	67.6	48	7.90	8.10	7.78	1.911	132
6	1818	2466	2111	1876	68.9	68.1	48	8.29	8.30	8.23	1.818	181
7	406	790	2352	2083	68.9	68.3	48	8.21	8.11	7.82	0.406	188
8	614	818	2223	1988	69.0	68.8	48	7.90	8.91	8.82	0.614	157
9	265	595	1344	868	69.1	68.5	40	7.87	8.06	7.85	0.265	369
10	376	732	1792	1630	68.9	68.3	40	7.96	7.93	8.08	0.376	267
11	198	897	1803	1624	69.0	68.2	48	8.00	7.92	7.76	0.198	275
12	651	1039	1736	1512	68.5	67.6	48	8.00	8.02	8.53	0.651	126
13	328	975	1876	1764	68.4	67.5	48	8.00	8.25	8.48	0.328	225
14	1298	2125	2184	1994	67.8	66.3	24	8.11	8.23	8.05	1.298	200
15	621	1320	2072	1932	68.4	67.1	24	8.09	8.50	8.76	0.621	218

2.3.2　组合式处理系统

2.3.2.1　BBR＋Fenton 氧化＋BAF

传统组合工艺相对简单，例如氨吹脱＋MBR 工艺、SBR 工艺等，它们难以高效地处理垃圾渗滤液这类高浓度的废水，无法满足最新的排放标准。为此，要将传统的生化处理工艺与先进的膜处理系统、高级氧化技术和其他新技术等相结合，探索垃圾渗滤液的组合处理工艺。

高峻峰等[58]介绍了武汉陈家冲生活垃圾卫生填埋场采用 BBR- 基于芽孢杆菌为优势菌群的生物处理系统＋ Fenton 氧化＋ BAF 组合工艺处理垃圾渗滤液原液的工程实例。实际运行数据表明，该工艺对垃圾渗滤液中的有机物、NH_4^+-N 及 TN 具有良好且稳定的去除效果。当 BBR 系统进水 COD ≤ 14000mg/L、NH_4^+-N ≤ 2500mg/L、TN ≤ 3000mg/L 时，BBR 系统出水 COD ≤ 1300mg/L、NH_4^+-N ≤ 28mg/L、TN ≤ 275mg/L；深度处理段出水 COD ≤ 96mg/L、NH_4^+-N ≤ 7.6mg/L、TN ＜ 40mg/L，出水各项指标均达到了《生活垃圾填埋场污染控制标准》（GB 16889—2008）的要求。组合工艺处理成本为103.20 元 /t，具有良好的经济效益和环境效益。

垃圾渗滤液为自 2007 年该生活垃圾卫生填埋场投入运营以来积存的"老龄"渗滤液及填埋区不断产生的新鲜渗滤液，处理规模 500m³/d。渗滤液水质特征主要表现为COD、BOD_5 逐年降低，NH_4^+-N 和 TN 逐年上升，可生化性逐年降低。设计进、出水水质见表 2-21。根据该工程垃圾渗滤液的水质、排放要求及处理规模，采用基于芽孢杆菌为优势菌群的 BBR 生物处理系统、Fenton 氧化与 BAF 组合的深度处理单元的组合工艺。设计流程见图 2-27。

表 2-21　武汉陈家冲生活垃圾卫生填埋场渗滤液设计进、出水

项目	COD/（mg/L）	NH_4^+-N/（mg/L）	TN/（mg/L）	pH 值
设计进水	20000	2500	3000	6 ～ 9
设计出水	100	25	40	6 ～ 9

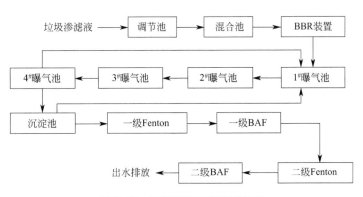

图 2-27　垃圾渗滤液处理工艺流程

垃圾渗滤液首先进入调节池，去除其中的固体垃圾和杂质，均化水质，调节水量；再进入 BBR 生物处理系统，包括 BBR 装置和 BBR 曝气池系统。BBR 装置为生物转盘，垃圾渗滤液与载体上附着的生物膜充分接触，其中部分有机物质被吸附并降解，生物膜外部的好氧层通过硝化作用去除部分 NH_4^+-N，内部厌氧层可反硝化脱氮。BBR 曝气池

系统由 4 座曝气池组成，其中的好氧微生物及兼氧微生物降解垃圾渗滤液中的有机物、NH_4^+-N 及 TN，$4^\#$ 曝气池剩余硝化液回流至 $1^\#$ 曝气池；BBR 系统出水进入沉淀池，依靠重力沉淀去除废水中剩余无机颗粒、有机物质及进入衰亡期的微生物个体等，同时，沉淀池提供的厌氧环境使芽孢杆菌能产生抗生素、抗菌蛋白质或多肽以及抗真菌物质，抑制有害细菌的生长；沉淀池出水泵送至一级 Fenton 反应池，Fe^{2+} 在 pH 值为 2 ~ 4 的条件下催化双氧水产生具有强氧化能力的羟基自由基（·OH），羟基自由基氧化渗滤液中的部分难生物降解有机物为二氧化碳和水，或部分转化为能生物降解有机物，降低 COD，同时提高废水的可生化性；随后渗滤液进入一级 BAF（厌氧＋好氧），BAF 集生物氧化、生物絮凝和过滤截留于一体，可有效去除渗滤液中残余的 COD、NH_4^+-N、TN 及 SS；再通过二级 Fenton 反应池的强氧化作用进一步去除渗滤液中的难生物降解有机物；后续通过二级 BAF 去除 COD、NH_4^+-N、TN 及 SS 等，实现渗滤液的达标排放。

组合工艺对垃圾渗滤液中 COD 的去除效果如图 2-28 所示。当进水 COD 为 6244 ~ 13915mg/L 时，BBR 生物处理系统、一级 Fenton 系统及最终出水的 COD 分别为 993 ~ 1311mg/L、221 ~ 387mg/L、40 ~ 96mg/L，组合工艺对 COD 的总去除率均大于 98.8%。其中 BBR 生物处理系统的微生物充分利用垃圾渗滤液中可生物降解有机物进行自身新陈代谢作用，去除 81.8% ~ 91.4% 的 COD，降低了后续深度处理单元的负荷。一级 Fenton 系统中具有强氧化能力的羟基自由基氧化大部分难生物降解有机物，进一步降低 COD。随后渗滤液先后进入一级 BAF、二级 Fenton、二级 BAF 处理单元，通过生物氧化、化学氧化和絮凝等作用去除污水中残余的 COD。该组合工艺具有较强的抗冲击负荷能力，当系统进水 COD 突然升高时，出水 COD 仍然保持在较低水平。同时，组合工艺对垃圾渗滤液的臭味及色度也有很好的去除效果。

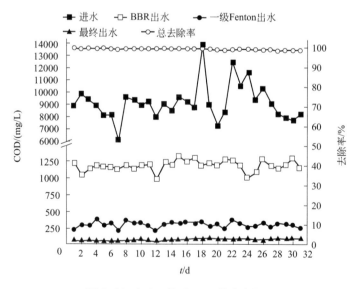

图 2-28　组合工艺对 COD 的去除效果

　　见 图 2-29，当 进 水 NH_4^+-N 为 1572 ～ 2449mg/L 时，BBR 生 物 处 理 系 统 出 水 NH_4^+-N 为 8.29 ～ 27.77mg/L，生物系统进行了较为彻底的硝化作用，NH_4^+-N 去除率达到 99.0% 以上。但 BBR 的 4# 曝气池碳源不足，反硝化反应不完全，有部分 NO_3^--N、NO_2^--N 积累，BBR 生物处理系统出水 TN 为 167.9 ～ 274.7mg/L。在硝化、反硝化反应中，芽孢杆菌可有效提高生物系统中菌群对外界不利环境的适应性。一级 Fenton 系统出水 NH_4^+-N 为 8.88 ～ 30.52mg/L，相较于 BBR 生物处理系统出水 NH_4^+-N 略有上升，Fenton 系统在氧化难生物降解的有机物时，使部分含氮有机物生成 NH_4^+-N。组合工艺最终出水 NH_4^+-N 为 0.44 ～ 7.59mg/L，对 NH_4^+-N 的总去除率 ＞ 99.6%。好氧 BAF 池的硝化细菌进行硝化作用进一步去除 NH_4^+-N，厌氧 BAF 池发生反硝化作用脱氮，使得最终出水 TN 为 16.4 ～ 39.6mg/L，最终出水 NH_4^+-N、TN 均满足排放要求。

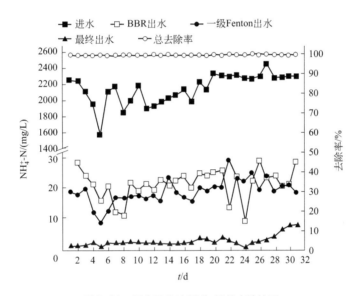

图 2-29　组合工艺对 NH_4^+-N 的去除效果

2.3.2.2　A/O/O ＋后置 A/O 硝化反硝化＋外置式 UF ＋两级 RO

　　一般而言，垃圾渗滤液的氨氮浓度一般会随填埋场的运行时间而增加。现有垃圾渗滤液中的有机碳比较容易去除，硝化作用也比较明显，但很难实现反硝化作用。

　　七子山垃圾填埋场渗滤液处理站的服务范围为苏州市七子山垃圾填埋场。服务对象为七子山垃圾填埋场（含老场及扩建工程）垃圾渗滤液和垃圾运输车冲洗场冲洗废水，见图 2-30。2004 年，由于老填埋场即将封场，而当时处于建设起步阶段的垃圾焚烧发电厂无法完全满足垃圾全量无害化处理处置的要求，因此苏州市开始启动七子山填埋场改扩建工程。扩建工程平均处理规模约为 600t/d，设计总库容约为 $8.0×10^6 m^3$，服务年限约为 16 年。

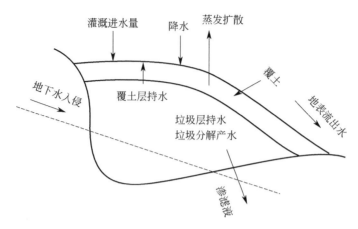

图 2-30 垃圾填埋场水平衡示意

处理对象为填埋场渗滤液。其中填埋场渗滤液包括了老填埋场渗滤液和新填埋场渗滤液。老填埋场由于防渗效果较差，地下水渗入量较多，且垃圾填埋时间较长，因此其水质特点为：有机污染物浓度低，氨氮浓度相对较高。新填埋场尚未投入运行，由于其具有较好的防渗系统，且填埋作业规范，雨污分流彻底，根据类似填埋场的运行经验，新填埋场渗滤液水质特点为：有机污染物浓度较高，氨氮浓度相对较低。随着新填埋场使用年限的增加，其渗滤液水质将呈现明显的变化，具体表现在有机污染物浓度不断降低，氨氮浓度不断升高，可生化性逐渐下降，渗滤液一般呈碱性。

根据前述水质分析，渗滤液处理工艺应满足以下条件：

① 出水水质稳定，达到《生活垃圾填埋场污染控制标准》（GB 16889—2008）特别排放限值的要求；

② 能适应水质水量的变化，尤其是水质的变化幅度较大，耐冲击负荷；

③ 具有很高的有机污染物去除能力；

④ 具有很高的 TN 去除能力；

⑤ 经济合理，节能降耗，并能与原处理工艺中 MBR 系统很好地协调和衔接。

基于以上考虑，采用生化处理＋膜分离深度处理组合工艺作为总体工艺路线[59]。

渗滤液中悬浮物浓度很高，这些悬浮物进入后续处理段对处理系统产生影响，预处理工序的主要任务是有效地去除渗滤液中的悬浮物。格栅机械分离、预沉淀、气浮等是常规的预处理工序措施。采用 1 台转鼓螺旋格栅用以去除渗滤液中较大颗粒的悬浮物质，并采用气浮装置去除密度接近于水的悬浮物质，减轻后续处理负荷。由于填埋场后期存在渗滤液碳氮比失调、可生化性不佳的问题，可从焚烧厂或正在作业的填埋库区引入新鲜渗滤液，调配水质，增强可生化性，并增加碳氮比。因此，渗滤液进水来自渗滤液调节池、新库区、焚烧厂及洗车场，各路来水水质有较大差异，为了减少水质变动对渗滤液处理系统的影响，在预处理阶段增加一个均质池，让来水在均质池内完成混合和均质。因此，预处理工艺为转鼓螺旋格栅分离＋气浮＋均质池均质。

与好氧处理工艺相比，厌氧处理工艺具有运行费用低、处理负荷高、能回收沼气能源的优点，符合国家"节能减排"的目标。由于厌氧工艺没有生物脱氮的能力，且出水水质较差，一般用作好氧工艺的前处理工艺，以节约运行成本。但根据上海老港填埋场四期工程渗滤液处理厂的实际运行情况看，厌氧（如 UASB）工艺存在着较为严重的问题，主要表现在无法达到设计容积负荷和设计有机物去除率，反应器存在着较严重的结垢问题，而且出水水质较差。广州兴丰填埋场渗滤液处理厂等也遇到类似问题。导致这些问题产生的主要原因在于填埋场和填埋场渗滤液的特殊性。生活垃圾及渗滤液中含有大量的微生物，因此整个垃圾填埋场就是一个巨大的生化反应器，垃圾被层层压实且经过了覆盖，所以垃圾填埋区的绝大部分都处于厌氧环境中。渗滤液在填埋场这个巨大的"厌氧生物反应器"中停留了很长时间，进行了较为充分的厌氧反应，随着填埋年限的增加，厌氧反应进行得更加彻底，渗滤液中的 COD、BOD 浓度都出现明显下降，而厌氧条件下氨化反应的进行，使渗滤液中的氨氮浓度逐渐升高。一般垃圾焚烧厂的新鲜渗滤液，COD 往往达到 40000 ～ 70000mg/L，BOD_5/COD 值一般大于 0.6，氨氮浓度一般小于 1000mg/L。而填埋年限较短的填埋场渗滤液，COD 浓度在 20000mg/L 左右、BOD_5/COD 值为 0.4 ～ 0.6、氨氮浓度接近 2000mg/L。填埋年限较长的渗滤液甚至是填埋场封场后产生的渗滤液，COD 浓度可以下降到 3000mg/L 以下，BOD_5/COD 值 < 0.1，氨氮浓度却升高到 2500 ～ 3000mg/L。由于填埋场渗滤液产量不稳定，因此填埋场往往建设了容积较大的调节池用来暂时存放渗滤液，为了减少调节池散发恶臭，一般采取调节池加盖的方法。加盖后的调节池又成为第二个巨大的厌氧反应器，渗滤液在调节池内停留时间较长，一般超过 15d，甚至长达数个月。调节池出水较渗滤液原水，COD 浓度和 BOD_5/COD 值进一步下降，氨氮浓度则进一步升高。

图 2-31 为七子山填埋场加盖调节池，厂区部分情况如图 2-32 所示。

图 2-31　七子山填埋场加盖调节池

图2-32 渗滤液处理站

从以上分析可以看出，填埋场渗滤液在进入渗滤液处理厂之前，其实已经经过了2次厌氧预处理（图2-33），易于被厌氧微生物降解的有机物基本已经消耗殆尽。如果渗滤液处理系统再设置厌氧前处理工艺，将起不到很好的有机物去除效果，不仅浪费投资，使运营管理更为复杂，而且会使好氧系统进水碳氮比进一步下降，不利于反硝化的进行。由于七子山填埋场扩建工程刚刚实施，将有部分新鲜渗滤液产生，如果升级改造工程采用厌氧前处理工艺，将能满足这部分废水的有机污染物削减要求，并回收部分能源。但由于现有的调节池水位处在高位，其中含有数万立方米的老龄化渗滤液，且随着焚烧厂垃圾处理规模不断扩大，填埋的原生垃圾量将迅速下降，渗滤液的有机污染物浓度也降低，为了确保后续生物脱氮的顺利进行，应保护较为有限的碳源。综合考虑，不设置厌氧前处理系统，以避免投资的浪费。

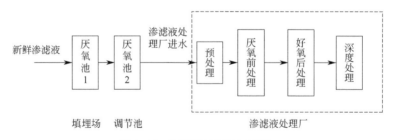

图2-33 填埋场渗滤液处理系统

设计处理规模为950m³/d，采用MBR（A/O/O＋后置A/O硝化反硝化＋外置式UF)＋两级RO深度处理的工艺流程。出水水质达到《生活垃圾填埋场污染控制标准》(GB 16889—2008) 表3要求。工艺流程见图2-34。进出水水质见表2-22。

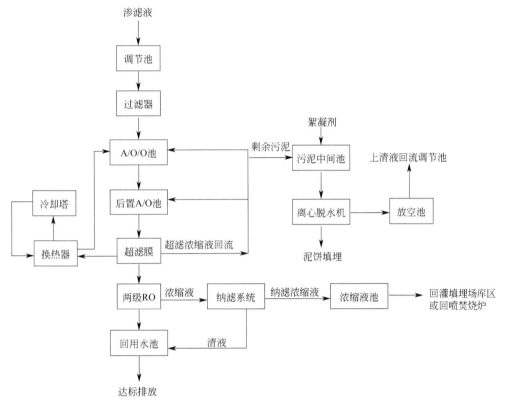

图 2-34　工艺流程

表 2-22　进出水水质

序号	名称	进水水质 / (mg/L)	出水水质 / (mg/L)
1	COD$_{Cr}$	20000	60
2	BOD$_5$	10000	20
3	TN	3000	20
4	NH$_3$-N	2500	8
5	SS	2000	30
6	TP	40	1.5
7	pH 值	6～9	6～9

　　考虑到出水排放要求较高，采用 RO 作为主要深度处理工艺。此外，在生化处理效果较好时（校核工况下），引入 NF 工艺分担部分 MBR 出水的处理任务，作为 RO 工艺的补充，减少高盐分的 RO 浓缩液的产生，减少浓缩液回喷或回灌所造成的不良影响。RO 工艺虽然能保证清液达标排放，但 RO 浓缩液产率依然较高，故采用第二段 RO 工艺对 RO 浓缩液进行处理，第二段 RO 清液不仅可以达到特别排放限值的要求，还增加了清液得率，减少了浓缩液的产生量。后置硝化池和反硝化池为钢筋混凝土水池，各分为2 格，单格尺寸 4.7m×10.6m×9.5m。后置硝化池、后置反硝化池及浓缩液和清液池合建为综合池。后置硝化池采用射流曝气，以增强气水混合效果，强化 NH$_3$-N 的脱除，主要设计参数见表 2-23。当碳源缺乏时，从苏能焚烧发电厂引入少量焚烧厂渗滤液或外

加碳源至后置反硝化池，以增加碳氮比，提高反硝化效果。各处理工段进出水水质及污染物去除率见表 2-24。

表 2-23　A/O/O 系统主要设计参数

流量	1200m³/d
COD 容积负荷	3.188kg COD 去除 / (m³·d)
COD 污泥负荷（F/M）	0.2kg COD 去除 / (kg MLSS·d)
NH₃-N 容积负荷	0.58kg NH₃-N/ (m³·d)
NH₃-N 污泥负荷	0.0365kg NH₃-N/ (kg MLSS·d)
好氧 SRT	4.33d
生物选择区容积	3140m³
缺氧池容积	1304m³
碳氧化池容积	3056m³
强化硝化池容积	2147m³
总水力停留时间	5.53d
MLSS	15.90g/L
污泥产率	0.225kg MLSS/kg COD
实际需氧量	788kg/h

表 2-24　各处理工段进出水水质及污染物去除率[①]

项目		COD	BOD₅	TN	NH₃-N	SS	TP
调节池[②]	出水水质 / (mg/L)	20000	10000	3000	2500	2000	40
	去除率 /%	33.3	33.3	—	−25[③]	20	—
预处理	进水水质 / (mg/L)	20000	10000	3000	2500	2000	40
	出水水质 / (mg/L)	20000	15000	3000	2500	1000	40
	去除率 /%	—	—	—	—	50	—
A/O/O	进水水质 / (mg/L)	20000	10000	3000	2500	1000	40
	出水水质[④]/ (mg/L)	1200	300	300	50	800	8
	去除率 /%	94	97	90	98	20	80
后置硝化反硝化	进水水质 / (mg/L)	2100[⑤]	1200[⑤]	300	50	800	8
	出水水质[⑥]/ (mg/L)	210	24	100	10	800	0
	去除率 /%	90	98	66.7	80	—	100
超滤	进水水质 / (mg/L)	210	24	100	10	800	0
	出水水质 / (mg/L)	190	21	100	10	24	0
	去除率 /%	9.5	8.3	—	—	97	—
两段式反渗透	进水水质 / (mg/L)	190	21	100	10	24	0
	出水水质[⑦]/ (mg/L)	38	4	20	8	0	0
	去除率 /%	80	81	80	50	100	—
总处理效率[⑧]/%		99.7	99.8	99.3	99.7	98.5	96.25
排放标准 / (mg/L)		60	20	20	8	30	1.5

① 此为设计工况下各段去除率估算，各段去除率和出水效果受进水水质、设备配置、施工安装和运营管理等各方面因素影响，故本表仅供参考。

② 调节池出水为升级改造工程设计进水。调节池本身的污染物削减不考虑在内。

③ 由于调节池内氨化反应的进行，部分有机氮将转化为氨氮，故氨氮浓度反而升高，使得氨氮去除率为 −25%。

④ A/O/O 池出水指生化出水上清液，不考虑水中污泥造成的 SS、BOD 等。

⑤ 由于后置反硝化池进水 C/N 值不足，故需外加碳源，所以进水 COD、BOD 浓度升高。

⑥ 后置硝化反硝化池出水指生化出水上清液，不考虑水中污泥造成的 SS、BOD 等。

⑦ 此为设计工况下采用两段式反渗透的出水情况，校核工况下，RO + NF 出水浓度可按排放标准考虑。

⑧ 处理效率 =100%×（调节池出水 − 排放标准）/ 调节池出水。

2.3.2.3 部分硝化及厌氧氨氧化组合工艺

在厌氧污泥消化处理的污水处理厂中，进水氮负荷的 15% ～ 20% 随消化污泥脱水液重新进入原处理工艺。污泥消化上清液含氮浓度为 600 ～ 1000gNH_4^+-N/m^3，将其单独处理，可显著降低处理工艺的氮负荷并可提高氮的去除率。采用镁 - 氨 - 磷酸盐沉淀作用或空气吹脱法除氨是可行的，但比传统硝化的费用高，20 世纪 90 年代后期，Hellinga 等 [60] 将 SHARON 工艺应用于高浓度含氨氮污水脱氮。在温度相对较高（35℃）且无污泥停留的条件下，亚硝酸盐氮的氧化被抑制，从而直接对亚硝酸盐氮进行反硝化。它与完全硝化 / 脱氮工艺相比，可节省 25% 的供氧量及 40% 的碳源，但仍需投加甲醇之类的电子供体以及采用高效的曝气系统。

到此为止，氨氧化仅限于好氧工艺。在 20 世纪 90 年代 Mulder 等发现了一种新型的生物处理过程，即在缺氧条件下，以亚硝酸盐氮为电子受体，将氨转变为氮气，由于该种氨的氧化过程在缺氧或厌氧条件下进行，故称为厌氧氨氧化 [61]。此种自养过程可节省 50% 以上的供气量且无需有机碳源（图 2-35）。此外，生物产量低，几乎不产生污泥。全球第一座应用到实际工程中的厌氧氨氧化反应器是 2002 年 6 月，在荷兰的鹿特丹 DokHaven 城市污水处理厂。厌氧氨氧化反应器用于处理含有高浓度氨氮的污泥消化液，该反应器由荷兰 Delft 理工大学和帕克公司共同设计运行，前后共历时 3.5 年启动成功 [62]。

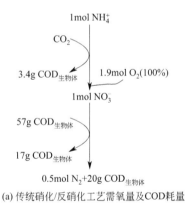

(a) 传统硝化/反硝化工艺需氧量及 COD 耗量

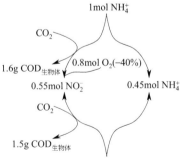

(b) 部分硝化/厌氧氨氧化工艺需氧量及 COD 耗量

图 2-35 传统硝化 / 反硝化工艺与部分硝化 / 厌氧氨氧化工艺需氧量及 COD 耗量比较

值得注意的是传统工艺污泥产量高（异养菌反硝化污泥产量：0.3g COD$_{生物体}$/g COD$_{投加}$）

欧洲、亚洲和北美洲已有超过 200 个基于厌氧氨氧化的污水处理工艺的工程案例[63]。例如，奥地利 Stass 污水处理厂采用 DEMON（悬浮絮体）工艺处理污泥消化液；瑞典 Sjölunda 污水厂采用 ANITA TM Mox（生物膜）工艺，在 MBBR 中借助填料富集并长期保持厌氧氨氧化细菌；荷兰 Olbugen 污水厂采用厌氧氨氧化（颗粒）技术处理马铃薯加工厂废水等[64]。在我国，厌氧氨氧化工艺的工程应用也主要集中在高氨氮废水的处理，例如通辽梅花味精厂和山东滨州安琪酵母废水的处理。

（1）厌氧氨氧化的原理

直到 20 世纪 90 年代中期，对氨氧化的认识仍停留在好氧条件，但研究者逐渐意识到很多情况下无法解释氨氮浓度的降低。1997 年，Hippen 等发现在氧受限条件下，Mechernich 垃圾填埋场渗滤液处理厂大部分的氮能被去除[65]。1998 年，Siegrist 等[66] 也发现在 Koelliken 处理有害废物垃圾场的富氮渗滤液的硝化生物转变反应器中，氮的去除率达到 70%，由于前端工艺已将 COD 降解，因此异养反硝化不可能发生。大量实验、数学模型以及微生物分析表明，靠近好氧生物膜表层产生的亚硝酸盐氮扩散至生物膜深层的缺氧区或厌氧区，在此与残余氨氮反应生成氮气。

Van de Graaf 和 Mulder[67] 最初在利用反硝化流化床处理产甲烷反应器出水的试验中发现了厌氧氨氧化工艺，但早在 20 多年前 Broda 就已在热动力学的基础上预见了该工艺的存在。1997 年，Strous 等在另一小试研究中，采用升流式生物反应器处理城市污水处理厂污泥消化液出水和配制的亚硝酸盐氮溶液的混合液，氨氮和亚硝酸盐氮去除率分别达到 82% 和 99%。该反应器中氮最大去除能力为 1.5kg N/（$m^3 \cdot d$）。1998 年，Strous 等也在试验中检测到了几个重要的生化参数，如最大专性耗氨率（按每毫克蛋白质计）为 $[(45\pm5)nmol/(mg \cdot min)]$、最大专性生长率（$0.0027h^{-1}$，倍增时间为 11d）以及生物产量 $[(0.0669\pm0.01)mol\ C/mol\ NH_4^+-N]$[68]。1996 年，Van de Graaf 等假定消耗亚硝酸盐氮产生硝酸盐氮的同时会还原等量的 CO_2，在此基础上列出了厌氧氨氧化的化学反应计量方程式为：

$$NH_4^+ + NO_2^- + HCO_3^- + H^+ \longrightarrow N_2 + NO_3^- + CH_2O_{0.5}N_{0.15} + O \qquad (2\text{-}1)$$

采用污泥消化池上清液作为进水，其中高浓度的氨氮需要首先生成亚硝酸盐氮，并使亚硝酸盐氮/氨氮比值为 1.3，如式（2-1）所示。上清液部分硝化反应的稳定进行是后续厌氧氨氧化工艺顺利进行的前提。

（2）部分硝化与厌氧氨氧化联合工艺的原理

硝化反应器中进行到亚硝酸盐为止的部分稳定硝化，可与厌氧氨氧化反应器的厌氧氨氧化联合以实现总氮的去除。在硝化过程中有两点最为重要：

① 氨氮氧化菌必须始终占优势以使硝化到形成亚硝酸盐为止；

② 产生的亚硝酸氮/氨氮比值必须保持在 1.3 左右［见式（2-1）］。

若生成了过量的亚硝酸盐氮，可直接在厌氧氨氧化反应器内投加含氨溶液（如污泥消化池上清液）以满足化学计量方程式。由于亚硝酸氮浓度高于 100g NO_2^--N/m^3 时会完全抑制厌氧氨氧化工艺，氨氮浓度应当比式（2-1）略有富余。目前并不能完全解释所有抑制亚硝酸盐氮氧化过程的条件。当温度超过 30℃时，氨氧化菌要比亚硝酸盐氮氧化菌生长速度快，因此可以通过对 HRT 的准确控制来抑制亚硝酸盐氮氧化。1992 年，Stuven 等报道了 1g NH$_2$OH/m^3（羟胺，亚硝化单胞菌单氧酶反应的中间产物）对亚硝酸盐氮氧化菌的抑制现象[69]。当游离氨氮达到 10 ～ 150g NH$_3$/m^3 时，便开始抑制亚硝化单胞菌，而游离氨浓度至 0.1 ～ 10g NH$_3$/m^3 时硝化菌活性便急剧下降。

亚硝酸盐氮 / 氨氮比适宜的混合液产量取决于进水的碱度 / 氨氮浓度比。如果氨氮氧化为亚硝酸盐氮，每摩尔氨氮转换过程中产生 2mol 质子。污泥消化池上清液的 1mol 重碳酸盐含量比氨氮含量高 1.2 倍，因此约 60% 的氨氮被氧化为亚硝酸氮，其结果是亚硝酸盐氮 / 氨氮浓度比约为 1.5。在硝化过程中无须外加其他物质。在厌氧氨氧化反应器中，已生成的亚硝酸盐氮与残余氨氮作为电子供体被转化成氮气，如式（2-1）所示。

（3）部分硝化与厌氧氨氧化联合工艺处理高浓度含氮废水的生产性试验

近来，初永宝等[70] 进行了短程硝化 - 厌氧氨氧化在实际垃圾渗滤液处理工程中的启动运行研究。近年出现的短程硝化和厌氧氨氧化工艺，具有耗氧少、反应速度快、剩余污泥量少和无须外加碳源等特点。组合工艺也具有运行成本低、节省反应器体积和反应时间的优势。针对高氨氮废水处理过程中亚硝氮难以稳定生成的难题，设计水解酸化池＋ UASB ＋好氧氧化流程以处理中国西南地区某垃圾填埋场的渗滤液，设计日处理量为 200t。通过控制进水量、回流比、pH 值和溶解氧等条件，工程调试 180d，实现短程硝化 - 厌氧氨氧化工艺的启动运行。

位于中国西南某城市边缘的城乡生活垃圾卫生填埋场实际占地 140 亩，设计库容 2.7×10^{6}m^3，服务年限 13 年，于 2007 年 5 月正式开工建设，2010 年 1 月投入使用。该生活垃圾卫生填埋场产生的垃圾渗滤液经收集并收集后进入调节池，再用提升泵从调节池抽取垃圾渗滤液进行处理。未经处理的渗滤液大多数时间都呈现黑绿色，并伴有强烈的刺激性气味，主要是氨味、硫化氢和垃圾腐败过程的中间产物散发的恶臭。垃圾渗滤液的水质特征受到填埋场的气候条件、当地水文地质、填埋的工艺、垃圾的组成成分以及填埋场的"年龄"等因素影响。本研究所在的垃圾填埋场地处西南，连年多雨，但降水量随季节变化波动较大。城乡居民生活垃圾的组成成分以厨余垃圾、灰尘、纸类和塑料为主。再加上填埋场作业导致垃圾渗滤液性质发生变化，其水质参数的波动也很大。垃圾渗滤液原水水质变化范围见表 2-25。垃圾渗滤液原水水质范围见图 2-36 ～图 2-38，从图中可以明显看到原水中各指标浓度波动很大，COD 浓度从 150d 左右降到了 3000mg/L，这是原水 COD 变化的波谷，此时正是当地降水量最大的季节，雨水进入调节池一定程度上稀释了渗滤液原水。而在 350 ～ 400d 的阶段，由于降雨量减少，而填埋场垃圾填埋量没有变化，加之填埋场作业带来的影响，原水中 COD 变化很大，并于 400d 左右达到波峰 11000mg/L。其他大部分时间 COD 浓度在 3000 ～ 5500mg/L 之间波动。垃圾渗滤液原水中 NH$_4^+$-N 和 TN 浓度的波动范围都为 1000 ～ 3000mg/L。原水中 NH$_4^+$-N 浓度和 TN 浓度十分接近，变化趋势基本一致，说明原水中 TN 主要由 NH$_4^+$-N 贡献。原水中 C/N 值很低，在 1.5 ～ 3.0 之间，C/N 值波动源自原水中 COD 和 NH$_4^+$-N、TN 浓度的变化。由图 2-38 可见原水的 pH 值已经趋于稳定，呈弱碱性（8.0 ～ 8.5），说明填埋场进入厌氧发酵产甲烷的阶段。由以上分析可知本项目所涉及的垃圾填埋场属

"老龄"填埋场，渗滤液中 BOD_5、COD 相对较低，BOD_5/COD 值也较低，NH_4^+-N 浓度高，pH 值较高，金属离子含量高。水质数据见表 2-25。水质指标的波动来源于降水和填埋场作业导致的渗滤液性质变化。

表 2-25 垃圾渗滤液原水水质变化范围

指标	变化范围
COD	3000 ~ 5500mg/L
NH_4^+-N	1250 ~ 2900mg/L
TN	1350 ~ 3050mg/L
TP	10 ~ 25mg/L
SS	300 ~ 500mg/L
pH 值	8.0 ~ 8.5

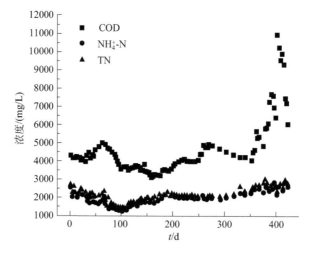

图 2-36 垃圾渗滤液原水水质变化

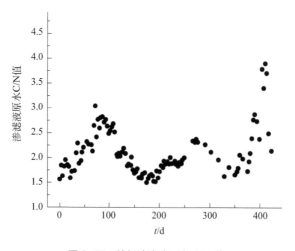

图 2-37 垃圾渗滤液原水 C/N 值

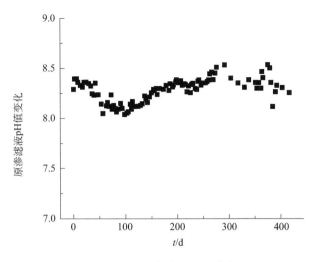

图 2-38　垃圾渗滤液原水 pH 值变化

1）污泥接种和调试运行

垃圾渗滤液水解酸化＋ UASB ＋好氧氧化处理工艺流程如图 2-39 所示，包含水解酸化池、UASB（升流式厌氧污泥床）、O 池（好氧池）以及二沉池。

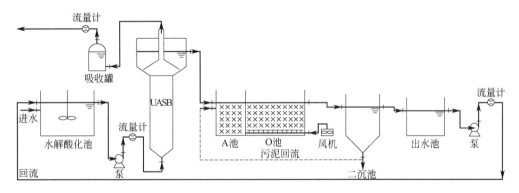

图 2-39　垃圾渗滤液处理流程

所有构筑物均由衬有防腐橡胶的钢材建成。水解酸化池尺寸为 3m×12m×3.2m，UASB 反应器内径为 8m，有效高度为 12m。O 池同样为矩形结构，由于场地所限分为 3 个连通的池体：3m×12m×3.2m、3m×12m×3.2m 和 3m×6m×3.2m，O 池保留高度为 0.3 ～ 0.4m。O 池接种的污泥是当地生活污水厂二沉池排出的剩余污泥，污泥含水率约为 70%，按湿污泥重量 w（t）：池容 v（m³）=30% 接种。水解酸化池和 UASB 接种生活污水厂的厌氧池底泥，接种量为 60%。垃圾渗滤液生化处理系统连续调试 6 个月。初始阶段，接种活性污泥后清水活化 2d，第 3 天开始进水，记为调试阶段的第 1 天，前 15d 进水量由 30m³/d 逐步提升到 50m³/d，16 ～ 30d 由 80m³/d 提高至 100m³/d，31 ～ 45d 由 130m³/d 提高至 150m³/d，46 ～ 60d 逐步提高至 200m³/d，61 ～ 80d 保持在 200m³/d，81～100d 根据运行过程中水质指标的变化调整进水量，101～180d 进水量维持在 100m³/d。采用 24h 连续进水。二沉池出水回流到水解酸化池，根据进水量调整回流比，进水量为 50m³/d、100m³/d、150m³/d 和 200m³/d 时，回流比分别为 1：1、2：1、3：1 和 4：1。同时，二沉池沉降的污泥根据日常测定的 O 池中 SV_{30}（30min 污泥沉降比）来调整，外排或者回流到 O 池前端。原水水质变化见图 2-37～图 2-39。

2）分析项目和测试方法

试验期间从第 1 天开始，每隔 3d 取样检测废水指标。分析项目包括 COD、NH_4^+-N、TN、NO_2^--N 和 NO_3^--N [71]。用便携式 pH 计测定 pH 值，用便携式溶解氧测定仪测定溶解氧浓度，用 250mL 玻璃量筒测定 SV_{30}。

170d 时，从 O 池进水口、出水口以及中部观察口取泥水混合物，静置沉降 30min 后，对污泥样进行物种组成分析。用 FastDNA® SPIN Kit for Soil 试剂盒提取活性污泥的 DNA，送至上海美吉生物医药科技有限公司进行扩增和测序。PCR 扩增所用引物为 338F-806R，采用 TransGen AP221-02 DNA 聚合酶，在 ABI GeneAmp® 9700 型 PCR 仪中进行扩增。PCR 扩增程序如下：a.95℃预变性（3min）；b.95℃变性（30s），55℃退火（30s），72℃延伸（45s），27 个循环；c.72℃恒温 10min，最后 10℃保温。全部样本按照正式实验流程进行，每个样本重复 3 次，将同一样本的 PCR 产物混合后，用 2% 琼脂糖凝胶电泳检测，使用 AxyPrepDNA 凝胶回收试剂盒切胶回收 PCR 产物，Tris-HCl 洗脱，2% 琼脂糖电泳检测。

参照电泳初步定量结果，将 PCR 产物进行荧光定量检测。通过 PCR，将 Illumina 官方接头序列添加至样品 DNA 片段外端，用氢氧化钠变性产生 DNA 片段单链，与引物碱基互补固定。对 DNA 片段进行高通量测序，从而获知样品 DNA 片段的序列。

整个渗滤液处理流程设计废水处理水量为 200m³/d。本项目设计处理垃圾填埋场自流产生的垃圾渗滤液，进水有机污染物浓度较高，采用水解酸化池对降低后续主反应器 UASB 中有机污染负荷和停留时间、降低能耗和提高废水可生化性等方面具有显著优势。

① 水解酸化池利用水解、产酸与甲烷的细菌生长速度的不同，通过调整水力停留时间和废水的搅拌流动创造甲烷菌在反应器中难以繁殖的条件，启动垃圾渗滤液的水解和酸化，省去了气体回收部分。

② 池体无需密闭，无需三相分离器，只需要搅拌器，降低了工程造价，且日常运行管理和维护方便简单。

③ 水解和酸化过程可以转化渗滤液中有机物的形态及性质，有利于后续 UASB 和好氧生化处理。厌氧消化的水解、产酸阶段的产物主要为小分子的有机物，其生物降解性一般都比较好。因此水解酸化池可以提高原渗滤液的可生化性，从而减少生化处理的反应时间和能耗。

④ 水解和酸化属于厌氧处理的前期，没有达到最终阶段，因而出水也没有厌氧发酵所产生的刺激性气味，改善了渗滤液处理站的环境。

⑤ 水解和酸化反应历程需要的时间较短，因此所需设备模块体积也较小。

⑥ 水解和酸化对渗滤液中的固体有机物的降解效果较好，工艺仅产生很少的厌氧降解污泥，因此水解酸化池产生的剩余污泥很少，实现了废水、污泥一次处理，具有消化池的部分功能。

UASB 反应器包括进水以及配水系统、反应器的主体反应区域和三相分离器几个部分。通过进水泵和配水系统，废水被尽可能均匀地引入 UASB 反应器的底部，废水向上通过包含颗粒污泥或絮状污泥的厌氧污泥床。厌氧消化反应发生在废水和污泥颗粒充分接触的过程。在厌氧状态下微生物产生的沼气（主要是甲烷和二氧化碳）带来的上升和扰动引起了反应器内部的循环，这有利于颗粒污泥的形成和维持。在污泥床反应区形成的一些气体附着在污泥颗粒上，和没有附着的气体同时向反应器顶部上升。附着污泥颗粒和没有附着的气体在上升过程碰撞到 UASB 反应器中最重要的设备——三相分离器，这一设备安装在反应器的顶部，并将整个 UASB 反应器分为下部的污泥床反应区和上部的污泥沉淀区。三相分离器的主要目的就是尽可能高效地分离从污泥床中产生的沼气，进而在沉淀区取得对上升流中的絮状或颗粒状污泥的满意沉淀效果。在集气室下面设有反射板，其作用是防止沼气通过集气室之间的缝隙逸出到沉淀室，另外挡板还可以有效减少反应区内高产气量所造成的液体扰动。UASB 反应器的设计要求是只要悬浮的厌氧污泥没有膨胀到沉淀区，颗粒状污泥或絮状污泥就能滑回到反应区。水力负荷和 COD 负荷率（产气率）都会影响到悬浮污泥层以及污泥床的膨胀，UASB 反应器内膨胀的污泥层可以通过网捕作用聚集分散的颗粒状或絮状污泥，同时它还对可生物降解的溶解性 COD 起到一定的吸附絮凝去除作用。UASB 反应器的原理是在形成沉降性能良好的污泥床反应区的基础上，结合在反应器内设置污泥沉淀系统使气、液、固三相得到分离，从而去除大部分的有机污染物。

好氧生物处理工艺是利用生物膜和悬浮污泥中的微生物在好氧条件下代谢作用旺盛，能利用废水中的有机物和氨氮等作为原料进行新陈代谢，合成细胞物质的同时将其去除。好氧池的管理十分简便，操作简单，抗进水冲击能力强。好氧池中的微生物驯化适应时间短，一般情况下 10 ～ 20d 即可完成。好氧微生物对环境要求比较低，水温低至 15℃时，反应器仍能正常进行。好氧生化处理单元由 3 个连通的好氧池（O1 池、O2 池和 O3 池）组成，O 池各段均含有填料，通过缺氧好氧运行，提升污泥浓度和处理效率。

图 2-40（彩图见书后）显示了垃圾渗滤液处理系统调试过程中 COD、NH_4^+-N、TN 的浓度变化和去除率。进水 COD 浓度为 3250 ～ 4500mg/L。前 30d 日进水量较少，各池 COD 呈现缓慢上升趋势。30d 之后，随着日进水量的增加，来自生活污水处理系统的污泥还没有适应垃圾渗滤液，微生物受到很大的冲击。水解酸化池中 COD 急剧上升并起伏不定，对后续 UASB 和 O 池的处理效果也造成一定的冲击。同时，在 50 ～ 120d 由于原水水质大幅度波动，影响了水解酸化池和 UASB 对于有机物的降解，但 O 池的

数据并没有太大波动，说明系统对于进水负荷的冲击有很大的耐受性。120d 之后 O 池的 COD 逐渐上升并超过 UASB 的出水，超出的 COD 值在 190 ～ 280mg/L 之间。经检测，O 池累积的亚硝氮量在（200±25）mg/L 范围内波动，贡献了 200 ～ 257mg/L 的 COD。调试周期内生化处理阶段 COD 去除率在 55% 以上，最终稳定在 67% 上下。进水中 TN 主要由 NH_4^+-N 贡献，NO_2^--N 和 NO_3^--N 相对较少。由于 50 ～ 85d 期间通过预处理控制 NH_4^+-N 浓度，进水中的 NH_4^+-N 和 TN 浓度波动很大 [图 2-40（b）、（c）]，在 85d 停止控制后慢慢回升。氨氮在 O 池阶段被氧化成 NO_2^--N 和 NO_3^--N，回流到厌氧阶段被还原成 N_2，TN 也随之降低。在整个调试阶段，由于回流比较大，O 池末端 NH_4^+-N 值在 10 ～ 30mg/L 浮动，NH_4^+-N 的总去除率一直保持在 99%。而 TN 去除率在调试阶段中期降到 60% 左右并伴随有较大波动（主要是水解酸化池和 UASB 中 COD 波动影响了脱氮），在调试阶段后期稳定在 80% 左右。

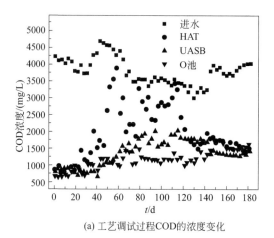

(a) 工艺调试过程COD的浓度变化

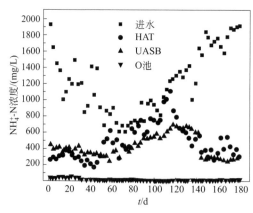

(b) 工艺调试过程NH_4^+-N的浓度变化

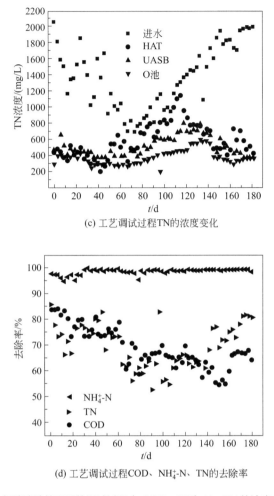

(c) 工艺调试过程 TN 的浓度变化

(d) 工艺调试过程 COD、NH_4^+-N、TN 的去除率

图 2-40　垃圾渗滤液处理系统调试过程中 COD、NH_4^+-N、TN 的浓度变化和去除率

　　传统的全程硝化反硝化脱氮反应过程长，耗时长，需要反应器容积大。而短程硝化 - 厌氧氨氧化工艺只需要将部分氨氮硝化成亚硝氮，再以氨氮为电子供体、亚硝氮为最终电子受体，进行厌氧氨氧化反应将之转化为 N_2。这一反应过程短，反应速度快，氨氮氧化过程节省 25% 的曝气量，节省反应器体积和基建费用，厌氧阶段无须外加碳源，能够快速经济高效脱除垃圾渗滤液中的 TN。

　　O 池进出水 C/N 值如图 2-41（a）所示。1～50d 时进水 C/N 值在（1.5～2.5）：1 之间波动。50～90d 由于原水水质变化带来的波动，O 池进水 C/N 值上升到（3～4.5）：1 之间。90～140d O 池进水 C/N 值在（2.5～3）：1 之间浮动。140～180d 进水 C/N 值又升高到（3.5～4）：1 之间。O 池出水的 C/N 值与进水 C/N 值接近，是因为 O 池主要发生了氨氮的硝化反应，TN 和 COD 的去除不多。O 池中各水质参数变化情况和亚硝氮积累率如图 2-41（b）所示。氨氮的好氧氧化主要发生在 O 池中，硝氮的生成量在 120d 后处于明显下降趋势，亚硝氮的生成量不断上升。随着运行时间增加，亚硝氮在 100d 左右达到 100mg/L，随后迅速增长到 200mg/L 左右。同时，硝氮的生成量相对下降，最终在 100mg/L 上下波动。O 池通过微孔曝气提供溶解氧，同时 140 ～ 180d COD 去除量比较少，这样可以排除亚硝氮是由硝氮反硝化产生的，而确定亚硝氮是由氨氮氧化产生的。亚硝氮和硝氮生成之后随水流回流到水解酸化池进行氮素的还原。通过调整 O 池的曝气量来控制溶解氧浓度有利于实现短程硝化。调试的前 30d 好氧池溶解氧维持在 5.5mg/L，30 ～ 120d 将溶解氧降至 3.5mg/L。此期间亚硝氮的生成量一直在不断增加，基本呈现线性增长趋势。120 ～ 180d，DO 进一步降低至 2.0mg/L。在此期间亚硝氮生成量于 150d 左右上升到 200mg/L，之后不再上涨而是上下波动。硝氮的生成量急剧下降，从 350mg/L 缩减至 100mg/L 左右。这是因为 AOB（氨氧化菌）比 NOB（亚硝酸盐氧化菌）需要的 DO 含量低，也更容易适应环境中 DO 的变化[72,73]。AOB 与氧的亲和力较 NOB 要强，AOB 氧饱和常数一般为 0.2 ～ 0.4mg/L，而 NOB 氧饱和常数为 1.2 ～ 1.5mg/L。在 DO 浓度 2.0mg/L 的条件下 O 池中亚硝氮积累率达到了 78%[图 2-41（c）]，与文献中的实验室研究接近[74]。另外，工程调试过程中，O 池的 SV_{30} 出现下降，二沉池有部分跑泥现象，生长较慢的 NOB[63] 不易在 O 池生存。通过这些条件控制，O 池稳定实现了短程硝化过程。工艺调试过程中各池 pH 值变化情况显示在图 2-41（e）中。实验室研究表明，AOB 的最适宜 pH 值在 8.0 左右，NOB 的最佳 pH 值在 7.0 左右。Surmacz 等[75] 发现高 pH 环境可以抑制 NOB 的活性，从而增加 NO_2^--N 的积累。Zhang 等[76] 在进水 pH=8.3 的情况下，家畜粪便上清液处理的实验研究中，获得平均亚硝氮积累速率为 1.2kg/（$m^3 \cdot d$）。高大文等[77] 在中温条件下，采用 SBR 法进行了短程硝化反硝化实验，结果表明 pH 值为 7.5 ～ 8.8 可实现亚硝氮的积累，且亚硝氮的平均积累率在 95%。调试阶段前期进水 pH 值波动较大，后期维持在 8.2 ～ 8.5 之间。在水解酸化池调节 pH 接近中性，以提供适合大多数微生物生长的环境。在 O 池中，氨氮氧化成亚硝氮和硝氮的过程会消耗碱度。在 80d 之后提高了 UASB 出水 pH 值，并逐步提升到 8.5 左右，保持 O 池 pH 值以更易于 AOB 生长，从而实现亚硝氮的稳定积累。另一方面，pH 值还影响到 FA（游离氨）和 FNA（游离亚硝酸）的浓度。FA 和 FNA 分别是 AOB 和 NOB 的反应底物，同时也是抑制剂，但 FA 和 FNA 对 AOB 和 NOB 的抑制阈值显著不同。通过式（2-2）、式（2-3）可计算出 FA 和 FNA 的浓度分别为 0.81 ～ 7.91mg/L 和 0.013 ～ 0.16mg/L。FA 对 NOB 的抑制浓度为 6mg/L，而 16mg/L 的 FA 对 AOB 仍没有抑制作用[78]。0.011mg/L 的 FNA 开始抑制 NOB 的合成代谢，0.023mg/L 的 FNA 就会完全抑制 NOB 的合成代谢，而 0.4mg/L 的 FNA 对 AOB 无影响[79]。可以看出，O 池中 NOB 的活性会因为 FA 和 FNA 浓度而被显著抑制，使得 AOB 成为优势菌种，实现了亚硝氮高积累。

$$\rho\ (\text{FA}) = \frac{\rho(\text{NH}_4^+\text{-N}) \times 10^{\text{pH}}}{e^{\frac{6344}{273+t}} + 10^{\text{pH}}} \tag{2-2}$$

$$\rho\ (\text{FNA}) = \frac{\rho(\text{NO}_2^-\text{-N})}{(e^{-\frac{2300}{273+t}} + 1) \times 10^{\text{pH}}} \tag{2-3}$$

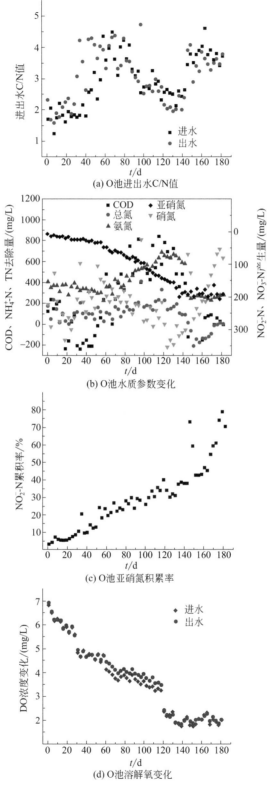

(a) O池进出水C/N值

(b) O池水质参数变化

(c) O池亚硝氮积累率

(d) O池溶解氧变化

图 2-41

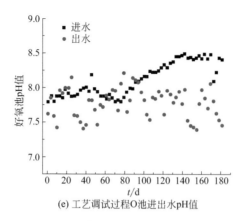

(e) 工艺调试过程O池进出水pH值

图2-41 短程硝化的启动与维持工艺参数

厌氧氨氧化菌的最佳 pH 值为 8.0，其生存需厌氧或缺氧环境，因此在系统运行过程中不进行曝气搅拌、不加有机碳源，控制进水量和回流比，控制进水的 pH 值等条件来促进厌氧氨氧化的快速启动。

COD、NH_4^+-N、TN 在水解酸化池中的去除量和不同 C/N 值下脱氮途径对 TN 去除的贡献率如图 2-42 所示。进入水解酸化池的废水有两部分：一部分是经过预处理的进水，另外一部分是来自二沉池的回流水。根据实际进水量和回流比计算出水解酸化池中 COD 的去除量由 101 ~ 120d 的 1000mg/L 左右降到了调试后期的 500mg/L 以下，NH_4^+-N 去除量大概在 270mg/L，TN 去除量大约在 500mg/L，数据的波动源于原水水质的变化。水解酸化池中发生了 COD、NH_4^+-N、TN 同时去除的现象。TN 去除过程中电子受体是氮元素价态较高的硝氮和亚硝氮，电子供体则来自有机物（异养反硝化）或者 NH_4^+-N（厌氧氨氧化）。水解酸化池溶解氧含量很低，基本处于缺氧甚至厌氧状态，COD 应当是作为反硝化的碳源被去除。文献中报道的反硝化需要 C/N 值的范围大概是 (2.5 ~ 5)：1。图 2-42 (b) 和 (c) 显示了水解酸化池进出水的 C/N 值和不同 C/N 值异养反硝化与厌

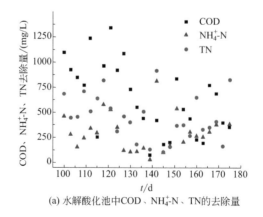

(a) 水解酸化池中COD、NH_4^+-N、TN的去除量

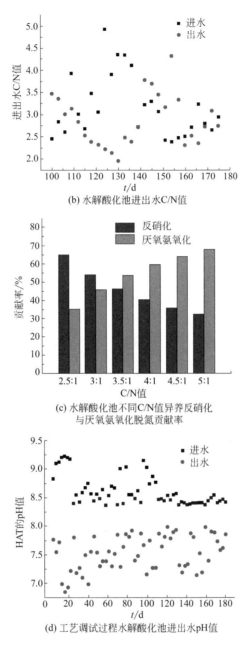

(b) 水解酸化池进出水C/N值

(c) 水解酸化池不同C/N值异养反硝化
与厌氧氨氧化脱氮贡献率

(d) 工艺调试过程水解酸化池进出水pH值

图 2-42　厌氧氨氧化的启动与维持工艺参数

氧氨氧化脱氮贡献率。选择几个反硝化 C/N 值计算了水解酸化池中以 COD 作为电子供体反硝化去除的总氮量，要低于实际的 TN 去除量。剩余的 TN 去除量应该通过厌氧氨氧化去除。经计算，水解酸化池中厌氧氨氧化脱氮贡献率为 35% ～ 67%。

　　图 2-43（彩图见书后）显示了第二次调试过程中水解酸化池、UASB 和 O 池中的泥水状况。170d 时从水解酸化池液面以下 1m 处填料上刮取污泥 [图 2-43（a）]，相比于 150d [图 2-43（b）] 和 130d [图 2-43（c）] 取样观察时有较为明显的红色。水

解酸化池正常运行时［图2-43（d）］表层泥水混合物呈现出红色，取样沉淀30min发现此时上清液明显呈现红褐色，沉降下来的污泥呈灰褐色［图2-43（e）］。作为对比，UASB的出水［图2-43（f）］颜色更黑，下层污泥［取样口高度3m，图2-43（g）］也呈现明显缺氧的黑灰色。好氧池混合均匀的泥水混合物沉降30min后［图2-43（h）］，上清液呈现暗红色，污泥为灰褐色，SV_{30}为31%，泥水分离界面清晰，污泥沉降性良好。水解酸化池中的现象与张泽文等[80]、张海芹等[81]、汪瑶琪等[82]报道的在实验室启动厌氧氨氧化的现象基本一致，说明水解酸化池发生了厌氧氨氧化。根据O池污泥菌群DNA测序结果绘制了物种丰度图（图2-44，彩图见书后）。收取O池的前端（O1）、中端（O2）和后端（O3）的活性污泥，对能够产生亚硝氮的菌种进行检测。3个样品总碱基数目达到70768485 bp，有效碱基数目69305255 bp，占总碱基数的97.93%。碱基序列平均长度417，3个样品的序列长度基本都分布在401～420和421～440区间［图2-44（a）］。在O池污泥样品中发现亚硝化单胞菌属、硝化球菌属、硝化刺菌属和矛状硝化细菌属，其比例分别为1.59%、0.13%、0.008%和0.011%，说明O池中AOB的物种丰度是NOB的10倍以上。这充分证明O池主要发生了短程硝化过程。

(a) (b) (c) (d)

(e) (f) (g) (h)

图2-43　水解酸化池污泥（a～e）、UASB的出水（f）和底泥（g）以及O池泥水分离状况（h）

2.3.3　季节性温度变化对部分硝化－厌氧氨氧化处理高氨氮垃圾渗滤液的影响

由于AOB（氨氧化菌）需要氧气，ANAOB（厌氧氨氧化菌）不需要氧气，因此通常

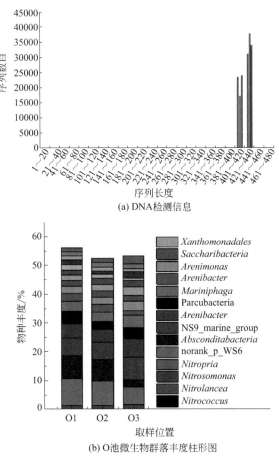

(a) DNA检测信息

(b) O池微生物群落丰度柱形图

图 2-44　微生物检测信息

使用颗粒状污泥和生物膜为不同微生物创建不同溶解氧梯度。这样做是为了在一个系统中实现两种微生物的共生或分区培养[83]，并通过将部分硝化和厌氧氨氧化串联去除氮[84]。当温度控制在中度范围（31 ~ 34℃）时，成功使用独特的分区自回流生物氮去除装置，有效地耦合了部分硝化-厌氧氨氧化，TN 去除率达到 3.1kg/（m³·d）[85]。以该装置为核心，构建了反硝化-部分硝化-厌氧氨氧化系统，并应用于成熟的垃圾填埋液处理。系统显示高氮去除效率，TN 去除率达到 2.2kg/（m³·d）[86]。但是，垃圾填埋液浸渍的实际温度远远低于此值。虽然该设备用于实际工程，并实现了良好的 TN 去除率，但它需要保持适中的温度，这将需要大量的热能消耗。在部分硝化-厌氧氨氧化工艺中，季节性温度变化对氮去除的影响一直没有得到重视，特别是对高 NH_4^+-N 废水的处理。

2.3.3.1　实验材料和方法

（1）实验装置

反硝化-部分硝化-厌氧氨氧化系统由一个升流式厌氧污泥床（UASB）和一个分

区自回流生物脱氮装置组成（图 2-45）。前 UASB 反应器主要用作反硝化单元。在好氧区，进气量由转子流量计调节，溶解氧控制在 0.1 ～ 0.4mg/L。在整个实验过程中，仅利用当地气候变化（中国苏州）造成的温差来研究不同温度对脱氮过程的影响。

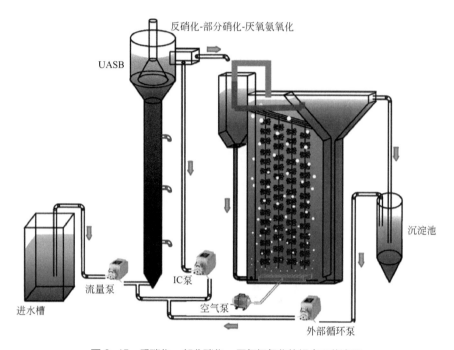

图 2-45　反硝化－部分硝化－厌氧氨氧化的耦合工艺流程

（2）接种污泥和废水

反硝化 - 部分硝化 - 厌氧氨氧化分别接种来自污水厂的颗粒污泥、实验室培养的成熟硝化生物膜和厌氧氨氧化颗粒污泥的污泥样品。实验前，该系统已用于垃圾渗滤液脱氮 2 年多，温度为 31 ～ 34℃，最大 TN 去除率为 2.2kg/（m³·d）。在对回流比等条件进行改变后，反应器 TN 去除率稳定在 1.5kg/（m³·d）。

进水为苏州七子山垃圾渗滤液，未经过稀释等预处理，水质特征 COD 浓度为（2500±250）mg/L，主要为不可生物降解的有机物。BOD_5 浓度为（1100±150）mg/L。NH_4^+-N 浓度为（2550±200）mg/L。

（3）实验方法

采用反硝化 - 部分硝化 - 厌氧氨氧化系统研究温度对脱氮的影响时，去除加热装置，仅通过季节冷却逐渐降低系统温度。为避免系统运行过程中 NH_4^+-N 浓度过高对微生物活性的影响，当出水 NH_4^+-N 浓度高于 100mg/L 时，延长水力停留时间以确保微生物不受游离氨的抑制。通过进水 / 出水及不同区域污染物浓度的变化来评价各处理单元的微生物活性。同时，对系统稳定运行时不同区域不同温度下的污泥进行采样，分析微生物群落结构的变化。

NH_4^+-N、NO_3^--N、NO_2^--N、COD 的浓度根据标准方法（APHA，2005）测定。采用

德国 WTW 公司的在线监测仪测量溶解氧、温度、pH 值和氧化还原电位。

2.3.3.2　温度对反硝化 - 部分硝化 - 厌氧氨氧化系统氮去除的影响

如图 2-46 所示（彩图见书后），在移除温度控制装置之前，反硝化 - 部分硝化 - 厌氧氨氧化系统的温度保持在 31 ～ 34℃。当该系统处理进水 NH_4^+-N 浓度为 2250 ～ 3000mg/L 的垃圾渗滤液时，出水中的 TN 低于 70mg/L。这表明该系统通过稳定控制适宜的温度，对垃圾渗滤液中高浓度的 NH_4^+-N 具有良好的去除效果。在不进行温度控制状态的初始阶段（1 ～ 24d），水力停留时间仍然保持在 1.53d。系统温度在 32 ～ 34℃之间波动。因此，系统的脱氮效率没有显著变化。进水 NH_4^+-N 浓度约 2250mg/L；出水 NH_4^+-N 和 NO_2^--N 浓度分别维持在 15mg/L 和 6mg/L；以及 NO_3^--N 几乎为 0mg/L。整个系统的 TN 去除率 ≥ 97%。这些结果表明，30 ～ 35℃的季节温差对反硝化 - 部分硝化 - 厌氧氨氧化系统的脱氮没有实质性影响。温度从第 25 天开始逐渐下降，出水中 NH_4^+-N 浓度呈逐渐上升趋势。为了避免 NH_4^+-N 的积累形成高浓度的游离氨影响系统运行，通过逐渐延长水力停留时间降低系统的 TN 负荷率。在系统运行的第 30 ～ 50 天，温度保持在 25℃。此时，水力停留时间延长至 1.94d。进水中的 NH_4^+-N 浓度仍保持在 2250mg/L 左右，最终，废水中的 NH_4^+-N 和 NO_2^--N 浓度分别保持在 20mg/L 和 12mg/L。同时，废水中的 NO_3^--N 开始少量积累，达到了最大值 15mg/L。虽然 TN 负荷率降低，但系统的 TN 去除率仍然可以达到 95% 以上。随着冬天的到来，气温又迅速下降。在系统运行的第 73 ～ 115 天期间，温度下降并

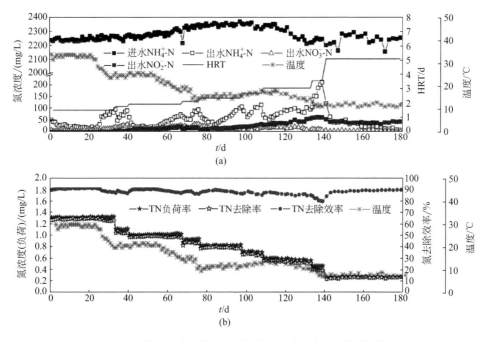

图 2-46　温度变化对反硝化 - 部分硝化 - 厌氧氨氧化系统脱氮的影响

稳定在 15 ～ 17℃。在此期间，通过延长水力停留时间，系统的 TN 负荷率持续降低。然而，由于垃圾渗滤液的 NH_4^+-N 浓度逐渐增加和温度变化，最终出水 NH_4^+-N 浓度达到最大值 106mg/L。TN 去除率也下降，下降了 51%。这表明，随着温度的降低，垃圾渗滤液成分的流动对系统的脱氮效率和出水水质的稳定性有较大影响。随着温度持续下降至 11 ～ 12℃，系统出水的 NH_4^+-N 浓度仍快速增加，达到最大 211mg/L。为了在较低温度下使用脱氮系统处理垃圾渗滤液，系统运行第 139 天的水力停留时间延长至 5.09d。同时，由于雨季的影响，该阶段进水中的 NH_4^+-N 浓度逐渐降低并稳定在 2200 ～ 2280mg/L。最后，系统的 TN 负荷率降低并稳定在 0.5kg/（m^3·d），相应的 NH_4^+-N、NO_2^--N 和 NO_3^--N 浓度分别稳定在 20mg/L、45mg/L 和 8mg/L 范围内，TN 去除率为 91%。一般来说，当反硝化 - 部分硝化 - 厌氧氨氧化系统的温度低于 30℃ 时，随着温度的降低，脱氮效率呈下降趋势。如果系统的 TN 负荷率没有及时调整到足够低的水平，实际运行期间氮浓度的波动可能很容易导致废水中 NH_4^+-N 的积累和不稳定的脱氮效率。因此，只要适当控制系统的 TN 负荷率，即使系统温度降至 12℃，也可以获得良好的脱氮效率和稳定的出水水质。

2.3.3.3 季节性温度变化对不同氮转化过程的影响

亚硝酸盐氧化细菌一直存在于部分硝化工艺中，厌氧氨氧化工艺也产生约 11% 的 NO_3^--N。因此，当处理成熟垃圾渗滤液中的 NH_4^+-N 为 200 ～ 2300mg/L 时，部分硝化 - 厌氧氨氧化工艺理论上产生 NO_3^--N 至少 242mg/L，这会严重影响废水 TN 排放。本实验中使用的垃圾渗滤液含有约 1300mg/L 可生物降解 COD（COD_{bio}），占总 COD 的 40%。将垃圾渗滤液直接引入部分硝化 - 厌氧氨氧化系统不仅会影响系统的脱氮效率，还会增加好氧区供气的功耗；因此，反硝化 - 部分硝化 - 厌氧氨氧化系统中的预脱氮利用脱氮同时降低 NO_3^--N 和 COD_{bio}。在 UASB 运行的早期阶段（温度＞30℃），出水 COD 稳定在 1420 ～ 1500mg/L。然而，随着温度的逐渐降低，UASB 出水的 COD 浓度逐渐增加到最大值 1670mg/L。此外，根据后端分区回流装置的出水 COD，经过部分硝化 - 厌氧氨氧化工艺后，这部分 COD 没有明显降低。可以推断，UASB 中去除了易降解的 COD，而出水的 COD 是难降解有机物。这也表明反硝化系统中的微生物在中等温度下可以降解某些难降解或有机物质。随着温度的降低，部分硝化 - 厌氧氨氧化过程中功能性微生物的活性不同程度地降低，导致了出水中 NO_2^--N 和 NO_3^--N 的积累。因此，进入 UASB 后 NO_2^--N 和 NO_3^--N 的浓度也逐渐增加。然而，在整个运行期间，UASB 出水的 NO_3^--N 浓度几乎为零。当温度低于 15℃ 时，有明显的 NO_2^--N 积累（6 ～ 11mg/L），最高浓度达到 14.17mg/L。Ji 等[87] 表明，当系统中同时存在 NO_2^--N 和 NO_3^--N 时，脱硝菌优先使用易降解的 COD 和 NO_3^--N 进行短程反硝化，剩余的易降解 COD 与 NO_2^--N 反应。理论上，UASB 中的 NH_4^+-N 浓度没有降低，但根据回流水中的 NH_4^+-N 浓度，反硝化系统在 NH_4^+-N 浓度中的损失为 20 ～ 30mg/L。因此，推测系统中存在一些短程反硝化与厌氧氨氧化的耦合过程，这需要进一步深入探索。总之，温度的降低可能导致系统中 COD 的增加，但在随后的部分硝化 - 厌氧氨氧化过程中 COD 没有被降解，这对脱氮系统没有显著影响。

　　季节性温度变化对反硝化和部分硝化 - 厌氧氨氧化工艺的影响见图 2-47（彩图见书后）和图 2-48（彩图见书后）。部分硝化 - 厌氧氨氧化与分区自回流生物脱氮装置耦合作为整个系统的核心设备高效脱氮。先前的研究表明[85]，该装置允许在适合不同环境需求的分区中培养功能性微生物。在移除温度控制装置的初始运行期（1 ～ 24d），部分硝化 - 厌氧氨氧化工艺的脱氮效率达到最大值 1.68kg/（m³·d），由于温度变化较小，TN 去除效率达到 98% 以上。好氧区亚硝酸盐产率达到 1.5kg/（m³·d），厌氧区厌氧氨氧化氮去除率达到 16.14kg/（m³·d）。当温度降低到 25℃时，好氧区和厌氧区的 NH_4^+-N 逐渐积累，最高浓度分别达到 117mg/L 和 96.5mg/L。随着系统的 TN 负荷率逐渐降低，好氧区和厌氧区的 NH_4^+-N 浓度降低，最终分别稳定在 55mg/L 和 40mg/L。然而，随着温度的持续降低，反应器各区域的 NH_4^+-N 浓度波动很大，仅通过延长水力停留时间即可实现 NH_4^+-N 浓度的降低。当反应器运行到第 139 天时，反应器中的氮负荷降至 0.5 kg/（m³·d），NH_4^+-N 降低并稳定在相对较低的水平。此时，集成设备的氮去除率稳定在 0.49kg/（m³·d）以上。其中，好氧区的亚硝酸盐产生率降至 0.44 kg/（m³·d），厌氧区的氮去除率降至 4.7kg/（m³·d）；这两个值分别下降了 70.7% 和 70.9%。先前的一项研究表明，在 30℃、20℃和 15℃条件下，AnAOB 的生长速率为 0.14d⁻¹[88]、0.02 d⁻¹ 和 0.009d⁻¹[89]；AOB 在 30℃、20℃和 15℃下的生长速率为 1.8d⁻¹、0.8d⁻¹ 和 0.523 d⁻¹，表明 AnAOB 比 AOB 对温度变化更敏感。在本研究中，当部分硝化 - 厌氧氨氧化用于处理高 NH_4^+-N 浓度的垃圾渗滤液时，随着温度的降低，部分硝化和厌氧氨氧化对温度的敏感性相同。据推测，垃圾渗滤液中的其他有毒物质会对部分硝化系统产生抑制作用。在整个反应运行期间，好氧区的 NO_2^--N 浓度保持在 45 ～ 55mg/L，厌氧区的 NO_2^--N 浓度为 10 ～ 15mg/L。然而，好氧区和厌氧区 NO_3^--N 浓度同时呈上升趋势。当温度低于 20℃时，AOB 的优势生长被中断；此外，亚硝酸盐氧化细菌开始大量增加，出水中 NO_3^--N 浓度迅速增加。当温度从 30℃降至 20℃，然后降至 15℃时，亚硝酸盐氧化细菌的生长速率从 1.182d⁻¹ 下降至 0.642d⁻¹。因此，推测系统中的亚硝酸盐氧化细菌在低

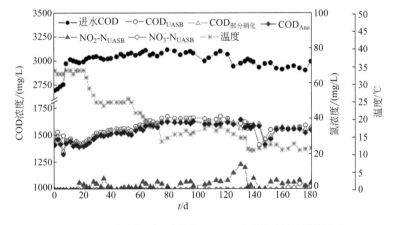

图 2-47　温度变化对反硝化中 NO_3^--N 和有机物质去除的影响

温下会增加。然而，由于垃圾渗滤液中 NH_4^+-N 的高浓度，在低温条件下，好氧区和厌氧区游离氨浓度在 1～4mg/L 之间波动，这对亚硝酸盐氧化细菌有一定的抑制作用。

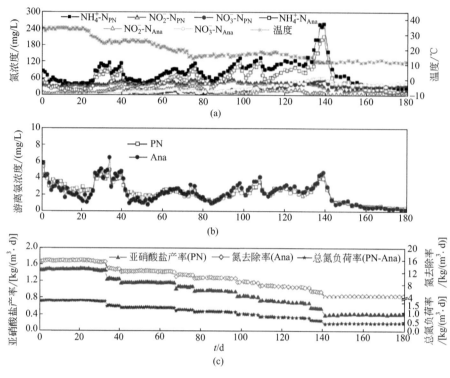

图 2-48 温度变化对部分硝化－厌氧氨氧化脱氮的影响

2.3.3.4 温度对系统各区域功能微生物的影响

见图 2-49（彩图见书后），为了进一步探索温度对反硝化-部分硝化-厌氧氨氧化系统脱氮效率的影响，在第 0 天（33℃）、第 47 天（25℃）、第 115 天（16℃）和第 139 天（12℃），对 UASB 中的污泥样本以及分区自循环装置的好氧区和厌氧区的生物群落结构进行了分析。门水平表明，在温度逐渐降低的过程中，氯屈曲菌、变形菌、放线菌和拟杆菌是 UASB 中的主要门。其中，脱氯菌的丰度从 43.8% 下降到 37.1%；变形菌和放线菌的丰度分别从 25.5% 和 7.6% 上升到 31.4% 和 10.7%；其余均无明显变化。综合反应器好氧区的主要门为变形菌、拟杆菌、脱氯菌、植物门和细菌门。在厌氧区，氯屈曲菌的丰度先增加后减少。变形菌的丰度显著增加，而其他主要门的丰度则显著增加（Plancto-菌丝体、拟杆菌、放线菌、酸杆菌、宝石单胞菌和热脱球菌）。这些结果表明，温度变化对系统的门没有显著影响，但对其丰度有很大影响。在遗传水平上，UASB 中未发现产甲烷菌，表明有机物未发生甲烷化。主要细菌属包括 JG30-KF-CM66、SBR1031、SJA-28、利姆诺杆菌、诺卡菌属和水生微生物，其中利姆诺杆菌和厌氧菌能够将难降解有机物分解成可供微生物利用的小分子有机物[90]，并且它们的浓度不随温度变化。特吕珀菌属（*Truepera*）在废水反硝化过程中起着重要作用，能够耐受恶劣环境，并且在不同区域，随着温度的降低，其浓度增加。目前研究人员发现，*Truepera* 是短程反硝化过程中一种重要的功能性微生物，可转化 NO_3^--N 为 NO_2^--N[91]，还发现在 UASB 中存在 *Truepera*，其丰度随着温度的降低而增加，从 1.3% 增加到 3%。这可能是由于通过部分硝化 - 厌氧氨氧化处理废水 NO_3^--N 的增加和低温下有效有机物的减少。系统中的氮浓度结果表明，UASB 中的短程反硝化作用在低温下的氮转化中起着重要作用。同时，UASB 中也发现了 *Kuenenia* 的存在，其相对丰度在第 119 天（16℃）达到最大值 3.82%，然后在第 139 天（12℃）降至 1.48%。这为通过 UASB 中的短程反硝化和厌氧氨氧化同时去除 NO_3^--N 和 NH_4^+-N 提供了充分的证据。硝化单胞菌是部分硝化过程中的主要 AOB 功能菌。其丰度在第 47 天（25℃）从 4.18% 增加到 5.62%。NOB 的主要属是硝基螺菌，其丰度在反应器的整个操作过程中均低于 0.1%，且无明显变化。一般来说，随着部分硝化系统温度的降低，NOB 的活性将大大增加，且 NO_3^--N 浓度也大大增加[92]。本研究中 NOB 丰度未得到改善的原因可能是，在温度逐渐降低的过程中，NH_4^+-N 不断累积，这使得系统中存在游离氨的抑制作用。*Kuenenia* 是厌氧氨氧化过程中的主要功能微生物，这与其他研究人员在中温下使用厌氧氨氧化处理垃圾渗滤液时观察到的情况相同[93]。当温度高于 30℃时，随着操作初始阶段氮负荷的增加，丰度从 22.5% 增加到 32.7%。然而，当温度降至 20～30℃时丰度降低并稳定在 21% 左右，并且在该温度范围内没有发生明显变化。当温度低于 20℃时，其丰度降至 3.1%。结果表明，温度对功能性微生物 *Kuenenia* 的丰度有较大影响。厌氧氨氧化菌的另一种细菌 *Brocadiaceae* 的丰度随温度的降低略有增加（从最初的 0.33% 到 2.7%），但当温度低于 20℃时，其丰度也下降到 1.1%。在以前的研究中，白念珠菌和 *Kuenenia* 的最佳生长温度分别为 25～45℃和 25～37℃。然而，在低温环境（6～15℃）下，白念珠菌可能逐渐成为厌氧氨氧化菌的主要属；即使处理成分复杂的成熟垃圾渗滤液，厌氧氨氧化系统的功能微生物也会随着温度的降低而出现。这些结果表明，在厌氧氨氧化处理垃圾渗滤液的低温过程中，白念珠菌和库尼亚念珠菌是主要的厌氧氨氧化菌。

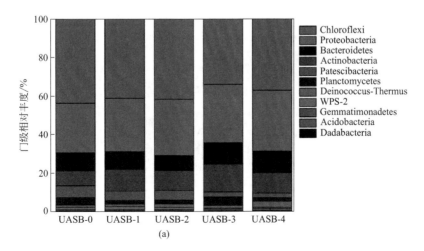

图 2-49

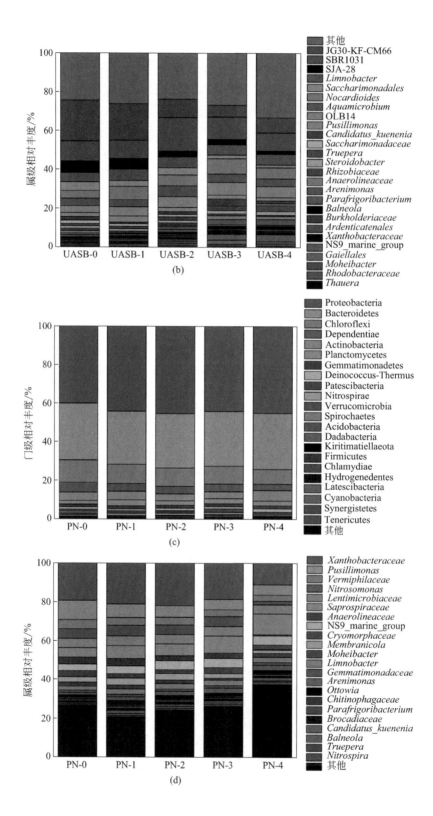

(b)

(c)

(d)

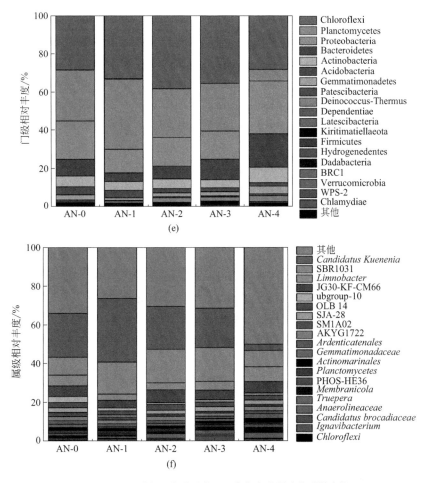

图 2-49　反硝化 - 部分硝化 - 厌氧氨氧化微生物群落变化

2.3.3.5　应对不同地区温度变化的策略

适当的温度控制是生物系统高效稳定运行的保证。研究发现[94]，大于 6℃的季节性温度变化将影响部分硝化 - 厌氧氨氧化在去除湿地无机氮方面的脱氮效率。硝化 - 厌氧氨氧化的主要功能微生物 AOB 和 AnAOB 发挥最佳脱氮效率的温度为 30 ～ 35℃。在低温下将部分硝化 - 厌氧氨氧化用于处理高 NH_4^+-N 浓度的废水时，保持功能微生物的最佳水温（30 ～ 35℃）将消耗大量热源[95]；此外，能源消耗将占整个工艺运行成本的 50% 以上；因此，将垃圾渗滤液加热到 30℃以上将消耗大量热能，这将显著增加工艺运行成本。为了实现稳定运行，了解温度变化对部分硝化 - 厌氧氨氧化过程的影响并寻求合适的控制策略至关重要。在使用模拟废水的厌氧氨氧化反应器中，温度降低与脱氮效率降低之间存在显著的线性关系。在处理复杂的垃圾渗滤液时，反应器的 TN 去除率与温度的降低没有明显的线性关系[96]。通过比较温度与 TN 去除率、AOB 和 AnAOB 活性之间的相关性，本研究揭示了以下结果：虽然反硝化 - 部分硝化 - 厌氧氨氧化工艺的脱氮效率也随着温度的升高而逐渐降低，但当温度高于 20℃时，AOB 的亚硝酸盐产率、厌氧氨氧化的氮去除率和部分硝化 - 厌氧氨氧化系统的 TN 去除率在一定负荷下是稳定的。当温度低于 20℃时，虽然 AOB 的亚硝酸盐产率和厌氧氨氧化的氮去除率分别达到 0.44kg/(m^3·d) 和 4.7kg/(m^3·d)，但系统的稳定性恶化，出水水质容易受到影响。因此，当反硝化 - 部分硝化 - 厌氧氨氧化处理系统用于对垃圾渗滤液进行脱氮处理时，最好将温度控制在 20℃以上。在一些寒冷地区，系统温度不能上升到 20℃，这对部分硝化 - 厌氧氨氧化的工程应用提出了挑战。因此，需要对操作参数和设备类型不断改进。例如，Gilbert 等[97] 的研究表明，不同的反应器类型对部分硝化 - 厌氧氨氧化耦合系统中的脱氮有重要影响。在低温环境（10 ～ 20℃）下，移动生物膜富集功能微生物的能力明显优于悬浮污泥。Wang 等[98] 使用耦合反硝化和部分硝化 - 厌氧氨氧化的单反应器处理 NH_4^+-N 浓度为 1900mg/L 的垃圾渗滤液，发现系统出水 NO_3^--N 浓度达到 160mg/L 以上，但在低温环境下预脱硝时，有机物可以有效地用于脱除 NO_3^--N，甚至当温度降至 11 ～ 15℃时，废水中的 NO_3^--N 浓度可以达到小于 50mg/L。显然，见图 2-50，该系统非常适合于低温下成熟垃圾渗滤液的脱氮处理。与传统的脱氮工艺相比，该系统仍能大大降低对有机碳的需求，是一种较经济的低温脱氮方法。

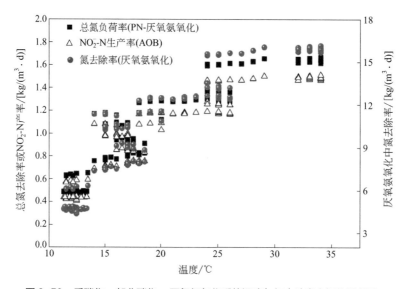

图 2-50　反硝化 - 部分硝化 - 厌氧氨氧化系统温度与氮去除率之间的相关性

参考文献

[1] Yu J, Zhou S, Wang W. Combined treatment of domestic wastewater with landfill leachate by using A²/O process [J] . Journal of Hazardous Materials, 2010, 178（1）: 81-88.

[2]　蒋彬, 吴浩汀, 徐亚明. 浅谈城市垃圾填埋场渗滤液的处理技术 [J]. 江苏环境科技, 2002, 15 (1): 32-34.

[3]　郑俊, 方兵, 鲁浩. 磁加载强化活性污泥法处理垃圾渗滤液的研究 [J]. 中国给水排水, 2014, 30 (11): 100-103.

[4]　国家科委社会发展科技司. 城市垃圾处理技术推广项目 [M]. 北京: 中国建筑工业出版社, 1992.

[5]　金永麒. 阿苏卫垃圾填埋场渗滤液处理中活性污泥的驯化与调试 [J]. 环境科学与技术, 2001 (2): 35-36.

[6]　李玉俊, 何群, 栗绍湘, 等. 用 SBR 法处理寒冷地区垃圾渗滤液 [J]. 环境卫生工程, 2002, 10 (2): 72-73.

[7]　谢可蓉, 温旭志, 谢璨楷, 等. SBR 法在垃圾渗滤液治理中的研究及利用 [J]. 广州工业大学学报, 2001, 18 (4): 90-93.

[8]　孙召强, 杨宏毅, 武泽平, 等. CASS 工艺处理垃圾渗滤液工程设计实例 [J]. 给水排水, 2002, 28 (1): 20-21.

[9]　胡慧青, 周启星. 天子岭垃圾填埋场渗滤液的治理及其工艺改进 [J]. 污染防治技术, 1998, 11 (1): 62-64.

[10]　Zou X, Mohammed A, Gao M, et al. Mature landfill leachate treatment using granular sludge-based reactor (GSR) via nitritation/denitritation: Process startup and optimization [J]. Science of the Total Environment, 2022, 844: 157078.

[11]　梁柱, 郭永福, 吴伟, 等. 改良型倒置 A²/O 生物膜工艺的脱氮除磷性能研究 [J]. 水处理技术, 2015, 41 (03): 76-80, 85.

[12]　Loukidou M X, Zouboulis A Z. Comparison of two biological treatment processes using attached-growth biomass for sanitary landfill leachate treatment [J]. Environmental Pollution, 2001, 111: 273-281.

[13]　季民, 李超, 张云霞, 等. 厌氧 - 好氧颗粒污泥 SBR 处理城市污水的中试研究 [J]. 环境工程学报, 2010, 4 (6): 1276-1282.

[14]　Ding A H, Zhang Z H, Fu J M, et al. Biological control of leachate from municipal landfill [J]. Chemosphere, 2001, 44: 1-8.

[15]　李燕, 郭华, 杨胜娜, 等. 垃圾渗滤液与村镇污水用生物转盘法合并处理的研究 [J]. 中国农村水利水电, 2014 (12): 60-63.

[16]　Welander U, Henrysson T, Welander T. Nitrification of landfill leachate using suspended-carrier biofilm technology [J]. Water Res, 1997, 31 (9): 2351-2355.

[17]　Wu L, Li Z, Zhao C, et al. A novel partial-denitrification strategy for post-anammox to effectively remove nitrogen from landfill leachate [J]. Science of the Total Environment, 2018, 633: 745-751.

[18]　陈小珍. 前置反硝化 - 部分亚硝化 - 厌氧氨氧化工艺处理老龄垃圾渗滤液研究 [D]. 广州: 华南理工大学, 2020.

[19]　曹春华, 浦燕新, 朱卫兵. 沈淀填埋场渗滤液处理提标工程实例 [J]. 中国给水排水, 2013, 29 (14): 86-89.

[20]　刘珊珊, 吴双, 朱南文. 垃圾渗滤液生物处理技术的研究现状及展望 [J]. 广州化工, 2014, 42 (4): 8-10, 37.

[21]　中国环境保护产业协会水污染治理委员会. 2005 中国国际水处理技术高级专家论坛论文集 [C]. 中国环境保护产业协会水污染治理委员会, 2005: 11.

[22]　贺延龄. 废水的厌氧生物处理 [D]. 西安: 长安大学, 1998.

[23]　迟文涛, 赵雪娜, 江翰, 等. 厌氧反应器的发展历程与应用现状 [J]. 城市管理与科技, 2004, 6 (1): 31-33.

[24]　Im J H, Choi H J, Han M W, et al. Simultaneous organic and nitrogen removal from municipal landfill

leachate using an anaerobic-aerobic system [J]. Wat Res, 2000, 35（10）: 2403-2410.

[25] 孔哲, 吴江, 荣超, 等. 大型中试厌氧膜生物反应器处理城市污水的稳定运行与物料平衡分析 [J]. 环境工程, 2021, 39（7）: 94-100.

[26] 黎锋, 王光红, 杨初松. 湖南某市政污水处理厂提标改造设计 [J]. 资源节约与环保, 2020（11）: 80-82.

[27] 郭曼. 基于厌氧序批式反应器的垃圾渗滤液预处理研究 [D]. 成都: 西南交通大学, 2014.

[28] 张勇, 胡群林, 王涛, 等. 蜂巢石强化 UASB 反应器处理垃圾渗滤液研究 [J]. 安徽建筑大学学报, 2021, 29（3）: 26-31.

[29] 连洁. UASB 处理高含固污泥热水解滤液的启动及特性研究 [D]. 西安: 西安建筑科技大学, 2020.

[30] 侯文俊, 余健, 孙江. 垃圾渗滤液处理技术的新进展 [J]. 中国给水排水, 2003, 19（11）: 22-24.

[31] 孟了, 陈石, 彭易华. 深圳市下坪渗滤液处理厂的自控系统 [J]. 中国给水排水, 2002, 18（9）: 73-75.

[32] 王晓明, 秦华阳. 荣成市生活垃圾渗滤液零排放处理工艺 [J]. 环境与发展, 2019, 31（9）: 105-106.

[33] 胡蝶, 陈文清, 张奎, 等. 垃圾渗滤液处理工艺实例分析 [J]. 水处理技术, 2011, 37（3）: 132-135.

[34] GB 16889—2008. 生活垃圾填埋场污染控制标准 [S].

[35] 常铭东, 朱彤, 王有昭, 等. 复合式厌氧折流板反应器处理垃圾渗滤液 [J]. 东北大学学报（自然科学版）, 2019, 40（7）: 1039-1044.

[36] 魏桃员, 陈玉婷, 何培弘, 等. SBR 工艺处理早期垃圾渗滤液的试验研究 [J]. 环境科学与技术, 2016, 39（4）: 107-113.

[37] 方程冉, 吴征宇, 龙於洋, 等. UASB 反应器处理垃圾渗滤液的启动研究 [J]. 浙江科技学院学报, 2007, 19（2）: 125-128.

[38] 袁志宇, 杨珍珠, 代华军. 常温下强化 UASB 处理垃圾渗滤液的试验研究 [J]. 武汉理工大学学报, 2008, 30（2）: 97-100.

[39] 邓一荣, 肖荣波, 李义纯, 等. ABR/MBR/ 纳滤工艺处理城市垃圾渗滤液 [J]. 中国给水排水, 2014, 30（2）: 58-61.

[40] 曹占平, 张景丽. UBF 处理垃圾渗滤液的中试研究 [J]. 天津工业大学学报, 2006, 25（2）: 44-47.

[41] 张海生, 高海静. 序批式反应器强化豆制品废水脱氮除磷研究 [J]. 水处理技术, 2020, 46（5）: 115-120.

[42] Kornaros M, Lyberatos G. Biological treatment of wastewaters from a dye manufacturing company using a trickling filter [J]. Journal of Hazardous Materials, 2006, 136（1）: 95-102.

[43] 魏铁军. 印染废水处理的工艺选择 [J]. 内蒙古环境科学, 2007, 19（1）: 53-57.

[44] Gouveia J, Plaza F, Garralon G, et al. Long-term operation of a pilot scale anaerobic membrane bioreactor（AnMBR）for the treatment of municipal wastewater under psychrophilic conditions [J]. Bioresource Technology, 2015, 185: 225-233.

[45] Sun Y M, Shen Y X, Liang P, et al. Linkages between microbial functional potential and wastewater constituents in large-scale membrane bioreactors for municipal wastewater treatment [J]. Water Research, 2014, 56: 162-171.

[46] Shin C, Tilmans S H, Chen F, et al. Temperate climate energy-positive anaerobic secondary treatment of domestic wastewater at pilot-scale [J]. Water Research, 2021, 204: 117598.

[47] 韦科陆, 杨灼萍. "UASB+SBR" 工艺在木薯淀粉废水处理中的应用 [J]. 环保科技, 2020, 26（05）: 8-11.

[48] 韩彪, 张萍, 张维维, 等. UASB-CASS- 混凝工艺处理木薯淀粉废水 [J]. 工业水处理, 2010, 30（08）: 75-77.

[49] 莫新光，韦雪梅 .UASB/ 接触氧化膜生物反应器在木薯淀粉废水处理中的应用 [J] . 化工技术与开发，2009，38（10）：49-51，58.

[50] 沈连峰，吴泽鑫，赵勇，等 . 物化 - 水解酸化 - 接触氧化法处理淀粉废水 [J] . 工业水处理，2007，27（6）：81-83.

[51] 李喜林，于晓婉，王巧，等 .UASB-A/O-UF-NF-RO 组合工艺处理垃圾渗滤液工程实例 [J] . 水处理技术，2021，47（9）：128-131.

[52] 林红，王增长，王小飞 . 物化 - 生化 - 反渗透工艺处理垃圾渗滤液工程实例 [J] . 工业水处理，2015，35（09）：90-92.

[53] 靳云辉，秦川，郝静，等 . 中温厌氧 -MBR-NF/RO 工艺处理垃圾渗滤液设计 [J] . 给水排水，2018，54（9）：46-48.

[54] 万金保，余晓玲，吴永明，等 .UASB- 氨吹脱 - 氧化沟 - 反渗透处理垃圾渗滤液 [J] . 水处理技术，2019，45（5）：135-138.

[55] 高波，张磊，郭修智 .UASB+A/O+MBR+ 两级 RO 处理垃圾焚烧发电厂渗滤液 [J] . 中国给水排水，2021，37（4）：67-70.

[56] 付真真 .UASB-MBR-NF-RO 处理生活垃圾焚烧厂渗滤液 [J] . 海峡科学，2021（6）：79-84.

[57] Yabroudi S C, Morita D M, Alem P. Landfill leachate treatment over nitritation/denitritation in an activated sludge sequencing batch reactor [J] . APCBEE Procedia, 2013, 5: 163-168.

[58] 高峻峰，胡晓玲，宋建阳，等 .BBR+Fenton 氧化 +BAF 组合工艺处理垃圾渗滤液 [J] . 中国给水排水，2021，37（12）：151-155.

[59] 仇庆春 . 七子山垃圾渗滤液处理站升级改造的研究 [D] . 苏州：苏州科技大学，2014.

[60] Hellinga C, Schellen A J C, Mulder J W, et al. The Sharon process：An innovative method for nitrogen removal from ammonium-rich waste water [J] . Wat Sci Tech,1998, 37（9）: 135-142.

[61] Mulder A, Van de Graaf A A, Robertson L A, et al. Anaerobic ammonium oxidation discovered in a denitrifying fluidized bed rezctor [J] . EMS Microbiol Ecol, 1995, 16: 177-184.

[62] Van Loosdrecht M, Brdjanovic D. Anticipating the next century of wastewater treatment [J] . Science, 2014, 344（6191）: 1452-1453.

[63] 傅金祥，张羽，杨洪旭，等 . 短程硝化反硝化影响因素研究 [J] . 工业水处理，2010，30（12）：38-41.

[64] Lackner S, Gilbert E, Vlaeminck E, et al. Full-scale partial nitrition/anammox experiences—An application survey [J] . Water Research, 2014, 55: 292- 303.

[65] Hippen A, Risenwinkel K H, Baumgarten G, et al. Aerobic deammonification：A new experience in the treatment of wastewater [J] . Wat Sci Tech, 1997, 35（7）: 111-120.

[66] Siegrist H, Reithaar S. Nitrogen loss in a nitrifying rotating contactor treating ammonium-rich waste-water without organic carbon [J] . Wat Sci Tech, 1998, 37（7）: 183-187.

[67] Van de Graaf A A, Mulder A. Anaerobic oxidation of ammonium is a biologically mediated process [J] . Appl Environ Microbiol, 1995, 61: 1246-1251.

[68] Strous M, Van Gerven E, Zheng P, et al. Ammonium removal from concentrated waste streams with the anaerobic ammonium oxidation process in different reactor configurations [J] . Water Research, 1997, 31（8）: 1995-1962.

[69] Stuven R, Vollmer M, Bock E. The impact of organic matter on nitric oxide formation by nitrosomonas europea [J]. Arch Microbiol, 1992, 158: 439-443.

[70] 初永宝, 赵少奇, 刘生, 等. 短程硝化 - 厌氧氨氧化在实际垃圾渗滤液处理工程中的启动运行研究 [J]. 北京大学学报（自然科学版）, 2021, 57（2）: 275-282.

[71] 吴淑岱, 魏复盛, 齐文启, 等. 水和废水监测分析方法 [M]. 4 版. 北京: 中国环境科学出版社, 2002.

[72] Ma Y, Peng Y Z, Wang S Y, et al. Achieving nitrogen removal via nitrite in a pilot-scale continuous pre-denitrification plant [J]. Water Research, 2009, 43: 563-572.

[73] Zeng W, Li L, Yang Y Y, et al. Nitritation and denitritation of domestic wastewater using a continuous anaerobic-anoxic-aerobic（A²O）process at ambient temperatures [J]. Bioresource Technology, 2010, 101: 8074-8082.

[74] 吕斌, 杨开, 周培疆, 等. 晚期垃圾渗滤液实现短程硝化影响因素分析 [J]. 哈尔滨工业大学学报, 2006（6）: 101-103, 159.

[75] Surmacz G, Raszka A, Miksch K, et al. The population dynamics of nitrifiers in ammonium-rich systems [J]. Water Environment Research, 2011, 12: 2159-2169.

[76] Zhang D, Su H, Antwi P, et al. High-rate partial-nitrition and efficient nitrifying bacteria enrichment/out-selection via pH-DO controls: Efficiency, kinetics, and microbial community dynamics [J]. Science of the Total Environment, 2019, 692: 741-755.

[77] 高大文, 彭永臻, 王淑莹. 短程硝化生物脱氮工艺的稳定性 [J]. 环境科学, 2005, 26（1）: 63-67.

[78] Vadivelu V, Keller J, Yuan Z. Free ammonia and free nitrous acid inhibition on the anabolic and catabolic processes of nitrosomonas and nitrobacter [J]. Water Science and Technology, 2007, 56: 89-97.

[79] Vadivelu V, Keller J, Yuan Z. Effect of free ammonia on the respiration and growth processes of an enriched nitrobacter culture [J]. Water Research, 2007, 41: 826-834.

[80] 张泽文, 李冬, 张杰, 等. 接种单一/混合污泥对厌氧氨氧化反应器快速启动的影响 [J]. 环境科学, 2017, 38（12）: 5215-5221.

[81] 张海芹, 王翻翻, 李月寒, 等. 不同接种污泥 ABR 厌氧氨氧化的启动特征 [J]. 环境科学, 2015, 36（6）: 2216-2221.

[82] 汪瑶琪, 张敏, 姜滢, 等. 厌氧氨氧化启动过程及微生物群落结构特征 [J]. 环境科学, 2017, 38（12）: 5184-5191.

[83] Li J, Gao R, Wang M, et al. A critical review of one-stage anammox processes for treating industrial wastewater: Optimization strategies based on key functional microorganisms [J]. Bioresour Technol, 2018, 265: 498-505.

[84] Li X, Lu M Y, Huang Y, et al. Influence of seasonal temperature change on autotrophic nitrogen removal for mature landfill leachate treatment with high-ammonia by partial nitrification-Anammox process [J]. J Environ Sci, 2021, 102: 291-300.

[85] Li X, Huang Y, Yuan Y, et al. Startup and operating characteristics of an external air-lift reflux partial nitrition-ANAMMOX integrative reactor [J]. Bioresour Technol, 2017, 238: 657-665.

[86] Li X, Yuan Y, Wang F, et al. Highly efficient of nitrogen removal from mature landfill leachate using a combined DN-PN-Anammox process with a dual recycling system [J]. Bioresour Technol, 2018, 265:

357-364.

[87] Ji J, Peng Y, Wang B, et al. Achievement of high nitrite accumulation via endogenous partial denitrification (EPD) [J]. Bioresour Technol, 2017, 224: 140-146.

[88] Sobotka D, Tuszynska A, Kowal P, et al. Long-term performance and microbial characteristics of the anammox-enriched granular sludge cultivated in a bench-scale sequencing batch reactor [J]. Biochem Eng J, 2017, 120: 125-135.

[89] Lotti T, Kleerebezem R, van Erp Taalman Kip C, et al. Anammox growth on pretreated municipal wastewater [J]. Environmental Science & Technology, 2014, 48 (14): 7874-7880.

[90] Wang Y, Gong B, Lin Z, et al. Robustness and microbial consortia succession of simultaneous partial nitrification, ANAMMOX and denitrification (SNAD) process for mature landfill leachate treatment under low temperature [J]. Biochem Eng J, 2018, 132: 112-121.

[91] Wang D, Zheng Q, Huang K, et al. Metagenomic and metatranscriptomic insights into the complex nitrogen metabolic pathways in a single-stage bioreactor coupling partial denitrification with anammox [J]. Chemical Engineering Journal, 2020, 398: 125653.

[92] Wang Y, Bailis R. The revolution from the kitchen : Social processes of the removal of traditional cookstoves in Himachal Pradesh, India [J]. Energy for Sustainable Development, 2015, 27: 127-131.

[93] Wang Y, Bailis R. The revolution from the kitchen : Social processes of the removal of traditional cookstoves in Himachal Pradesh, India [J]. Energy for Sustainable Development, 2015, 27: 132-136.

[94] He Y, Tao W, Wang Z, et al. Effects of pH and seasonal temperature variation on simultaneous partial nitrification and anammox in free-water surface wetlands [J]. Journal of Environmental Management, 2012, 110: 103-109.

[95] Cui J H, Li X, Huang Y. Evaluation of combination, application and nitrogen removal efficiency of partial nitritation-anammox process [J]. Chemical Industry and Engineering Progress, 2015, 34 (8): 3142-3146.

[96] Guo Q, Xing B S, Li P, et al. Anaerobic ammonium oxidation (anammox) under realistic seasonal temperature variations : Characteristics of biogranules and process performance [J]. Bioresource Technology, 2015, 192: 765-773.

[97] Gilbert E M, Agrawal S, Schwartz T, et al. Comparing different reactor configurations for Partial Nitritation/ Anammox at low temperatures [J]. Water Research, 2015, 81: 92-100.

[98] Wang Y, Gong B, Lin Z, et al. Robustness and microbial consortia succession of simultaneous partial nitrification, ANAMMOX and denitrification (SNAD) process for mature landfill leachate treatment under low temperature [J]. Biochemical Engineering Journal, 2018, 132: 112-121.

第 3 章

垃圾渗滤液的高级氧化处理技术

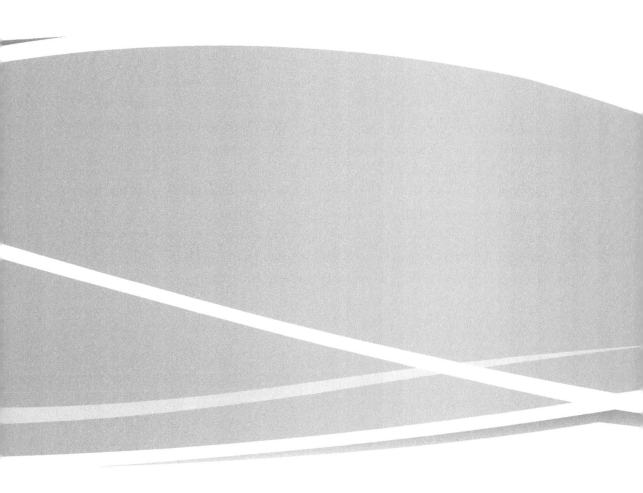

城市垃圾经填埋后会出现一系列物理、化学变化和产生比一般生活污水污染程度严重得多的渗滤液。垃圾渗滤液的性质和成分非常复杂，并随填埋场的"年龄"而变化；"年轻"填埋场的渗滤液，其代表性的 COD 浓度高达 25000mg/L，BOD_5 浓度高达 15000mg/L。生物处理方法可去除渗滤液中的大量污染物，得到了广泛的工程应用。然而，因毒性和缺乏营养而导致的特殊问题报道得很多。用生物方法处理填埋龄较长、可生物降解性差的渗滤液，COD 水平往往不能达到直接或间接排放的标准。而且，当渗滤液含有较高浓度有毒物质时，微生物活性受到抑制，生物处理难以进行。因此，常常有必要用物化处理工艺（如絮凝 - 沉淀、吸附等）进一步净化出水。然而，物化处理工艺运行成本高，有时产生难处理的残余物。

近年来，渗滤液研究主要集中于使用高级氧化工艺，如臭氧、H_2O_2/UV、Cl_2/UV、过硫酸盐氧化等。"高级氧化技术"（AOP）处理那些难以生物降解或对生物有毒害作用的物质，具有独特的优势。它能将有害的有机化合物转变成无害的无机化合物，如 H_2O、CO_2 和无机盐等，彻底实现对污染物的完全去除和无害化。

3.1　高级氧化处理技术概述

3.1.1　高级氧化处理技术的发展

早在 1835 年 Semmdwens 等就使用了氧化剂来处理由微生物、无机废物和有毒化学物质引起的污染水源，这是最早的氧化工艺的工程实践。其中应用最广泛的工艺就是氯氧化消毒工艺，它对人类控制水传染疾病起了十分重要的作用，但由于氯对水中的许多污染物（如重金属离子、有机溶剂等）的去除作用很差甚至根本不起作用，而且由于氧化不完全而形成一些"三致"物质如三卤甲烷（THMs）和卤乙酸（HAAs）等，从而限制了它的应用。1987 年 Glaze 等提出了以羟基自由基（·OH）作为主要氧化剂的高级氧化工艺（advanced oxidation processes，AOP），它采用两种或多种氧化剂联用发生协同效应，或者与催化剂联用，以提高·OH 生成量和生成速度，加速反应过程，提高处理效率和出水水质。

AOP 通过化学氧化产生的·OH，能氧化垃圾填埋渗滤液中的烃基、酮、醛等官能团，使芳香环开环、双键加成和矿化等。在难降解渗滤液中，进行的化学氧化会起到所需的对污染物的降解和无害化作用。

目前，采用 AOP 处理填埋场渗滤液主要是用臭氧和（或）过氧化氢作为氧化剂，还可用 UV、Fenton 试剂或活性炭进行催化。氧化剂如空气、二氧化氯、次氯酸和高锰酸盐也用于 AOP 中，但均处于实验研究阶段。

3.1.2　渗滤液处理中常用高级氧化处理技术的基本原理

·OH 是最有活性的氧化剂，已成功地应用于大多数的水处理工艺中，尤其在深度氧化工艺中起主要的控制作用。·OH 作为氧化反应的中间产物通常由以下反应产生：自由基链反应分解水中的 O_3；光分解 H_2O_2；紫外光分解硝酸盐和亚硝酸盐；在 Fenton 反应或离子经辐射反应中也产生·OH。此外，表面吸附·OH 产生于不活泼的阳极氧化，并已在半导体上得到证实。

3.1.2.1　羟基自由基（·OH）

·OH 能按不同的反应历程氧化溶解无机或有机化合物（见图 3-1）。在天然水体和大多数饮用水中，·OH 的消耗速率常数是 10^5 L/（mol·s），具有 10μs 的平均寿命。污染化合物以二级反应动力学与·OH 反应，其速率常数分别为：由扩散控制的最大反应速率常数为 $10×10^9$ L/（mol·s）；中等大小或较大的有机物分子其最大反应速率常数为 $5×10^9$ L/（mol·s）；小分子有机化合物其最大反应速率常数为 $2.5×10^9$ L/（mol·s）。图 3-2 还给出了当污染化合物浓度减少到 37% 时所需·OH 的量（mg/L 或 μmol/L）。由图可见，达到指定氧化程度的·OH 消耗量随·OH 被其他溶剂消耗的速率呈线性增加，与·OH 捕获剂的浓度线性相关[1]。

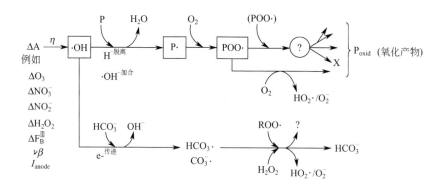

图 3-1　自由基引发的反应链

η—产生系数；$v\beta$—离子辐射；I_{anode}—阳极电流

典型的·OH 氧化反应如下。

（1）羟基自由基反应

·OH 通过 C═C 键加成［式（3-1）］或碳氢键的脱氢［式（3-2）］与有机物反应。与含有杂原子如 S 或 N 等的分子反应等，也可以形成自由基阳离子：

$$·OH+R_2C\!=\!CR_2 \longrightarrow R_2(OH)C\!-\!CR_2· \tag{3-1}$$

$$·OH+RH \longrightarrow H_2O+·R \tag{3-2}$$

双键加成反应［式（3-1）］通常比脱氢反应［式（3-2）］快。尽管·OH 的反应速率接近于扩散控制的速率，但在加成反应中对于有明显亲电性的·OH 也存在可选择性。特别是在低有机负荷下，普遍存在的 $NaHCO_3$ 和 Na_2CO_3 能优先与·OH 反应，其反应动力学常数分别为 $k_3=8.5×10^6$ dm³/（mol·s）；$k_4=3.9×10^8$ dm³/（mol·s）。

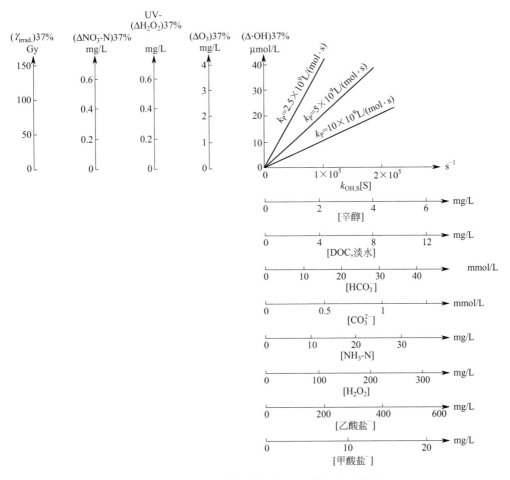

图 3-2　污染化合物浓度减少到 37% 时的 ·OH 消耗量

$$\cdot OH + HCO_3^- \xrightarrow{k_3} H_2O + CO_3 \cdot \tag{3-3}$$

$$\cdot OH + CO_3^{2-} \xrightarrow{k_4} OH^- + CO_3 \cdot \tag{3-4}$$

而形成的 $CO_3^-\cdot$ 的活性远低于 ·OH，不能有效地降解有机物。

（2）过氧烷基自由基的形成

O_2 加成到碳中心自由基上的速率接近于扩散控制的速率并且不可逆 [其速率常数为 $k_5 = 2 \times 10^9 dm^3/(mol \cdot s)$]。

$$\cdot R + O_2 \xrightarrow{k_5} RO_2 \cdot \tag{3-5a}$$

但芳香族化合物加 ·OH 形成的环己二烯自由基例外，实验证明，即使在室温下与 O_2 的反应也是可逆的。

随着取代基电子消除能的增强，平衡从过氧化自由基 [如式（3-5b）] 转移。这表明要形成弱的 C—O· 要求 C 原子有足够的电子强度，对于简单的过氧化烷烃自由基要达到 130kJ/mol，而环己烯基的过氧化自由基大都低于 30kJ/mol。这就是酚基自由基不能与 O_2 反应而电子云多的酚基自由基阳离子却可以的原因，尽管其反应速率低于扩散控制过程速率。

$$(3\text{-}5b)$$

（3）过氧化自由基的单分子分解

具有侧向电子供体取代基且已结合过氧化自由基的碳，不稳定，易分解产生过氧化自由基 $O_2^-·$，如反应式 (3-6)。一些电子丰富的中心碳自由基如 $CO_2·(CH_3)_2NCH_2·$ 可以与 O_2 以电子转移的方式反应。在这类反应中形成的过氧化自由基存在时间非常短，以致在常压下很难测定。

除了 $O_2·$ 外，也可以形成 $HO_2·$ 和 $C=O$ 双键 [反应式 (3-7)]。

在自由基引发的 D-葡萄糖降解反应中除去 $HO_2·$ 是关键的过程。其他的单分子过程还有分子内脱氢或加氢成键（尤其是聚合物），在过氧化环己烯自由基反应中存在如式 (3-9) 所示的去 $HO_2·$ 的竞争反应。

$$(3\text{-}6)$$

$$(3\text{-}7)$$

$$(3\text{-}8)$$

$$(3\text{-}9)$$

过氧化自由基的双分子反应见下文，除了形成酚之外还形成许多小分子产物，如表 3-1 所列。

表 3-1　在饱和氧水溶液中·OH 对苯的氧化产物及其相对产额

产物	相对产额	产物	相对产额
苯酚	55	环六 -2,5-二烯 -1,4-二烯	2
对苯二酚	2	邻苯二酚	1
5,6-环氧 -4 羟基环己 -2-烯醇	0.5	CHO—CH=CH—CO—CO—CH$_2$OH	3
CHO—CHOH—CH=CH—CHOH—CHO	9	5,6-二烃基 -2-烯 -1,4-二酮	0.2
CHO—CH$_2$—CH=CH—CO—CHO	0.5	CHO—CH=CH—CH$_2$—CHOH—CHO	2
CHO—CH=CH—CHO	3.5	CHO—CO—CH=CH—CO$_2$H	0.7

产物	相对产额	产物	相对产额
CHO—CH=CH—CO—CH$_2$OH	9	CHO—CH$_2$—CH$_2$—CO—CHO	2
CH$_3$—CHOH—CO$_2$H	3.5	CHO—CHOH—CO—CH$_2$OH	2
CH$_2$OH—CO$_2$H	3.5	CHO—CO—CHO	5.5
CH$_3$—CHO	5.5	CHO—CHO	3.5
HCO$_2$—CHO	16	CH$_2$O	12.5
过氧化氢	17	耗氧量	100

（4）过氧化自由基的双分子终止反应

最终所有的自由基必须由双分子终止反应，最小的过氧化自由基 O$_2^-$· 不能进行自身终止反应，而必须与它的共轭酸 HO$_2^-$ 反应 [见式（3-10）]：

$$O_2^- · +HO_2+H^+ \longrightarrow O_2+H_2O_2 \tag{3-10}$$

对于其他过氧化自由基，尤其是电子不足的，可以通过电传递产生过氧氢化物，如：

$$O_2^- · +CH_3C (O) OO · +H^+ \longrightarrow O_2+CH_3C (O) OOH \tag{3-11}$$

有机氧化自由基形成瞬时的四氧化物并按不同的路径分解。

四氧化过氧化氢自由基不再发生式（3-12）和式（3-13）自终止反应，最重要的是在式（3-14）中形成次级过氧化自由基。

反应式（3-12）发生于六元环过渡态反应中，反应式（3-13）发生于两个五元环过渡态或在有 H$_2$ 参加的两个六元环反应中。这里还可能有其他的途径，但最重要的是形成氧自由基 [式（3-14）]。这些自由基经 β 裂变 [式（3-16）] 或经 1, 2-H- 转移（有 H$_2$O$_2$ 参加）[式（3-17）] 形成新的自由基进行进一步的氧化反应。

$$\left.\begin{array}{l} \text{——} R_2C{=}O+R_2CHOH+O_2 \quad (3\text{-}12) \\ \text{——} 2R_2C{=}O+ · H_2O_2 \quad (3\text{-}13) \\ \text{——} 2R_2CHO · +O_2 · \quad (3\text{-}14) \\ \text{——} R_2CHOOCHR_2+O_2 · \quad (3\text{-}15) \end{array}\right.$$

$$R_2CH{—}O_4{—}CHR_2$$
$$(R= 烷基，H)$$

$$R_2CHO · \longrightarrow R · +RCHO \tag{3-16}$$

$$R_2CHO · \longrightarrow R_2 (OH) C · \tag{3-17}$$

在反应式（3-17）中形成的烷基自由基进一步与 O$_2$ 加成形成 HO$_2$·，与反应式（3-7）类似。

3.1.2.2　Fenton 法中·OH 形成的机理

（1）Fenton 法中·OH 形成的机理

Fenton 试剂于 1894 年由 H.J.Fenton 发现并应用于苹果酸的氧化[2]，Fenton 试剂由亚铁盐和过氧化氢组成，当 pH 值足够低时，在 Fe^{2+} 的催化作用下过氧化氢就会分解产生·OH，从而引发一系列的链反应[3]。

在反应体系内，·OH 首先与有机污染物 RH 反应生成游离基 R·，R· 进一步氧化生成 CO_2 和 H_2O，使有机污染物最终得以降解。

（2）Fenton 试剂在渗滤液处理中的作用

Fenton 试剂在水处理中的作用主要包括对有机物的氧化和混凝两种[4]。大量实验研究表明，Fenton 试剂或 Fenton 类体系可以用于分解很多有机物，如五氯酚、三氯乙烯、偶氮类染料、硝基酚、氯苯、芳香胺、三卤甲烷、甲基对硫磷、表面活性剂等。影响 Fenton 试剂反应的主要参数包括溶液的 pH 值、停留时间、温度、过氧化氢投加方式、H_2O_2 投加量及 H_2O_2/Fe^{2+} 摩尔比，操作时 pH 值不能过高（在 2～5 之间）[5]。

甄丽敏[6] 研究 Fenton 法处理渗滤液时发现，大分子有机物的去除主要靠氧化作用，Fenton 处理可有效地将大分子有机物降解为小分子有机物，采用 Fenton 试剂处理垃圾渗滤液纳滤浓缩液，优化了实验条件。实验结果表明，当初始 pH 值为 4.5、$FeSO_4 \cdot 7H_2O$ 投加量为 7.0g/L、H_2O_2 投加量为 99g/L、反应时间 4h 时，COD 的去除率最高达到 60.5%。

根据彭灿等[7] 的研究结果，由响应面分析法得到一个用 Fenton 法处理垃圾渗滤液的渗透浓缩液的统计模型，应用 Design-Expert 8.0 软件，进行 Box-Behnken 实验设计（BBD），以 pH 值、H_2O_2 浓度、Fe^{2+} 与 H_2O_2 的摩尔比为自变量，以水质 COD、UV_{254}、色度的去除率为目标响应值，因素与水平见表 3-2，结果见表 3-3。

表 3-2　BBD 设计的 3 因素和 3 水平

编码	A	B	C
	pH 值	H_2O_2 浓度 / (mmol/L)	[Fe^{2+}] / [H_2O_2]
−1	4	8.82	0.2
0	5.5	17.65	0.5
1	7	26.47	1.0

表 3-3　BBD 实验结果

编号	A	B	C	COD 去除率 /%	UV_{254} 去除率 /%	色度去除率 /%
1	0	0	0	44.54	43.12	67.31
2	1	0	1	23.04	30.75	53.85
3	0	0	0	48.21	51.81	75.00
4	0	0	0	44.52	40.95	71.15
5	−1	−1	−1	27.51	35.28	69.23
6	1	−1	0	22.27	12.41	32.69
7	−1	−1	1	43.21	49.55	78.85
8	0	−1	0	39.59	46.03	67.31
9	−1	0	−1	33.19	32.91	51.92
10	1	0	0	20.02	10.80	21.15

编号	A	B	C	COD 去除率 /%	UV_{254} 去除率 /%	色度去除率 /%
11	0	1	0	42.41	50.80	71.15
12	1	−1	−1	12.91	21.21	46.15
13	0	1	1	14.62	18.29	30.77
14	0	1	1	39.23	31.91	57.69
15	0	0	0	29.52	53.52	75.00
16	−1	0	0	24.49	49.65	63.46
17	0	0	0	51.67	40.10	63.46

$$Y(COD) = 47.43 - 5.96A + 0.90B + 1.91C - 4084AB + 2.44AC - 7.99BC - 12.68A^2 - 5.71B^2 - 10.99C^2$$

$$Y(UV_{254}) = 48.32 - 11.34A + 5.62B + 10.46C - 1.96AB + 1.52AC - 1.62BC - 11.08A^2 - 5.26B^2 - 5.63C^2$$

$$Y(色度) = 72.72 - 12.56A + 8.77B + 10.10C - 3.37AB + 9.15AC - 4.84BC - 11.49A^2 - 5.72B^2 - 9.31C^2$$

COD 反映浓缩液中的总有机物，因此以 COD 去除率最高为最终目标进行优化。利用 Design-Expert 8.0 软件，预测模型优化的条件为：初始 pH 值为 5.08，H_2O_2 投加量 19.53mmol/L，$[Fe^{2+}]$/$[H_2O_2]$ 值为 0.59，COD 去除率为 48.34%，UV_{254} 去除率为 51.48%，色度去除率为 76.99%。

Fenton 试剂氧化反应条件温和，能有效破坏造纸黑液中难降解物的结构，可作为太阳光催化处理造纸黑液的预处理步骤，Fenton 试剂 - 光催化氧化联合处理法较单一处理法效果更好。田奋扬等[8]利用 Fenton 试剂氧化法预处理与太阳光催化氧化法联合对造纸黑液进行了降解处理，太阳光催化降解造纸黑液的最佳工艺条件为：50mL 稀释 50 倍的造纸黑液，H_2O_2 加入量为 0.6mL；反应 pH=5；光照时间 90min；光催化剂用量为 0.04g，光催化降解率可达到 73%。

3.1.2.3　臭氧

臭氧（O_3）是氧的同素异形体，又称三原子氧。所含三个氧原子呈三角形分布，中心原子与其他两个氧原子距离相等，且存在一个离域 π 键。常温下为带有鱼腥味的淡蓝色气体，微溶于水，液态时呈深蓝色，固态时呈紫黑色[9]。

（1）臭氧性质

臭氧具有不稳定性，在空气中的半衰期一般为 20 ～ 50min。因此臭氧在空气中容易分解成氧气，且随空气温度与湿度的增高而加快分解速度。臭氧在水中的半衰期一般约为 35min，具体随实际水质与水温的不同而异。臭氧、氯、过氧化氢的氧化还原电位分别为 2.07V、1.36V、1.78V。由此可见，臭氧氧化性最强，仅次于 F_2，在水处理中的应用主要是利用其氧化性这一特征。臭氧的氧化作用使苯环类物质开环转化为不饱和长链状有机物，该类链条式不饱和有机分子断键，生成臭氧化物，臭氧化物再发生自发性分裂，最终生成羧基化合物、酸和醛，甚至被氧化为二氧化碳和水。部分氧化剂氧化还原电位比较见表 3-4。

表 3-4 部分氧化剂氧化还原电位比较

氧化剂名称	分子式	氧化还原电位 /V
氟	F_2	2.87
臭氧	O_3	2.07
过氧化氢	H_2O_2	1.78
二氧化氯	ClO_2	1.5
氯	Cl_2	1.36
氧	O_2	1.23

臭氧的强氧化性决定其腐蚀性，除金、铂之外，臭氧对其他金属都有腐蚀作用；对于非金属也有强烈腐蚀作用，即使用相当稳定的聚氯乙烯制成的塑料滤板，在臭氧接触反应设备中使用不久也会出现疏松、开裂和穿孔的现象。此外，作为消毒灭菌剂的臭氧具有一定的毒性，因此不是臭氧产量越多越好。有关人员针对臭氧浓度与其毒性的关系做了研究。结果表明，臭氧浓度大于 0.3×10^{-6} 就会对动物有毒性。人在臭氧浓度为 $(0.5 \sim 1) \times 10^{-6}$ 环境中停留 1.5h 就会有口干、咳嗽的表现；若长时间处于该环境中，会出现强烈的呼吸道感染症状，还可能造成远期危害及致畸作用、致癌作用和致突变作用。

（2）臭氧氧化机理

根据理论推导可知，化学氧化反应通过氧化作用使苯系物质、大分子量物质中键能较弱的化合键断开，生成分子量较小的物质；进而改变难生物降解的有机物的结构，使其转化为易于生物降解的物质。臭氧在水中与污染物的反应方式可划分为臭氧分子直接氧化反应（D 反应）与臭氧在水中经过系列反应后分解产生的羟基自由基（·OH）的间接氧化反应（R 反应）。两种反应的氧化剂不同，前者是溶液中的 O_3，其直接氧化去除污物；后者是由 O_3 在水中产生的氧化能力更强的物质即·OH，间接氧化去除有机物。臭氧氧化去除有机物的反应机理见表 3-5。

根据水中臭氧氧化有机物的动力学反应方程式可知，臭氧氧化降解有机物的过程中影响因素主要有物质的性质及浓度、臭氧浓度、羟基自由基浓度等。在处理废水应用中应考虑经济成本，以及注意控制臭氧反应的影响因素，使臭氧得以有效利用。

表 3-5 臭氧去除有机物的反应机理

反应类型	氧化剂及其特点	反应机理
直接反应	O_3，具有偶极性、亲核性、亲电性	环加成（偶极加成到不饱和结构上生成的初级氧化物经一系列反应后最终转化为羰基化合物、双氧水）；亲电反应（主要发生于苯系物中电子云密度偏高的位置）；亲核反应（常发生于缺电子位上，特别是带吸电子基的碳位上）
间接反应	·OH 氧化还原电位为 2.70V，氧化速率几近离子扩散速率	电子转移反应，抽氢反应，·OH 加成反应

3.1.2.4　光催化氧化

光催化氧化很早就引起了人们的兴趣，1976 年 John 等首先将其用于多氯联苯的处理中，从而开始了光催化氧化作为代用净水方法的工艺历程，并表现出巨大的潜力。光催化氧化利用的能源，既可以是太阳光（最便宜和易得的一种能源），也可以是通过现代技术制造出的特定波长的各种灯管光源。

光催化剂是光催化氧化过程中的关键影响因素，传统的光催化剂包括 TiO_2、ZnO、WO_3、V_2O_5、Ag_2O、ZnS、CdS、PbS 等半导体氧化物、硫化物和硒化物，具有无毒、性质稳定、容易制备、无二次污染等优点。这些半导体中，以 TiO_2、ZnO 和 CdS 的活性最高；但 ZnO 和 CdS 在光照下不稳定，以至于光氧化受到光腐蚀的竞争，出水中往往有 Zn^{2+} 和 Cd^{2+}，对环境产生影响，因此不适宜直接使用。故传统光催化剂中 TiO_2 以化学性质及光学性质较为稳定、光催化活性较高、无害、价格便宜和使用寿命长等优点而被广泛采用。光催化剂改性技术包括半导体复合、贵金属沉积、离子掺杂、光敏化等[10]。从本质上看，半导体复合可看成是一种颗粒对另一种颗粒的修饰，其修饰的方法包括简单的复合、掺杂、多层结构和异相组合。半导体 - 绝缘体复合时，诸如 Al_2O_3、SiO_2、ZrO_2 等绝缘体大都起载体作用，负载了催化剂半导体后，可获得较大的表面积和适合的孔结构，并具有一定的机械强度。而半导体 - 半导体复合，一般采用能隙较窄的硫化物、硒化物进行修饰，达到混晶效应进而提高催化活性。目前报道的复合体有 CdS-TiO_2、CdS-ZnO、Cd_3P_2-ZnO、CdS-AgI 和 AgI-Ag_2S 等[11]。

（1）半导体光催化氧化的机理[12]

半导体光催化氧化的机理是，如果半导体颗粒可以吸收具有适当能量的光子，就会产生电子 / 空穴对。当电子 / 空穴有效分离并分别迁移至颗粒表面的不同位置后，可与颗粒表面吸附的有机物质发生氧化还原反应，但同时也存在着电子与空穴的复合问题，这将降低光照的利用率。由于颗粒表面空穴的反应速度快于电子的反应速度，在光照条件下颗粒的表面会含有过剩的电子，因此，为防止电子与空穴的复合，确保氧化反应的完成，想办法去除这些过剩的电子是十分必要的。最易获得的经济和有效的电子受体就是分子氧，它与电子结合生成 $O_2^-\cdot$；此外，许多研究还证实了电子向氧分子的转移是光催化氧化反应速度的限制条件。n 型半导体吸收了能量大于或等于带隙宽度的光子后进入激发态，此时价带上的受激电子跃过禁带进入导带，同时在价带上形成光致空穴。以 TiO_2 为例：

$$TiO_2 \xrightarrow{\ h\nu\ } h^+ + e^-$$

光致空穴 h^+ 具有很强的捕获电子的能力，而导带上的光致电子 e^- 又具有很高的活性，在半导体表面形成氧化还原体系。当半导体处于溶液中时：

$$h^+ + H_2O \longrightarrow \cdot OH + H^+ \tag{3-18}$$

$$e^- + O_2 \longrightarrow O_2^- \cdot \tag{3-19}$$

$$O_2^- \cdot + H^+ \longrightarrow HO_2 \cdot \tag{3-20}$$

$$2HO_2 \cdot \longrightarrow O_2 + H_2O_2 \tag{3-21}$$

$$H_2O_2 + O_2^- \longrightarrow \cdot OH + OH^- + O_2 \tag{3-22}$$

$$h^+ + OH^- \longrightarrow \cdot OH \tag{3-23}$$

氘同位素实验结果表明，·OH 是一个活性物质，它无论在吸附相还是在溶液相都能引起物质的化学氧化反应，是光催化氧化中主要的氧化剂，可以氧化包括难以生物降解的物质在内的各种物质并使之矿化。

1）TiO$_2$ 光催化氧化反应机理

半导体微粒光催化氧化的本质，是充当氧化还原反应的电子传递体。根据半导体的电子结构，当其吸收一个能量与其带隙能（E_g）相匹配或超过其带隙能的光子时，电子（e^-）会从充满的价带跃迁到空的导带，而在价带上留下带正电的空穴（h^+），从而形成价带空穴和导带电子。其中价带空穴是一种强氧化剂（1.0～3.0V，相对于 NHE），而导带电子是一种强还原剂（0.5～1.5V，相对于 NHE）。因此，大多数有机物和无机物都能被光生载流子直接或间接地氧化或还原。

水溶液中的光催化氧化反应，在失去电子的 TiO$_2$ 表面，水分子、·OH 和有机物本身均可充当光生空穴的俘获剂，从而形成氧化能力极强的自由羟基。光生电子的俘获剂主要是吸附在 TiO$_2$ 表面的氧，它既可抑制电子与空穴的复合，同时也是氧化剂，可以氧化已羟基化的反应产物，是表面羟基的另一个来源。同时 TiO$_2$ 表面高活性的光生电子具有很强的还原能力，可以还原去除水中的金属离子。其催化机理如图 3-3 所示[13]。

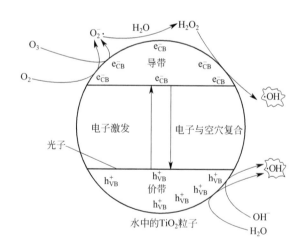

图 3-3 TiO$_2$ 光催化氧化反应机理

二氧化钛是具有最高光催化降解效率的材料，是一种宽带隙（band gap）半导体（E_g=3.2eV）。因此，只有波长低于 400nm 的光才能被吸收并且能够形成电子／空穴对，这是光催化过程的前提条件。吸收一个能量大于或等于带隙能 E_g 的光子，一般会在半导体颗粒上形成一个电子 / 空穴对 [式 (3-24)]：

$$TiO_2 \xrightarrow{h\nu} TiO_2 \ (e_{CB}^- + h_{VB}^+) \tag{3-24}$$

它们在主体中产生之后，这两种电荷载体便迅速地扩散到颗粒的表面上。在极快的过程中谱带的价电子被捕集在 Ti (IV) 表面部位上 [式 (3-25)]，或者通过界面电子传递被外来的捕获剂 (或称为被吸附的电子受体) 捕获 [式 (3-26)]：

$$[Ti^{IV}]_{surface} + e_{CB}^- \longrightarrow [Ti^{III}]_{surface} \tag{3-25}$$

$$A_{ads} + e_{CB}^- \longrightarrow A_{ads}^- \cdot \tag{3-26}$$

当分子氧 (O_2) 作为被吸附电子受体时，产生过氧化阴离子 [式 (3-27)]，一些金属阳离子甚至一些有机化合物能起到有效氧化剂的作用：

$$O_{2,ads} + e_{CB}^- \longrightarrow O_{2,ads}^- \cdot \tag{3-27}$$

价带空穴既可能在外来氧的部位上被捕获 [式 (3-28)]，也可能在颗粒表面上被吸附的电子供体 D_{ads} 捕获 [式 (3-29)]。

$$[Ti^{IV}-O-Ti^{IV}] + h_{VB}^+ \longrightarrow [Ti^{IV}-O\cdot-Ti^{IV}] \tag{3-28}$$

$$D_{ads} + h_{VB}^+ \longrightarrow D_{ads}^+ \cdot \tag{3-29}$$

在强烈水合和羟基化的 TiO_2 表面上，空穴捕集产生表面键合的羟基自由基 [式 (3-30a) 和式 (3-30b)]。

$$[Ti^{IV}]_{surface}-OH + h_{VB}^+ \longrightarrow [Ti^{IV}]_{surface}-\cdot OH^+ \tag{3-30a}$$

$$[Ti^{IV}]_{surface}-OH_2^+ + h_{VB}^+ \longrightarrow [Ti^{IV}]_{surface}-\cdot OH^+ + H_{aq}^+ \tag{3-30b}$$

通常假定有机化合物的降解是由阳极过程起始的：

$$[Ti^{IV}]_{surface}-OH_2^+ + RH \longrightarrow [Ti^{IV}]_{surface} + R^+ \cdot -H_2O \tag{3-31}$$

在有空气存在的情况下，由此形成的自由基迅速与分子氧反应，导致最后矿化产物的形成。只有少数情况下提到还原是光催化转化的起始步骤。例如，用四氯化碳作为模型污染物，可观测到含有氧的和裸露的或镀铂的 TiO_2 颗粒的水混悬液在 pH=11 下经具有充分能量的光照射时形成了质子和氯根离子，而氧和 CCl_2 的浓度则有所降低。CCl_4 是不能被氧化的，因而它的降解只能由传导带电子引起。为此提出了如下机理来解释这些观测结果：

$$CCl_4 + e_{CB}^- \longrightarrow \cdot CCl_3 + Cl^- \tag{3-32}$$

$$O_2 + \cdot CCl_3 \longrightarrow \cdot O_2CCl_3 \tag{3-33}$$

$$\cdot O_2CCl_3 \longrightarrow \cdot OCCl_3 + 0.5O_2 \tag{3-34}$$

$$\cdot OCCl_3 + e_{CB}^- + H^+ \longrightarrow HOCCl_3 \tag{3-35}$$

由不均匀相自由基化学得知，CCl_3 自由基与氧反应得很快 [式 (3-33) ~ 式 (3-37)]。在反应式 (3-35) 中形成的 $HOCCl_3$ 自发地降解形成光气碳酰氯 ($O：C：Cl_2$)，它又迅速水解产生所观测到的产物：

$$HOCCl_3 \longrightarrow OCCl_2 + H^+ + Cl^- \tag{3-36}$$

$$OCCl_2 + H_2O \longrightarrow CO_2 + 2H^+ + 2Cl^- \tag{3-37}$$

从反应历程看，通过光激发后，TiO_2 产生高活性光生空穴和光生电子，形成氧化 - 还原体系，经一系列可能的反应之后产生大量高活性的自由基，在众多的自由基中，经电子自旋共振（ESR）检测表明：·OH 是主要的自由基。光催化剂表面的羟基化是光催化氧化有机物的必要条件。

2）TiO_2 高效催化剂的研究

① 高效催化剂的研究进展。单纯的 TiO_2 粉末由于存在着光吸收波长范围狭窄、利用太阳光比例低、载流电子复合率高、量子效率低等缺点，限制了它的广泛应用。因此，围绕着提高 TiO_2 光催化剂的活性展开了广泛的工作，主要有纳米级 TiO_2 研制、TiO_2 固定、TiO_2 改性及复合材料的研究[14]。

纳米级 TiO_2 的制备可采用水热法、水解法、微乳液法、溶胶 - 凝胶法、超临界流体干燥法、均匀沉淀法、激光化学法、等离子体法及强光离子束法等，其中，应用较多的是水解法和溶胶 - 凝胶法。以高浓度的二氯化钛（$0.5 \sim 1.0mol/L$）为原料，经强化水解可制得粒径为 10nm 的单分散 TiO_2 颗粒。采用溶胶 - 凝胶法，通过水解异丙醇钛得到 TiO_2 纳米颗粒。超临界流体干燥法是近年来针对溶胶 - 凝胶法的改进，它可降低干燥过程中的表面张力，保持凝胶的网络结构，从而获得多孔的纳米 TiO_2。

常见的 TiO_2 固定方法有溶胶 - 凝胶法、固相烧结法、化学气相沉积法、液相沉淀法、电泳沉积法和离子交换法等。固定化方法不止这些，新的方法仍然不断被探索出。随着这些方法的不断出现，该技术也越来越完善，由此更多的载体被发现，正是这些负载方法使得固定化技术拥有了较好的应用前景。

为了提高 TiO_2 的光催化性能，可对其进行能带调控或表面结构修饰，方法包括表面沉积贵金属、半导体复合、染料敏化、离子掺杂以及碳单质修饰等。表 3-6 论述了这几种改性方法的最新研究进展。

表 3-6 光催化剂 TiO_2 的几种主要改性方法的典型例子比较

改性方法	催化剂组成	制备方法	催化性能	优点	缺点
贵金属沉积	Pd/TiO_2-CS	浸渍	可见光照 30min，对 MB 降解率从改性前的低于 10% 提高到 99.5%	促进电子 - 空穴对分离，扩大 TiO_2 光谱响应范围；双金属催化可克服湿度的不利影响，提高选择性和催化活性；Ag 毒性相对较小，成本较低，且对水体中的细菌有杀灭作用	贵金属有毒且成本较高
	Pd_xPt_{1-x}/TiO_2	化学沉积	干燥条件下和 50% RH 时，CO 的转化率分别可达 96% 和 90%		
	Ag-TiO_2	溶胶 - 凝胶	紫外光照射 4h，甲基橙降解为 81.6%		
半导体复合	WO_3-TiO_2	溶胶 - 凝胶	紫外光下对甲基橙的降解率从改性前的 60% 提高到 98.8%	促进电子 - 空穴对分离，扩大光谱响应范围	有些窄禁带半导体有毒且不稳定，易发生光腐蚀，如 CdS
	$CdS/Pt/TiO_2$ 纳米管	化学浴沉积	可见光照射 2h，甲基橙的降解率达到 91.9%		
染料敏化	卟啉敏化 TiO_2/RGO	浸渍	可见光照射 7h，MB 的降解率为 85%	扩大光谱响应范围	染料和反应物存在竞争吸附，占据活性位点

续表

改性方法	催化剂组成	制备方法	催化性能	优点	缺点
金属离子掺杂	Co/TiO_2	溶胶-凝胶	可见光照射 4h，0.3% Co/TiO_2 对 MB 的降解率为 80%	引入杂质能级，降低 TiO_2 的带隙能，拓宽光谱响应范围	掺杂浓度范围较窄，掺杂量过大会使电子向表面的迁移中被金属离子捕获，从而降低量子效率和催化活性
非金属离子掺杂	S 掺杂 TiO_2	溶胶-凝胶	可见光照射 3h，对 MB 的降解率可从纯 TiO_2 时的 31.9% 提高到 74.1%	抑制晶粒生长，增加纳米颗粒表面积；降低光生载流子的结合速率；引入杂质能级，拓宽光谱响应范围	掺杂浓度范围较窄
	F-NTiO_2/RGO	水热	在可见光照射下，与纯 TiO_2 相比，对模拟有机废水甲基橙的降解速率提高了 1.8 倍		
石墨烯修饰	TiO_2 纳米线/RGO	水热	紫外光照射 3h，对 MB 的降解率达 90% 以上	促进电子-空穴对分离；纳米材料大的表面积提供更多活性吸附位点和光催化中心，增强催化活性；降低 TiO_2 带隙，增加其对可见光的吸收	规模化制备困难，价格昂贵
	TiO_2 纳米线/RGO	水热	在紫外光和模拟太阳光下，对草酸的降解率与 TiO_2 相比分别增加了 3% 和 9%		

② 光催化反应器的分类及比较[15]。按催化剂的不同形态，可以将光催化反应器分为悬浮式、固定式和与膜组件耦合的光催化反应器。

固定催化剂系统的优点是：a. 不需要分离步骤；b. 反应器建造简单。悬浮催化剂系统要求 UV-透射界面，造价昂贵，要求表面积大、混合系统复杂，同时悬浮光催化剂系统面临的主要问题是，必须要进行 TiO_2 颗粒与处理水的分离，因此针对催化剂的固定开展了广泛的研究。目前国内外研究较多的是通过适当的固定技术将 TiO_2 制成光催化薄膜。欧洲和日本有人探索用三维电极或离子束技术制备 TiO_2 光催化薄膜，我国首先提出以活化反应蒸发技术制备 TiO_2 光催化薄膜[16]。

I. 悬浮式光催化反应器。该类反应器直接将纳米级或者微米级的催化剂粉末加入处理液中，并通过一定方式使催化剂悬浮于反应器中。由于催化剂粒径小、比表面积较大，反应过程中污染物与催化剂接触较充分，有利于污染物的吸附和降解，因此悬浮式反应器有较大的接触面积，悬浮式系统需要一个附加的步骤以进行光催化剂的分离。研究发现，在最佳的运行条件下通过沉淀作用进行固/液分离是最经济的。

A. 催化剂分离。光催化作为一种清洁工艺可用于环境保护，因此对于光催化来说，能够实现污染物的降解同时，又没有毒副产物，且出水中不含有 TiO_2，这是非常重要的。如果进水催化剂的浓度在 5g/L 以上并且 pH 值在零电荷点附近，那么通过沉淀作用可以对 Degussa P25 进行高效分离。沉淀效果受到离子类型和浓度的影响，因此必须对每种废水进行具体的测试。斜板沉淀池可以为减少沉淀池的沉淀面积、确保出水浊度和出水 TiO_2 浓度小于 5mg/L 提供进一步的可能性。如果要求出水的 TiO_2 浓度很低，可采用微滤技术进行 TiO_2 的分离；如果要求 TiO_2 和病菌被完全地截留，使用通量达到 1200L/（m^2·h）的 MF 膜的交叉流运行的微滤在经济上将会更具有吸引力；此外，膜对高分子物质的截留将增加其在光化反应器内的浓度，从而获得较高的反应速率，提高这些化合物的去除率。

研究表明，在不同的催化剂投量下，悬浮催化剂光化反应器系统比固定催化剂光催化反应器系统获得的 DCA 降解率大 1～3 倍。这些研究结果还需用实际废水来校核，也需要用其他催化剂和固定技术对这些结果进行检验。但是光催化反应器的投资费用较高，致使光催化技术在水的循环和回用的应用中受到限制。以悬浮催化剂形式运行的流动膜反应器（FFR）给我们提供了一个较经济的概念，包括分离步骤在内的投资单价小于 20 欧元 /m²。由于反应的速率较快，因此可以忽略反应中的蒸发。FFR 可以采用阶梯形式运行，这样对一级反应是有利的。

B. 反应器类型。悬浮型光催化反应器可分为泰勒旋涡式、挡板式以及鼓泡式反应器等。Jeffrey 等[17]对泰勒旋涡式反应器进行了研究，这种反应器的特点在于调控光照射的周期，提高对光的利用效率。泰勒旋涡原理如图 3-4 所示。Malcolm 等[18]设计了一种新型脉冲挡板管式光反应器，研究了反应器的动力学及对亚甲基蓝降解的情况，对动力学参数进行了分析。该反应器的特点在于在反应器内部加挡板，以保持催化剂在悬浮状态的同时调节停留时间，避免了催化剂发生沉积，提高了污染物与催化剂的接触面积，增大了反应效率。脉冲挡板管式光反应器结构如图 3-5 所示。

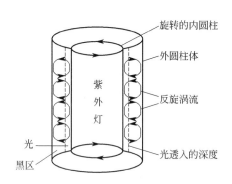

图 3-4　泰勒旋涡原理

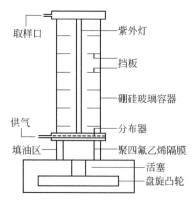

图 3-5　脉冲挡板管式光反应器结构

　　光催化鼓泡式反应器通常由气液两相组成，气体从塔底经分布器分散后通过液层，分散程度较好。同时相界面积和液体持有量较大，通过搅拌作用可使液相充分混合。Kamble[19] 等将太阳光聚合为光源后，在光催化鼓泡塔里降解苯磺酸，反应速度较快，降解率较好。

　　徐航等 [20] 设计的气升式环流光催化反应器用于去除水中活性红染料，实验表明去除率达到 88%。通过与其他反应器进行对比，得出气升式环流反应器的催化效率要明显好于鼓泡式和搅拌式。气升式环流反应器结构如图 3-6 所示。

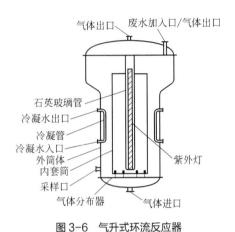

图 3-6　气升式环流反应器

　　上述反应器各有优点，该类反应器设计时面对的问题在于催化剂粒径太小而造成催化剂与液体分离困难。悬浮式光催化反应器的特点如表 3-7 所列。

表 3-7　悬浮式光催化反应器的特点

结构名称	优点	缺点
泰勒旋涡反应器	调控光照射的周期，提高对光源的利用率	催化剂颗粒小，回收难度较大。即使用来处理空气污染，催化剂与空气中的污染物同样难以分离
挡板式反应器	增加催化剂的停留时间，减少催化剂的沉积	
鼓泡式反应器	气相反应物进入液相，分散均匀，液相混合充分，传质效率高。结构简单，操作稳定，费用较低	

　　Ⅱ.固定式光催化反应器。固定式光催化反应器是将催化剂嵌入或涂覆在固定的载体上，在光源的照射下，将载体表面的污染物降解。与悬浮式反应器相比，固定式反应器最大的优点是解决了催化剂回收困难的问题，无需进行"过滤"等操作。但是由于催化剂的固定，必然导致催化剂与目标物的接触不够充分，催化效率降低。同时需考虑选择合适的载体、催化剂固定方法以及催化剂的脱落问题。固定式光催化反应器可分为光纤型、筒式和转盘式反应器等。负载光纤型反应器，光纤既能负载催化剂又能将光能量传递给催化剂粒子，几乎可以完美地利用入射光 [21]。但是由于光纤材质问题，易发生断裂，同时当入射光靠近光纤的输入端时，大部分的入射光不能顺利地进入光纤，而是被折射出了光纤。尽管进入光纤的光能被较好利用，但是从整体入射光的利用来说，光纤

并没有提高光源的利用率。欧耳等[22]设计的柔性纤维负载 TiO₂ 光催化反应器，通过增加光辐射体积，使入射光充分进入光纤，并设计了多种结构进行对比，结果表明筒式光催化反应器降解效率更高。筒式光催化反应器结构对称，光分布均匀，制造、操作难度小，利于较大规模生产。

转盘式反应器的特点是通过特有的离心作用，使流经转盘上的污染物以一种微米级液膜的形式不停地在盘上刷新，同时由于盘面光洁平整，可以有效减少光能损失。通过调节转盘的转速可以调控污染物液膜刷新速率，进而调控转盘上的传质速率，同时转动可以使液膜中的溶解氧含量增高，最终提高了催化效率[23]。魏冰等[24]采用溶胶-凝胶法对转盘表面进行 TiO₂ 的负载，进行了光催化降解含酚废水的实验，结果显示在催化氧化 2h 后的转化率达到 89%。使用的旋转盘式反应器工艺流程及反应器结构如图 3-7 所示。

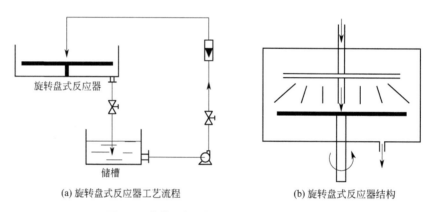

(a) 旋转盘式反应器工艺流程　　　　　　(b) 旋转盘式反应器结构

图 3-7　旋转盘式反应器工艺流程及反应器结构

固定式光催化反应器的特点如表 3-8 所列。

表 3-8　固定式光催化反应器的特点

结构名称	优点	缺点
光纤型反应器	光纤同时作为载体和传输光的介质，提高了光的利用率和催化效率	反应器结构复杂，光纤易断难以制作，光进入光纤条件苛刻
转盘式反应器	在转盘上负载催化剂，便于制作，污染物刷新速度快，传质效率高	催化剂与污染物接触不够充分，对催化剂的利用率较低

Ⅲ. 与膜组件耦合的光催化反应器。该反应器主要有可以将催化剂从悬浮体系中分离出来的分离式耦合膜体系，根据催化剂负载形式划分为附着式与嵌入式光催化膜体系[25]。

分离式光催化膜体系是基于悬浮式光催化反应器催化剂分离困难的情况，通过与不同孔径的膜进行联用，实现催化剂的分离回收，达到保持反应器高效率的同时解决回收催化剂的目的。马驰远等[26]成功自制了聚偏氟乙烯（PVDF）中空纤维膜，并应用于反应器中以回收 TiO₂。实验结果表明，膜组件对于 TiO₂ 纳米颗粒的过滤保留效果可达 100%，分离式光催化膜体系效果明显，反应器装置流程如图 3-8 所示。魏永等[27]采用光催化耦合膜分离一体化实验装置，对去除腐殖酸效果进行了研究。结果表明，膜分离提供了催化剂的反应环境，同时可以自由调节目标物的反应时间，也解决了催化剂的分离问题。给悬浮型反应器添加膜组件，可以达到催化剂回收的目的，但同时增加了反应器的成本，使内部结构更加复杂。膜组件本身也是膜的一种，也会出现一些问题，诸如堵塞、老化等[28]。

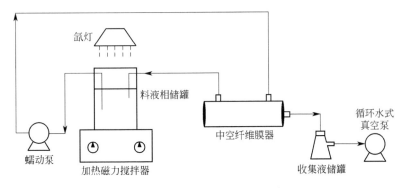

图 3-8　光催化耦合膜反应器装置流程

附着式膜体系与催化剂的负载有些类似。该反应器的催化剂以膜的形式涂抹在反应器的内外壁、灯管壁、玻璃、光导纤维材料等的表面。催化剂 TiO_2 制成薄膜并负载到其他材料上可以使催化剂与溶液有效分离，同时薄膜可以增强光催化的性能，提高硬度。在紫外光的照射下，可以将吸附在膜表面的污染物降解，与悬浮式反应器相比不需要对催化剂进行分离操作，避免了催化剂易流失且难分离的缺点。

同时，催化剂与污染物的接触机会将受到传质的限制，降解效率较低，难以规模化应用。张宏忠等[29]设计了新型光催化膜反应装置，将光催化技术与膜分离技术耦合起来，减缓了膜污染和膜通量衰减，避免了催化剂的流失。结果表明，该装置集光效率高、光照均匀、水力条件好、易于组装和拆卸，便于实现工业化大规模水处理。

嵌入式光催化膜体系是分离式和附着体系的结合。在制备膜的同时添加 TiO_2，将 TiO_2 直接负载于膜内部。这种情况下既可以消除膜污染问题，同时又可以解决催化剂分离回收的问题。但是膜老化和其他问题却会导致整个膜出现问题，也使里面的催化剂得不到回收，增加了整个反应器的成本。

按照光源的利用情况，有直接利用太阳光的形式和利用紫外灯的形式。利用紫外灯的形式一般应用于实验室研究阶段，因为太阳光中紫外光的占比较少，反应速率较慢。直接利用太阳光的形式可以分为聚光型、非聚光型和低聚光型反应器[30, 31]。利用太阳光形式的反应器目前应用较多的为圆柱形，光源置于容器中心或外围垂直照射，如涡流光催化反应器（SFPR）、提升管结构光催化反应器（DTPR）等。利用太阳光作为光源的反应器可设计成平板型，并可设置反射面以提高光能的利用率，如薄膜固定床反应器（TFFBR）、双层板反应器（DSSR）、抛物线形槽反应器（PTR）等，它们的对比情况见表 3-9。

表 3-9 三种形式太阳能催化反应器的对比

薄膜固定床反应器（TFFBR）	双层板反应器（DSSR）	抛物线形槽反应器（PTR）
优点： (1) 能利用地球上总的 UV 辐射； (2) 高的光效率； (3) 能实现氧向液膜中的有效转移； (4) 不需要从净化水中分离 TiO_2； (5) 结构简单； (6) 投资少	优点： (1) 能利用地球上总的 UV 辐射； (2) 紊流状态→无传质的限制； (3) 几乎是闭路反应器→不存在挥发性污染物的挥发； (4) 结构简单； (5) 投资少	优点： (1) 紊流状态→无传质的限制； (2) 几乎是闭路系统→不存在挥发性污染物的挥发
缺点： (1) 层流状态→限制传质； (2) 存在挥发性污染物的挥发； (3) 大水量废水的处理需要大的催化剂面积； (4) 不能防止催化剂的污染和经受天气变化的影响	缺点： (1) 低的光效率； (2) 需要从净化水中分离 TiO_2； (3) 需要注入氧→形成气泡； (4) 需要添加 H_2O_2； (5) 大水量废水的处理需要大的反应器面积	缺点： (1) 只能利用直射的 UV 辐射（最多为地球太阳光的 50%）； (2) 两轴（方位角和高程）太阳跟踪系统； (3) 低的光效率； (4) 需要注入氧→形成气泡； (5) 需要添加 H_2O_2，系统过热将导致泄漏和腐蚀，投资大

A. 聚光型光催化反应器[32]（PTR）主要由反应管、太阳跟踪装置和抛物线形状的聚光槽组装而成。优点是对于直射光的利用率高。反应液在管中的流动为紊流，与催化剂的接触面积大，传质效果好。但缺点也明显，只能利用太阳的直射光，不能利用散射光，对太阳光总体的利用率不高。必须有跟踪装置，但又增加了生产成本。另外，该装置类似于凹面镜会导致反应管过度集热，使整个系统的温度升高，影响整个装置的使用。

B. 非聚光型光催化反应器通常以一定的倾斜角度固定安装，不需配备太阳跟踪装置，可以直接利用太阳直射和散射光，相比聚光型光催化反应器，光源利用率较高。但是该种反应器水力负荷普遍较低，难以应用于大流量的水处理。

C. 复合抛物面聚集反应器（CPCR）兼具聚光型和非聚光型反应器的优点，且已经应用于工业化规模的污水处理中，反应器模型及结构如图 3-9 所示。但是该反应器仍存在不足，管内催化剂仍为悬浮体系，存在催化剂分离回收难度较大的问题。

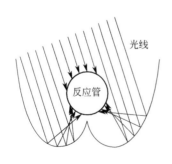

图 3-9 复合抛物面聚集反应器

光催化微反应器是指利用精密加工技术制造的特征尺寸在 1000μm 以内的微型设备。"微"表示流体流经的通道在微米级别，并不是指设备的外形尺寸或者产品的产量。因此当反应器内有成百万或更多的微型通道时，也可实现更高的产量。微反应器内部的微结构使得其具有相当大的比表面积，同时微反应器有极好的传质和传热能力，可以实现物料的瞬间均匀混合和高效的传热。

费学宁等 [33] 研究了微米级负载型 TiO₂ 催化剂在光催化 - 膜分离反应器中的分布特性、悬浮特性及膜污染特性，结果表明，悬浮特性优于纳米 TiO₂，并且微米级催化剂具有不黏附、不堵塞膜孔等优良特性，分离较为方便。杨中国 [34] 在微反应器的基础上加大了特征尺寸至 1 ～ 3mm，设计研究了液 - 固流化床及气 - 液鼓泡塔光催化微小反应器，与宏观反应器对比，克服了宏观反应器光照衰减较大、处理能力较弱等缺点。但微反应器由于通道尺寸较小，若进行工业化规模放大，必然导致内部结构密集复杂，设备维修、制造麻烦。

（2）紫外光降解机理

渗滤液中的有机分子吸收光子后进入激发态，激发态分子返回基态时释放的能量使其分子键断裂，生成相应的游离基或离子，这些游离基或离子易与游离氧或水分子反应生成新的物质而被去除 [35]。

1）UV/O₃

1997 年 Hashem 等 [36] 以 VUV（真空紫外线）辐射、臭氧氧化或两者共同作用来降解水中的 4- 氯酚，其降解动力学符合准一级反应。尽管上述三种工艺均能实现 4- 氯酚的完全降解，但它们的降解速率是不同的，其速率按如下工艺顺序降低，VUV/O₃ > O₃ > VUV。VUV/O₃ 降解 4- 氯酚的表观降解速率略高于两个独立降解过程的降解速率的简单叠加（k_{VUV/O_3}=6.4×10⁻²/s，k_{O_3}=4.25×10⁻²/s，k_{VUV/O_3}=1.36×10⁻²/s），从而说明这两种工艺的组合存在着显著的协同效应。

为去除垃圾渗滤液的 TOC 和降解其中的一些有毒污染物，应用 UV/O₃ 工艺在具有强吸收 UV 光的薄膜反应器内进行了中试规模的实验研究。间歇实验结果表明：TOC 是通过分子臭氧（黑暗反应）和羟基自由基（光诱导反应）两种竞争反应去除的；在低 TOC 浓度时，其降解率随光辐射功率的增加而提高；臭氧的投量存在着最佳值，系统并不因臭氧投量的增加而使 TOC 的剩余更少；当初始 TOC 浓度从 30mg/L 增加到 450mg/L 时，其半减期从 15min 增至 44min，同时水溶液的吸光比值也增加了 3 倍；在高 TOC 浓度时，间歇运行方式（反应时间 =120min）比连续运行方式加倍地有效，可获得 84% 的去除率。

此外，采用 UV/O₃ 处理垃圾渗滤液还能有效地去除渗滤液中的各种污染物，如氯酚（CPs）、多环芳烃（PAHs）、多氯联苯（PCBs），多氯二苯并对二噁英（PCDDs）和多氯二苯并呋喃（PCDFs）等。对于氯酚类和多环芳烃类化合物，其降解率均为 100%；PCDDs 和 PCDFs 的去除率＞ 74%；多氯联苯为 23% ～ 96%。但在 UV/O₃ 处理垃圾渗滤液时 AOX 的浓度却有所增加，这说明形成了一些未知的卤化副产物。这可能是由于渗滤液的酸化以及大量的氯根和溴根离子在反应中产生含卤素的化合物以及随后形成附加的卤化有机物。

陈俊等[37]为了降解垃圾渗滤液中各种难降解污染物，采用 UV/O₃/Fenton 高级氧化技术对这些难降解污染物进行处理，对三种组合技术进行了实验，结果表明：在 pH 值为 9，臭氧浓度为 500mg/h，UV 的功率为 11W 时，O_3-UV 法对 COD_{Cr} 和氨氮的最大去除率分别在 60min 和 90min 时达到 55.70% 和 24.33%；在 pH 值为 4，臭氧浓度为 500mg/h，Fenton 试剂按照 $c(H_2O_2)$：$c(Fe^{2+})$ =4：1 的物质的量浓度配制时，O_3-Fenton 法对 COD_{Cr} 和氨氮的最大去除率分别在 90min 和 120min 时达到 31.09% 和 60.58%；在 pH 值为 4，UV 的功率为 11W，Fenton 试剂按照 $c(H_2O_2)$：$c(Fe^{2+})$ =4：1 的物质的量浓度配制时，UV-Fenton 法对 COD_{Cr} 和氨氮的最大去除率分别在 120min 和 20min 时达到 58.29% 和 32.87%。UV-Fenton 法对 COD_{Cr} 的去除效果最好，而 O_3-Fenton 法对氨氮的去除效果最好，这些技术方法能够对垃圾渗滤液中难降解污染物进行有效的处理。

2）UV/H_2O_2

UV/H_2O_2 体系对有机物的去除能力比单独用 UV 或 H_2O_2 更强。UV/H_2O_2 体系中，每一分子 H_2O_2 可产生两分子·OH，具有比 Fenton 试剂更佳的费用效益比。UV/H_2O_2 不仅能有效地去除水中的有机污染物而且不会造成二次污染，也不需要后续处理。UV/H_2O_2 高级氧化工艺凭借高效、安全、成本低廉等优点，在处理含有机微污染物饮用水领域得到了广泛关注，对其反应机理、现存问题进行研究，有助于深入了解影响 UV/H_2O_2 高级氧化工艺有效性的因素，充分发挥其在饮用水处理领域的作用。

林伟[38]采取 UV/H_2O_2+ 膜生物反应器组合工艺深度处理垃圾渗滤液，研究工艺对有机物及氨氮的处理效果。结果表明，当工艺条件为双氧水投加量为 2.1g H_2O_2/g COD、pH 呈弱酸性、反应时间 2h、温度 30℃左右时，UV/H_2O_2 工艺处理效果好。MBR 反应器对 UV/H_2O_2 工艺段出水中有机物的生化降解效果显著，出水有机物去除率稳定在 80% 以上。

杜振齐等[39]介绍了 UV/H_2O_2 工艺降解有机物的基本原理，概述了 UV、天然有机物浓度、溶液 pH 值、H_2O_2 初始浓度、目标物初始浓度和水溶液中无机阴离子等因素对 UV/H_2O_2 工艺降解有机微污染物的影响，对 UV/H_2O_2 工艺转化产物问题、运行成本问题等现状进行了分析，对未来 UV/H_2O_2 工艺降解有机微污染物的研究重点进行了展望。

3）UV/H_2O_2/O_3

UV/H_2O_2/O_3 对有机物的降解利用了氧化和光解作用，包括 UV/H_2O_2 的直接氧化、O_3 和 UV/H_2O_2 分解产生的自由羟基的氧化、直接光解以及 UV/H_2O_2 的光解和解离作用，氧化有机物时这些作用的相对重要性取决于各种运行条件，如 pH 值、UV 光强和波长范围、氧化剂间以及与有机物的比值。

孙洋[40]采用 UV/H_2O_2/O_3 组合工艺对垃圾渗滤液二级出水进行实验研究，探究了最佳处理操作条件，并针对 UV/H_2O_2/O_3 组合工艺体系设计了一套适用于此体系的光化学反应器，对高级氧化降解过程中的有机物进行了分析。通过实验分析，可以得出：

① 在室温 20℃ ±1℃环境下 UV/H_2O_2/O_3 组合工艺对垃圾渗滤液二级出水进行深度氧化处理的最佳操作条件是：反应时间为 180min、紫外光强度为 10W、臭氧进气流量为 160L/h、30% 双氧水用量为 50mL/L、pH 值为 9。在最佳的操作条件下，COD、氨氮和色度的去除率分别为 84.22%、100%、99.38%。废水的可生化性得到显著提高，

BOD/COD 值由原来的 0.01 处理后提升到 0.31，增幅比较明显。

　　② 为了探究垃圾渗滤液在高级氧化过程中有机物降解过程，进一步了解有机物降解机理，本实验采用 GC-MS 对高级氧化处理后有机物进行测试，得到了氧化过程中有机物的分解过程。通过分析可以得到，经过 UV/H$_2$O$_2$/O$_3$ 组合工艺处理后有机物不仅在成分上，而且在有机物种类上都得到明显的改善。在氧化过程中高分子物质被羟基自由基攻击分解为能够被检测到的小分子物质；出水中还明显检测分析出更多的卤代烃，说明原液中的卤代基团受到羟基自由基的破坏，形成了卤代离子并和新的烷烃类物质重新结合成新的卤代烷烃物质。

　　1997 年 Steesen[41] 采用 UV/H$_2$O$_2$/O$_3$ 处理垃圾渗滤液时发现：如果过氧化氢的浓度足够高，则有机物的降解主要受到 UV 辐射产生的·OH 的限制。在评价实验结果时，最好是将有机物的降解与紫外灯的功率建立关系，即采用 W·h/gCOD 代替反应时间。

　　由德国克劳斯达尔大学开发的 UV/H$_2$O$_2$/O$_3$ 撞击区反应器（impinging zone reactor，IZR），能有效地处理水中各种不能降解的物质（如色度、垃圾渗滤液等）。废水在这个独特的新型反应器中与 O$_3$、H$_2$O$_2$ 和 UV 混合，同时获得高的传质速率和低的能耗。

3.1.2.5　基于过硫酸盐的高级氧化技术

　　过硫酸盐通常分为过一硫酸盐（PMS）和过二硫酸盐（PDS）两种。PMS 和 PDS 都是强氧化性物质，PMS 标准氧化还原电位（E_0）为 1.82V，PDS 标准氧化还原电位（E_0）为 2.01V。PMS 和 PDS 都含有 O—O 键，在结构上与 H$_2$O$_2$ 相似，如图 3-10 所示。

（a）过氧化氢分子　　　（b）过一硫酸根离子　　　（c）过二硫酸根离子

图 3-10　H$_2$O$_2$、PMS 和 PDS 的分子结构

　　过硫酸盐本身是一种强氧化性物质，在室温下较稳定，当其受到热、碱、过渡金属、UV 辐射等因素活化后，可以产生氧化性更强的硫酸根自由基（SO$_4^-$·，E_0=2.6V）。SO$_4^-$· 有较广的 pH 值适用范围，在酸性条件下 SO$_4^-$· 能够稳定存在，在中性或碱性条件下能与 OH$^-$ 反应生成·OH，如式（3-38）～ 式（3-41）所示[42]。

$$S_2O_8^{2-} + H^+ \longrightarrow HS_2O_8^- \tag{3-38}$$

$$HS_2O_8^- \longrightarrow SO_4^- \cdot + SO_4^{2-} + H^+ \tag{3-39}$$

$$SO_4^- \cdot + H_2O \longrightarrow SO_4^{2-} + \cdot OH + H^+ \tag{3-40}$$

$$SO_4^- \cdot + OH^- \longrightarrow SO_4^{2-} + \cdot OH \tag{3-41}$$

（1）热活化

在受到高温作用时，过硫酸盐的过氧键断裂，产生 $SO_4^-\cdot$。Yang 等[43]利用 PDS、PMS 和 H_2O_2 降解偶氮染料，发现大于 50℃的温度可有效活化 PDS，而对于 PMS 和 H_2O_2 活化效果则不明显。然而 Antoniou 等[44]报道显示，通过热活化 PDS 和 PMS 均可有效降解微囊藻毒素 LR，PDS 热活化后的降解效率为 52%，而热活化 PMS 可获得 77% 的去除率。Tan 等[45]通过热活化过硫酸盐的方式氧化敌草隆，发现氧化过程中的主要活性物种为 $SO_4^-\cdot$，敌草隆的降解遵循假一级动力学，观测到的数据符合阿伦尼乌斯方程，并且该研究发现，通过硫酸根自由基降解敌草隆的氧化产物与羟基自由基降解敌草隆的氧化产物有明显区别。

（2）微波活化过硫酸盐技术

微波活化是一种分子水平而不同于热活化的加热方式，微波活化与热活化相比，具有加热更均匀、降低反应活化能、热量损失小等优点。Chou 等[46]采用微波强化过硫酸盐处理老龄垃圾渗滤液，实验结果表明，在微波功率为 550W、反应时间为 30min 的条件下，对 TOC、色度和 UV_{254} 的去除率分别为 79.4%、88.4% 和 77.1%，其中 TOC/COD 值随着反应时间的增加而不断减小，在反应 120min 后 TOC/COD 值降低了 86.7%。Li 等[47]采用微波与活性炭组合强化过硫酸盐处理垃圾渗滤液，研究结果表明，在活性炭投加量为 10g/L、微波功率为 500W、pH 值为 9、辐射时间为 10min 的条件下，对垃圾渗滤液中 COD 和氨氮的去除率分别为 78.2% 和 67.2%，其 BOD_5/COD 值也由 0.17 增加到 0.38。

（3）UV 活化

紫外辐射活化过硫酸盐的机理与热活化机理相似，都是通过能量破坏过氧键，从而激发硫酸根自由基。过硫酸盐和 H_2O_2 中的过氧键键能分别 140kJ/mol 和 213.3kJ/mol，有研究发现，只有当 UV 波长小于 270nm 时才能使过氧键断裂。而 Antoniou 等[44]发现，使用 $300\sim400$nm 波长的紫外光可以有效激活过硫酸盐。Liu 等[48]通过对比 UV/PDS 和 UV/H_2O_2 工艺发现，在氧化降解 β-受体阻滞剂阿替洛尔（ATL）时，UV/PDS 技术对工艺参数的变化较 UV/H_2O_2 技术更为敏感，但是同样条件下 UV/PDS 对 ATL 的去除更有效。

（4）过渡金属活化过硫酸盐技术

过渡金属活化过硫酸盐是指通过 Fe^{2+}、Ag^+、Co^{2+}、Mn^{2+} 等过渡金属活化过硫酸盐，催化过硫酸盐产生氧化性很强的 $SO_4^-\cdot$ 氧化降解有机污染物。其中 Fe^{2+} 因其价格便宜、高效无毒、可以在常温下催化过硫酸盐等优点，是目前活化过硫酸盐应用最为广泛的金属离子活化剂。刘占孟等[49]采用 Fe^{2+} 活化过硫酸盐处理垃圾渗滤液尾水，实验结果表明，在过硫酸钠投加量为 4.0g/L、$n(Fe^{2+})/n(S_2O_8^{2-})$ 值为 0.25、初始 pH 值为 4、反应时间为 12h 的最佳条件下，对渗滤液中 COD 和色度的去除率分别为 60% 和 95%。但是 Fe^{2+} 在活化过硫酸盐处理废水的过程中也存在着一些明显的缺陷，如多余的 Fe^{2+} 会与 $SO_4^-\cdot$ 发生反应而消耗 $SO_4^-\cdot$、pH 值适用范围小（pH < 3）、易造成二次污染。很多

的学者研究发现 Fe^0 可以在有氧或无氧的条件下，转化为 Fe^{2+} 活化过硫酸盐产生 $SO_4^- \cdot$。又因为 Fe^0 具有可以过滤回收、循环使用，不会造成二次污染等优点，因此，在活化过硫酸盐处理垃圾渗滤液体系中可采用 Fe^0 代替 Fe^{2+} 活化过硫酸盐。刘占孟等 [50] 采用 Fe^0 活化过硫酸盐处理垃圾渗滤液的生化尾水，研究结果表明，在过硫酸钠投加量为 2.5g/L、Fe^0 投加量为 0.5g/L、初始 pH 值为 3 的最佳条件下，反应经过 12h 后，对渗滤液尾水中 COD 和色度的去除率分别为 71% 和 90%。随着纳米技术的快速发展，磁性纳米颗粒被越来越广泛地应用于水处理领域。最近的研究成果表明，采用纳米 Fe_3O_4 活化过硫酸盐产生硫酸根自由基（$SO_4^- \cdot$）氧化降解有机物，比采用 Fe^{2+} 活化具有明显优势。其原因可能在于：

① 纳米 Fe_3O_4 粒子表面的 Fe^{2+} 可迅速活化过硫酸盐产生硫酸根自由基，保证污染物较快的降解速率；

② 过硫酸盐的活化与污染物的降解发生在纳米 Fe_3O_4 的表面，可有效减少生成的 $SO_4^- \cdot$ 与纳米 Fe_3O_4 中 Fe^{2+} 的接触，降低副反应发生的概率，保证较高的过硫酸盐利用率。

因此，可采用纳米 Fe_3O_4 活化过硫酸盐应用于垃圾渗滤液处理，同时这也是今后过硫酸盐氧化法在垃圾渗滤液中的研究热点。

（5）其他活化过硫酸盐技术

由于过渡金属活化过硫酸盐过程中容易导致水体二次污染问题，为了克服该缺陷，一些学者对于其他活化过硫酸盐的方法也做了许多的研究。Soubh 等 [51] 采用臭氧强化过硫酸盐处理垃圾渗滤液，实验结果表明，在 O_3 用量为 0.79g/h、过硫酸钠投加量为 4.5g/L、初始 pH 值为 9 的最佳条件下，对渗滤液中 COD 和色度的去除率分别为 87% 和 85%，其 BOD_5/COD 值从 0.13 提高到 0.61。

3.1.3　高级氧化工艺的特点

3.1.3.1　高氧化性

$\cdot OH$ 是一种极强的化学氧化剂，它的氧化电位要比普通氧化剂（如臭氧、氯气和过氧化氢等）高得多。表 3-10 为各种氧化剂的氧化电位 [52]，可以看出 $\cdot OH$ 的氧化能力明显高于普通氧化剂。

表 3-10　各种氧化剂的氧化电位

氧化剂	半反应	氧化电位 /V
$\cdot OH$	$\cdot OH + H^+ + e^- \longrightarrow H_2O$	3.06
O_3	$O_3 + 2H^+ + 2e^- \longrightarrow O_2 + H_2O$	2.07
H_2O_2	$H_2O_2 + 2H^+ + 2e^- \longrightarrow 2H_2O$	1.77
HClO	$2HClO + 2H^+ + 2e^- \longrightarrow Cl_2 + 2H_2O$	1.63
Cl_2	$Cl_2 + 2e^- \longrightarrow 2Cl^-$	1.36

3.1.3.2 快速反应

与普通化学氧化法相比，AOPs 的反应速率很快。表 3-11 为一些主要有机微污染物与 O_3 和 $\cdot OH$ 的反应速率常数[1]。从表 3-11 中可以看出，ko_3 值一般较低，为 $0.01 \sim 1000L/(mol \cdot s)$，而且不同污染物间的 ko_3 值相差较大；$k_{\cdot OH}$ 值在 $10^8 \sim 10^{10}L/(mol \cdot s)$ 的范围内，基本接近扩散速率的控制极限 $10^{10}L/(mol \cdot s)$，此时氧化反应的速度主要由 $\cdot OH$ 的产生速度决定。

表 3-11 有机微污染物与 O_3 和 $\cdot OH$ 的反应速率常数

有机微污染物		O_3 的反应速率常数 / [L/(mol·s)]	$\cdot OH$ 的反应速率常数 / [L/(mol·s)]	参考文献
杀虫剂	氯苯类	$0.06 \sim 3$	$(4 \sim 5) \times 10^9$	[53]
	多氯联苯类	< 0.9	$(4.3 \sim 8) \times 10^9$	
	有机氯杀虫剂			
	丙体六六六、氯丹、内氯甲桥萘	< 0.04	$(2.7 \sim 170) \times 10^8$	[54]
	甲氧滴滴涕	270	2×10^{10}	[53]
	氨基甲酸酯类			
	涕天威	4.4×10^4	8.1×10^9	
	S-三氮杂苯类			[55]
	西马津	11.9	3.1×10^9	[56]
	特丁津	8.9	2.8×10^9	[57]
	莠去津	7.9	2.4×10^9	
	取代苯脲	$3.1 \sim 141$	$(4.3 \sim 5.2) \times 10^9$	[58] [59]
	乙酰胺类	$0.94 \sim 3.8$	$(4.3 \sim 7) \times 10^9$	[57, 60]
	苯氧基羧酸类			[53]
	2,4-甲氯丙酸	37.9	9.1×10^9	[54]
	2,4-二氯酚	$1 \sim 2.3$	$(4 \sim 5) \times 10^9$	[58]
	2,4,5-三氯苯氧基醋酸	8.9	$(4 \sim 5) \times 10^9$	[61]

由于臭氧对不同污染物的氧化速率相差很大，致使当水中同时存在多种污染物时臭氧会优先与反应速率快的污染物进行反应，从而表现出臭氧对污染物去除的选择性，并使反应速率低的污染物质不能被去除。在高级氧化工艺中，$\cdot OH$ 则不存在此类问题，它对各种污染物的反应速率常数相差不大，可实现多种污染物的同步去除。

3.1.3.3 降低 TOC 和 DOC

普通化学氧化因氧化进行得不彻底，不能达到降低 TOC 和 DOC 的效果，如腐殖质经臭氧氧化后，TOC 或者稍有减少，或者毫无改变。实际上不同来源的腐殖质可能与臭氧发生不同的反应，但是不管 TOC 和 DOC 的结果如何，腐殖质的臭氧氧化导致形成小分子化合物，主要是醛类（甲醛、乙醛、乙二醛和甲基乙二醛）和羧酸（甲酸、乙酸、草酸、乙二酸、丙酸和丙酮二酸），由于它们对臭氧的抗性而积累于溶液中。已经证明甲醛具有致突变性和致癌性，其他一些副产物也可能具有相似的性质。如果同时还含有大量溴化物，臭氧氧化后可能形成对人体有害的溴酸盐化合物，如 3- 溴 -2- 甲基 -2- 丁醇。它们共同作用，不是简单地叠加，而是对人体健康更加有害。

高级氧化工艺可实现有机污染物的完全矿化。在反应过程中，·OH 可同中间产物继续反应，直至最后被完全氧化成 CO_2 和 H_2O，从而达到彻底去除 TOC 和 DOC 的目的。例如，由 TiO_2 组成的固体催化剂的臭氧催化氧化能够有效地减少配制的酸水溶液 DOC。

3.1.3.4　提高可生物降解性

Yuan 等以臭氧 - 活性污泥联用工艺处理垃圾渗滤液的小试和中试结果表明，臭氧预处理可高效地去除高浓度氨氮，NH_4^+-N 的去除率可达到 99.17%±0.01%，因此经预处理的渗滤液可在城市污水处理厂一并进行处理。

3.1.3.5　减少三卤甲烷（THMs）和溴酸盐的生成

THMs 是有机物氯化后形成的主要消毒副产物，主要有三氯甲烷、二氯一溴甲烷、一氯二溴甲烷和三溴甲烷。实验研究表明，三卤甲烷的各组分具有明显的致突变作用，且存在良好的剂量反应关系。对于未受污染的天然水体，其前质一般由富里酸和腐殖酸组成。

普通的化学氧化，如以臭氧处理原水，其三卤甲烷生成势（THMFP）可能有所减少，这是由于大分子的有机物化合物（腐殖酸、富里酸等）被氧化分解成小分子化合物，但难以完全地消除；此外，如果水中同时存在着溴化物，它将被氧化成次溴酸盐并形成溴酸盐等化合物。

采用高级氧化工艺，如 O_3/UV 和 O_3/H_2O_2 等，可更有效地减少 THMs 的生成。·OH 可实现 THMs 前质的彻底氧化，也可消除水中存在的 THMs。此外，AOPs 也是限制形成溴酸盐的一种有效措施。由于·OH 消耗了臭氧，或当其与 H_2O_2 联用时，由于形成 Br- 而使次溴酸/次溴酸盐的产量减少，因此可通过提高 H_2O_2/O_3 值以减少溴酸盐的形成。另外，也可通过往臭氧中加催化剂 TiO_2 减少含溴化物地表水中溴酸盐的形成，这可能是由于在催化剂存在的情况下分子臭氧与天然有机物的反应加快，从而限制了溴化物的氧化，也可能是由于分子臭氧跟催化剂反应形成·OH，从而使其对溴化物的氧化不够有效。在臭氧氧化之后添加活性炭吸附也能减少水中溴酸盐的含量。

3.2　臭氧处理垃圾渗滤液的高级氧化工艺

尽管过去许多研究工作都证明，利用臭氧或其他高级氧化技术能有效地去除渗滤液中的 COD 和 TOC[62, 63]。采用臭氧处理垃圾渗滤液的高级氧化工艺，可以在渗滤液排入受纳水体之前把高级氧化技术作为最后稳定的处理措施，也可以对渗滤液进行预氧化，降解部分有机化合物，以提高生物降解的作用。

3.2.1 臭氧氧化法对生化处理后的垃圾渗滤液进行深度处理

对垃圾渗滤液处理从业者来说，更要全面了解垃圾渗滤液的特点，通过各种工艺手段的组合达到垃圾渗滤液排放控制标准的全面达标。通过对成都市某垃圾焚烧厂渗滤液处理工程中最难处理的 NF 浓缩液处理工程工艺以及运行数据的分析总结，通过对比垃圾渗滤液 NF 浓缩液处理中不同工艺段总氮、硝态氮以及氨氮的数据，从而为垃圾渗滤液中最难把控的总氮处理问题提供数据依据，也为以后项目设计提供参考[64]。

3.2.1.1 渗滤液水质

成都某垃圾焚烧厂垃圾渗滤液处理 NF 浓缩液主要指标如表 3-12 所列。

表 3-12 成都某垃圾焚烧厂渗滤液处理 NF 浓缩液出水水质

处理单元	COD/ (mg/L)	BOD/ (mg/L)	SS/ (mg/L)	NH₃-N/ (mg/L)	TN/ (mg/L)
原水	8500	132	90	20	100

3.2.1.2 工艺流程图

该工艺由混凝预处理系统、臭氧发生系统、AOP 反应塔以及 BAC 反应塔组成，具体流程见图 3-11，各处理单元去除率预测见表 3-13。

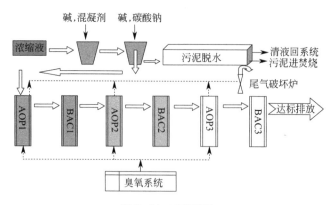

图 3-11 工艺流程

表 3-13　各单元去除率预测

序号	处理单元	pH 值	COD/ (mg/L)	BOD/ (mg/L)	SS/ (mg/L)	NH₃-N/ (mg/L)	TN/ (mg/L)
1	原水		8500	132	90	20	100
	进水	6～8	8800	66	90	10	100
2	混凝沉淀	6～8	1300	52.8	90	5	40
	去除率 /%		85	20	0	50	60
3	SHAS 系统	6～8	85	5.28	18	3	28
	去除率 /%		93	90	80	40	12
4	排放标准		100	30	30	25	40

3.2.1.3　调试与运行

工程安装完成后于 2016 年 5 月开始进行调试，8 月进行了第一次的调试运行验收，调试验收后运行一年时间。运行数据见表 3-14。

表 3-14　2016 ~ 2017 年调试运行数据

日期	TN/ (mg/L)			NH₃-N/ (mg/L)			
	进水平均值	混凝后平均值	出水平均值	进水平均值	混凝后平均值	AOP 出水平均值	最终出水平均值
2016 年 6～8 月	126.0	51.0	33.0	4.3	5.6	17.5	13.2
2016 年 9 月	161.0	45.0	31.0	5.2	4.9	17.8	14.1
2016 年 10 月	118.0	53.0	36.0	19.0	12.4	19.7	14.7
2017 年 3 月	109.0	56.0	34.0	9.8	8.6	17.4	13.9
2017 年 4 月	105.0	57.0	29.0	14.3	10.0	18.3	15.9
2017 年 5 月	88.0	59.0	30.0	12.5	9.1	19.2	14.4
2017 年 6 月	103.0	56.0	36.0	9.4	9.4	18.9	13.7
2017 年 7 月	123.0	59.0	35.0	8.1	7.5	18.2	14.5
年平均值	116.6	54.5	33.0	10.3	8.4	18.4	14.3

日期	硝态氮 / (mg/L)			有机氮推算值 / (mg/L)		
	进水平均值	混凝后平均值	出水平均值	进水平均值	混凝后平均值	出水平均值
2016 年 6～8 月	6.5	6.3	4.5	115.2	39.1	15.3
2016 年 9 月	9.6	8.9	5.3	146.2	31.2	11.6
2016 年 10 月	7.9	8.2	4.6	91.1	32.4	16.7
2017 年 3 月	7.5	7.8	4.3	91.7	39.6	15.8
2017 年 4 月	8.3	8.2	5.1	82.4	38.8	8.0
2017 年 5 月	9.1	8.7	4.7	66.4	41.2	10.9
2017 年 6 月	7.6	7.3	4.5	86.0	39.3	17.8
2017 年 7 月	9.4	8.9	4.8	105.5	42.6	15.7
年平均值	8.2	8.0	4.7	98.1	38.0	14.0

通过分析表 3-14 调试运行数据，以及对比图 3-12 运行数据趋势，不难看出，如项目设计思路所愿：原水有机氮在混凝沉淀阶段有着较好的去除效率，可以达到 50% 以

上；在原水氨氮不高的情况下随着氧化过程的深入，氨氮值有逐步升高的趋势，应该是由于臭氧的氧化作用，部分有机氮被转化为氨氮。在三级臭氧高级氧化的过程中，在最后一段臭氧高级氧化（通过投加双氧水产生更多的·OH）氨氮浓度有一定的降低，可能是由于在一定的条件下氨氮被彻底氧化，从而转变为硝态氮；生物活性炭对于硝态氮有一定的处理效果，可能是活性炭内部或者活性炭层底部有局部缺氧环境，适合于反硝化菌的生存，在此进行反硝化过程从而降低系统总氮。

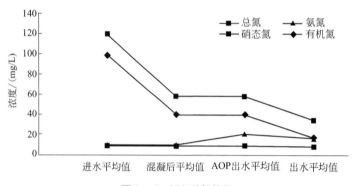

图 3-12　运行数据趋势

3.2.1.4　结论

从调试开始至运行一年时间，从统计的数据来看，通过混凝沉淀＋多级臭氧高级氧化＋多级生物活性炭处理工艺，在进水总氮浓度不高于 150mg/L 的情况下，可以处理垃圾渗滤液 NF 浓缩液总氮问题，且运行管理较为方便，能够连续稳定运行。对于一些要求回用的垃圾渗滤液处理项目，使用膜分离的技术出水用于回用，渗滤液的膜浓缩液可以用此方案达标后排放。

3.2.2　固定床催化臭氧氧化法

3.2.2.1　机理

固定床催化臭氧氧化法的机理，是假设臭氧和有机物分子同时吸附在催化剂表面，吸附于表面的臭氧转化为 O· 并氧化其相邻吸附的有机物分子；氧化过程经几个氧化中间产物进行的同时，溶解的臭氧不断地在催化剂表面上形成 O· ，氧化产物对催化剂表面的吸附力减弱，以碳酸盐为主的最终产物从催化剂表面脱吸。臭氧催化氧化工艺臭氧需求量少，受溶解自由基捕获剂如重碳酸氢盐的影响不显著，并在没有自由基形成的高酸性条件下及强碱性条件下也同样有效。

3.2.2.2　固定床臭氧氧化法 –BAC 处理垃圾渗滤液实验研究

针对中山市某垃圾渗滤液处理厂的"老龄"垃圾渗滤液氧化沟出水,为使其出水水质达到渗滤液特别排放标准,进行了臭氧氧化、臭氧催化氧化、生物活性炭的处理效果研究。结果表明运用固定床颗粒活性炭催化臭氧氧化联合生物活性炭工艺连续运行,废水处理效果具有明显的协同作用,出水水质达标。

3.2.2.3　渗滤液水质

渗滤液取自中山市某垃圾渗滤液处理厂的"老龄"垃圾渗滤液氧化沟出水(接触氧化池进水),其水质指标如表 3-15 所列。由于受降水和垃圾渗滤液处理厂处理情况的影响,实验所用废水水质在一定范围内变化,但并不影响实验的进行。

表 3-15　中山市某垃圾渗滤液处理厂垃圾渗滤液氧化沟出水水质情况

水质参数	浓度或数值
pH 值	$7.2 \sim 7.8$
COD	$320 \sim 420mg/L$
NH_3-N	$50 \sim 65mg/L$
UV_{254}	$1.68 \sim 2.04cm^{-1}$
颜色	深黄色

3.2.2.4　反应装置

臭氧反应装置如图 3-13(a)所示,采用的臭氧发生器为广州市广加环设备有限公司的 HY-002-2A 风冷型臭氧发生器,臭氧产量为 2g/h,气源为空气。臭氧发生器输出气体通过装有止回阀的聚四氟乙烯软管进入臭氧反应装置,经底部微孔曝气头扩散成微小气泡与水中有机污染物接触反应,臭氧尾气从装置上端收集处理。

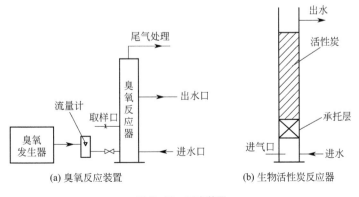

(a) 臭氧反应装置　　　　(b) 生物活性炭反应器

图 3-13　反应装置

生物活性炭（BAC）反应器如图 3-13（b）所示，为有机玻璃制成的圆柱形状反应器。生物活性炭反应器内径 10cm，总高度 1.5m，承托层高度 0.2m，活性炭层高度 1m。BAC 反应器总体积为 11.78L，有效反应容积为 7.85L，活性炭层有效水容积为 2.62L。BAC 反应器底部设有微孔曝气头，通入空气以微小气泡的形式在反应器中传递。

3.2.2.5 结果讨论

（1）不同工艺对 COD 去除效果对比

对单独臭氧、颗粒活性炭柱吸附以及炭床催化臭氧氧化工艺去除 COD 效果进行分析，结果如图 3-14 所示。炭柱吸附对 COD 的去除主要集中在反应的前 2h，而且此时炭床催化臭氧氧化的 COD 去除率只比单独臭氧与炭柱吸附 COD 去除率之和略大，表明反应的前期炭柱的吸附起主导作用。而在反应 2h 后，炭床催化臭氧氧化工艺对 COD 仍有较好的去除效果，存在较为明显的协同效应。许多研究认为，臭氧在与活性炭表面接触过程中部分被催化转化为氧化性更强的羟基自由基等，从而将活性炭吸附的有机污染物氧化降解，再生活性炭活性，促进活性炭的再吸附；而活性炭也为催化臭氧分解提供了更多的催化活性中心，使废水中生成更多的羟基自由基，从而加强臭氧氧化效果。所以，炭床催化臭氧氧化工艺对臭氧和活性炭均具有更高的利用率，对 COD 有更高的去除率，有利于工艺的长时间持续运行。

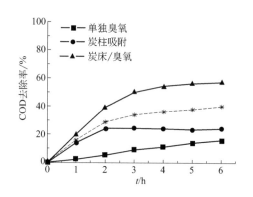

图 3-14 不同工艺废水 COD 去除率随反应时间的变化

（虚线表示单独臭氧与炭柱吸附 COD 去除率之和）

采用不同废水作为生物活性炭工艺的进水，控制流量为 10mL/min，以向上流的方式进水。使用的废水分别为垃圾渗滤液氧化沟出水、实验原水经臭氧氧化和炭床催化臭氧氧化后的出水，通过采用不同类型的废水以改变进水的有机负荷，考察进水有机负荷对生物活性炭工艺运行效果的影响。

生物活性炭对不同类型废水的 COD 去除效果如图 3-15 所示。可以看出：进水的 COD 浓度越低，COD 去除率越高。BAC 进水为渗滤液氧化沟出水时，COD 去除率为 50.77%；当进水为经臭氧氧化后的废水时，COD 去除率可达到 70.32%；当进水为经炭床催化臭氧氧化后的废水时，COD 去除率达到 88.04%。这主要是因为经臭氧氧化之后废水的 COD 浓度降低，可生化性有所提高，因此能达到一个较高的去除水平。而经过炭床催化臭氧氧化后的废水的 COD 浓度降低更多，可生化性提高更明显，再经过 BAC 工艺可达到一个更高的去除水平。

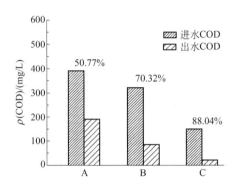

图 3-15　BAC 对不同类型废水的 COD 去除效果

A—实验原水；B—臭氧出水；C—炭床/臭氧出水

（2）不同工艺对 UV_{254} 去除效果对比

对单独臭氧、颗粒活性炭柱吸附以及炭床催化臭氧氧化工艺去除 UV_{254} 效果进行分析，结果如图 3-16 所示。炭床催化臭氧氧化工艺的 UV_{254} 去除率比单独臭氧与炭柱吸附 UV_{254} 的去除率之和大，说明炭床催化臭氧氧化工艺对 UV_{254} 的去除也存在协同效应。在 6h 的持续反应过程中，单独臭氧始终保持着对 UV_{254} 一定的去除率，最终去除率达到 32.02%；而炭床催化臭氧氧化反应进行到 4h 时对 UV_{254} 已经到一个较高的去除水平，去除率为 68.64%，之后对 UV_{254} 的去除率的增加明显变缓，2h 去除率仅仅提高了 5.36%。这说明炭床催化臭氧氧化工艺不仅提高了对 UV_{254} 的去除效果，还提高了去除率。

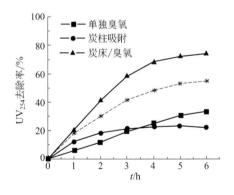

图 3-16　不同工艺废水 UV_{254} 去除率随反应时间的变化

（虚线表示单独臭氧与炭柱吸附 UV_{254} 去除率之和）

生物活性炭对不同类型废水的 UV_{254} 去除效果如图 3-17 所示。UV_{254} 去除率的规律与 COD 类似，氧化沟出水的 UV_{254} 去除率最低，为 51.55%，而进水为经炭床催化臭氧氧化后的废水时，与 BAC 工艺连续运行后 UV_{254} 去除率最高，达到了 93.03%。

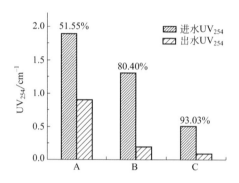

图 3-17　BAC 对不同类型废水的 UV_{254} 去除效果

A—实验原水；B—臭氧出水；C—炭床出水

（3）不同工艺对 NH_3-N 去除效果对比

对颗粒活性炭柱吸附以及炭床催化臭氧氧化工艺去除 NH_3-N 效果进行分析，结果如图 3-18 所示。炭柱吸附和炭床催化臭氧氧化工艺对废水 NH_3-N 的去除效果相差并不大，均对 NH_3-N 有较好的去除效果。两者对 NH_3-N 的去除均集中在反应的前 1h，这说明对 NH_3-N 的去除主要是靠活性炭的吸附作用，臭氧氧化对 NH_3-N 并没有去除效果。

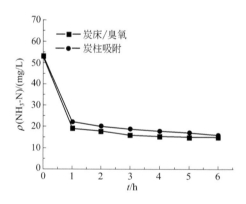

图 3-18　不同工艺废水 NH_3-N 去除率随反应时间的变化

生物活性炭对不同类型废水的 NH_3-N 去除效果如图 3-19 所示。3 种不同的废水均有较高的 NH_3-N 去除率。当进水为经炭床催化臭氧氧化过的废水时，NH_3-N 去除率最高，达到 97.23%，出水 NH_3-N 浓度低于 1mg/L；而进水为氧化沟出水和经臭氧氧化过的废水时，NH_3-N 去除率分别为 73.58% 和 85.36%。图中的 A 和 B，进水 NH_3-N 浓度接近，但是去除效果却有所不同，臭氧氧化之后的废水明显优于未经处理的氧化沟出水，这说明经过臭氧氧化之后，虽然 NH_3-N 浓度没有降低，但却有利于后续的 BAC 工艺生化去除效果。

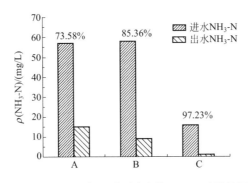

图 3-19 BAC 对不同类型废水的 NH₃-N 去除效果

A—实验原水；B—臭氧出水；C—炭床 / 臭氧出水

（4）臭氧催化氧化 -BAC 连续运行工艺的经济技术分析

根据实验所得，臭氧部分每吨水费用约为 28.8 元。活性炭部分每吨水费用约为 6.36 元。生物活性炭运行时，生物对活性炭具有再生作用，活性炭可以长期使用，而且运行时只需要微曝气及将水提升至高位，每吨水处理成本约为 0.5 元。该工艺处理运行成本每吨水约为 35.66 元。

对该工艺 40d 的进水、中间水、出水进行 COD、UV_{254}、NH₃-N 浓度分析，进水 COD、UV_{254}、NH₃-N 浓度分别在 360mg/L、1.75cm^{-1}、55mg/L 左右较小波动，中间水箱的 COD、UV_{254}、NH₃-N 浓度相对稳定，出水水质达标，COD 基本都小于 50mg/L，对 COD 去除率都在 90% 左右，对 UV_{254} 的去除率均在 92% 以上，最终出水 NH₃-N 浓度基本都在 3mg/L 以下，NH₃-N 去除率在 95% 以上。

3.2.2.6　结论

应用固定床颗粒活性炭催化臭氧氧化 -BAC 工艺连续运行，发现该工艺运行稳定，且相对于单独运行的处理效果具有协同效应，处理效果明显增强，出水水质稳定，出水 COD ＜ 50mg/L，NH₃-N ＜ 3mg/L，且该工艺成本较低，说明其具有实际应用价值。

3.2.3　聚铁混凝 - 臭氧催化氧化 - 曝气生物滤池深度处理垃圾渗滤液

本节主要介绍在中试系统中，采用混凝 - 臭氧催化氧化 - 曝气生物滤池组合工艺，对垃圾渗滤液 MBR 生物处理出水进行深度处理。该法具有良好的经济性，利于推广应用[65]。

3.2.3.1 渗滤液水质

实验用水为北京市某垃圾填埋场的垃圾渗滤液 MBR 生物处理出水，水质指标如表3-16 所列。

表 3-16　北京市某垃圾填埋场的垃圾渗滤液 MBR 生物处理出水水质情况

水质参数	浓度或数值
pH 值	$7.8 \sim 8.5$
COD_{Cr}	$530 \sim 900mg/L$
BOD_5	$21.2 \sim 26.8mg/L$
TOC	$213 \sim 310mg/L$
UV_{254}	$7.6265cm^{-1}$
色度	$1385 \sim 2016$ 度
氨氮	$40.1 \sim 72.4mg/L$

3.2.3.2 反应装置

中试系统分为预处理阶段和深度处理阶段：预处理阶段为聚铁混凝，采用间歇序批式运行方式，即一批废水反应完全后再进行下一批；深度处理阶段采用"臭氧催化氧化 -曝气生物滤池"组合工艺，为连续进水运行方式，每天运行 10h。

反应装置如图 3-20 所示。

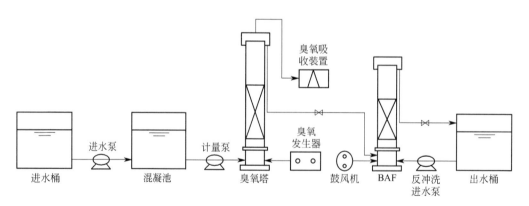

图 3-20　反应装置

3.2.3.3 中试系统的调试与运行

（1）曝气生物滤池挂膜启动

曝气生物滤池中生物膜的挂膜与形成状况是该反应器能否正常运行的关键。反应器内生物陶粒与微生物相互作用，一方面生物陶粒表面粗糙可吸附微生物，另一方面微生物可分泌黏性代谢产物吸附生物陶粒，这种相互作用实现了微生物在陶粒表面固定化，形成了生物膜。曝气生物滤池的挂膜启动包括污泥接种和污泥驯化。

（2）曝气生物滤池挂膜启动方法

1）污泥接种

接种污泥取自北京市高碑店污水处理厂 A^2/O 工艺二沉池。

2）污泥驯化

本实验的污泥驯化采用阶梯式驯化法。以渗滤液混凝出水和淀粉溶液配水的混合废水为底物进行闷曝，闷曝 24h 后排空，并逐步提高混凝出水所占的比例（1/3、1/2、2/3、1），每个比例运行 3d，驯化期间每天定时取样检测。

（3）曝气生物滤池挂膜启动效果

在废水的生物处理中，常以有机物的去除率作为判断生物膜是否成熟的指示性参数，本实验以 COD_{Cr} 的去除效果判断 BAF 挂膜是否启动成功，结果如图 3-21 所示。

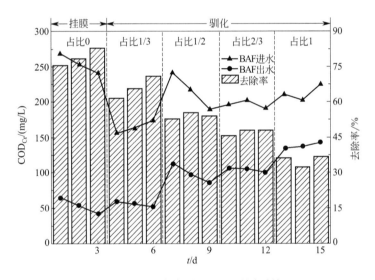

图 3-21　BAF 启动期间 COD_{Cr} 的去除情况

（占比为混凝出水所占的比例）

由图 3-21 可看出，第 1 天污泥接种后 BAF 的 COD_{Cr} 的去除率为 75.8%，闷曝 24h 后将反应器排空，此时反应器内不含悬浮污泥，但第 2 天的 COD_{Cr} 去除率仍达 78.6%，表明此时生物陶粒上已经附着微生物；第 3 天 COD_{Cr} 去除率为 83.0%，从反应器顶部可观察到内壁和生物陶粒表面都附着着黄褐色生物膜，此时可认为挂膜成功。随后进入驯化阶段，进水中混凝出水所占的比例由 1/3 增至 1 的过程中，COD_{Cr} 去除率越来越低，这是由于混凝出水可生化性较差，进水中含有的不可生物降解有机物比例增多。当进水全部为混凝出水时，BAF 仍能去除 75mg/L 左右的 COD_{Cr}，平均去除率为 34.9%，表明 BAF 中微生物已经适应渗滤液的水质，驯化完成。

3.2.3.4 分析方法

(1) 气相臭氧浓度的测定

采用碘量法测定气相臭氧浓度。测量原理为：臭氧与碘化钾溶液反应生成游离碘，然后在酸性条件下用硫代硫酸钠滴定游离碘，以淀粉溶液为指示剂，根据硫代硫酸钠的用量计算臭氧浓度，反应由式 (3-42) 和式 (3-43) 表示：

$$O_3 + 2KI + H_2O = O_2 + I_2 + 2KOH \tag{3-42}$$

$$I_2 + 2Na_2S_2O_3 = 2NaI + Na_2S_4O_6 \tag{3-43}$$

$$C = \frac{24VC\,(Na_2S_2O_3)}{V_0} \tag{3-44}$$

式中　　C——臭氧浓度，mg/L；

$C\,(Na_2S_2O_3)$——硫代硫酸钠标准溶液的浓度，mg/L；

　　　　V——硫代硫酸钠标准溶液滴定的体积，mL；

　　　　V_0——臭氧的取样体积，mL。

(2) 紫外 - 可见吸收光谱分析

样品用蒸馏水稀释特定倍数，调节 pH 值至 7 左右，经 0.45μm 滤膜过滤后待测。以蒸馏水为参比，采用 UV-5200pc 紫外 - 可见分光光度计进行光谱扫描。扫描条件为：样品池为 1cm 石英样品池，检测温度为室温，扫描速度为中速，扫描范围为 200 ～ 700nm，光谱带宽为 2nm，采样间隔为 0.2nm。

(3) 三维荧光光谱分析

样品用蒸馏水稀释特定倍数，调节 pH 值至 7 左右，经 0.45μm 滤膜过滤后待测，以蒸馏水作为参比，采用 F-7000 荧光光谱仪进行光谱扫描。扫描条件为：检测池为 1cm 的石英荧光样品池，检测温度为室温，激发光源为 150W 氙弧灯，PMT 电压为 400V，光栅夹缝 E_x=5nm、E_m=5nm，自动响应方式，扫描速度为 1200nm/min。荧光光谱扫描范围为 E_x=200 ～ 450nm、E_m=250 ～ 550nm，扫描间隔都为 5nm。

首先将样品的扫描原始数据扣除参比数据，以排除拉曼散射的干扰，然后将 $E_m \geqslant E_x + 5nm$ 和 $E_m \geqslant E_x + 300nm$ 两个三角区域的荧光数据置零，排除瑞利散射的影响，光谱图和数据处理均用 origin9.0 软件完成。

将三维荧光光谱图分为 5 个区域，并采用荧光区域积分法分别计算这些区域的体积，对废水中的可溶性有机物进行量化分析。计算方法由式 (3-45) ～式 (3-48) 表示：

$$\varphi_i = \sum_{E_x}\sum_{E_m} I\,(\lambda_{E_x}\lambda_{E_m})\,\Delta\lambda_{E_x}\,\Delta\lambda_{E_m} \tag{3-45}$$

$$\Phi_i = MF_i\varphi_i \tag{3-46}$$

$$\Phi_T = \sum_{i=1}^{5}\Phi_i \tag{3-47}$$

$$P_i = \frac{\Phi_i}{\Phi_T}\times 100\% \tag{3-48}$$

式中　　φ_i——各区域荧光物质的累积荧光强度；

$I\,(\lambda_{E_x}\lambda_{E_m})$——某激发 - 发射波长下的荧光强度；

$\Delta\lambda_{E_x}$——激发波长的微分；

$\Delta\lambda_{E_m}$——发射波长的微分；

Φ_i——修正累积荧光强度；

MF_i——面积修正系数，其值为各区域面积占总区域面积的百分数的倒数；

Φ_T——全部 5 个区域的总修正累积荧光强度；

P_i——各区域荧光物质占总区域荧光物质的百分比。

（4）其他测定方法

UV_{254} 采用紫外分光光度法测定；色度以 CN 值表征，CN 值算法如式（3-49）所示；pH 值采用 WTWpH3210 型 pH 计测定。

$$CN=\frac{A_{436}^2+A_{525}^2+A_{620}^2}{A_{436}+A_{525}+A_{620}} \tag{3-49}$$

式中　A_{436}、A_{525}、A_{620}——废水在波长 436nm、525nm、620nm 时的吸光度。

3.2.3.5　结果与讨论

（1）臭氧投加量对中试处理效果的影响

如图 3-22 可知，当臭氧投加量为 104mg/L 时，O_3-BAF 对 COD_{Cr} 的平均去除率为 39.0%，系统出水平均 COD_{Cr} 为 119mg/L，此时臭氧投加量较小，降解有机物能力有限。臭氧投加量增加到 155mg/L 时，O_3-BAF 对 COD_{Cr} 的平均去除率为 51.6%，即臭氧投加量的增加有利于改善后续 BAF 的生化反应，此时出水平均 COD_{Cr} 为 97mg/L，达到排放标准。当臭氧投加量继续增加到 207mg/L 时，出水平均 COD_{Cr} 去除率为 56.2%，继续

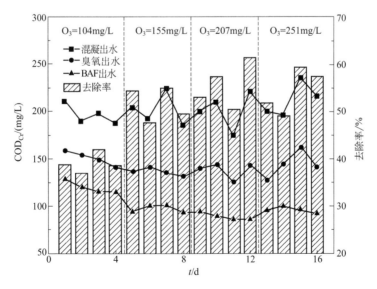

图 3-22　臭氧投加量对处理效果的影响

提高投加量至 251mg/L，平均去除率没有上升反而略有下降，为 54.4%，说明臭氧投加量过量时，不利于后续生化反应，原因在于过量的臭氧不能与污染物充分接触，可能直接溢出反应器或随着出水进入 BAF，前者增加了尾气中臭氧浓度造成大气污染，后者则对 BAF 中的微生物产生毒害作用。因此，中试的最佳臭氧投加量为 155mg/L，符合小试结果。运行过程中可根据进水水质实际情况适当进行调整，调整范围为 150 ~ 200mg/L。

（2）中试稳定运行

中试稳定运行时间为期 28d，处理量为 30L/h，每天运行时间为 10h。聚铁投加量为 1.4kg/m³，反应初始 pH 值为 6 左右，PAM 投加量为 4g/m³，反应结束后将出水 pH 值调至 7 ~ 8，臭氧催化氧化单元控制臭氧投加量范围为 150 ~ 200mg/L，曝气生物滤池停留时间为 4.5h。稳定运行期间 COD_{Cr} 和色度的去除情况如图 3-23、表 3-17 和图 3-24、表 3-18 所示。

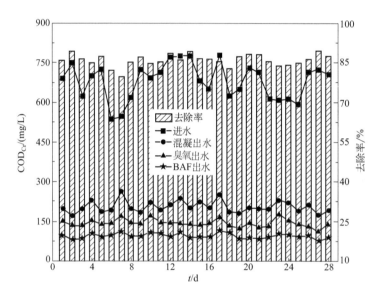

图 3-23　稳定运行期间 COD_{Cr} 的去除情况

表 3-17　各处理单元 COD_{Cr} 去除率

项目	进水	混凝出水	臭氧出水	BAF 出水
COD_{Cr}/（mg/L）	680	204	144	94
去除率 /%		70	29.4	34.7
总去除率 /%		86.2		

表 3-18　中试系统色度去除性能

项目	进水	混凝出水	臭氧出水	BAF 出水
色度 / 度	1616.8	140.9	31.7	14.6
去除率 /%		91.3	77.5	53.9
总去除率 /%		99.1		

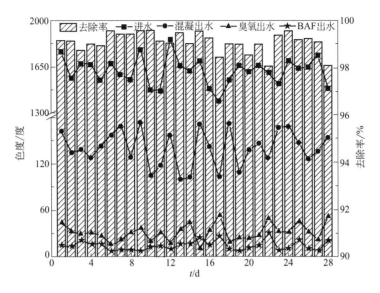

图 3-24　稳定运行期间色度的去除情况

图 3-23、表 3-17 反映了中试稳定运行期间 COD_{Cr} 的去除情况，进水 COD_{Cr} 在 530 ~ 780mg/L 之间波动，平均值为 680mg/L，混凝预处理可去除大部分有机物，为后续深度处理减轻了有机负荷，节省臭氧成本，平均出水 COD_{Cr} 为 204mg/L，平均 COD_{Cr} 去除率为 69.6%；臭氧催化氧化降解残留的大分子有机物，出水平均 COD_{Cr} 为 144mg/L，平均 COD_{Cr} 去除率为 30.8%；最后经 BAF 处理，进一步降低废水中的有机物，出水平均 COD_{Cr} 为 94mg/L，平均 COD_{Cr} 去除率为 32.8%。系统的平均 COD_{Cr} 去除率为 86.0%，最终出水 COD_{Cr} 基本低于 100mg/L，满足《生活垃圾填埋场污染控制标准》(GB 16889—2008) 排放标准，证明该组合工艺适用于处理垃圾渗滤液 MBT 出水。

图 3-24 和表 3-18 显示，组合工艺对色度的去除效果非常好，稳定运行期间色度的平均去除率高达 99.1%。垃圾渗滤液 MBT 出水呈棕色，这是废水中的大量腐殖质类物质造成的，聚铁混凝可有效去除这类有机物，废水色度显著降低，平均去除率达 91.3%；臭氧催化氧化对醌结构、偶氮结构等发色基团有较强破坏作用，可大幅度降低废水的色度，臭氧催化氧化阶段色度的平均去除率为 72.3%。废水经 BAF 处理后，色度进一步降低，最终出水清亮透明，接近无色，远低于排放标准。

（3）经济分析

组合工艺运行过程中的主要费用包括混凝药剂费、液氧成本、臭氧发生器和鼓风机的运行电费，其中药剂和液氧用量会根据进水水质波动做适当调整，此处聚铁、氢氧化钠、浓硫酸、PAM 等各药剂用量为稳定运行期间的平均用量，如表 3-19 所列。

由表 3-19 可知每立方米水所需混凝药剂费用为 3.08 元。中试采用小型臭氧发生器提供臭氧，臭氧发生器产气成本根据课题组经验按照 1kg 臭氧量需要 10kW·h 电耗量及 14kg 液氧计算，电费按照 0.8 元 /（kW·h）计，液氧按照 1 元 /kg 计，即臭氧成本为 22 元 /kg，中试臭氧用量为 150g/t，折合成本为 3.3 元 /m³；鼓风机耗电费用 0.3 元 /m³。总处理费用合计约为 6.68 元 /m³。

表 3-19　中试系统药剂成本

药剂	用量 / (kg/m³)	单价 / (元 /t)	运行费用 / (元 /m³)
聚铁	1.4	1500	2.1
氢氧化钠	0.26	2900	0.75
浓硫酸	0.1	1500	0.15
PAM	0.004	20000	0.08
总计	—	—	3.08

3.2.3.6　结论

在中试系统中，采用聚铁混凝 - 催化臭氧氧化 -BAF 组合工艺，深度处理垃圾渗滤液 MBR 生物处理的出水，实验结果表明：

① 中试调试阶段包括曝气生物滤池的挂膜启动和中试臭氧投加量的确定。曝气生物滤池采用污泥接种法和阶梯式驯化法挂膜启动，中试的臭氧投加范围为 150 ～ 200mg/L。

② 中试稳定运行期间，平均进水 COD_{Cr} 为 680mg/L，色度为 1616.8 度，出水平均 COD_{Cr} 为 94mg/L，满足《生活垃圾填埋场污染控制标准》(GB 16889—2008) 排放标准。

③ 中试的主要运行费用包括混凝药剂费、臭氧发生器和鼓风机运行的电费，合计费用约为 6.68 元 /m³。

3.2.4　臭氧氧化 - 三维电极电解联用技术深度处理垃圾渗滤液

本节主要介绍采用臭氧氧化 - 三维电极电解联用技术深度处理垃圾渗滤液，通过单因素及正交实验法确定了最优工艺条件，并探讨了反应的动力学和机理。实验结果表明：废水处理的最优工艺条件为电极间距 1.2cm、电流密度 15mA/cm²、臭氧曝气量 25mL/min、活性炭填充量 23g/L、反应时间 90min。该工艺条件下，废水的 COD 去除率达 94.1%；臭氧氧化 - 三维电极电解联用技术对废水中 COD 的去除过程符合二级反应动力学方程；臭氧氧化和三维电极电解技术之间存在协同效应[66]。

3.2.4.1　渗滤液水质

实验中所用废水采集于上海某垃圾填埋场渗滤液处理厂 MBR 生化工段的出水，其水质情况见表 3-20。

表 3-20　上海某垃圾填埋场渗滤液处理厂 MBR 生化工段的出水水质情况

pH 值	COD/ (mg/L)	BOD₅/ (mg/L)	色度 / 度
8.1	669	8.6	200

3.2.4.2　反应装置

本实验在电解槽内填充活性炭颗粒，通入臭氧产生复合反应，活性炭颗粒既能够催化臭氧分解产生氧化性极强的·OH，又可作为三维电极的工作电极，从而同时提高臭氧氧化效果以及电解效率。

实验装置集成于电解槽内（见图 3-25）。阴极和阳极均为普通铁板，装置槽内填充经过预处理的活性炭颗粒（实验前已用待处理废水浸泡，使其达到吸附饱和）。向反应槽内加入一定量垃圾渗滤液的 MBR 生化出水，开启直流电源及臭氧发生器，分别对极板通入电流以及向反应槽内通入臭氧，开始实验过程。该装置可在不同电流密度、电极间距、臭氧曝气量、活性炭填充量以及反应时间条件下进行实验，用单因素及正交实验法确定最优工艺参数。

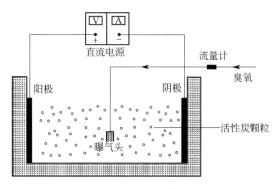

图 3-25　反应装置

3.2.4.3　分析方法

实验中依据《水质 化学需氧量的测定 重铬酸盐法》HJ 828—2017 测定处理前后废水的 COD，计算 COD 去除率。

3.2.4.4　结果与讨论

为探究电流密度、电极间距、臭氧曝气量、反应时间以及活性炭填充量对 COD 去除率的影响，做 5 组单因素实验。在单因素实验的基础上，为了确定臭氧氧化 - 三维电极电解联用技术深度处理垃圾渗滤液的最优工艺条件，以 COD 去除率为考核指标进行正交实验。

（1）正交实验结果

正交实验因素水平见表 3-21，正交实验结果见表 3-22。由表 3-11 和表 3-12 可见：各因素对 COD 去除率的影响大小顺序为反应时间＞电流密度＞电极间距＞活性炭填充量＞臭氧曝气量；理论最优方案为 $A_1B_4C_1D_2E_4$，即电极间距 1.2cm、电流密度 15mA/

cm², 臭氧曝气量 25mL/min、活性炭填充量为 23g/L、反应时间 90min。在上述最优方案下进行验证实验，COD 去除率达到 94.1%。

表 3-21　正交实验因素水平

水平	因素 A 电极间距 /cm	因素 B 电流密度 / (mA · cm²)	因素 C 臭氧曝气量 / (mL/min)	因素 D 活性炭填充量 / (g/L)	因素 E 反应时间 /min
1	1.2	9	25	20	50
2	1.5	11	28	23	65
3	1.8	13	32	26	75
4	2.0	15	35	28	90

表 3-22　正交实验结果

实验号	因素水平					COD 去除率 /%
	A	B	C	D	E	
1	1	1	1	1	1	83.32
2	1	2	2	2	2	88.9
3	1	3	3	3	3	89.36
4	1	4	4	4	4	90.11
5	2	1	2	3	4	86.5
6	2	2	1	4	3	88.37
7	2	3	4	1	2	87.8
8	2	4	3	2	1	85.57
9	3	1	3	4	2	86.9
10	3	2	4	3	1	84.63
11	3	3	1	2	4	90.73
12	3	4	2	1	3	89.38
13	4	1	4	2	3	86.43
14	4	2	3	1	4	86.9
15	4	3	2	4	1	83.22
16	4	4	1	3	2	88.39
k_1	87.92	85.79	87.70	86.85	84.23	
k_2	87.11	87.20	87.00	87.95	88.00	
k_3	87.91	87.78	87.23	87.22	88.39	
k_4	86.24	88.41	87.24	87.15	88.56	
R	1.69	2.62	0.70	1.10	4.33	

（2）反应动力学研究

在电极间距 1.2cm、电流密度 12mA/cm²、臭氧曝气量 25mL/min、活性炭填充量 20g/L 的条件下，在反应时间为 1min、5min、10min、20min、40min、60min 时，取样测定废水的 COD，分别按零级、一级、二级反应动力学方程对实验数据进行拟合，结果见表 3-23，COD_t 为反应 t 时刻的 COD 值。由表 3-23 可见，二级反应的相关系数较零级和一级反应大，且接近于 1。因此，可以推断臭氧氧化 - 三维电极电解联用技术对废水中 COD 的去除过程符合二级反应动力学方程，反应的速率常数为 0.0002L/ (mg · min)。

表 3-23 反应动力学方程的拟合结果

反应级数	反应方程	相关系数	速率常数
零级	$COD_t=8.2285t+463.53$	0.7877	8.2285
一级	$\ln COD_t=-0.0341t+6.0904$	0.9165	0.0341
二级	$1/COD_t=0.0002t+0.0021$	0.9898	0.0002

（3）联用技术的协同效应及作用机理

在电流密度 $12mA/cm^2$、电极间距 1.2cm、活性炭填充量 20g/L、臭氧曝气量 25 mL/min 的条件下，分别利用臭氧氧化、三维电极电解、臭氧氧化-三维电极电解联用 3 种技术对废水进行处理，不同处理技术的 COD 去除效果对比见图 3-26。可见：在 60min 的反应过程中，臭氧氧化-三维电极电解联用技术对 COD 的去除率均高于单独 使用三维电极电解与单独使用臭氧氧化技术的 COD 去除率，由此可推测臭氧氧化和三 维电极电解技术之间存在协同效应。

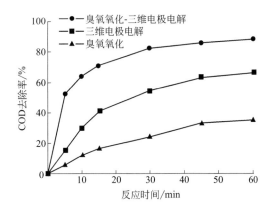

图 3-26 不同处理技术的 COD 去除效果对比

三维电极电解过程中，废水中的污染物在电场作用下发生迁移，在阴、阳两极上分 别发生还原和氧化反应而降解。除电解作用外还包含电絮凝作用。

三维电极电解阴极发生的电解反应，使 H_2O 分子分解为 H_2 和 OH^-：

$$2H_2O+2e^- \longrightarrow H_2+2OH^- \tag{3-50}$$

以铁板作为三维电极电解阳极，会发生铁阳极溶解，其反应主要如下：

$$Fe \longrightarrow Fe^{2+}+2e^- \tag{3-51}$$

$$Fe^{2+}+2OH^- \longrightarrow Fe(OH)_2 \tag{3-52}$$

$$4Fe^{2+}+10H_2O+O_2 \longrightarrow 4Fe(OH)_3+8H^+ \tag{3-53}$$

电解阳极铁板产生的 Fe^{2+}，一方面与废水中 OH^- 反应生成 $Fe(OH)_2$，当与臭氧分子 接触时可转化为 $Fe(OH)_3$ 或其他含羟基的 Fe^{2+}/Fe^{3+} 中间体盐；另一方面，Fe^{2+} 可与废水 中的 O_2 分子及 H_2O 分子反应生成 $Fe(OH)_3$。

臭氧在废水中与污染物的反应分为直接的分子反应和间接的自由基链式反应两种方

式。本实验中废水呈弱碱性，故臭氧以自由基链式反应为主：

$$O_3+H_2O \longrightarrow 2HO_2 \cdot \tag{3-54}$$

$$O_3+HO_2 \cdot \longrightarrow \cdot OH+2O_2 \tag{3-55}$$

当阳极电解产生的 Fe^{2+} 与废水中的臭氧分子接触时，可催化臭氧分子产生·OH，其反应如下：

$$Fe^{2+}+O_3 \longrightarrow FeO^{2+}+O_2 \tag{3-56}$$

$$FeO^{2+}+H_2O \longrightarrow Fe^{3+}+\cdot OH+OH^- \tag{3-57}$$

另外，活性炭颗粒上的活性位点也可催化臭氧分子产生·OH。

综上，臭氧氧化 - 三维电极电解联用技术降解废水中污染物的主要途径为：

① 污染物在电极上电解的氧化还原反应；

② 铁板阳极溶解产生的电絮凝作用；

③ 臭氧分子间接的自由基链式反应；

④ 铁板阳极产生的 Fe^{2+} 和活性炭颗粒催化臭氧分子产生·OH。

3.2.4.5 结论

① 采用臭氧氧化 - 三维电极电解联用技术深度处理垃圾渗滤液。最优工艺条件为：电极间距 1.2cm，电流密度 $15mA/cm^2$，臭氧曝气量 25mL/min，活性炭填充量为 23g/L，反应时间 90min。该工艺条件下废水的 COD 去除率达 94.1%。

② 臭氧氧化 - 三维电极电解联用技术对废水中 COD 的去除过程符合二级反应动力学方程。

③ 臭氧氧化和三维电极电解技术之间存在协同效应。

④ 臭氧氧化 - 三维电极电解联用技术降解废水中污染物的主要途径为电解作用、电絮凝作用、臭氧分子间接的自由基链式反应以及铁板阳极产生的 Fe^{2+} 和活性炭颗粒的催化作用。

3.3 Fenton 法与类 Fenton 法处理垃圾填埋场渗滤液

法国科学家 Fenton 在 1893 年发现，pH 值为 2 ～ 3 的条件下，酒石酸被 Fe^{2+} 和 H_2O_2 形成的体系有效地氧化，为纪念这位伟大的科学家，故将 Fe^{2+} 和 H_2O_2 的体系命名为芬顿试剂，该方法称为 Fenton 法。目前垃圾渗滤液的处理方法中生化法应用最为广泛，但由于其含有高度难降解有机物，不利于活性污泥法的运行。

Fenton 氧化法可以解决这一问题，它能产生氧化性很强的羟基自由基，可使带有苯环、羟基、$—CO_2H—SO_3H$、$—NO_2$ 等取代基的有机化合物氧化分解，从而提高废水的可生化性，降低废水的毒性，改变其溶解性、混凝沉淀性，有利于后续的生化或混凝处理。Fenton 法具有反应快、易于操作、成本低等优点，但同时存在有机物矿化不充分、产生大量铁泥带来二次污染、H_2O_2 利用率不高、处理成本高等缺点，制约这一方法的广泛应用。既去除有机污染物又不产生二次污染、提高利用率、降低成本是一个很难实现的技术要求，但仍是研究工作者持续追求的目标，类芬顿处理技术正是具有这种前景的技术。鉴于传统芬顿处理技术在实际应用中的一些缺点，近年来，在常规 Fenton 法的基础上开发出许多类 Fenton 技术，如改进 Fenton 法、光 -Fenton 法、电 -Fenton 法、超声 -Fenton 法、微波 -Fenton 法、零价铁 -Fenton 法等，在研究中发现这些类 Fenton 技术可以有针对性地克服常规 Fenton 法存在的一些问题，降低铁源及双氧水的用量，达到更有效、更经济的处理效果 [67]。

3.3.1　Fenton 氧化法在垃圾渗滤液预处理中的应用

垃圾渗滤液是一种高浓度难降解废水，含有大量有毒物质和溶解性有机质（dissolved organic matter，DOM），可生化性差。Fenton 试剂（Fe^{2+}+H_2O_2）能产生活性极强的羟基自由基（·OH），能快速氧化渗滤液中 DOM 和微量有机物质。本研究采用 Fenton 法处理垃圾渗滤液，结果表明，在优化的处理条件下渗滤液 COD 和 TOC 去除率分别为 65% 和 42%，其中混凝作用去除的 COD 和 TOC 分别为 20% 和 21%。进一步通过紫外可见光谱扫描、$SUVA_{254}$、E_3/E_4 值等指标评价，发现 Fenton 法可以有效降低渗滤液中的 DOM 含量，大分子有机物的含量明显减少，而分子量小的有机物含量相对增加，反应体系中溶解性有机物分子量随着反应的进行而降低，腐殖化程度降低。利用 GC-MS 定性出渗滤液原液中 47 种有机物，该类有机物在 Fenton 反应后上清液中未再检出，但 5 种物质 [邻苯二甲酸二 (2- 乙基己) 酯、植酮、角鲨烯、麦角甾烷醇和二氢胆固醇] 在沉淀的铁泥中检出。研究发现不同 pH 值、H_2O_2 和 Fe^{2+} 浓度条件下，残留的 COD 与 DOM、TOC 和 UV_{254} 存在显著的相关关系（$R^2 > 0.9$）。本研究结果为改进垃圾渗滤液处理工艺和探索 DOM 在 Fenton 过程中的降解行为提供了科学依据 [68]。

3.3.1.1　材料与方法

（1）实验方法

实验水样取自于 2014 年 4 月，重庆市永川区城市垃圾填埋场产生的垃圾渗滤液，本实验使用水样为统一一次采样，水质指标基本维持稳定。水样经搅拌、静置 20min 后取样。反应在 250mL 锥形瓶内进行，反应体积 100mL，磁力搅拌器搅拌。取定量垃圾渗滤液于锥形瓶后，用硫酸或氢氧化钠调节 pH 值到指定值，加入定量七水硫酸亚铁，搅拌 5min 后加入定量过氧化氢，反应 30min 后用 150g/L 氢氧化钠调节 pH=7.5。静置 2h。过 0.45μm 滤头过滤水样，测试 COD、TOC 等指标。水样稀释 10 倍后在 200 ～ 800nm 波段范围进行 UV-Vis 扫描。由于 UV 吸收一些非有机物如铁离子，会干扰 254nm 波长对 UV 的测量，故使用超纯水做空白对照组。反应结束后，静置 2h 取样进行测试。在 pH 值影响实验中，亚铁质量浓度设置为 5.0g/L，过氧化氢质量浓度设置为 10.0g/L。在过氧化氢影响实验中，pH 值设置为 3.0，亚铁质量浓度设置为 5.0g/L。在亚铁影响实验中，pH 值设置为 3.0，过氧化氢质量浓度设置为 10.0g/L。在氧化和混凝实验中，pH 值设置为 3.0，亚铁质量浓度设置为 5.0g/L，过氧化氢质量浓度设置为 10.0g/L。

（2）分析方法

① 萃取方法。取 200mL 经过定量滤纸过滤后的渗滤液，用 40mL 的二氯甲烷进行液液萃取，收集二氯甲烷部分于棕色样品瓶中，用硫酸钠（500℃高温干燥 2h）去掉水分。萃取液用氮气吹干，最后用正己烷定容到 2mL，用 0.2μm 有机系滤头过滤后，进行 GC-MS 分析。整个过程做空白对照实验。

铁泥中有机物的萃取方法：待 Fenton 反应结束后，调整 pH 值为 7.5，静置沉淀 30min，倒掉上清液。铁泥在转速 1200r/min、离心时间 15min、温度 25℃的条件离心后，于 −80℃冷冻干燥后取用 1.0g，用二氯甲烷于 45℃索氏提取 24h 后，干燥及定容同渗滤液萃取后续处理。

GC-MS 定性有机物的色谱条件：不分流进样，进样 1.0μL；HP-5ms 色谱柱（3m×0.25mm×0.25μm）；进样口温度：250℃；升温程序：40℃保持 2min，以 4℃/min 的升温速率升到 150℃保持 1min，然后以 4℃/min 的升温速率升到 220℃并保持 4min，再以 5℃/min 的升温速率升到 300℃并保持 4min。质谱条件：采集模式为 Scan 扫描模式，GC 与 MS 传输线和离子源温度分别为 250℃和 230℃，溶剂延迟时间为 0s，m/z 范围为 30 ～ 1000amu。使用色谱图库：NIST2011。

② DOM 的吸收光谱的测定。有机化合物（如木质素、单宁酸、腐殖酸和多种芳香族化合物）可较强地吸收紫外光，UV 吸收与有机碳含量、颜色及消毒副产物（DBPs）的前身如三卤甲烷和卤乙酸有很强的相关性，故本研究采用紫外可见吸收光谱（UV-Vis）表征渗滤液中 DOM 化学结构和官能团，包括 $SUVA_{254}CN$ 和 E_3/E_4 值。

$$E_3/E_4=UVA_{300}/UVA_{400} \tag{3-58}$$

$$SUVA_{254}=（UVA_{254}/TOC）×100 \tag{3-59}$$

$$CN=\frac{A_{436}^2+A_{525}^2+A_{620}^2}{A_{436}+A_{525}+A_{620}} \tag{3-60}$$

UVA_{254} 能反映水中芳香族或具有不饱和结构有机物的多寡。采用 A_{400} 和 CN 值的变化表征渗液的色度变化。E_3/E_4 值常与废水中有机物分子凝结程度及分子量大小成反比。DOM 的计算方式是在特定波长范围（250 ～ 350nm）进行光谱扫描，吸光度与该段波长对应区间面积换算为 DOM 的浓度。COD 采用重铬酸钾滴定法测定，用测试过氧化氢残余的方法扣除过氧化氢对 COD 测试的干扰；pH 值采用酸碱度计测定；TOC 采用总有机碳分析仪测定。去除率 η（%）及氧化和絮凝作用的测定方法如下：

$$\eta_{overall}=\frac{C_0-C_1}{C_0}×100\% \tag{3-61}$$

$$\eta_{exid}=\frac{C_0-C_2}{C_0}×100\% \tag{3-62}$$

$$\eta_{coag}=\eta_{overall}-\eta_{exid} \tag{3-63}$$

式中 C_0——初始水样的检测指标;

C_1——反应后经过滤后的上清液的检测指标;

C_2——均匀混合的液体的检测指标。

3.3.1.2 结果讨论

（1）pH 值的影响

垃圾滤液中含有大量发色团,为了更好地说明 DOM 的降解特性,对反应前后的光谱扫描曲线做了比较。如图 3-27（a）所示,在波长 250～280nm 出现一个小的肩峰,此范围为酚类、苯羧酸和多环芳烃羧酸化合物的最大紫外吸收处。随着 pH 值的逐渐降低,吸收曲线呈现出良好的衰减特性,吸光度随着波长的增加而减小。溶液的 pH 值会影响氧化剂和基质的活性、铁的类别和过氧化氢的分解。反应初始 pH 值是反应的一个重要的决定性影响因素。三价铁盐在水溶液中混凝的最佳 pH 值是 3.5～5.0。经过羟基自由基无选择性氧化后（pH=3.0、4.0 和 5.0）,波长为 250～280nm 出现一个小的肩峰消失,并且随着 pH 值的增大（如 pH=6.0、7.0）,吸光值下降程度降低。由图 3-27（a）、(b) 可以看出,Fenton 工艺去除垃圾渗滤液中有机质的最佳 pH 值范围为 3.0～5.0,pH=3.0 具备最佳的去除效果,可能原因是更多的 Fe-(OH)$^+$ 在该 pH 值条件下形成,Fe-(OH)$^+$ 的催化活性比 Fe^{2+} 更好。

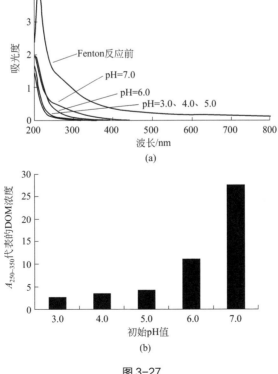

图 3-27

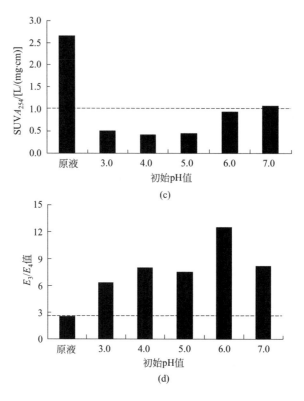

图 3-27　不同初始 pH 值时，Fenton 反应前后垃圾渗滤液的紫外－可见光吸收光谱图（a）、DOM 的
浓度变化（b）、SUVA_{254} 的浓度变化（c）和 E_3/E_4 值的变化（d）

如图 3-27（c）和（d）所示，原液中 SUVA_{254} 由 2.67L/（mg·cm）降低到 1.1L/（mg·cm）以下，E_3/E_4 值较原液上升，表明垃圾渗滤液经过 Fenton 法处理后，有机物的芳香度和分子量均有所降低。如图 3-28 所示，不同 pH 值条件下，CN 和 A_{400} 表征色度的去除率基本一致。垃圾渗滤液中的色度主要来自于腐殖酸和偶氮化合物，说明这部分有机物在 pH=3.0 ～ 5.0 处理过程中发生了明显去除。A_{254} 的去除率低于色度（A_{400}）的去除率，高于 A_{220} 的去除率，说明·OH 对分子量较高的生色基团有更高的去除率，这与 Fenton 法氧化和混凝作用去除腐殖酸过程对分子量较高的生色基团有更高的去除率结论一致。在 pH 值为 3.0 ～ 7.0 范围内，A_{254} 的去除率为 66% ～ 95%；CN 和 A_{400} 在 pH 值为 3.0 ～ 5.0 范围，去除率最高（＞ 90%），并随着初始 pH 值的升高，溶液颜色加深。从 SUVA_{254} 的变化（59.7% ～ 84.3%）可知，通过 Fenton 作用垃圾渗滤液中 DOM 的芳香度显著降低。

渗滤液是巨大的缓冲体系，含有大量的 HCO_3^- 和 CO_3^{2-}（合称总无机碳 TIC），HCO_3^- 和 CO_3^{2-} 是·OH 的清除剂，TIC 会与水中的 DOM 竞争·OH。调整 pH 到酸性，可以有效减弱 HCO_3^- 和 CO_3^- 的不利影响，同时酸性环境更利于亚铁和过氧化氢反应产生·OH，且在酸性条件下·OH 具备更高氧化还原电位（酸性溶液：2.7V；中性溶液：1.8V）。如图 3-28 所示，随着体系 pH 值的增大，TIC 残留浓度也增大。

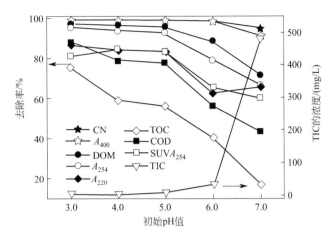

图 3-28　不同 pH 值对水质指标去除率的影响

（2）过氧化氢投加量的影响

过氧化氢在亚铁离子的催化作用下分解产生·OH，从而氧化目标物质，过氧化氢的投加量对 Fenton 法去除污染物的效果影响巨大。图 3-29 显示了一系列过氧化氢剂量条件 SUVA_{254}、E_3/E_4 值和 DOM 的变化。

如图 3-29 所示，随着过氧化氢浓度的增大，Fenton 过程中垃圾渗滤液的 SUVA_{254}和 E_3/E_4 值较原液分别降低和升高，指示芳香族化合物降解为芳构化程度较低、分子量较小的有机物。过氧化氢在 1g/L 和 2g/L 时，DOM 的去除率分别为 68.6% 和 80.6%；过氧化氢浓度为 5g/L、10g/L、15g/L 和 20g/L 时，DOM 的去除率范围是 91.6% ~ 94.8%。如图 3-30 显示，随着过氧化氢浓度的增加，各个参数去除率先上升后趋于稳定。当过氧化氢浓度过高，过量 H_2O_2 和·OH 相互消耗，使得去除率缓慢，氧化作用受到抑制；影响处理效果的同时，成本会增加。适宜的氧化剂浓度对 Fenton 技术十分必要。在 H_2O_2 浓度为 10g/L 时 TOC 的去除率最高（56%），为最佳过氧化氢浓度。

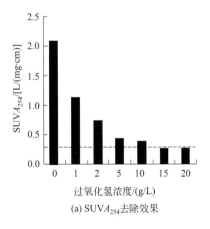

(a) SUVA_{254}去除效果

图 3-29

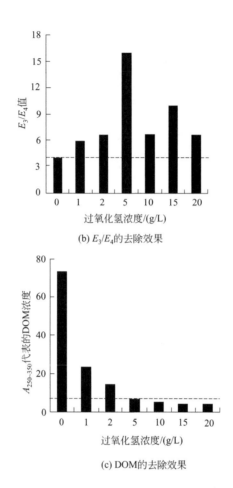

(b) E_3/E_4 的去除效果

(c) DOM的去除效果

图 3-29　不同过氧化氢浓度条件下 SUVA_{254}、E_3/E_4 值、DOM 的去除效果

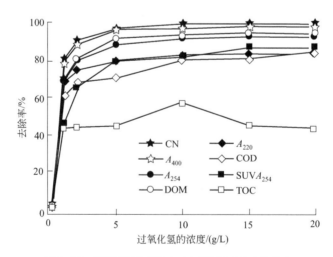

图 3-30　不同过氧化氢浓度对水质指标去除率的影响

（3）硫酸亚铁投加量的影响

亚铁能过催化过氧化氢产生·OH，如图3-31所示，随着亚铁浓度的增大，SUVA_{254}逐渐降低然后趋于稳定，E_3/E_4 值立刻增大，说明渗滤液中芳香族化合物分子量迅速减小，降低到一定程度后趋于稳定。

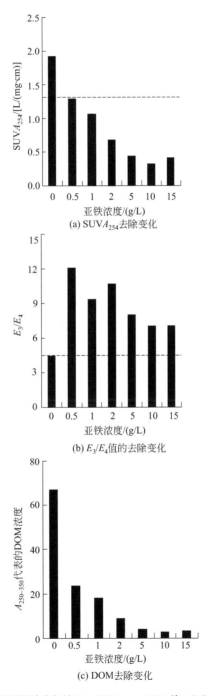

(a) SUVA_{254}去除变化

(b) E_3/E_4值的去除变化

(c) DOM去除变化

图3-31　不同亚铁浓度条件下，SUVA_{254}、E_3/E_4 值、DOM 的去除变化

简丽等[69]研究发现大分子 DOM 的 TOC 的去除率明显高于小分子。经过 Fenton 氧化后，疏水性 TOC 被大量转化为亲水性 TOC，氧化通常能增加低分子量（< 500）和中间分子量（500 ~ 1000）的组分含量。$SUVA_{254}$ 和 E_3/E_4 较原液分别降低和升高，指示低分子量的物质相对增多。随着亚铁浓度的增大，CN 和 A_{400} 去除率增大（> 90%）；$SUVA_{254}$ 的去除率高达 83%。COD 的去除范围是 40% ~ 87%；A_{200} 的去除率为 16% ~ 84%；TOC 的去除率范围为 18% ~ 67%。当亚铁浓度为 5g/L 时 DOM 的去除率为 93.7%，该浓度为最佳的亚铁浓度（图 3-32）。

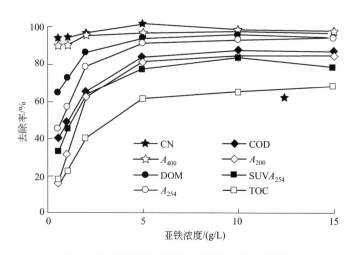

图 3-32　不同亚铁浓度对水质指标去除率的影响

（4）残留的 COD 浓度与 TOC、DOM、UV_{254} 之间的相关关系

评价水中污染物的指标主要有 COD、UV_{254}、TOC 等。COD 往往作为衡量水中有机物质含量多少的指标，COD 越大，说明水体受有机物的污染越严重。大分子有机物以及含 C═C 双键和 C═O 双键的芳香族化合物在 254nm 处都有强烈的吸收。有机物的分子量越大，水体的 UV_{254} 越高。但是水中还有部分有机物，在紫外光区没有吸收或吸收很少，因此 UV_{254} 吸光度仅仅是某些有机物的综合反映。TOC 以碳含量表示水体中有机物质总量的综合指标。TOC 检测设备昂贵，COD 检测时间长，使用药品量大，且硫酸汞等污染环境。DOM 成分复杂，没有清晰的化学结构式和准确定量的分析技术。图 3-33 显示了不同 pH 值、过氧化氢浓度、亚铁浓度的 Fenton 体系中，残留的 COD 与 TOC、DOM、UV_{254} 之间的相关关系。针对目前复杂垃圾渗滤液中有机质测定方法上的不足，研究发现不同 pH 值、过氧化氢浓度和亚铁浓度的 Fenton 体系中，残留的 COD 与 TOC、DOM 和 UV_{254} 之间具备较好的正相关线性关系（$R^2 > 0.9$）。在紧急情况下可以用于评价水中的有机物含量。

（5）Fenton 过程中的氧化与混凝作用

典型的 Fenton 处理废水过程主要包括 pH 调节、氧化、中和和混凝 4 个步骤。Fenton 试剂在处理废水过程中，再生的 Fe^{2+}、反应后端产生的 Fe^{3+} 与氢氧化物反应生成

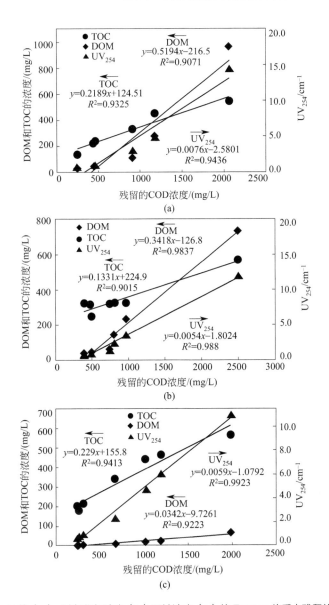

图 3-33　不同 pH 值（a）、过氧化氢浓度（b）亚铁浓度（c）的 Fenton 体系中残留的 COD 与 TOC、DOM、UV$_{254}$ 之间的相关关系

的铁水络合物，还具有絮凝和沉淀的功能。有机物通过氧化和混凝两个步骤得以去除。Fenton 体系中，混凝沉淀和氧化共同去除垃圾渗滤液中 TOC 和 COD，其中混凝沉淀对 TOC 和 COD 的去除率分别为 21% 和 20%；氧化作用去除 COD 为 65%，去除 TOC 为 42%（图 3-34）。预测化合物中有机碳价态的方程：

$$C_{os}=4\,(TOC-COD)\,/TOC \tag{3-64}$$

通过计算得到原水的有机碳平均价态为 −12.59，Fenton 出水的有机碳平均价态为 −2.82，有机碳的平均价态有了明显的提高，表明物质主要成分在 Fenton 处理过程中发生了变化。

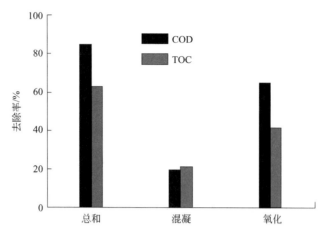

图 3-34 Fenton 体系中氧化和混凝对 COD 和 TOC 的去除率

（pH=3.0，亚铁浓度 =5.0g/L，过氧化氢浓度 =10.0g/L）

（6）微量有机物种类的变化

垃圾渗滤液的水质成分复杂，危害大。本书运用 GC-MS 联用技术对垃圾渗滤液、Fenton 反应后的上清液及沉淀铁泥中有机污染物成分进行了分析（见图 3-35）。定性原则：匹配度 ≥ 50，丰度较大的物质。从垃圾渗滤液原液中定性出 47 种有机物，包含有机污染包括烷烃类（12 种）、醇类（8 种）、酚类（2 种：4- 甲基苯酚和苯酚）、酮类（3种）、胺类（5 种，如避蚊胺）、烯烃类（1 种）、萘类（3 种）、吲哚类（3 种，具有粪臭味）、酯类（6 种，其中 5 种 PAEs）、醚类（1 种），以及 3 种其他物质（氨基比林、利多卡因和尼古丁）。Fenton 降解结束后，上清液中没有测出有机物质。从沉淀铁泥中分析出邻苯二甲酸二（2- 乙基己）酯、植酮、角鲨烯、麦角甾烷醇、二氢胆固醇物质，可见该类物质难降解，最终通过铁泥吸附而从垃圾渗滤液中去除。Fenton 氧化可以去除垃圾渗滤液中的大部分有机物，部分难氧化物质可以通过铁泥沉淀的方式从水相去除。

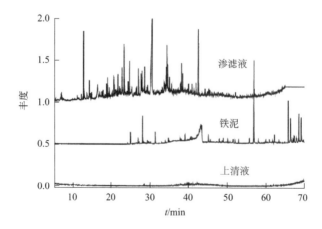

图 3-35 Fenton 前后的 GC-MS 总离子流图

3.3.1.3　结论

Fenton 法产生的·OH 具备高活性、选择性小的特点，是一种很有应用潜力的废水处理技术。除 pH 值外，亚铁和过氧化氢投加量是 Fenton 工艺的 2 个主要操作参数；调整 pH 值到 3.0 ～ 4.0，同时增加亚铁和过氧化氢投加量，可以有效提高垃圾渗滤液中 DOM 的去除率。本研究发现，经过 Fenton 处理后，DOM 的结构特征显著地改变，DOM、$SUVA_{254}$ 值明显降低，E_3/E_4 值明显升高，表明有机物的芳香度和分子量均有所降低。残留的 COD 与残余的 TOC、DOM、UV_{254} 存在显著的线性正相关关系（$R^2 > 0.9$）。垃圾渗滤液中有机物的去除途径主要为 Fenton 的氧化和混凝沉淀作用，混凝沉淀对 TOC 的去除率为 21%，氧化为 42%。垃圾渗滤液原液中定性出 47 种有机物包括烷烃类、醇类、酚类、酮类、胺类、烯烃类、萘类、吲哚类、酯类和醚类等经 Fenton 氧化过程中得到显著的降解，然而部分酯、醇通过混凝沉淀的方式从水相进入铁泥相，最终以排放剩余铁泥的方式去除。

3.3.2　UV-Fenton、Fenton 和 O_3 法处理垃圾渗滤液反渗透膜浓缩液的对比研究

最近有些研究，如杨振宁、卫威等对比分析了 UV-Fenton 法、Fenton 法和 O_3 氧化法对垃圾渗滤液反渗透膜浓缩液的处理特性。结果表明：

① UV-Fenton 法最佳反应条件为反应时间 120min，pH 值为 4，H_2O_2 和 Fe（Ⅱ）的投加量分别为 6000mg/L 和 3000mg/L；

② Fenton 法最佳反应条件为反应时间 90min，pH 值为 4，H_2O_2 和 Fe（Ⅱ）的投加量分别为 10000mg/L 和 4000mg/L；O_3 氧化法最佳反应条件为反应时间 90min，pH 值为 8，O_3 投加量为 5g/L。

在上述反应条件下，UV-Fenton 法、Fenton 法和 O_3 氧化法对垃圾渗滤液反渗透膜浓缩液的 COD 去除率分别为 72%、60% 和 68%，对 TOC 和 TN 均有较好的去除效果，但是对 NH_4^+-N 去除效果不佳。UV-Fenton 法和 Fenton 法对 TP 的去除效果优于 O_3 氧化法[70]。

3.3.2.1　材料与方法

（1）实验材料

实验中所用双氧水（30%）、$FeSO_4 \cdot 7H_2O$、NaOH 和 H_2SO_4 等均为市售分析纯，氧气为市售工业用氧气。

实验用垃圾渗滤液 DTRO 膜浓缩液取自广东省某垃圾填埋场（以下简称膜浓缩液），该填埋场垃圾渗滤液采用 UASB 和 MBR 两级生物处理之后进入 DTRO 膜单元进行深度处理，出水达到《污水排入城镇下水道水质标准》（GB/T 31962—2015）和《城市污水再生利用　城市杂用水水质》（GB/T 18920—2020）回用标准。本实验用水样为 DTRO 单元的截留浓缩垃圾渗滤液，水质参数：COD 为 1800mg/L、pH 值为 8、色度为 5000

度、TP 为 4.8mg/L、TN 为 1700mg/L、NH_4^+-N 为 22mg/L、TDS 为 22100mg/L、Cl^- 为 5500mg/L、Na^+ 为 3742mg/L。

实验中使用的主要仪器为 OZ-15G 型氧气源臭氧发生器（广州三晟环保有限公司）、45600-02 型 COD 反应器（美国哈希公司）、DELTA320 型 pH 计（梅特勒-托利多仪器有限公司）、TOC-VCPH 型总有机碳分析仪（岛津公司）和 DR5000 型分光光度仪（美国哈希公司）。

实验中使用的自制反应器如图 3-36 所示，其有效高度为 22cm，容积为 500mL。UV-Fenton 使用的紫外光源为 250W 的 PLS-LAM300 型中压汞灯（主波长 365nm，南京斯东柯电气设备有限公司），氮气搅拌。O_3 氧化处理时依靠 O_3 自身曝气搅拌，O_3 投加量可通过调节氧气流量和通气时间进行控制。

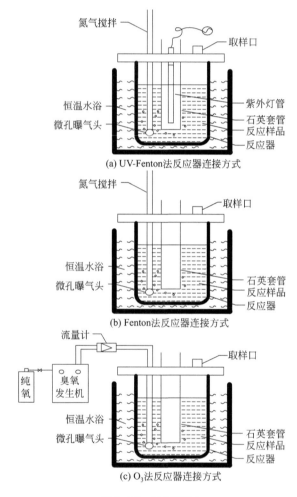

图 3-36　反应器示意

pH 值采用 DELTA320 型 pH 计测定；化学需氧量（COD）采用美国哈希（HACH）公司 COD 测定仪测定；总有机碳（TOC）采用岛津总有机碳分析仪测定；总磷（TP）采用钼酸铵分光光度法测定；总氮（TN）采用碱性过硫酸钾消解紫外分光光度法测定；氨氮（NH_4^+-N）采用纳氏试剂分光光度法测定；水溶性 O_3 浓度采用靛蓝法测定。

（2）实验方法

1）UV-Fenton 法实验方法

在图 3-36（a）反应器中注入 500mL 膜浓缩液水样，调节至实验所需 pH 值。开启氮气搅拌和紫外灯，待 1min 光源稳定后向反应体系中投加所需试剂并开始计时，同时水浴控温在 25℃。反应终止后，调节溶液 pH 至中性絮凝沉淀，水浴升温至 50℃，保温 30min 去除残留的 H_2O_2，然后用定性滤纸过滤水样，取滤液进行水质分析。

2）Fenton 法实验方法

在图 3-36（b）反应器中注入 500 mL 膜浓缩液水样，调节至实验所需 pH 值。开启氮气搅拌，待氮气搅拌稳定后，向反应体系中投加所需试剂并开始计时，同时水浴控温在 25℃。反应终止后，调节溶液 pH 至中性絮凝沉淀，水浴升温至 50℃，保温 30min 去除残留的 H_2O_2，然后用定性滤纸过滤水样，取滤液进行水质分析。

3）O_3 氧化法实验方法

在图 3-36（c）反应器中注入 500mL 膜浓缩液水样，调节至实验所需 pH 值。开启臭氧发生装置，待臭氧稳定产生后，将臭氧通入反应体系并开始计时，同时水浴控温在 25℃。反应终止后，用定性滤纸过滤水样，取滤液进行水质分析。

3.3.2.2　结果讨论

（1）反应时间对处理效果的影响

UV-Fenton 法和 Fenton 法实验条件为初始 pH=3，Fe（Ⅱ）和 H_2O_2 投加量分别为 5000mg/L 和 2500mg/L，反应温度 25℃；O_3 氧化法实验条件为初始 pH 值为 8，O_3 投加量 5g/L，反应温度 25℃。UV-Fenton 法、Fenton 法和 O_3 氧化法处理膜浓缩液的 COD 浓度随时间变化情况如图 3-37 所示。

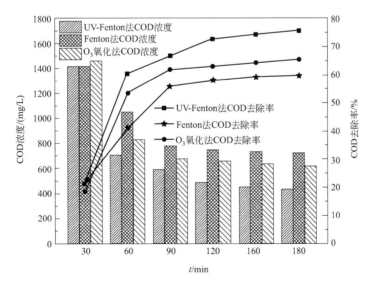

图 3-37　反应时间 *t* 对 COD 去除率的影响

从图 3-37 可以看出，3 种氧化方法对膜浓缩液 COD 的去除率随着反应时间的延长均增加。对于 Fenton 法和 O_3 氧化法，在反应 90min 后，随着反应时间的延长 COD 去除率变化趋缓；而对于 UV-Fenton 法，直到反应 120min 后 COD 的去除率才趋于不变。这说明 Fenton 法和 O_3 氧化法对废水中有机污染物的降解在 90min 内基本完成，COD 去除率分别为 62% 和 56%；而对 UV-Fenton 法，由于 UV 与 Fenton 试剂产生协同作用，生成的·OH 及其他有氧化能力的反应物种直到 120min 才消耗殆尽，COD 去除率可达到 73%。

（2）初始 pH 值对处理效果的影响

在 25℃条件下，考察不同初始 pH 值对于氧化降解膜浓缩液 COD 的影响，结果如图 3-38 所示。其中 UV-Fenton 法的 Fe（Ⅱ）和 H_2O_2 投加量分别为 5000mg/L 和 2500mg/L，反应时间 120min；Fenton 法的 Fe（Ⅱ）和 H_2O_2 投加量分别为 5000mg/L 和 2500mg/L，反应时间 90min；O_3 氧化法的 O_3 投加量为 5g/L，反应时间 90min。

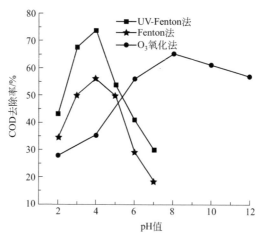

图 3-38　初始 pH 值对 COD 去除率的影响

从图 3-38 可知，对于 UV-Fenton 法和 Fenton 法，当 pH 值为 4 时实验有最大 COD 去除率，分别为 74% 和 56%，而 pH 值过高或过低时 COD 去除率均显著降低。这是因为 Fenton 反应或类 Fenton 反应对 pH 值环境有严格的要求，溶液中 pH 值严重影响氧化剂活性、铁离子的分布形态和 H_2O_2 的分解速率，只有在适宜的 pH 值范围内生成的·OH 才能有最大的产生量和活性。

此外，初始 pH 值能够直接影响 O_3 分子在水溶液中的自分解反应，以及生成·OH 的速率。在本实验条件下，当 pH 值为 8 时具有最大 COD 去除率，为 65%。

（3）H_2O_2 加入量对 UV-Fenton 法和 Fenton 法处理效果的影响

在初始 pH 值为 4、Fe（Ⅱ）加入量为 5000mg/L、反应温度 25℃条件下，UV-Fenton 法反应时间 120min，Fenton 法反应时间 90min，不同 H_2O_2 投加量对于 UV-Fenton 法和 Fenton 法处理膜浓缩中有机污染的影响如图 3-39 所示。

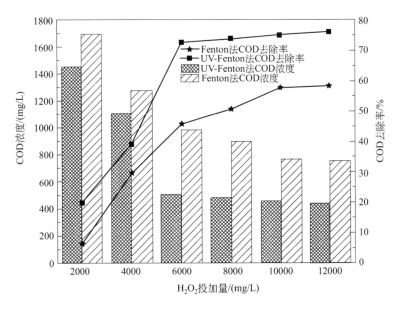

图 3-39　初始 H_2O_2 浓度对 COD 去除率的影响

　　从图 3-39 可以看出，UV-Fenton 法和 Fenton 法中 COD 的去除均随着 H_2O_2 加入量的增加而增加。对于 UV-Fenton 法，当 H_2O_2 的投加量为 6000mg/L 时，COD 去除率达到 72%，此后再增加 H_2O_2 投加量，COD 去除率无明显增加；对于 Fenton 法，当 H_2O_2 的投加量为 10000mg/L 时，降解反应达到最大值，此时 COD 去除率为 58%。UV-Fenton 法相对于 Fenton 法在 H_2O_2 用量较低的条件下，COD 去除率稍高，这说明 UV-Fenton 法比 Fenton 法降解膜浓缩液中有机污染物更彻底。这是因为紫外光可以加速 H_2O_2 分解产生·OH，因此，当 H_2O_2 投加量增加时，能产生更多的·OH，有利于矿化反应更充分进行，从而提高 COD 去除率。此外，虽然在反应过程中产生的·OH 有极强的氧化能力，但是·OH 的氧化性并没有选择性，·OH 会与过量的 H_2O_2 发生反应生成 H_2O，因此当 H_2O_2 过量时会无效分解导致 COD 去除率无法进一步增加。

　　（4）Fe（Ⅱ）加入量对 UV-Fenton 法和 Fenton 法处理效果的影响

　　在初始 pH 值 4、反应温度 25℃条件下，UV-Fenton 法反应时间为 120min、H_2O_2 加入量 6000mg/L，Fenton 法反应时间 90min、H_2O_2 加入量 10000mg/L，不同 Fe（Ⅱ）投加量对于 UV-Fenton 法和 Fenton 法处理膜浓缩液中有机污染物去除率的影响如图 3-40 所示。

　　从图 3-40 可以看出，对于 UV-Fenton 反应，Fe（Ⅱ）的最佳投加量为 3000mg/L，此时 COD 去除率为 72%；对于 Fenton 反应，Fe（Ⅱ）的最佳投加量为 4000mg/L，此时 COD 去除率为 60%。Fe（Ⅱ）投加量更少的 UV-Fenton 反应却有更高的 COD 去除率，这是因为 Fenton 法中，Fe^{2+} 与 H_2O_2 快速发生反应生成 Fe^{3+} 的同时产生·OH，Fe^{3+} 在生成后又缓慢与 H_2O_2 反应重新生成 Fe^{2+}，减缓了 Fe^{2+} 催化产生·OH 的速率；而 UV-Fenton 法中，在紫外光辐射下，Fe^{3+} 形成的稳定物质会分解产生 Fe^{2+} 和·OH，因此

UV-Fenton 法具有更高的反应效率。

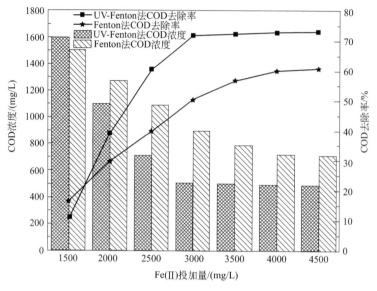

图 3-40 Fe(Ⅱ)用量对 COD 去除率的影响

（5）O_3 加入量对 O_3 氧化法处理效果的影响

在初始 pH 值 8、反应时间 90min、反应温度为 25℃条件下，考察不同 O_3 投加量对膜浓缩液处理效果的影响，结果如图 3-41 所示。当 O_3 投加量从 3g/L 增加到 5g/L 时，COD 去除率从 39% 增加到 68%，这一方面是由于增加 O_3 用量，使溶解在反应体系中的 O_3 分子浓度增加，另一方面 O_3 自分解速率增加，有利于形成具有强氧化性的·OH，从而对难降解有机污染物氧化去除。

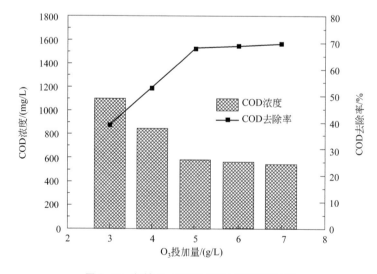

图 3-41 初始 O_3 用量对 COD 去除率的影响

而当 O_3 投加量从 5g/L 增加到 7g/L 时，COD 去除率仅从 68% 增加到 70%，这是因为当反应体系中 O_3 分子达到或接近饱和状态以后，继续增加 O_3 用量不能增加反应体系中 O_3 浓度，无法继续增加具有强氧化作用的·OH 数量，因此当 O_3 用量过高时不会有助于有机污染物的去除。

（6）综合比较 UV-Fenton 法、Fenton 法、O_3 氧化法的处理效果

当 UV-Fenton 法反应时间为 120min，pH 值为 4，H_2O_2 和 Fe（Ⅱ）的投加量分别为 6000mg/L 和 3000mg/L；Fenton 法反应时间为 90min，pH 值为 4，H_2O_2 和 Fe（Ⅱ）的投加量分别为 10000mg/L 和 4000mg/L；O_3 氧化法反应时间为 90min，pH 值为 8，O_3 投加量为 5g/L，进一步对比 3 种高级氧化法对膜浓缩液的处理效果，结果见表 3-24。

表 3-24　UV-Fenton 法、Fenton 法和 O_3 氧化法处理效果对比

项目		UV-Fenton 法	Fenton 法	O_3 氧化法
TOC	反应前 /（mg/L）	520	520	520
	反应后 /（mg/L）	155	241	174
	去除率 /%	70	54	67
TP	反应前 /（mg/L）	4.8	4.8	4.8
	反应后 /（mg/L）	0.4	0.6	2.1
	去除率 /%	92	88	56
TN	反应前 /（mg/L）	1700	1700	1700
	反应后 /（mg/L）	692	1194	935
	去除率 /%	59	30	45
NH_4^+-N	反应前 /（mg/L）	22	22	22
	反应后 /（mg/L）	25	20	19
	去除率 /%	-14	9	14

从表 3-24 可以看出，3 种高级氧化法对于 TOC 的去除率为 UV-Fenton 法＞ O_3 氧化法＞ Fenton 法，与 COD 去除率一致；且 3 种高级氧化法对于 TN 均有较好的去除效果，这主要是由氧化以及后续絮凝沉淀所致[71]，其中 UV-Fenton 法的 TN 去除率高达 59%。但是 3 种高级氧化法对 NH_4^+-N 并没有表现出与 TN 一致的高去除率，UV-Fenton 法反应后 NH_4^+-N 的浓度甚至高于反应前，这可能是因为含氮有机污染物降解产生氨氮。UV-Fenton 法和 Fenton 法对于 TP 的去除率明显高于 O_3 氧化法，可能是含磷有机污染物可以被 Fe（Ⅱ）氧化后生成的 Fe（Ⅲ）絮体吸附，结合生成沉淀并从溶液中去除。

3.3.2.3　结论

① UV-Fenton 法、Fenton 法和 O_3 氧化法均能有效去除垃圾渗滤液反渗透膜浓缩液中有机污染物，其去除过程受反应时间、初始 pH 值和试剂投加量等因素影响。此外，与 Fenton 法相比，UV-Fenton 法试剂投加量少，处理效果好；而 O_3 氧化法在处理过程中无需调节 pH 值，可利用垃圾渗滤液膜浓缩液原 pH 值进行反应。

② 在本实验条件下，UV-Fenton 法、Fenton 法和 O_3 氧化法对于垃圾渗滤液反渗透膜浓缩液中 COD 和 TOC 的去除率为 UV-Fenton 法＞O_3 氧化法＞Fenton 法。Fenton 法和类 Fenton 法对于 TP 的去除效果优于 O_3 氧化法。UV-Fenton 法、Fenton 法和 O_3 氧化法对于垃圾渗滤液反渗透膜浓缩液中 TN 均有较好的去除效果，但是对 NH_4^+-N 去除效果不佳。

3.3.3 锆柱撑膨润土负载纳米 Fe_3O_4 多相类芬顿处理"老龄"垃圾渗滤液

均相芬顿和类芬顿方法均能有效降解水中难降解的有机物，但是二者均存在一些缺点，如出水中含有大量的铁离子，造成色度增加、产泥量增大、催化剂无法回收与利用等问题，而多相类芬顿反应能够克服上述缺点。目前，用磁性 Fe_3O_4 纳米颗粒作为催化剂的非均相 Fenton 方法已经广泛地应用于废水处理之中[72]。磁性纳米 Fe_3O_4 不仅能吸附和催化降解污染物，而且在外加磁场的作用下可以分离回收，因而在环境工程中被广泛应用于处理难降解有机物。但是，由于纳米 Fe_3O_4 的团聚作用，导致其有效比表面积大大减少，进一步使其反应活性也降低。因此，如何解决纳米 Fe_3O_4 的团聚问题是目前面临的一个挑战。膨润土由于其特殊的空间结构而具有极强的吸附性、交换性和高比表面积，因此适合作为纳米 Fe_3O_4 的载体材料。Zr^{4+} 可以在酸性条件下，通过水解作用进入膨润土层间，形成较大的表面积和孔隙体积。但目前仍缺乏有关使用锆柱撑膨润土负载 Fe_3O_4 纳米颗粒处理实际渗滤液的相关研究，而老龄垃圾渗滤液因成分复杂、重金属含量较高、难降解物质浓度高、5 日生化需氧量与化学需氧量的比值（BOD_5/COD 值）极低（＜0.01）、可生化性差及具有生物毒害性，是常规生物工艺难处理的废水之一。因此，本实验将主要研究纳米 FeO 负载锆柱撑膨润土催化降解"老龄"垃圾渗滤液的降解效率[73]。

3.3.3.1 实验方法

（1）锆柱撑膨润土的制备

在阳离子交换过程中，将 Zr^{4+} 柱撑到自然膨润土里以制备锆柱撑膨润土。取 5.0g Zr-B 加到 1L 的蒸馏瓶中，再在蒸馏瓶中加入 750mL 蒸馏水，搅拌；用 N_2 气流吹脱 20min，以去除蒸馏瓶中的空气，再将蒸馏瓶置于 90℃的水浴装置中，接着取 27.801g 的 $Fe_3O_4 \cdot 7H_2O$ 加入到蒸馏瓶中。取 8.0g NaOH 和 8.0g $NaNO_3$ 溶于 250mL 的蒸馏水中，用蠕动泵缓慢（15mL/min）将二者混合溶液加入到蒸馏瓶中，同时用超声波搅拌；蒸馏瓶水浴加热 1h 后，冷却到室温，在整个过程中始终保持通入 N_2。蒸馏瓶中的沉积物用磁铁吸附分离，并在超声波的处理下，用去离子水和乙醇反复交替冲洗 5 遍。将制备好的 Fe_3O_4/Zr-B 在 60℃的真空烘箱中干燥 12h。

（2）垃圾渗滤液的非均相催化实验

实验垃圾渗滤液取自河南省郑州市某填埋时间超过 10 年的垃圾填埋场。渗滤液的特性有: pH 值为 7.9 ~ 8.2; COD 浓度为 1582 ~ 1679mg/L; BOD_5 浓度为 40 ~ 75mg/L; NH_3-N 浓度为 702 ~ 785mg/L; NO_3^--N 浓度为 232 ~ 268mg/L; NO_2^--N 浓度为 2.5 ~ 8.2mg/L; 总氮 (TN) 浓度为 802 ~ 1099mg/L。

催化反应采取序批式实验,在室温 (25±1) ℃下,取 6 个 250mL 烧瓶,分别编号为 1 ~ 6,具体有如下 3 个操作步骤。

① 在 6 个烧瓶中分别加入 1mol/L 的 H_2SO_4,并将 100mL 渗滤液的 pH 值调节至 3。

② 加入一定量 (0.025mg/L、0.50mg/L、0.75mg/L、1.00mg/L、2.00mg/L) 的固体催化剂,以及加入过量的 H_2O_2 启动降解反应,反应时间为 4h,确定最佳催化剂投加量。在最经济催化剂投加量的条件下,按照上述实验步骤,分别将 100mL 渗滤液的 pH 值调至不同水平 (2、4、5、7、8、9),考察其对催化反应的影响。

(3) 不同浓度 H_2O_2 的影响

在催化剂和 pH 值最佳的条件下,加入不同浓度的 H_2O_2 (0.025mmol/L、0.050mmol/L、0.100mmol/L、0.150mmol/L、0.200mmol/L),考察其对渗滤液化学需氧量 (COD) 及可生化性的影响。传统芬顿实验条件与上述最佳实验条件一致。

3.3.3.2 结果与讨论

(1) XRD 表征分析样品的 XRD 谱图

如图 3-42 所示。曲线 a、b、c、d 分别代表膨润土 (Bent)、Zr-B、纳米 Fe_3O_4、Fe_3O_4/Zr-B。由图 3-42 可知: 曲线 a 中,膨润土的 d_{001} 特征峰出现在 $2\theta=7.5°$ 处,根据布拉格公式得出自然膨润土的层间距为 1.58nm; 曲线 b 中,锆柱撑膨润土的 d_{001} 特征峰出现在 $2\theta=6.8°$ 处,经过柱撑之后,层间距增大为 1.88nm; 曲线 c、d 中,纯 Fe_3O_4 的 8 个特征峰分别出现在 2θ 为 18.5°、30.7°、35.6°、37.8°、43.6°、53.8°、58.7° 和

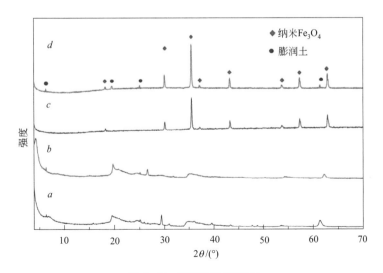

图 3-42 样品的 XRD 谱图

62.6°时，与晶面衍射（JCPDS3-863）的 Fe_3O_4 标准谱峰吻合，说明制备的纳米 Fe_3O_4 颗粒结晶形态良好；曲线 d 中，Fe_3O_4/Zr-B 的 XRD 谱图为锆柱撑膨润土和 Fe_3O_4 的相互叠加，并没有出现新的衍射峰，表明膨润土结合的铁是以 FeO 的形式存在，没有生成其他物质，计算得到的 FeO/Zr-B 层间距为 1.71mm。这可能是因为部分 Fe 进入膨润土层间，使 Fe_3O_4/Zr-B 的层间距较锆柱撑膨润土略有降低。

（2）SEM 表征分析

样品的扫描电子显微镜（SEM）图，如图 3-43 所示。

(a) Bent(膨润土)

(b) Zr-B

(c) 纳米Fe_3O_4

(d) Fe_3O_4/Zr-B

图 3-43　样品的 SEM 照片

由图 3-43（a）可知：自然状态下的膨润土呈现出明显的层状结构，表面没有显著的孔隙结构，光滑平整。由图 3-43（b）可知：经过锆柱撑后，膨润土表面变得粗糙且多孔，但仍具有一定的层状结构。实验制备的纯纳米 Fe_3O_4 大部分呈现为球状，并且出现严重的团聚现象，但使用锆柱撑膨润土负载纳米 Fe_3O_4 之后 [图 3-43（d）]，Fe_3O_4 颗粒较均匀地负载在锆柱撑膨润土表面，并没有出现明显的团聚现象。由图 3-43（c）、(d)可知：纯 Fe_3O_4 颗粒粒径与 Fe_3O_4/Zr-B 中的 Fe_3O_4 颗粒粒径相差不大，均为 30nm 左右。

（3）催化剂浓度对 COD 去除率的影响

催化剂浓度（ρ）对其可生化性及 COD 去除率（η）的影响，如图 3-44 所示。由图 3-44 可知：当 Fe_3O_4/Zr-B 催化剂浓度从 0.25mg/L 增加到 2.00mg/L 时，COD 去除率从

38.2% 增加到 52.7%。此外，加入氧化剂 H_2O_2 时，催化剂浓度越高就可以为 H_2O_2 提供越多的金属活性位点；但是，当 Fe_3O_4/Zr-B 浓度从 1.00mg/L 增加到 2.00mg/L 时，COD 的去除率几乎没有变化。

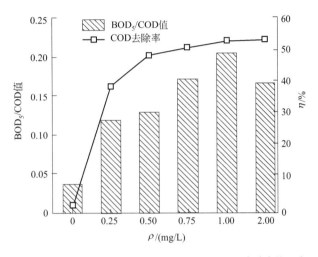

图 3-44　催化剂质量浓度对其可生化性和 COD 去除率的影响

由图 3-44 还可知：经过处理的出水（即无催化剂添加时）的可生化性在一定范围内均有所提高，随着催化剂质量浓度的增加，BOD_5/COD 值也提高。当催化剂投加量为 1.00mg/L 时，BOD_5/COD 值最大。综合 COD 的去除率，在本实验条件下催化剂的最经济投加量为 1.00mg/L。

（4）初始 pH 值对 COD 去除率的影响

初始 pH 值对可生化性及 COD 去除率的影响，如图 3-45 所示。由图 3-45 可知：当垃圾渗滤液初始 pH 值为 2 时，COD 去除率达到最高；随着 pH 值的升高，COD 去

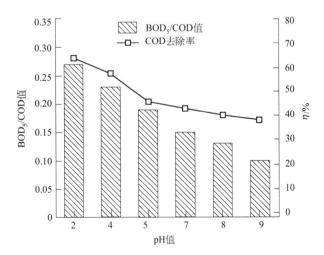

图 3-45　初始 pH 值对其可生化性及 COD 去除率的影响

除率降低。这是因为在较低的 pH 值（如 pH=2）时，处于酸性环境中，促进 H_2O_2 分解成·OH，随着·OH 生成速率的增加，提高了对有机物的降解效果；相反，在较高的 pH 值（如 pH=9）时，处于碱性环境中，抑制了 H_2O_2 分解产生·OH，减缓了·OH 的生成速率。同时，较高的 pH 值（如 pH=9）有利于碳酸盐和碳酸氢盐的存在，因为碳酸盐和碳酸氢盐会消除羟基自由基；而当 pH 值较低时，BOD_5/COD 值将略高。这可能是在酸性环境中，产生更多的·OH 降解渗滤液中的有机物，导致有机物的种类发生改变，·OH 将复杂的有机物转化为小分子的有机物，最终氧化成 CO_2 和 H_2O。

（5）H_2O_2 浓度对 COD 去除率的影响

H_2O_2 浓度（c）对其可生化性及 COD 去除率的影响如图 3-46 所示。由图 3-46 可知：当 H_2O_2 浓度从 0.025mmol/L 增加到 0.100mmol/L 时，COD 去除率从 32.0% 增加到 68.5%。H_2O_2 浓度高于 0.100mmol/L 时，COD 去除率反而降低，分析其原因是当 H_2O_2 浓度过量时，会产生过氧化氢自由基（$HO_2·$），由于 $HO_2·$ 的活性比·OH 活性低，所以，COD 去除率降低。因此，在一定的浓度范围内，随着 H_2O_2 浓度的增加，COD 去除率也增加。当 H_2O_2 浓度升高时，BOD_5/COD 值也提升，即渗滤液的可生化性提高。例如，当 H_2O_2 浓度从 0.025mmol/L 增加到 0.100mmol/L 时，BOD_5/COD 值从 0.08 上升到 0.27，该现象可以通过 Lu 等[74] 提出的 Fenton 降解有机物三阶段理论来解释：第一阶段，改变有机物的结构性质以提升废水的可生化性；第二阶段，部分降解以减少毒性；第三阶段，彻底把有机物氧化分解成为 H_2O 和 CO_2 等其他无机物。因此，提高 H_2O_2 浓度有利于改善渗滤液的可生化性。在 0.025 ～ 0.100mmol/L 的浓度范围内，可生化性一直提升。但是，当 H_2O_2 浓度高于 0.100mmol/L 时，并没有提高 COD 的去除率和改善渗滤液的可生化性。因此，可选择浓度为 0.100mmol/L 的 H_2O_2 作为进一步研究的对象。

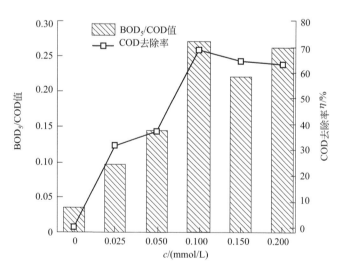

图 3-46　H_2O_2 浓度对其可生化性及 COD 去除率的影响

（6）垃圾渗滤液中有机物种类

实验所用的垃圾渗滤液中所含有机物的种类，如表 3-25 所列。由表 3-25 可知：原始垃圾渗滤液中含有一系列有机化合物。为便于分析，将这些检测到的有机化合物分为杂环化合物、酚类化合物、硅氧烷化合物、醚类化合物、烷烃类、烷烃衍生物、酯类、羧酸类和烯烃类 9 类。

表 3-25　实验所用的垃圾渗滤液中所含有机物的种类及所占比例

有机化合物	原始值		最终值	
	类型	比例 /%	类型	比例 /%
杂环化合物	4	28.26	0	0
硅氧烷化合物	2	14.28	2	18.35
烷烃类	0	0	5	26.27
酯类	0	0	5	6.18
烯烃类	0	0	1	2.67
酚类化合物	7	50.00	5	19.68
醚类化合物	1	7.14	0	0
烷烃衍生物	0	0	2	3.50
羧酸类	0	0	2	22.74

由表 3-25 还可知：类芬顿反应对于垃圾渗滤液中的杂环化合物和醚类化合物表现出良好的去除性能；此外，反应前后酚类化合物的比例从 50.00% 下降到 19.68%，说明类芬顿反应对酚类化合物有较高的去除率。在类芬顿反应后，检测到一些新的有机物，如烷烃类、烷烃衍生物、酯类、羧酸类、烯烃类等，这进一步表明，垃圾渗滤液中的有机污染物受到 ·OH 的攻击后，转化为一些结构简单的有机化合物。这也证实 Fe_3O_4/Zr-B 在催化氧化过程中可以快速催化 H_2O_2 生成 ·OH，从而使垃圾渗滤液中的大分子、结构复杂的有机物转变成小分子、结构简单的有机物，便于后续进一步处理。

（7）3D-EEM 荧光光谱分析

三维荧光光谱（3D-EEM）可以用来追踪垃圾渗滤液中有机化合物的化学变化过程。所测得的三维荧光光谱（3D-EEM）可分为 5 个主要区域，分别是芳香族蛋白质I（I）、芳香族蛋白质II（II）、富里酸类（III）、腐殖酸类（IV）和可溶性微生物副产物（V）。样品的 3D-EEM 荧光光谱图如图 3-47 所示（彩图见书后）。

图 3-47 中，E_x 为激发波长；E_m 为发射波长。由图 3-47（a）可知：未经任何处理的原始垃圾渗滤液样品中的 3D-EEM 荧光光谱可以清楚地辨别出 2 个峰。峰 1 在 E_x/E_m=250nm/450nm 处，为富里酸类（FA）物质；峰 2 在 E_x/E_m=270nm/415nm 处，为腐殖酸类（HA）物质。由图 3-47（a）还可知：富里酸类、腐殖酸类物质的荧光强度比芳香族蛋白质I的荧光强度强一些，这表明腐殖酸物质、富里酸物质是原始垃圾渗滤液中天然溶解的有机物（DOM）的主要组分。由图 3-47（b）可知：峰 3 在 E_x/E_m=320nm/380nm 处，为腐殖酸类化合物，该物质可能由不可降解的腐殖酸积累产生。

图（a）主要吸收峰 1、2 在 Fe$_3$O$_4$/Zr-B 催化反应结束后消失，表明富里酸类物质和腐殖酸类物质被有效去除。

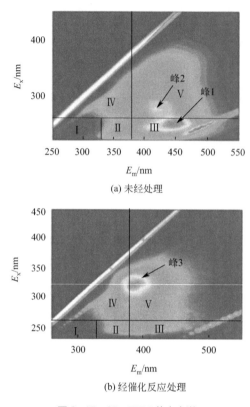

(a) 未经处理

(b) 经催化反应处理

图 3-47　3D-EEM 荧光光谱

（8）传统均相芬顿与多相类芬顿的对比分析

传统铁盐 FeSO$_4$·7H$_2$O 和 Fe$_3$O$_4$/Zr-B 对"老龄"垃圾渗滤液的处理效果，如图 3-48 所示。由图可知：以 FeSO$_4$·7H$_2$O 为铁盐的芬顿反应对 COD 的去除率仅为 28.0% 左右，远低于以 Fe$_3$O$_4$/Zr-B 为催化剂的类芬顿反应的处理效果（68.0% 左右），可生化性提高，明显低于类芬顿反应处理后的值。

由此可见，多相类芬顿对 COD 的去除率和可生化性的提高均优于传统均相芬顿反应，这主要是由类芬顿反应的机理决定的。Fe$_3$O$_4$/Zr-B 固体催化剂在反应体系中发生的反应为

$$\equiv Fe^{II} + H_2O_2 \longrightarrow \equiv Fe^{II}(H_2O_2)$$

$$\equiv Fe^{II}(H_2O_2) \longrightarrow \equiv Fe^{III} + OH^- + \cdot OH$$

$$\equiv Fe^{III} + H_2O_2 \longrightarrow \equiv Fe^{III}(H_2O_2)$$

$$\equiv Fe^{III}(H_2O_2) \longrightarrow \equiv Fe^{II} + H^+ + \cdot OOH$$

$$\equiv Fe^{III} + \cdot OOH \longrightarrow \equiv Fe^{II} + O_2 + H^+$$

$$\cdot OH + Zr\text{-}B（有机物）\longrightarrow Zr\text{-}B + 中间产物 \longrightarrow CO_2 + H_2O$$

$$\cdot OH + (有机物) \longrightarrow 中间产物 \longrightarrow CO_2 + H_2O$$

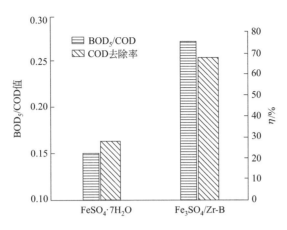

图 3-48 传统均相芬顿与多相类芬顿对其可生化性及 COD 去除率的影响

$Fe_3O_4/Zr-B$ 具有一定的吸附作用，在其表面能与 H_2O_2 和有机物相结合，Fe^{2+} 催化 H_2O_2 可产生·OH，而·OH 在表面与有机物反应生成中间产物，最终生成 CO_2 和 H_2O。

3.3.3.3 结论

$Fe_3O_4/Zr-B$ 可以作为类 Fenton 处理"老龄"垃圾渗滤液的一种高效非均相催化剂。在类 Fenton 反应中，当初始 pH 值为 2，$Fe_3O_4/Zr-B$ 浓度为 1.00mg/L，H_2O_2 浓度为 0.100mmol/L 时，COD 的去除率达到 68.5%，BOD_5/COD 值从 0.08 增加到 0.27，经催化反应处理后，难处理的、结构复杂的、分子量大的有机物被转变成易处理的、结构简单的、分子量小的有机物，特别是对不可被生物降解的有机物，如富里酸类化合物，其去除效果明显。

3.4 光催化氧化法在垃圾渗滤液处理中的应用

光催化氧化是一种刚刚兴起的新型现代水处理技术，具有工艺简单、能耗低、易操作、耐冲击负荷强、无二次污染等特点，尤其是对一些特殊的污染物比其他的氧化法有更显著的效果。城市生活垃圾渗滤液是高浓度难降解有机污水，利用光催化氧化处理垃圾渗滤液，可以得到良好的处理效果。但在投入实际运行时，还有许多问题诸如反应器的类型和设计、催化剂的用量和寿命、光照时间及水处理的流量等，有待进一步深入研究。在过去的几十年，TiO_2 光催化已经显示出从垃圾渗滤液中去除顽固有机污染物的有效成果[75]。在一项实验中，COD 和 DOC 浓度分别从初始的 2440mg/L 和 914mg/L 降至 959mg/L 和 233mg/L，在 72h 的反应时间内去除 60% COD 和 74% DOC。72h 后，BOD_5/COD 值从最初的 0.09 继续增加至 0.39，表明通过光催化改善了渗滤液的生物降解能力[76]。在之前的批次实验中，UV-TiO_2 光催化对 COD、DOC 和色度的去除率分别可达到 60%、70% 和 97% 以上。此外，BOD_5/COD 值从 0.09 升至 0.39，显示出生物降解性的显著改善[77]。何俊旗等[78] 对 TiO_2 光催化氧化处理垃圾渗滤液的条件进行优化。结果表明 TiO_2 光催化渗滤液的反应时间为 6h，当 TiO_2 的投加量为 0.1mg/L 时，COD 的去除率最高。并且不同 COD 浓度的渗滤液光催化的去除率基本相同，在 73.5% ～ 75.8% 范围内。目前为止，光催化剂在研究与开发应用中，主要是以两种形式进行使用：一是将催化剂与待处理污水直接混合，通过搅拌使催化剂均匀分散并与被光解物充分混合，形成悬浮体系；二是将催化剂负载在某种特定载体上进行，形成负载体系。悬浮体系较为简单方便，而且由于比表面积较大，对有机物具有较好的吸附作用以及对光子具有较好的吸收，与被光解物更充分地接触，受光充分，因此具有较好的光解作用，但存在催化剂粉末难以有效分离回收、在水溶液中易发生凝聚而使得活性成分损失等缺陷。负载体系的优点是将催化剂固定更有利于催化剂的回收利用，但与此同时影响了降解的速率和效果，固定化光催化膜处理垃圾渗滤液的研究还不成熟，有待进一步研究。

3.4.1　水热法制备纳米 TiO_2 处理垃圾渗滤液的实验研究

3.4.1.1　实验降解物垃圾渗滤液

实验采用的垃圾渗滤液取自武汉市江夏区某垃圾填埋场渗滤液处理工艺中的厌氧调节池。为了更好地进行实验，将垃圾渗滤液稀释 10 倍后测定，实验室测得稀释后的溶液主要参数见表 3-26[79]。

表 3-26　某垃圾场渗滤液调节池水的参数

参数	COD	BOD_5	TN
浓度 /（mg/L）	273	125	131

3.4.1.2　实验结果与讨论

采用 X 射线衍射（XRD）分析 TiO_2 的粒径和矿型；HRTEM 表征分析 TiO_2 样品的粒径、晶化程度、晶粒分布以及团聚情况；紫外 - 可见光吸收光谱（UV-Vis）表征分析 TiO_2 样品对光谱的响应范围以及最大吸收波长。3 种测试结果相结合分析 TiO_2 样品的光催化性能。

（1）TiO_2 样品的 XRD 分析

将不同水醇比条件下制备的粉末样品进行 X 射线衍射（XRD）分析，结果如图 3-49 所示。

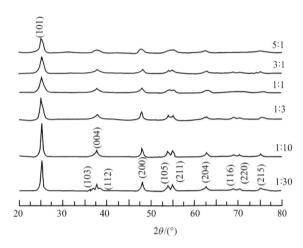

图 3-49　水热 4h，不同水醇比条件下 TiO_2 的 XRD 图

由 Scherrer 公式计算平均晶粒粒径：

$$D = K\lambda / (\beta \cos\theta)$$

式中　D——粒子的平均粒径，nm；

　　　K——Scherrer 常数，K=0.89；

　　　λ——X 射线波长，λ=0.15406nm；

　　　β——晶粒细化引起的衍射峰的宽化（弧度）；

　　　θ——衍射峰的 Bragg 角，(°)。

计算得出 1：30、1：10、1：3、1：1、3：1、5：1 六种水醇比条件下的 TiO_2 的粒径分别为 16.5nm、14.4nm、11.6nm、9.0nm、9.4nm、8.7nm。

与 TiO_2 标准衍射卡片（标准卡 JCPDSNO.21—1272）对比可知，120℃水热 4h、经 500℃煅烧后已呈现锐钛矿相衍射峰。锐钛矿相的（103）、（112）和（004）以及（105）和（211）晶面衍射峰连在一起，形成一个较宽的衍射峰。其中 25.31°、37.79°、48.04°处的衍射峰对应锐钛矿型 TiO_2 的（101）、（004）、（200）晶面，峰形尖锐，说明锐钛矿相纳米晶体生长完全。随着水醇比的改变，锐钛矿相衍射峰无明显变化。

（2）TiO_2 样品的 HRTEM 表征分析

图 3-50 分别是在水醇比 1：30、1：10、1：3 条件下制备的 TiO_2 样品的 TEM 图片。样品表面形貌均较好，粒径都在 8 ～ 20nm。随着水醇比的增大，团聚现象明显减少，晶粒分布逐渐均匀，晶化程度变高，形成的 TiO_2 粒径逐渐减小。相对于图 3-50（a）和（b），图 3-50（c）样品粒径较小，晶化程度更高，晶粒分布更均匀，与 XRD 表征相符。

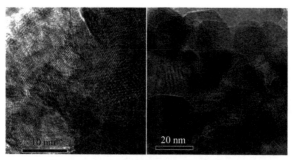

(a) 水醇比1:30

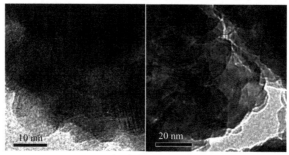

(b) 水醇比1:10

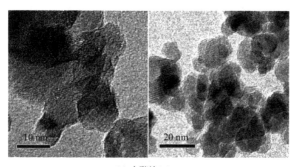

(c) 水醇比1:3

图 3-50　不同水醇比、水热温度为 120℃的透射电镜

（3）TiO$_2$ 样品的 UV-Vis 表征分析

图 3-51 为 TiO$_2$ 的纳米晶体在 200 ～ 800 nm 波长范围内的紫外 - 可见光吸收光谱。从结果可以看出，在本书制备方法下制备的 TiO$_2$ 均对紫外光（200 ～ 375nm）具有很强的吸光度，在 232.28nm 处出现最大的吸收峰。同时，TiO$_2$ 粉末对光谱的响应范围较宽，从而提高了光量子效率，进而有助于光催化效率的提高。

（4）实验结果

1）水醇比对 TiO$_2$ 光催化活性的影响

选用水醇比为 1：30、1：10、1：3、1：1、3：1、5：1，水热温度为 120℃的 TiO$_2$ 粉末，500℃煅烧后用光化学反应仪做紫外光照射降解垃圾渗滤液实验，对处理后水的色度进行测量，结果如图 3-52 所示。由图 3-52 可知，随着水醇比的增大，TiO$_2$ 光催化活性先升高后降低，180min 时水醇比为 1：30、1：10、1：3、1：1、3：1、

5：1 的 TiO$_2$ 对垃圾渗滤液色度的降解率分别为 28.36%、59.62%、78.03%、71.41%、69.43%、67.94%，水醇比为 1：3 的 TiO$_2$ 光催化活性最高。

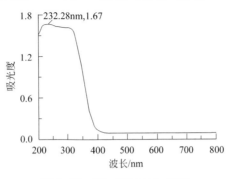

图 3-51　TiO$_2$ 的 UV-Vis 谱图

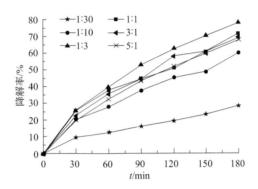

图 3-52　不同水醇比对 TiO$_2$ 光催化活性的影响

2）煅烧温度对 TiO$_2$ 光催化活性的影响

由图 3-53 可知，随着煅烧温度的升高，制备的 TiO$_2$ 光催化活性先升高后降低，其中 500℃煅烧温度下制备的 TiO$_2$ 光催化活性最好。可能因为煅烧温度对 TiO$_2$ 晶体结晶度和团聚有重要影响，进而影响到光催化活性。180min 时 4 种光催化剂对垃圾渗滤液色度的去除率分别为 61.2%、68.45%、71.44%、65.18%。

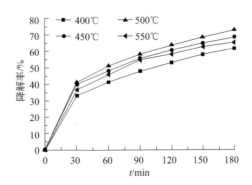

图 3-53　不同煅烧温度对 TiO$_2$ 光催化活性的影响

3）酯加入量对 TiO₂ 光催化活性的影响

由图 3-54 可知，随着酯加入量的增加，制备的 TiO₂ 光催化活性先升高后降低，其中酯加入量为 10mL 时制备的 TiO₂ 光催化活性最好。因为酯的加入量不同，即前驱体的浓度不同，对 TiO₂ 晶型、形貌及晶粒大小有影响，进而影响 TiO₂ 光催化活性。120min 时 5 种光催化剂对活性黄溶液的色度降解率分别 57.36%、58.41%、62.06%、59.47%、52.47%。

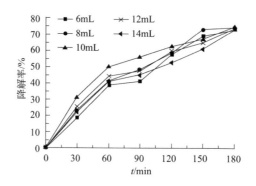

图 3-54　不同酯加入量对 TiO₂ 光催化活性的影响

4) 水热时间对 TiO₂ 光催化活性的影响

由图 3-55 可知，随着水热时间的增加，制备的 TiO₂ 光催化活性先升高后降低，其中水热时间 4h 与 6h 时制备的 TiO₂ 光催化活性较好。水热时间对 TiO₂ 纳米晶体的生长有着重要影响，进而影响其光催化活性。120min 时 6 种光催化剂对垃圾渗滤液色度的降解率分别为 45.10%、48.31%、62.18%、55.67%、55.67%、62.30%。

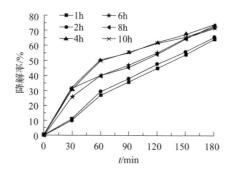

图 3-55　不同水热时间对 TiO₂ 光催化活性的影响

3.4.1.3　结论

水热法制备 TiO₂ 粉末，经过高温煅烧后呈现的光催化性能非常高、与 XRD、HRTEM 和 UV-Vis 表征显示的小粒径、高比表面积相符；从光催化效果来看，水醇比为

1：3、煅烧温度为 500℃、水热时间为 4h、$Ti(OC_4H_9)_4$ 加入量为 10mL 条件下制备的 TiO_2 粉末光催化性能最好，对垃圾渗滤液的降解在 180min 时可以达到 73% 以上。在最佳掺杂比情况下，经过光催化降解实验后，测其 COD 为 63mg/L，降解率达 76.92%。可见水热法制备 TiO_2 粉末，经过高温煅烧的光催化剂，具有很高的应用和研究价值。

3.4.2　光催化内循环耦合 MBR 处理垃圾渗滤液工艺研究

3.4.2.1　渗滤液水质

本实验研究选用的废水为南昌市麦园垃圾填埋场污水处理站氧化沟出水。具体水质见表 3-27[80]。

表 3-27　南昌市麦园垃圾填埋场污水处理站氧化沟出水水质

水质参数	测定值
COD	300 ～ 400mg/L
BOD	20 ～ 40mg/L
氨氮	50 ～ 60mg/L
pH 值	4 ～ 9
SS	100 ～ 200mg/L

3.4.2.2　反应装置

实验装置包括 MBR 和光催化氧化单元，其中光催化氧化采用紫外灯＋双氧水方式。实验装置示意如图 3-56 所示。装置主要设备及参数如表 3-28 所列。

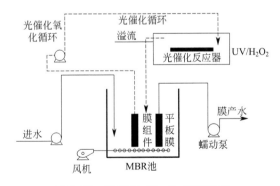

图 3-56　光催化氧化一体式反应装置

表 3-28　装置主要设备及参数

序号	名称	参数
1	MBR 主反应器	不锈钢，40.0cm×20.0cm×30.0cm；有效体积 20L
2	光催化反应器	不锈钢，10.0cm×10.0cm×30.0cm；有效体积 2L
3	膜组件	平板膜，PVDF，有效面积 $0.06m^2$，膜孔径 $0.1\mu m$
4	直流电源	型号 dps-305bm，输出电压 $0 \sim 30V$
5	紫外灯管	BM4，工作功率 20W，波长 254nm
6	蠕动泵	3 组，BT300M，进水 1 组和产水 2 组
7	曝气泵	松保，SB748；2 组

废水通过蠕动泵产水注入 MBR 主体生化反应器内，反应器内安置两组膜组件，一组提供内循环产水至光催化反应器，通过光催化反应器的氧化降解后水溢流回生化反应器；另一组膜组件产水外排。两组膜组件产水互不影响，各项工艺参数可以独立控制。

3.4.2.3　结果与讨论

（1）微生物驯化

微生物的驯化主要针对 MBR 反应器内接种的活性污泥展开。反应器污泥选用麦园填埋场污水处理站沉淀池污泥，使用前用滤网过滤去除杂质，减少对膜组件的损害。运行初期，MBR 工艺主要工艺参数为：活性污泥浓度 6500mg/L 左右，水力停留时间 $25 \sim 30h$，溶解氧控制在 2mg/L 左右，膜通量 $10 \sim 15L/(m^2 \cdot h)$。MBR 每运行 8min，停止 2min。运行过程中检测 COD 的去除率，同时监测活性污泥脱氢酶的变化。图 3-57 表示在驯化期间脱氢酶的变化，脱氢酶的变化能很好地反映微生物的适应能力，以及其在特定底物条件下的新陈代谢能力。从图可以看出，在驯化的前 20d，脱氢酶的平均值在 $15.3mg\ TF/(mg\ MLSS \cdot h)$。随着驯化的进行后期脱氢酶的平均值上升到 $19.5mgTF/(mg\ MLSS \cdot h)$。说明此时，微生物已经逐步适应了废水的特点进入一个平稳的时期，同时分析 COD 的去除率，基本可以达到 $35\% \sim 40\%$。观察活性污泥絮体，絮体明显呈现深褐色，有一定黏性，沉淀后上清液透亮。可以认为经过 40d 左右的运行基本完成驯化。

（2）UV/H_2O_2 耦合 MBR 工艺实验

由于一体化装置运行过程中光催化后废水是溢流进入生化体系，为了维持生化体系中性的 pH 条件，光催化过程不调节 pH 值，直接为生化池中膜过滤产水。展开的 7 组实验具体参数见表 3-29。此批次实验废水 COD 浓度为 250mg/L，BOD_5 为 34.5mg/L。

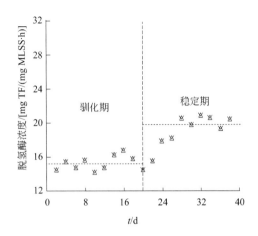

图 3-57　微生物驯化过程中脱氢酶的变化

表 3-29　实验运行数据

实验组别	催化氧化工艺段			MBR 工艺段		COD 去除率 /%
	双氧水浓度 /(mg/L)	停留时间 /h	循环产水 /(L/h)	水力停留 时间 /h	最终膜产水 /(L/h)	
1	106	3	0.67	20	1	62.3
2	106	2	1.00	30	0.67	67.1
3	212	2	1.00	30	0.67	70.5
4	106	4	0.50	20	1	62.5
5	212	4	0.50	20	1	69.5
6	106	3	0.67	25	0.8	67.3
7	212	2	1.00	25	0.8	66.4

实验结果分析得知，较高的双氧水投加量 212mg/L 相对于 106mg/L 浓度，COD 去除率的提高极为有限。过高浓度双氧水对体系产生的羟基自由基有捕获清扫作用，且导致双氧水的无效分解，降低了 ·OH 破坏有机物的能力。从经济和效率的角度（药剂的投加、MBR 反应池大小）分析，实验第 6 组获得的 COD 去除率 67.3% 较为合适，对应的第 6 组工艺条件下，催化氧化膜组件的运行通量为 $11.2L/(m^2 \cdot h)$，体系最终产水膜通量为 $13.3L/(m^2 \cdot h)$。作为对照试验，单独的 MBR 工艺处理（和第 6 组实验相同的工艺参数）获得的 COD 平均去除率为 48.2%，相对催化氧化 + MBR 工艺去除率降低了 19.1%。

（3）MBR 体系中 EPS 的变化

EPS 是膜生物反应器运行过程中重要的优势污染物，EPS 能透过膜表面的滤饼层与膜表面形成更为致密的凝胶层，甚至在膜孔内富集，加速膜通量的下降。其化学组成十分复杂，大部分研究者通过检测蛋白质和多糖的含量来指示 EPS 的变化。实验分别检测了 2 种不同条件下运行的 EPS 含量。从图 3-58 中可以看出，当双氧水的投加量增加 1 倍时，在较高强度的内循环催化条件下，MBR 体系中 EPS 的平均含量降低了 3.78mg/g MLSS。膜生物反应器运行过程中，影响 EPS 含量变化的因素有很多，如废水水质、微生物性状、外部运行条件等等。在本实验条件下，可以认为双氧水的量不同导致了废水中有机物组分、含量的变化，基质底物的不同导致微生物性状不同，从而影响了 EPS 的含量。在 2 组不同双氧水浓度条件下连续监测了最终产水的膜组件的跨膜压差的变化。

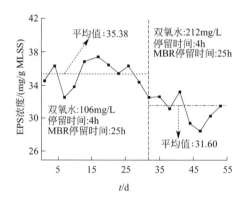

图 3-58 不同条件下 EPS 的含量

从图 3-59 可以看出，2 组不同运行条件下的拟合曲线中 dTMP/dt 分别为 0.6049（双氧水量 106mg/L）和 0.4842（双氧水量 212mg/L）。膜组件在较低的 EPS 的条件下运行膜组件的污染耐受性能较好，平均每日跨膜压差的增长相对较低。2 组膜组件的跨膜压差的变化趋势类似，但是在相对较短的运行条件下 2 组膜组件的运行均没有达到清洗的必要条件。

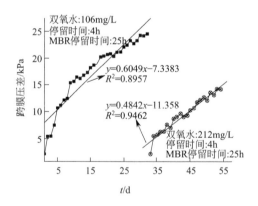

图 3-59 不同条件下跨膜压差的变化

（4）运行过程中氧化还原电位的变化

从图 3-60 中可以看出，在不同的操作条件下，特别是在不同的双氧水浓度条件下，生化体系的 ORP 值基本稳定在 3mV 左右，在其他的运行参数（溶解氧、污泥浓度、底物浓度）基本一致的前提下，这可以说明催化氧化体系中的双氧水基本上被紫外光激

发分解，没有残留进入生化反应体系中。检测在这几种条件下的脱氢酶，基本稳定在
$18 \sim 20\mathrm{mg}\ \mathrm{TF}/(\mathrm{mg}\ \mathrm{MLSS}\cdot\mathrm{h})$，也可以证明在内循环过程中不存在残留的双氧水进入生
化体系，不影响正常的生化运行。

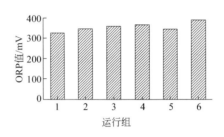

图 3-60　不同条件下的 ORP 值

催化内循环反应条件：1—双氧水：106mg/L，停留时间：4h；2—双氧水：212mg/L，停留时间：4h；

3—双氧水：106mg/L，停留时间：3h；4—双氧水：212mg/L，停留时间：3h；

5—双氧水：106mg/L，停留时间：2h；6—双氧水：212mg/L，停留时间：2h

3.4.2.4　结论

本研究结合 MBR 工艺和催化氧化的工艺特点，设计一体化光催化内循环耦合 MBR
装置对二级处理后的垃圾渗滤液进行深度处理，优化的工艺条件下反应装置对 COD 值
的去除率达到 67.3%，相对单一的 MBR 处理效率提高了大约 19.1%。同时检测了不同
双氧水投加条件下 MBR 生化体系中 EPS 的变化及膜组件的跨膜压差的变化，膜组件在
相对较低的 EPS 浓度条件下具有较强的抗污染能力。该装置操作灵活，高级氧化和生化
段工艺可以独立控制，对难生化降解废水具有较强的适应性。

3.4.3　$UV/H_2O_2/O_3$ 深度处理垃圾渗滤液的实验研究

本实验采用 $UV/H_2O_2/O_3$ 组合工艺对垃圾渗滤液二级出水进行深度氧化处理，试验采
用的装置是自己设计组装的光化学反应器，如图 3-61 所示[81]。其俯视图如图 3-62 所示。

3.4.3.1　实验废水与来源

本实验用水取自南昌市某垃圾填埋场渗滤液氧化沟二沉池出水，取得的水质已经经
过了氨氮吹脱处理和氧化沟处理，由于垃圾渗滤液受季节影响比较大，本次取水水质的
可生化性极差，经检测分析，水质情况如表 3-30 所列。

由表 3-30 可知，水样的可生化性极差，实验测得其可生化性指标 BOD/COD 值仅
为 0.05 左右，不能满足后续的生物处理；并且 COD、氨氮的含量偏高。

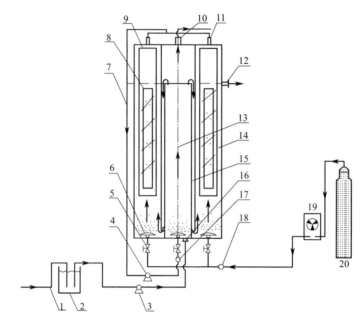

图 3-61　新型光化学反应器示意

1—进水口；2—渗滤液混合池；3—蠕动泵；4—气体泵；5—阀门；6—曝气头；7—臭氧回用管路；8—紫外灯；

9—石英管；10—尾气出口；11—臭氧收集口；12—出水口；13—第一反应区；14—第二反应区；15—导流区；

16—进水口；17—臭氧回用计量器；18—臭氧进气口；19—臭氧发生器；20—氧气瓶

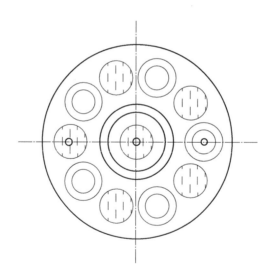

图 3-62　新型光化学反应器俯视图

表 3-30　实验原水水质

pH 值	COD/(mg/L)	BOD/(mg/L)	氨氮/(mg/L)	色度/度
7.0～8.0	900～1000	30～50	300～400	250

3.4.3.2　实验结果与讨论

（1）pH 值对处理效果的影响

pH 值对 UV/H_2O_2/O_2 组合工艺体系有着决定性的作用。当 pH 值为 3，反应 240min 时，COD、氨氮和色度的去除率分别为 53.68%、71.69%、95.67%；而当 pH 值为 9，反应 240min 时，COD、氨氮和色度的去除率分别为 86.94%、100%、100%；当 pH 值为 11 时，各项指标去除率分别为 75.37%、100%、100%，说明 UV/H_2O_2/O_3 体系在酸性条件下的氧化能力较差，各项指标去除率均不高；当 pH 值为 9（偏碱性）时，UV/H_2O_2/O_3 体系的氧化能力显著提升，去除效果均达到最大值。当 pH>9 时（碱性），去除效果有所下降，说明在碱性条件下氧化能力减弱。这是因为在不同 pH 值条件下，氧化反应的主导力量不一样。当 pH 偏酸性时，此时的氧化能力主要是通过臭氧分子的直接氧化作用，尽管有源源不断的臭氧充入，但是臭氧的氧化能力有限，对部分有机物的氧化作用，断开有机物的双键以及不饱和键，将相对较大分子量的有机物分解为中间产物醛类、烷烃长链类或者羧酸类有机物，而垃圾渗滤液中的难降解有机物大分子并不能被臭氧直接氧化；当 pH 为弱碱性时，此时的氧化主导力量发生了改变，由单独的臭氧氧化变成了臭氧和 •OH 氧化，而且 •OH 氧化占据绝大部分，•OH 具有选择性不高，能氧化绝大部分有机物的能力，从而极大地增强了有机物的去除效果；当 pH 继续增大为强碱性条件时，溶液中被分解有机物产生的最终产物 CO_2 与强碱性溶液中的 OH^- 反应生成大量的 CO_3^{2-} 和 HCO_3^-，而这两种离子恰好是 •OH 的抑制剂，能够阻碍 •OH 的氧化能力，因此氧化能力受到极大的减弱，去除效果偏低。由图 3-63 还可以看出 COD 和氨氮指标受 pH 影响比较大，而色度受 pH 影响较小，这是因为臭氧和 •OH 对有机物质的显色基团均有很好的氧化能力，去除率均在 95% 以上。确定最佳的 pH 值为 9。COD 作为垃圾渗滤液最为重要的参考指标之一，为了简化实验，后面研究紫外光强度、臭氧进气流量、双氧水用量等因素的影响是采用 COD 去除率指标作为参考指标。

（2）紫外光强度对处理效果的影响

由图 3-64 可以看出，紫外光强度对 UV/H_2O_2/O_3 组合工艺体系也有着一定的影响，在一定范围内，随着紫外光区强度的不断增强，COD 的去除效果也不断提升。紫外光是 UV/H_2O_2/O_3 组合工艺体系中不可替代的一部分，在反应过程中起到重要作用。紫外光为反应提供源源不断的能量光量子，能够更快地激发出电子的转移，在光化学反应中，•OH 的产生是靠不断地得失电子完成的，而紫外光正好能为电子的转移提供能量。另一方面，紫外光的增强也加强了双氧水自身的分解，一个双氧水分子分解成两个 •OH，在一定程度上也促进反应体系中 •OH 的浓度。由图 3-64 还可以看出，在 180min 之前，随着紫外光强度的增强，COD 去除率增长速度较快，而在 180min 之后去除率的增长速度明显下来了，呈现缓慢增长趋势。这也是因为随着反应时间的增加，反应液中的双氧水浓度不断地消耗掉，导致后面基本没有双氧水参与反应，因此 •OH 产生速率也降低，从而影响去除效果。通过以上分析，确定最佳的紫外光强度为 10W。

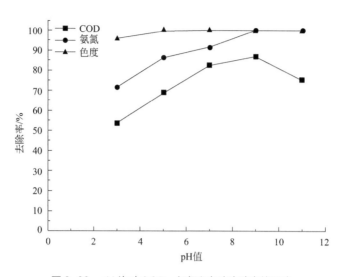

图 3-63 pH 值对 COD、氨氮和色度去除率的影响

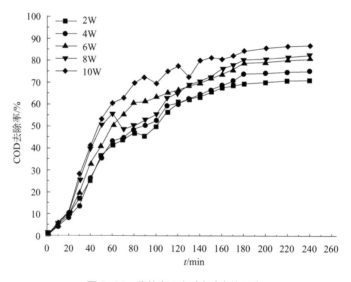

图 3-64 紫外光强度对去除率的影响

（3）臭氧进气流量对处理效果的影响

对 CFY-6 型臭氧发生器臭氧产量进行验证实验，采用碘量法测臭氧气体质量浓度。用 20% 的碘化钾溶液吸收含臭氧气体，再利用 0.1 mol/L 的硫代硫酸钠溶液滴定。臭氧含量计算式如下：

$$C_{O_3} = \frac{V_{Na_2S_2O_3} \times B \times 2400}{V} \tag{3-65}$$

式中 C_{O_3} ——臭氧浓度，mg/L；

$V_{\mathrm{Na_2S_2O_3}} \times B \times 2400$ ——0.1000mol/L 硫代硫酸钠溶液滴定用量，mL；

$\qquad B$ ——硫代硫酸钠浓度，mol/L；

$\qquad V$ ——臭氧气体取样体积，mL。

该型臭氧发生器在进气流量为 120L/h 时的标定臭氧浓度为 6g/h，而实际测量为 5.4g/h，流量为 160L/h 时的标定臭氧浓度为 8g/h，而实际测量为 7.2g/h。实验结果如图 3-65 所示。

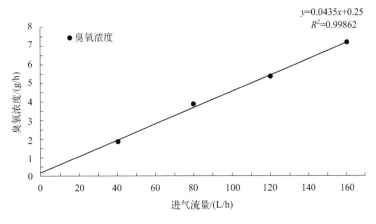

图 3-65　臭氧产率标定曲线

由图 3-66 可知，在每一个特定的流量下，COD 的去除率随着反应时间的增加，去除效果越来越好；在同一反应时间节点，臭氧进气流量越大，其 COD 的去除率也越高，偶尔有个别数据异常，可能原因是在测量数据的时候人工或者测量仪器造成的偏差。从去除率增幅来看，前 180min 的去除率增长幅度较大，比 180 ～ 240min 的增幅要大；180 ～ 240min 的增长幅度略小，基本保持不变。在 180min 时，臭氧进气流量分别为 40L/h、80L/h、120L/h、160L/h 的 COD 去除率分别为 71.63%、75.7%、80.07%、84.22%。这是因为臭氧作为 UV/H$_2$O$_2$/O$_3$ 组合工艺体系中核心的氧化剂之一，在氧化前期，臭氧分子和双氧水直接产生 •OH，因此，此阶段主要靠臭氧分子的选择性氧化作用降解有机物；而在反应中期，臭氧与双氧水之间发生协同作用，促进体系更快地产生 •OH，进而氧化高分子有机物；在反应后期，随着反应时间的增加，双氧水在溶液中的浓度越来越少，甚至耗尽，此时不能产生足够多的 •OH，而臭氧是源源不断地供给，此时的氧化绝大部分是靠臭氧的氧化来完成的，尽管此时的氧化物已经是不能被臭氧直接氧化甚至不能被臭氧分子分解，但是在这阶段臭氧还是起到最为重要的作用。当臭氧进气流量达到 160L/h 以上时，臭氧流量过大使得溶液中臭氧含量增加，导致臭氧在液相状态下产生 •OH 速度加快，当液相臭氧浓度增加到一定程度的时候，液相臭氧浓度达到饱和，无法显著地加快 •OH 的产生，因此 COD 去除效果增长幅度不大。因此，出于去除效果的考虑，选取最佳臭氧进气流量值为 160L/h。

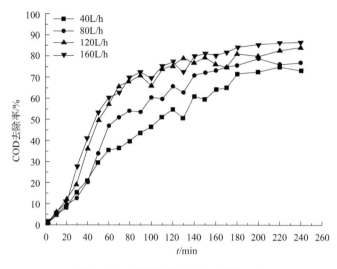

图 3-66 臭氧进气流量对去除率的影响

（4）双氧水用量对处理效果的影响

图 3-67 可看出双氧水的投加量对 UV/H$_2$O$_2$/O$_3$ 组合工艺体系去除垃圾渗滤液有着重要的影响。从整体趋势可以看出，随着双氧水浓度的增加，COD 的去除率也不断地增加，在 240min 时，当双氧水投加量为 10mL 时 COD 去除率为 59.49%，而当双氧水投加量为 60mL 时 COD 的去除率为 81.57%，提高了 22.08%，也进一步说明双氧水在 UV/H$_2$O$_2$/O$_3$ 组合工艺体系中的重要性。当双氧水投加量为 50mL 和 40mL 时在 180min 时的 COD 去除率分别为 84.22% 和 80.89%，提高了 3.33%；当双氧水投加量为 50mL 和 60mL 时，COD 去除率在 180min 时分别为 84.21% 和 85.97%，仅仅只提高了 1.76%，这是因为 50mL 已经能将垃圾渗滤液中 UV/H$_2$O$_2$/O$_3$ 组合工艺体系氧化的绝大部分有机物降解掉，再增加双氧水已经不能够明显起到显著的提升效果。因此，确定本实验最佳的双氧水投加量为 50mL。

（5）反应时间对处理效果的影响

图 3-68 可以看出，随着反应时间的增加垃圾渗滤液中的 COD、氨氮的去除率都在不断增加，其中，氨氮的去除率在前 120min 内的增幅较大，当处理时间达到 170min 时氨氮去除率达到 100%；在 180 ～ 240min 之间的去除率基本保持不变；而 COD 的去除率在前 120min 内随着时间的增加不断在增大，并且增幅较大，在 120 ～ 150min 之间，氨氮去除率略微下降；在 150 ～ 240min 之间去除率又缓慢上升，但是比 180min 的去除率仅增长了 2.72%。在 180min 时，COD、氨氮的去除率分别为 84.22%、100%；在 240min 时，COD、氨氮的去除率分别为 86.94%、100%，仅从这两个指标上来看，最佳时间确定为 180min。由于在实验过程中发现色度的去除率在前 10min 快速上升，为了更好地观察色度去除率随时间的变化规律，对色度取样时间设置为前 10min 每隔 2min 取样一次，10 ～ 30min 之间每隔 5min 取样一次，30 ～ 120min 之间每隔 10min 取样一次，120 ～ 180min 之间每隔 20min 取样一次。反应时间对色度

去除率影响曲线如图 3-69 所示。

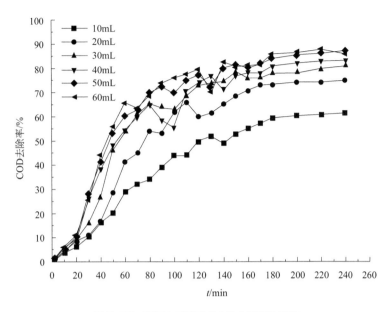

图 3-67　双氧水用量对 COD 去除率的影响

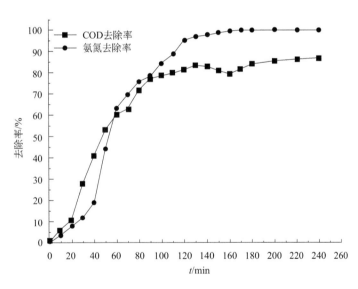

图 3-68　反应时间对 COD 和氨氮去除率影响

　　色度在 UV/H_2O_2/O_3 组合体系中是最容易被去除的，也是最快被去除的。这是因为臭氧分子很容易攻击垃圾渗滤液中高分子物质的显色基团，不饱和键被氧化成饱和键；在反应初始阶段，前 10min 色度的去除率达到 90% 以上，这是因为臭氧分子首先攻击的就是显色基团，而且对显色基团的破坏程度极高，随着反应时间的增加，色度去除率不断增加，当反应时间为 60min 时，色度基本已经完全去除，达到 99% 左右，减少了色度对后续光化学氧化降解的影响。综合上述分析，最佳的反应时间为 180min。

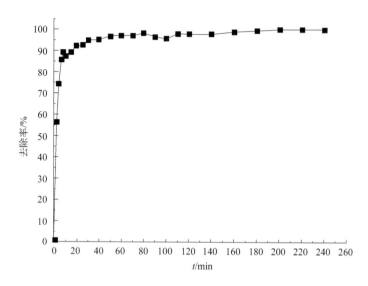

图 3-69　反应时间对色度去除率影响

3.4.3.3　结论

在室温 (20±1)℃环境下，UV/H$_2$O$_2$/O$_3$ 组合工艺体系深度处理垃圾渗滤液二级出水的最佳操作条件为：反应时间为 180min，紫外的光强度为 10W，臭氧进气流量为 160L/h，30% 双氧水用量为 50mL，pH 值为 9。在最佳反应条件下，反应时间为 180min 时，COD、氨氮和色度的去除率分别为 84.22%、100%、99.38%。采用臭氧回用方式将第一反应区的色度去除对整个装置的臭氧利用率有一定的效果，平均臭氧利用率达到 87.27%，比尾气臭氧直接排放的臭氧利用率提高了 7.19 个百分点。垃圾渗滤液的可生化性经过高级氧化处理之后得到大幅提升，由原来的 0.01 提升到 0.31，已经能够满足后续的生化处理。

3.5　过硫酸盐处理垃圾渗滤液

传统的 AOP 降解污染物的主要活性物质是 ·OH。·OH 的氧化还原电位比较高，为 2.80V，是一种强氧化剂，但由于在酸性条件下 ·OH 才会氧化污染物质，而且对降解的污染物并没有选择性，因此其在应用时受碳酸氢盐、碳酸盐、天然有机物等本底物质的影响较大。近年来，过硫酸盐高级氧化技术逐渐得到了发展，是一种以硫酸根自由基为主要的活性物质来降解去除污染物的新型的 AOP。在常温下，过硫酸盐自身的氧化能力比较有限，对有机物的氧化效果一般不显著，然而在热、光（紫外线 UV）、声（超声）、过渡金属离子等的活化下，过硫酸根离子（$S_2O_8^{2-}$）可被活化从而分解成 $SO_4^-\cdot$，$SO_4^-\cdot$ 的氧化还原电位为 $2.5 \sim 3.1V$，可降解污水中的大多有机污染物质。过硫酸盐常与氧化沟、膜工艺联用作为预处理或后处理技术处理垃圾渗滤液。

3.5.1　亚铁活化过硫酸盐处理晚期垃圾渗滤液的研究 [82]

过硫酸盐在一定条件下生成 $SO_4^-\cdot$，具有较高的氧化还原能力，理论上可降解大多数有机物。在 Fe^{2+}-$S_2O_8^{2-}$ 体系中，Fe^{2+} 的作用不仅是活化 $S_2O_8^{2-}$ 产生 $SO_4^-\cdot$，过量的 Fe^{2+} 还会与 $SO_4^-\cdot$ 反应而消耗 $SO_4^-\cdot$，从而降低体系的实际处理效率。

3.5.1.1　实验

（1）实验材料

水样取自湖南省怀化市芷江县垃圾填埋场调节池，该垃圾填埋场已实际运行 10 年以上，渗滤液属于晚期填埋垃圾渗滤液，其水质情况如表 3-31 所列。

表 3-31　晚期渗滤液水质指标

污染指标	COD_{Cr} /(mg/L)	BOD_5 /(mg/L)	氨氮 /(mg/L)	TN /(mg/L)	UV_{254} （稀释 25 倍）
数值	2624	364	1020	1214	0.253

该渗滤液中 BOD_5/COD 值 =0.139，可生化性极低。在稀释了 250 倍后，测定代表亲水性有机物相对含量的 UV_{254}，数值仍较高，说明其有机物腐化程度较深，不可生化降解的有机物含量较高。

Fe^{2+} 采用 92% 的工业级七水合硫酸亚铁 (以下简称亚铁)，$S_2O_8^{2-}$ 采用 99% 的工业级过硫酸钠；调节 pH 值采用分析纯 15%（质量分数) 氢氧化钠溶液和 (1+5) 硫酸。

（2）实验方法

为控制水中 Fe^{2+} 的瞬间浓度，以减少过量 Fe^{2+} 对 $SO_4^-\cdot$ 的消耗，本实验先调节 pH 值到适当水平，再将过硫酸钠分散于渗滤液中，最后将配制好的质量分数 40% 的硫酸亚铁溶液通过蠕动泵，在 30min 内线性投加进入反应系统。通过控制硫酸亚铁溶液的投加速率，可以控制硫酸亚铁的投加量。Fe^{2+} 投加完成后继续反应 30min，沉淀 1h 后，测定上层液体 COD 及其他指标。

处理实验通过 Design Expert Software 8.0.6 进行设计，研究影响处理成本的 pH 值、过硫酸钠投加量、硫酸亚铁投加量对 COD 去除效果的影响以及在优化反应条件的情况下工艺的经济性。

3.5.1.2 结果与讨论

(1) 实验设计与结果

通过前期实验对每个影响因素选取 3 个水平，经软件设计的反应条件及处理后 COD 去除率响应结果如表 3-32 所列。

表 3-32 实验设计与响应结果

实验编号	pH 值	过硫酸钠投加量 /(g/L)	硫酸亚铁投加量 /(g/L)	COD 去除率 /%
1	3	0.4	8	61.7
2	8	0.1	8	26.6
3	3	0.25	5	65.9
4	8	0.1	2	23.1
5	8	0.25	5	27.1
6	3	0.1	2	43.1
7	5.5	0.25	8	58.7
8	5.5	0.25	5	64.5
9	5.5	0.25	5	64.9
10	5.5	0.1	5	53.8
11	5.5	0.25	5	64.1
12	5.5	0.4	5	65.4
13	5.5	0.25	2	62.4
14	8	0.4	8	28.3
15	5.5	0.25	5	64.5
16	5.5	0.25	5	64.2
17	3	0.4	2	50.2
18	8	0.4	2	28.3
19	5.5	0.25	5	65.2
20	3	0.1	8	58.9

在工业应用中，过硫酸钠投加量和调节 pH 值在处理范围内对响应结果的影响更明显，在这里主要讨论这两个因素分别在特定值时另两个因素对 COD 去除率的影响。

如图 3-70 所示，当过硫酸钠投加量为 0.25g/L 时，可以在 COD 去除率对 pH 值和硫酸亚铁投加量的响应曲面找到一个点，使响应值达到最大。在图 3-70 pH 值范围内，偏酸性的 pH（3 ～ 5.5）使 COD 去除率达到较大值，这是因为在中性和碱性条件下，Fe^{2+} 以水合物 [$FeOH^{2+}$、$Fe_2(OH)_2^{4+}$ 等] 形态存在，而强酸性条件，Fe^{2+} 又以另一系列水合物（[$Fe(H_2O)_6$]$^{2+}$、[$Fe(H_2O)_6$]$^{3+}$ 等）的形态存在，只有在 pH 值为 3 ～ 5.5 范围内，Fe^{2+} 形态较多，能够最大程度催化反应进行。在图中硫酸亚铁投加量范围内，少量和过量的硫酸亚铁投加量也会影响 COD 去除率，和之前文献资料所描述的情况一致。

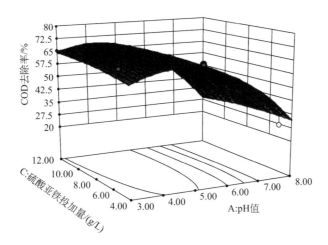

图 3-70　过硫酸钠投加量为 0.25g/L 时 COD 去除率对 pH 值和硫酸亚铁投加量的响应曲面

如图 3-71 所示，当 pH=5.5 时，也可以在 COD 去除率对过硫酸钠投加量和硫酸亚铁投加量的响应曲面找到一个点，使响应值达到最大。图 3-71 中所示过硫酸钠投加量范围下，过量的过硫酸钠会影响 COD 去除率，这可能与过量过硫酸钠自身活性相关，在 COD 测定中残余的过硫酸钠本身会与重铬酸钾反应，导致测定的 COD 偏高。

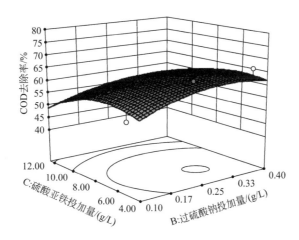

图 3-71　pH 值为 5.5 时 COD 去除率对过硫酸钠投加量和硫酸亚铁投加量的响应曲面

（2）三因素优化条件

通过软件计算在上述范围内使 COD 去除率达到最优值的条件。由于在此范围内 pH 值调节加药量对处理成本和处理效果的影响最为显著，因此选取 pH 值较高时，COD 去除率是较大值的条件，得到在 pH=5.26、过硫酸钠投加量为 0.26g/L、硫酸亚铁投加量为 5.56g/L 时，COD 去除率为 66.0%。

（3）优化条件重复实验结果

在实验优化条件下的重复实验，得到结果如表 3-33 所列，COD 去除率为 66.3%，与软件计算结果相近。通过处理后的 BOD_5/COD 值从 0.139 提高至 0.286，可生化性得到提高。此外，对氨氮有 14.3% 的去除率，能够少量降低后段处理氨氮负荷。UV_{254} 得到了较大程度降低，说明亲水性有机物的含量得到了一定程度的去除。

表 3-33　优化条件下处理后水质情况

污染指标	$COD_{Cr}/(mg/L)$	$BOD_5/(mg/L)$	氨氮 /(mg/L)	TN/(mg/L)	UV_{254}(稀释 250 倍)
数值	884	253	874	1235	0.034

3.5.1.3　结论

① 通过 Design Expert Software 8.0.6 软件设计实验并分析实验结果，选择最优处理条件为 pH=5.26，过硫酸钠投加量为 0.26g/L，硫酸亚铁投加量为 5.56 g/L，计算此时 COD 去除率为 66.0% ；

② 优化条件验证实验得出，在最优实验条件下 COD 去除率为 66.3%，与软件计算结果相近，通过处理后的 BOD_5/COD 值从 0.139 提高至 0.286，可生化性得到提高，氨氮和亲水性有机物也得到明显去除。

3.5.2　微波（MW）/活性炭（AC）强化过硫酸盐（PS）氧化处理垃圾渗滤液的研究

3.5.2.1　实验

（1）渗滤液水质

垃圾渗滤液取自长沙市黑糜峰垃圾卫生填埋场，呈黑褐色，有恶臭味，贮藏于 4℃，原水水质如表 3-34 所列 [83]。

表 3-34　长沙市黑糜峰垃圾卫生填埋场渗滤液水质

水质参数	测定值
pH 值	7.4
COD/(mg/L)	7500 ～ 9500
BOD_5/COD 值	0.17
NH_4^+-N/(mg/L)	1450 ～ 1600
NO_2^--N/(mg/L)	0.4
NO_3^--N/(mg/L)	20

水质参数	测定值
TP/(mg/L)	24
SS/(mg/L)	1124
色度 / 度	180

（2）处理方法

取 100mL 渗滤液于 500mL 的锥形瓶中，加入数粒玻璃珠，以 NaOH 和 H_2SO_4 调节 pH 值，先后加入一定量的活性炭和过硫酸钠，由于 $S_2O_8^{2-}$ 与 O_2 的分子量比为 12，所以可用 $S_2O_8^{2-}$ 与 12 倍的 COD 的质量比（$S_2O_8^{2-}$ ：12COD）来表示过硫酸钠的用量。将锥形瓶放入微波反应器中，调节微波功率和反应时间，反应结束后取出用冰水迅速冷却，调节 pH 值至 7.4，用去离子水定容至反应前体积，过滤，测定相关水质指标。

（3）分析方法

COD 采用标准重铬酸钾法（密闭消解），BOD_5 采用稀释接种法，NH_4^+-N 采用纳氏试剂分光光度法，NO_2^--N 采用 N-(1- 奈基)- 乙二胺光度法，NO_3^--N 采用紫外分光光度法，TP 采用钼锑抗分光光度法，SS 采用重量法，色度采用稀释倍数法。

3.5.2.2　结果与讨论

（1）AC 用量对垃圾渗滤液处理效果的影响

图 3-72 显示的是 AC 用量对垃圾渗滤液中 COD 和 NH_4^+-N 处理效果的影响，实验条件为 $S_2O_8^{2-}$ ：12COD=0.6，pH=7.4，MW 辐射功率及时间分别为 400W 和 10min。COD 和 NH_4^+-N 去除率随 AC 用量的增加而不断提升，COD 去除率在 AC 用量大于 10g/L 时增加缓慢。AC 首先作为吸附剂，孔隙多、比表面积大、选择性强，能够将需降解的物质吸附在其表面，充当污染物反应的载体。其次作为诱导反应的催化剂，又能够在快速吸收 MW 能量并将其转化为热能使表面物质热解的同时，催化 PS 产生高活性的 SO_4^-· 有效地氧化降解污染物质。

图 3-73 显示的是在 AC 用量为 10g/L，pH 值为 7.4，MW 辐射功率及时间分别为 400W 和 10min 的条件下，过硫酸钠用量对 COD 和 NH_4^+-N 去除效果的影响。COD 的去除率是随着过硫酸钠用量的增加而快速增大的，在 $S_2O_8^{2-}$ ：12COD>1.2 时趋于缓慢，NH_4^+-N 的去除率随着过硫酸钠用量增加而缓慢增加。PS 在 MW-AC 作用下被活化产生高活性的 SO_4^-·，随着 PS 用量的增加，SO_4^-· 的量也增加，有利于降解有机物。随着 PS 用量的增加，NH_4^+-N 去除率增加表明有部分是通过 SO_4^-· 的强氧化去除的，可能是因为 SO_4^-· 作为强氧化剂从还原性的 NH_4^+-N 中获得电子，将 NH_4^+-N 氧化成高价态的物质。

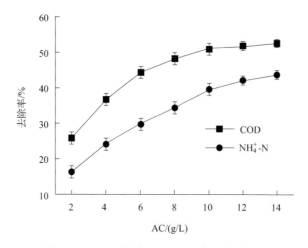

图 3-72　AC 用量对 COD 和 NH_4^+-N 去除影响

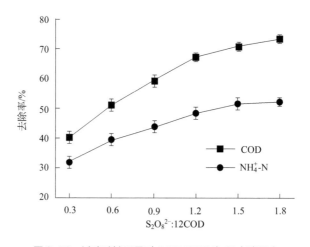

图 3-73　过硫酸钠用量对 COD 和 NH_4^+-N 去除影响

（2）pH 值对垃圾渗滤液处理效果的影响

图 3-74 显示的是 AC 用量为 10g/L，$S_2O_8^{2-}$：12COD=1.2，辐射功率和时间分别为 400W 和 10min。pH 值对 COD 和 NH_4^+-N 去除的影响如图 3-74 所示。在 pH 值对 COD 去除率影响上下波动不明显，原因可能是较低的 pH 值能够减少 CO_3^{2-} 和 HCO_3^- 对高活性氧物质（ROS）的猝灭程度，进而提高氧化性。而较高的 pH 值有助于产生更多的 $SO_4^-\cdot$，增强体系的氧化能力。NH_4^+-N 的去除随着 pH 值的增加而增大，pH=9 时趋于缓慢。主要是因为渗滤液中的 NH_4^+-N 以游离氨（NH_3）或铵盐（NH_4^+）的形式存在，且两者的平衡是受 pH 值控制的。pH 值位于 3 ～ 5 范围内 NH_4^+-N 去除率较处理前略有增加，这是因为渗滤液中的 NH_4^+-N 在酸性条件下主要以 NH_4^+ 形态存在，NH_4^+-N 不容易被去除；之后随着 pH 值增加，NH_4^+-N 逐渐由 NH_4^+ 转化为挥发性的 NH_3，在微波辐射高温作用下游离氨直接热解为气态形式从溶液中挥发去除。

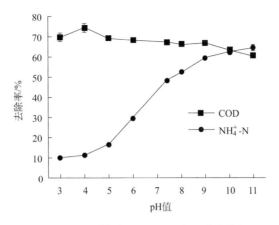

图 3-74　pH 值对 COD 和 NH$_4^+$-N 去除影响

（3）辐射时间和辐射功率对垃圾渗滤液处理效果的影响

固定反应条件为 AC 用量 =10g/L、S$_2$O$_8^{2-}$：12COD=1.2、pH=9。如图 3-75 所示，结果显示随着辐射时间和辐射功率的增加，COD 和 NH$_4^+$-N 去除率也在不断增加，功率越大，反应速率越快。关于对 COD 的去除，功率为 600W、500W、400W 的曲线分别在 8min、12min、14min 达到平稳状态，而功率为 300W 和 200W 的实验则一直处于增加的趋势。600W、500W、400W 的去除率在 10min 之前迅速上升，10min 之后趋于缓慢，与 300W 和 200W 的去除率变化恰好相反。关于对 NH$_4^+$-N 的去除，功率为 500W 的曲线与功率为 600W 的曲线非常接近，在 10min 时 NH$_4^+$-N 去除率分别为67.2% 和 69.1%，600W 相对于 500W 的实验太过剧烈。所以本实验认为适宜功率为500W、反应时间为 10min，此时测得 BOD$_5$/COD 值为 0.38。垃圾渗滤液中存在许多难降解的有机污染物及一些稳定的有机或无机胶体污染物，通过微波的作用促使液体分子产生高频振动，从而破坏胶体的稳定结构使其絮凝或被吸附于活性炭表面；另外，PS 在微波的热效应下产生的 SO$_4^-$•，能够将有机物快速氧化为无机小分子。NH$_4^+$-N 的去除除了活性炭的吸附和微波辐射絮凝之外，微波的热效应在 NH$_4^+$-N 的去除过程中发挥着重要的作用。

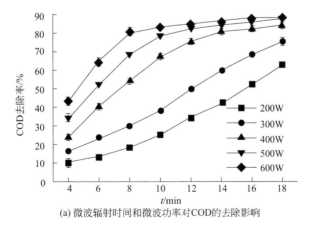

(a) 微波辐射时间和微波功率对COD的去除影响

图 3-75

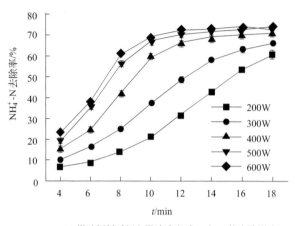

(b) 微波辐射时间和微波功率对 NH_4^+-N 的去除影响

图 3-75　微波辐射时间和微波功率对 COD 和 NH_4^+-N 的去除影响

（4）不同处理方法的比较

AC 用量为 10g/L、$S_2O_8^{2-}$：12COD=1.2、pH=9、功率为 500W 的不同组合工艺对垃圾渗滤液的处理结果如图 3-76 所示。MW-AC-PS 组合工艺对 COD 和 NH_4^+-N 的去除在速率和效率方面明显高于其他工艺。组合工艺在 10min 之后皆趋于平缓，对 10min 的实验结果进行分析，MW、MW-AC、MW-PS 和 MW-AC-PS 对 COD 的去除率分别为 39.7%、50.2%、56.3% 和 78.2%，对 NH_4^+-N 的去除率分别为 33%、48.6%、43% 和 67.2%，MW-AC-PS 组合工艺的降解作用大于 MW、AC 和 PS 单独作用之和，表明 MW、AC 和 PS 之间存在协同作用。

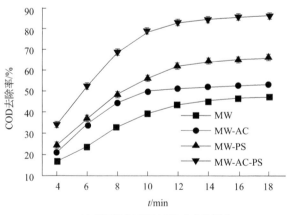

(a) 不同组合工艺对COD的去除影响

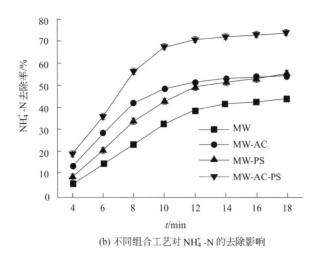

(b) 不同组合工艺对 NH_4^+-N 的去除影响

图 3-76　不同组合工艺对 COD 和 NH_4^+-N 的去除影响

（5）活性炭再利用

如图 3-77 所示，COD 和 NH_4^+-N 的去除率随着 AC 使用次数的增加而减少，在被使用 4 次之后，COD 去除率仍有 61.2%，而 NH_4^+-N 的去除率只有 46.1%，说明 AC 在去除有机物上具有较好的稳定性，可能是因为 AC 在高温下解吸仍具有一定的催化性；但其吸附性能在下降，原因可能有：a. AC 上 SO_4^{2-} 的累积，阻碍了 AC 与 PS 的接触；b. 反应的中间产物仍留在 AC 上，对反应产生不利影响。

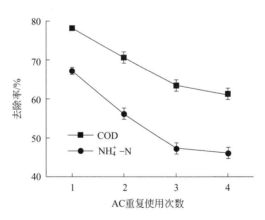

图 3-77　AC 在 MW-AC-PS 工艺中重复使用情况

3.5.2.3　结论

① AC 用量、PS 用量、pH 值、MW 功率及辐射时间对 COD 和 NH_4^+-N 的去除都有着重要的影响。实验最佳处理条件为：AC 用量为 10g/L、PS 用量为 $S_2O_8^{2-}$：12COD=1.2、pH 值为 9、MW 功率为 500W 和辐射时间为 10min，垃圾渗滤液中的 COD 和 NH_4^+-N

去除率分别为 78.2% 和 67.2%，BOD$_5$/COD 值由 0.17 增至 0.38。

② 采用 MW-AC-PS 组合工艺对垃圾渗滤液进行处理时，COD 和 NH$_4^+$-N 去除率显著高于单纯 MW 辐射、MW-AC 和 MW-PS，MW、AC 和 PS 之间存在协同作用。

③ 在活性炭再利用的实验中，COD 和 NH$_4^+$-N 去除率随着 AC 使用次数的增加而减小，在被使用 4 次之后 COD 去除率仍有 61.2%，而 NH$_4^+$-N 的去除率只有 46.1%。

参考文献

[1] 王宝贞，王琳. 水与废水的深度氧化处理技术 [M]. 南京：河海大学出版社，2000.

[2] 包文滌，夏巨敏，丛津生. 工业"三废"的治理 [M]. 石家庄：河北人民出版社，1979, 58-113.

[3] 王宝贞，王琳. 水污染治理新技术——新工艺、新概念、新概论 [M]. 北京：科学出版社，2004.

[4] Bossmann S H, Oliveros E, Gob S, et al. New evidence against hydroxyl radicals as reactive intermediates in the thermal and photochemically enhanced Fenton reaction [J]. J Phys Chem A, 1998, 102(28):5542-5550.

[5] 张文兵，肖贤明，傅家谟，等. 过氧化氢高级氧化技术去除水中有机污染物 [J]. 中国给水排水，2002(3)：89-92.

[6] 甄丽敏. Fenton 试剂处理垃圾渗滤液纳滤浓缩液实验研究 [J]. 山西农经，2018.

[7] 彭灿，丁宁，周静，等. 响应面法优化 Fenton 工艺处理反渗透浓缩液 [J]. 应用化工，2018(5).

[8] 田奋扬，王海俨，刘佳伟，等. Fenton 试剂 - 太阳光催化氧化法联合处理造纸黑液 [J]. 环境科学与技术，2018, 41(03):94-98.

[9] 李昂，李燕，孙少龙. 臭氧氧化技术及其在水处理中的应用 [J]. 中国资源综合利用，2013, 31(09):20-24.

[10] 李兰西，王艳. 水处理中光催化氧化剂的研究进展 [J]. 科技创新导报，2015, 12(07):114.

[11] 周秀文. TiO$_2$ 光催化剂的改性研究 [D]. 北京：中国工程物理研究院，2004.

[12] 智勇. 半导体光催化氧化的机理及实践应用 [J]. 鞍山师范学院学报，2005(02):35-40.

[13] 孙德智，等. 环境工程中的高级氧化技术 [M]. 北京：化学工业出版社，2002.

[14] 薛向东，金奇庭. TiO$_2$ 光降解水中污染物的研究进展 [J]. 中国给水排水，2001, 17(6):26-29.

[15] 方书起，曹奇，常春，等. 以 TiO$_2$ 为光催化剂的反应器结构研究进展 [J]. 现代化工，2019, 39(03):45-50.

[16] 唐玉朝，钱振型，钱中良，等. TiO$_2$ 薄膜光催化剂的制备及其活性 [J]. 环境科学学报，2002, 22(3)：393-396.

[17] Jeffrey G, Carl A, Richard D. A taylor vortex reactor for heterogeneous photocalalysis [J]. Chemical Engineering Science, 1995, 50(20)：3163-3173.

[18] Malcolm E, Robert L. The application of oscillatory flow mixing to photoeatalytic wet oxidation [J]. Journal of Photochemistry and Photobiology A：Chemistry, 1999, 129(1/2)：17-24.

[19] Kamble S P, Sawant S B, Pangarkar V G. Novel solar-based photocatalytic reactor for degradation of refractory pollutants [J]. AICHE Journal, 2004, 50(7)：1647-1650.

[20] 徐航，李梅，于天龙. 不同反应器形式下纳米 ZnO 光催化降解活性红 [J]. 河南科技大学学报：自然科学报，2014，35(1)：97-100.

[21] 李冬冬，佘江波，王丽莉，等. 二氧化钛负载光纤型光催化反应器的研究进展 [J]. 中国光学，2013，6(4)：513-520.

[22] 欧耳，王理明，郭雅妮，等. 柔性纤维负载 TiO₂ 光催化反应器的设计 [J]. 西安工程大学学报，2018，32(1)：54-60.

[23] Yasminek, Emad, Adham R, et al. Sand supported TiO₂ photocatalyst in a tray photo-reactor for the removal of emerging contaminants in wastewater [C]. Prague：Catalysis Today，2018.

[24] 魏冰，张巧玲，刘有智，等. 旋转盘反应器中 H₂O₂/TiO₂ 光催化氧化降解含酚废水 [J]. 化学工程，2016，44(5)：11-16.

[25] 马瑶瑶，潘保宏，徐志杰，等. 新型光催化水处理反应器的研究进展及展望 [J]. 建材世界，2018，39(1)：83-86.

[26] 马驰远，董永全，段吴燕，等. TiO₂ 光催化膜反应器处理有机废水的研究 [J]. 水处理技术，2014，40(5)：59-62.

[27] 魏永，赵威，董秉直. TiO₂/UV 光催化氧化偶合膜分离处理太湖水的效果 [J]. 中国给水排水，2017，33(15)：52-57.

[28] Fernandez R, Coleman H, Leclech P. Impact of operating conditions on the removal of endocrine disrupting chemicals by membrane photocatalytic reactor [J]. Environmental Technology，2014，35(16)：2068-2074.

[29] 张宏忠，张钰，王明花，等. 新型光催化膜反应器的设计及性能研究 [J]. 膜科学与技术，2017，37(2)：109-113.

[30] 肖国生. 管式光催化反应器的研发及其降解四环素废水的性能研究 [D]. 长春：吉林大学，2016.

[31] 王玉春，张丽，董丽华. 光催化氧化法污水处理反应器的研究进展 [J]. 科技信息，2012，(15)：94-95.

[32] 李鹏，樊少峰，康小华. 二氧化钛光催化在现代污染控制中的应用 [J]. 广东化工，2017，44(18)：110-111.

[33] 费学宁，董业硕，陈磊，等. 微米级负载型 TiO₂ 催化剂在光催化 - 膜分离反应器中的应用 [J]. 环境工程学报，2014，8(1)：162-169.

[34] 杨中国. 液 - 固流化床及气 - 液鼓泡塔光催化微小反应器的研究 [D]. 天津：天津大学，2016.

[35] 周爱姣，陶涛. 高压脉冲放电等离子体处理垃圾渗滤液 [J]. 武汉城市建设学院学报，2001，18(3-4)：44-48.

[36] Hashem T M, Zirlewagen M, Braun A M. Simultaneous photochemical generation of ozone in the gas phase and photolysis of aqueous reaction systems using one UV light source [J]. Wat Sci Tech，1997，35(4)：41-48.

[37] 陈俊，周炎，吴克，等. UV/O₃/Fenton 氧化工艺处理垃圾渗滤液效果研究 [J]. 佳木斯大学学报 (自然科学版)，2019，37(04)：615-617.

[38] 林伟. UV/H₂O₂ 高级氧化 +MBR 工艺处理垃圾渗滤液的研究 [J]. 广东化工，2016，43(13)：207-208，195.

[39] 杜振齐，王永磊，田立平，等. UV/H₂O₂ 工艺降解饮用水中有机微污染物研究进展 [J]. 山东建筑大学

学报，2019(04)：50-57.

[40] 孙洋. 垃圾渗滤液光化学组合工艺试验研究与装置研发 [D]. 南昌：南昌大学，2017.

[41] Steesen M. Chemical oxidation for the treatment of leachate-process comparison and results from full scale plants [J]. Wat Sci Tech, 1997, 35(4), 249-256.

[42] 丁耀彬. 基于过渡金属氧化物催化活化过一硫酸盐高级氧化方法及其在有机污染物降解中的应用 [D]. 武汉：华中科技大学，2013.

[43] Yang S, Ping W, Xin Y, et al. Degradation efficiencies of azo dye Acid Orange 7 by the interaction of heat, UV and anions with common oxidants: Persulfate, peroxymonosulfate and hydrogen peroxide [J]. Journal of Hazardous Materials, 2010, 179(1-3): 552-558.

[44] Antoniou M G, Cruz A A D L, Dionysiou D D. Degradation of microcystin-LR using sulfate radicals generated through photolysis, thermolysis and e-transfer mechanisms [J]. Applied Catalysis B Environmental, 2010, 96(3): 290-298.

[45] Tan C, Gao N, Deng Y, et al. Heat-activated persulfate oxidation of diuron in water [J]. Chemical Engineering Journal, 2012, 203(5): 294-300.

[46] Chou Y C, Lo S L, Kuo J, et al. Microwave-enhanced persulfate oxidation to treat mature landfill leachate [J]. Journal of Hazardous Materials, 2015, 284(284): 83-91.

[47] Li N, Li X M, Yang Q, et al. Landfill leachate treatment by microwave-enhanced persulfate oxidation process using activated carbon as catalyst [J]. Zhongguo Huanjing Kexue/China Environmental Science, 2014, 34(1): 91-96.

[48] Liu X, Lei F, Zhou Y, et al. Comparison of UV/PDS and UV/H_2O_2 processes for the degradation of atenolol in water [J]. Journal of Environmental Sciences, 2013, 25(8): 1519-1528.

[49] 刘占孟，占鹏，聂发辉，等. 亚铁活化过硫酸盐氧化渗滤液尾水工艺参数优化 [J]. 工业水处理，2016, 36(2): 29-32.

[50] 刘占孟，占鹏，李静，等. 零价铁活化过硫酸盐处理渗滤液生化尾水 [J]. 中国给水排水，2016(9): 112-115.

[51] Soubh A, Mokhtarani N. Post treatment of composting leachate with combination of ozone and persulfate oxidation process [J]. Rsc Advances, 2016, 6(80): 1-22.

[52] Kim S M, Geissen S U, Vogelpohl A. Landfill leachate treatment by a photoassisted Fenton reaction [J]. Water Sci Tech, 1997, 35(4): 239-248.

[53] Yao C C, Haag W R. Rate constants for direct reation of ozone with several dringking water contaminates [J]. Wat Res, 1991, 25(4): 761-773.

[54] Haag W R, Yao C C. Rate constants for reaction of hydroxyl radicals with several drinking water contaminants [J]. Enivron Sci Technol, 1992, 26: 1005-1013.

[55] Yao C C D, Haag W R. Rate constants for direct reaction of ozone with several drinking water contaminants [J]. Wat Res, 1991, 25(5): 761-773.

[56] Legube B, Guyon S, Dore M. Ozonation of aqueous solution of nitrogen heterocyclic compounds: benzotriazoles, atrazine, and amitrole [J]. Ozone Sci Engng, 1987, 17: 311-327.

[57] Brambilla A, Bolzacchini E, Meinardi S, et al. Reactivity of organic pollutants with ozone: a kinetic study

[J]. In Proceedings of the 12th Ozone World Congress, lille, France, 1995(1): 43-52.

[58] De Laat J, Dore M, Suty H. Ozonation of atrazines by advanced oxidation processes, By-product and kinetics rate constants [J]. Rev Sci Eau, 1955, 8: 23-42.

[59] Meijers R T, Oderwald-Mueller E J, Nuhn P M, et al. Degradation of pesticides by ozonation and advanced oxidation [J]. Ozone Sci Engng, 1995, 17: 673-686.

[60] Roche P, Prados M. Removal of pesticides by use of ozone or hydrogen peroxide ozone [J]. Ozone Sci Engng 1995, 17: 75-99.

[61] Betran F J, Gonzalez M, Riva J, et al. Oxidation of mecoprop in water with ozone and ozone combined with hydrogen peroxide [J]. Ind Eng Chem Res, 1994, 33, 125-136.

[62] Schuer C, Wimmer B, Bisschot H, et al. Oxidative decomposition of organic water pollutants with UV-activated hydrogen peroxide: Determination of anionic products by ion chromatography [J]. J Chromotogr, 1995, A 706, 253-258.

[63] Wenzel A, Gahr A, Niessner R. TOC-removal and degradation of pollutants in leachate using a thin-film photoreactor [J]. Water Res, 1999, 33(4): 937-946.

[64] 唐国卿. 臭氧高级氧化应用于垃圾渗滤液 NF 浓缩液工程中总氮的去除的案例 [J]. 环境与发展, 2017, 29(10): 79-80, 82.

[65] 黄小琴. 聚铁混凝 - 臭氧催化氧化 - 曝气生物滤池深度处理垃圾渗滤液 [D]. 广州: 华南理工大学, 2017.

[66] 贺磊. 臭氧氧化 - 三维电极电解联用技术深度处理垃圾渗滤液 [A]. 环境工程, 2017: 5.

[67] 张潇逸, 何青春, 蒋进元, 等. 类芬顿处理技术研究进展综述 [J]. 环境科学与管理, 2015, 40(06): 58-61.

[68] 章琴琴, 宋诚, 华亚妮, 等. Fenton 法降解垃圾渗滤液中的溶解性有机质 [J]. 环境工程学报, 2017, 11(04):2219-2226.

[69] 简丽, 张彭义, 毕海. 水中天然有机物的臭氧强化光催化降解研究 [J]. 环境科学学报, 2005, 25(12):58-63.

[70] 杨振宁, 卫威. UV-Fenton、Fenton 和 O_3 氧化法处理垃圾渗滤液反渗透膜浓缩液的对比研究 [J]. 环境工程学报, 2016, 10(07): 3853-3858.

[71] 崔晓宇, 王少坡, 于静洁, 等. 水中有机氮去除方法研究进展 [J]. 水处理技术, 2013, 39(2): 11-15.

[72] Liu Z M, Li X, Rao Z W, et al. Treatment of landfill leachate biochemical effluent using the nano-Fe_3O_4/$Na_2S_2O_8$ system: Oxidation performance, wastewater spectral analysis, and activator characterization [J]. Journal of Environmental Management, 2018, 208:159-168.

[73] 马翠, 刘亚琦, 张寒旭, 等. 锆柱撑膨润土负载纳米 Fe_3O_4 多相类芬顿处理老龄垃圾渗滤液 [J]. 华侨大学学报 (自然科学版), 2018, 39(06): 844-850.

[74] Lu Lichun, Peter S J, Lyman M D, et al. In vitro degradation of porous poly(L-lactic acid) foams [J]. Biomaterials, 2000, 21(15):1595-1605.

[75] 庞月森. 光催化降解有机废水的研究进展 [J]. 建筑与预算, 2016(10): 44-47.

[76] Jia C Z , Zhu J Q , Qin Q Y . Variation characteristics of different fractions of dissolved organic matter in landfill leachate during UV-TiO_2 photocatalytic degradation [C] // Third International Conference on

Intelligent System Design & Engineering Applications, IEEE, 2013.

[77] Jia C, Wang Y, Zhang C, et al. UV-TiO_2 photocatalytic degradation of landfill leachate [J]. Water, Air & Soil Pollution, 2011, 217(1-4): 375-385.

[78] 何俊旗, 蒋宝军, 邢云鹏. TiO_2 光催化降解垃圾渗滤液中污染物质的实验研究 [J]. 中国资源综合利用. 2016(02): 27-29.

[79] 晏发春, 汪恂, 朱雷, 等. 水热法制备纳米 TiO_2 处理垃圾渗滤液的实验研究 [J]. 工业安全与环保, 2016, 42(05): 23-26.

[80] 余臻. 光催化氧化技术在水处理中的应用及研究进展 [J]. 绿色科技, 2019(08): 62-63.

[81] 孙洋. 垃圾渗滤液光化学组合工艺试验研究与装置研发 [D]. 南昌: 南昌大学, 2017.

[82] 孙翼虎, 肖取武, 孙铁刚. 亚铁活化过硫酸盐处理晚期垃圾渗滤液的研究 [J]. 广州化工, 2019, 47(09): 101-103.

[83] 李娜, 李小明, 杨麒, 等. 微波 / 活性炭强化过硫酸盐氧化处理垃圾渗滤液研究 [J]. 中国环境科学, 2014, 34(01): 91-96.

第 4 章

垃圾渗滤液的膜处理技术

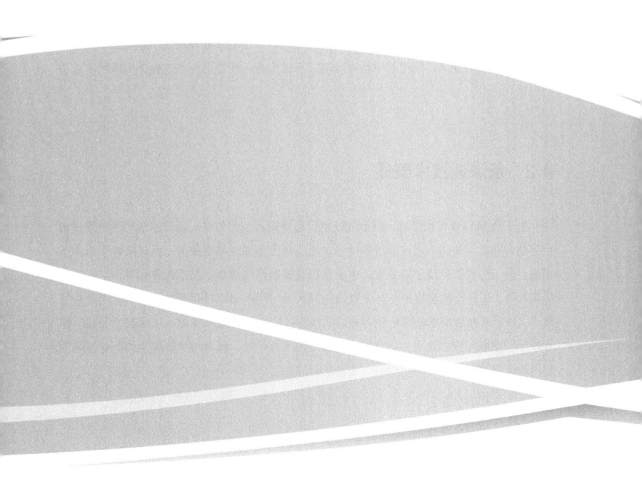

4.1　我国垃圾渗滤液发展历程

目前垃圾填埋处理仍是国内城市生活垃圾主要处理方式[1]。

从时间及处理工艺看，我国垃圾渗滤液的处理经历了以下四个阶段。

第一阶段为 20 世纪 90 年代初期，处理工艺主要参照城市污水的处理方法，采用以生物处理为主的处理工艺。此阶段，由于渗滤液处理场主要参照城市污水处理厂进行建设，没有考虑渗滤液水质特性，因此存在不能稳定运行的状况，出水也不能稳定达标。

第二阶段为 20 世纪 90 年代中后期，研究人员考虑到渗滤液的水质独特性，如高浓度的氨氮、高浓度的有机物等，采取了脱氨措施，采取的处理工艺一般为氨吹脱 + 厌氧处理 + 好氧处理。

第三阶段为 2000 ～ 2007 年，由于经济的飞速发展，新建的渗滤液处理场一般远离城区，渗滤液没有条件排入城市污水管网，因此处理要求也相应提高，一般需要处理到二级甚至一级排放标准。此时的渗滤液若仅靠生物处理无法达到处理要求，一般采取生物处理 + 深度处理的方法。

第四阶段为 2008 年至今，由于我国 2008 年重新修订了《生活垃圾填埋场污染控制标准》(GB 16889)，对垃圾场选址、填埋物控制、渗滤液处理提出了新的要求[2]。为了达到污染控制要求，深度处理基本采用反渗透技术。反渗透技术的优化和膜污染成为研究热点。

4.2　反渗透技术概述

从 20 世纪 60 年代开始，反渗透技术日益受到人们的关注。该技术是利用半透膜和化学混合物相互接触，通过静压梯度的作用选择性地通过某些物质，而其他物质基本不渗透，进而实现物质成分的分离。由于反渗透技术操作简单、易于操作和掌握，其经济成本低廉，而且反渗透技术与其他物理化学水处理技术相比具有高效、清洁、无污染等优点，已经成为目前水处理中使用最广的技术。特别是在海水淡化、工业废水处理、纯水净化、放射性废水处理、城市给水处理、超纯水制备、城市污水处理及利用等方面得到普遍应用[3]。

4.2.1　反渗透的分离机理及分离规律

4.2.1.1　分离机理

在从溶液中分离溶剂的过程中，根据不同溶剂渗透压不同的原理，利用压力使溶剂从溶液中分离的技术称为反渗透技术。由于这种渗透过程是与自然渗透方向相反的，需要借助反渗透膜来进行，因此该技术又被称为膜分离技术。能够通过反渗透技术进行分离和过滤的物质很多，例如水溶液中的胶体大分子溶质以及各类无机离子等，也可将有机溶液中的水分离，对有机物进行浓缩[4]。

反渗透膜的选择透过性与组分在膜中的溶解、吸附和扩散有关，因此除与膜孔的大小结构有关外，还与膜的化学、物理性质有密切的关系，即与组分和膜之间的相互作用密切相关。由此可见，反渗透分离过程中化学因素（膜及其表面特性）起主导作用。

4.2.1.2　反渗透膜的性能

反渗透膜对无机离子的分离率随离子价数的增高而增高，价数相同时，分离率随离子半径而变化。下列离子的分离规律一般是：$Li^+>Na^+>K^+>Rb^+>Cs^+$，$Mg^{2+}>Ca^{2+}>Sr^{2+}>Ba^{2+}$。

对多原子单价阴离子的分离规律是：$IO_3^->BrO_2^->ClO^-$。

对极性有机物的分离率：醛 > 醇 > 胺 > 酸，叔胺 > 仲胺 > 伯胺，柠檬酸 > 酒石酸 > 苹果酸 > 乳酸 > 醋酸，等等。

对异构体：叔（*tert-*）> 异（*iso-*）> 仲（*sec-*）> 原（*pri-*）。

对于同一族系：分子量大的分离性能好。

有机物的钠盐分离性能好，而苯酚和苯酚的衍生物则显示了负分离。极性或非极性、解离或非解离的有机溶质的水溶液，当它们进行膜分离时，溶质、溶剂和膜间的相互作用决定了膜的选择透过性。这些作用包括静电力、氢键结合力、疏水性和电子转移四种类型。

一般溶质对膜的物理性质或传递性质影响都不大，只有酚和某些低分子量有机化合物会使醋酸纤维素（膜材料）在水溶液中溶胀，这些组分的存在一般会使膜的水通量下降，有时还会下降很多。

脱除率随离子电荷的增加而增加，绝大多数含二价离子的盐基本上能被经 80℃以上的温度热处理的非对称 CA（醋酸纤维素）膜完全脱除。

对碱式卤化物的脱除率随周期表次序下降，对无机酸则趋势相反。

硝酸盐、高氯酸盐、氰化物、硫代硫酸盐的脱除效果不如氯化物好，铵盐的脱除效果不如钠盐。

许多低分子量非电解质的脱除效果不好，其中包括某些气体（如氨、氯、二氧化碳和硫化氢）溶液，以及硼酸之类的弱酸和有机分子。

对分子量大于 150 的大多数组分，不管是电解质还是非电解质都能很好地脱除。此外，反渗透膜对芳香烃、环烷烃、烷烃及氯化钠等的分离顺序是不同的。

4.2.2　反渗透膜组件

4.2.2.1　膜组件的类型

膜组件的类型主要有管式膜组件、碟式膜组件及螺旋卷式膜组件（见图 4-1）以及其他改进的膜组件形式。

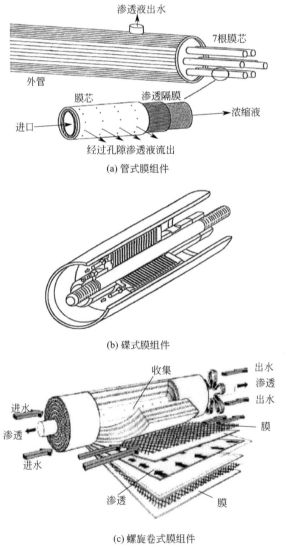

(a) 管式膜组件

(b) 碟式膜组件

(c) 螺旋卷式膜组件

图 4-1　反渗透膜组件

　　反渗透的进水为高浓度的原渗滤液，最初许多研究者安装了管式膜组件，经过几年的运行实践后又改装成碟式膜组件。其后开发的螺旋卷式膜组件大大地改进了反渗透膜处理技术，它具有较好的水力特性，而且又不像碟式膜组件那样容易结垢。原因在于在液体进入螺旋卷式膜组件时是径直流入而不发生偏移，这就是所谓的"宽间隔螺旋卷式膜组件"，它与碟式膜组件相比具有类似或更好的运行效果。碟式膜组件不能过滤固体颗粒物，因为它具有 100 多个膜片且偏移角度达 180°。更重要的是螺旋卷式膜组件的膜更换费用非常低。而碟式膜组件中液流速度从内向外逐渐增加，这一水力特性极易引起膜污染和结垢。

　　管式膜、碟式膜和宽间隔螺旋卷式膜的主要不同点是组件密度（膜面积 / 膜组件体积）不同。螺旋卷式膜的组件密度最大，所以相应基建和运行费用较低。

　　从膜污染的概率看，从管式膜组件到宽间隔螺旋卷式膜组件再到碟式膜组件依次增加，因此废水处理前必须进行预处理。而对于难处理的废水来说应首选管式膜组件。

　　在后续的深度处理阶段，由于进水具有较高的纯度，所以可采用高密度的膜组件。标准螺旋卷式膜的组件密度最大，采用它要比采用管式膜组件、碟式膜组件和宽间隔螺旋卷式膜组件更经济。

　　根据以上的经验就产生了宽间隔螺旋卷式膜组件技术，与碟式膜组件技术相比，其优点主要表现在前者是高压反渗透处理系统，其压力降高达 100bar（1bar=0.1MPa）。就处理垃圾渗滤液和工业废水而言，不论是从基建费用还是从运行费用上来说该技术都具有绝对优势。

4.2.2.2　膜组件的运行方式

　　根据需求，为了确保工厂的处理能力，膜组件可采用多级串联方式运行，通过二级或三级的膜组件串联运行，处理第一级的膜出水。表 4-1 为标准的多级串联处理结果，但所选择的工艺类型及膜组件的具体特性要随特定的实际应用需求而定。而实际的去除能力主要由温度、pH 值和浓度等参数决定。

表 4-1　标准多级反渗透膜串联系统的处理结果

参数	截留污染物 /%					
	级数					
	1		2		3	
	最小值	最大值	最小值	最大值	最小值	最大值
COD	85.0	98.0	97.5	99.9	97.5	99.9
BOD_5	80.0	97.0	96.4	99.8	96.4	99.9
TOC	85.0	98.0	98.0	99.7	98.0	99.9
AOX	80.0	95.0	97.5	99.5	97.5	99.9
TN	75.0	95.0	95.0	99.0	95.0	99.9
NH_4^+-N	75.0	95.0	95.0	98.5	95.0	99.8
NO_x-N	70.0	85.0	95.0	98.0	95.0	99.7

参数	截留污染物 /%					
	级数					
	1		2		3	
	最小值	最大值	最小值	最大值	最小值	最大值
PO_4^{3-}-P	95.0	98.0	95.0	99.0	95.0	99.9
重金属	85.0	98.0	90.0	99.0	90.0	99.9

具体某一级反渗透阶段的膜组件布置形式如何，首先就是保证膜表面有一定的流速，以避免污染物的沉积引起膜透过效率降低。图 4-2 中的各处理阶段的膜组件组合没有透过液的循环，膜组件呈树枝状布置。这种布置方案各段的膜面积随着流量的降低而减小，目的是保持各级膜组件的流速相同。目前这种布置方案已被循环式布置（图 4-3）所取代，因为循环式布置可处理不同浓度、温度和体积的废水。此外，树枝状布置易产生膜阻塞现象，在实际工程中不常被采用。

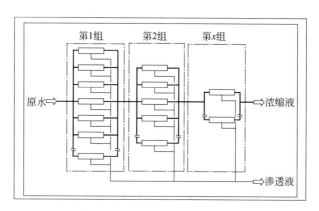

图 4-2　膜组件的树枝状布置方式

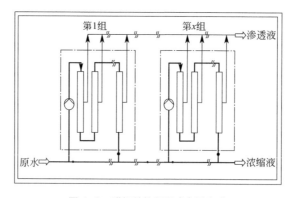

图 4-3　膜组件的循环式布置方式

4.2.2.3　DTRO 系统的工作原理

（1）DTRO（碟管式反渗透）膜组件的结构

其膜柱是通过两端都有螺牙的不锈钢管将一组反渗透膜片与水力导流盘紧密集结成筒状，安装在筒式耐压容器内（图4-4）。反渗透膜片由两张同心环状反渗透膜组成，膜中间夹着一层丝状支架（能使透过膜片的净水快速流向出口），这三层环状材料的外环用超声波技术焊接，内环开口，为净水出口。水力导流盘表面布满按一定方式排列的凸点，使进料液形成湍流，增加透过速率和自清洗功能。膜片呈八角形，内接于水力导流盘内，水力导流盘外环凸出约 1mm，将膜片夹在中间，但不对膜片产生压力，DTRO 膜片和导流盘之间有比较宽敞的开放式通道，使处理液快速切向流过膜片表面（图4-5）。

(a)

(b)

图 4-4　碟管式膜柱示意

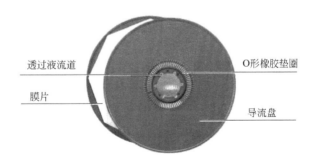

图 4-5　碟管式膜片和水力导流盘

独特的设计理念使 DTRO 膜组件具有区别于其他种类膜组件的特点。

1）流体行程短

卷式膜组件长度约 1m，流体在其内的行程就有 1m，而碟管式膜组件长度只有

0.16m，也就是流体在其内的行程只有 0.16m。流道长的弊端是在浓缩过程中液体会因为行程长而浓差极化，导致堵塞。

2）膜片通道宽

卷式膜中膜与膜之间距离为 0.5～0.9mm，且有网状支撑层，而 DTRO 中膜片与导流盘之间距离为 6mm，窄与宽区别在于对进入膜组件液体的淤泥密度指数（silt density index，SDI）的限制，卷式膜必须小于 5，碟管式膜可高达 20。

3）流体湍流强

卷式膜中膜与膜之间是网状支撑层，而 DTRO 中膜与膜之间是导流盘，导流盘两面有科学分布的凸点，网与点的区别在于流体在卷式膜组件中是平缓前进的，而在 DTRO 膜组件中是扰动前进的。导流盘上的凸点使进入膜柱的渗滤液产生强湍流，一方面有利于水分子透过膜片，另一方面有利于冲刷掉膜片上沉积的污染物。

（2）DTRO 膜组件的工作原理

DTRO 系统就是利用压力使渗滤液中的水分子透过反渗透膜，把所有污染物质包括小分子溶质如氨氮等分子及离子截留，从而达到净化渗滤液的目的。

渗滤液在高压泵作用下进入膜柱，渗滤液中的水分在压力作用下克服渗透压，透过膜片由外向内渗入两片膜片中间，沿丝状支架流到中心拉杆外围，借助导流盘上镶嵌的 O 形橡胶垫圈与处理液隔离并经拉杆外的通道流出。浓缩液体在膜表面流动并从底部排出。进水在压力作用下不断进行 180° 转向，从而有效地避免膜堵塞和浓差极化现象，清洗时也容易将膜片上的积垢洗净，保证 DTRO 适用于处理高浑浊度和高含砂系数的废水。

膜的分离及水流动过程如图 4-6 所示。

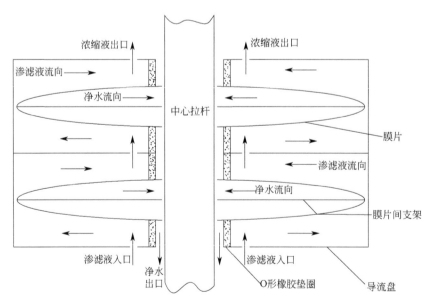

图 4-6　渗滤液及渗透液在膜柱内的流动过程示意

4.3 DTRO 系统处理填埋渗滤液的工程概况

4.3.1 长生桥垃圾卫生填埋场概况

重庆市长生桥垃圾卫生填埋场[5]采用 DTRO 系统处理渗滤液，其是重庆市世界银行环境项目中固体废料管理项目的一个子项目，是重庆市主城区规划建设的三个大型垃圾处理厂之一，位于重庆市南岸区长生桥茶园村，距离市中心约 20km，距高速公路外环线茶园出口 3km。

长生桥卫生垃圾填埋场占地 1037 亩（1 亩 =666.67 平方米），其中生产作业区 818 亩，设计库容 1200 万立方米。填埋场分 A、B 两区，其中 A 区面积 21.55 万平方米，容积 820 万立方米。日处理垃圾量为 1500t，服务年限 32 年。服务区域为重庆市渝中区、南岸区、巴南区的全部垃圾及大渡口区、九龙坡区的部分城市生活垃圾，主城区 44% 的生活垃圾将在此"消化"。

长生桥填埋场充分利用山区丘陵地形特点，按照国际先进的卫生填埋处理工艺进行设计。该场由拦渣坝、拦洪坝、进场公路、环场道路、填埋区、渗滤液处理场、管理区等子项目构成，如图 4-7 所示。填埋场呈 Y 字形，在该场的上端设置有拦洪坝和排洪渠，30m 高的拦洪坝堵在入口处，它拦截的积水将绕着一条 3m 宽、2.8km 长的绕场排洪渠流下山，防止雨水进入填埋区，以减少垃圾渗滤液的排放处理量；填埋区域的底部设置有防渗垫层 HDPE 膜、滤液收集管道、导气石笼，用于收集渗滤液和沼气，防止渗滤液随意流出污染环境以及沼气溢出；填埋场的下端设置拦渣坝和渗滤液处理场。

(a) 长生桥卫生垃圾填埋场局部图

(b) 渗滤液处理工程鸟瞰图

图 4-7　长生桥垃圾卫生填埋场与渗滤液处理工程

垃圾作业按单元分区填埋,垃圾车进场后,先经场内公路上的地磅计量,至指定作业区卸载,然后车辆退出、冲洗轮胎、出场。垃圾在作业单元内,用压实机压实到 $0.9t/m^3$ 的密度,消毒杀虫,当垃圾高度达到 2.5m 时覆盖土层 0.15m。如此循环,直至全场填埋满。沼气通过导管收集导出,最后做燃烧处理。

渗滤液处理场位于填埋场东北方向拦渣坝外侧,占地约 40 亩。长生桥卫生垃圾填埋场产生的垃圾渗滤液若不经处理直接排放,将严重污染长江三峡的水环境,造成库区污染,带来无法挽回的损失。为了使渗滤液处理达到国家一级排放标准,经过多方技术经济比较,采用碟管式反渗透系统-浓缩液回灌工艺,日处理能力 $500m^3$,日产清水量 $400m^3$。渗滤液处理工程设计进水水质及出水水质列于表 4-2。

表 4-2　渗滤液工艺水质设计指标

水质指标	设计渗滤液水质	设计出水水质	国家一级排放标准
COD/(mg/L)	12000～15000	100	100
BOD_5/(mg/L)	5000～8000	30	30
SS/(mg/L)	1900	70	70
NH_3-N/(mg/L)	2000	15	15
pH 值	6～9	6～9	6～9
电导率 /(μS/cm)	12000	1000	未要求

4.3.2　长生桥填埋渗滤液的组成成分

4.3.2.1　长生桥填埋垃圾的组成

详细考察长生桥垃圾卫生填埋场运行规律,对西南地区的垃圾渗滤液处理具有重要的指导作用。重庆主城区的生活垃圾以居民生活垃圾中的厨余垃圾为主,垃圾组成如表 4-3 所列。可见粒径的垃圾占垃圾总量的 80.74%,其中有机类物质占 45.95%,除橡塑类外,占比例为 34.13% 的有机类物质均可被微生物分解利用,玻璃、砖瓦和金属等无机类物质占 6.36%。重庆生活垃圾理化特性见表 4-4,其容重比全国平均值高,低位热值高于焚烧垃圾所需低位热值。

表 4-3　重庆主城区垃圾组成　　　　　　　　　　　单位:%

粒径 >15mm										粒径 <15mm
叶果	橡塑	纸类	砖瓦	布织物	玻璃	杂骨	竹木	金属	其他	砂土渣
22.82	11.82	5.39	3.01	2.84	2.19	1.55	1.53	1.16	28.43	19.26

表 4-4　重庆主城区垃圾理化特性

容重 /(kg/m³)	含水率 /%	高位热值 /(kJ/kg)	低位热值 /(kJ/kg)
470	53.59	6064.23	4785.01

4.3.2.2　长生桥垃圾卫生填埋场渗滤液的组成成分

长生桥垃圾卫生填埋场的渗滤液性质与填埋垃圾的组成成分密切相关。表 4-5 是填埋场运行 6 个月的水质检测结果。填埋场运行 6 个月后已经度过了适应期及好氧分解期，处于厌氧期，此时渗滤液为 "年轻"的渗滤液。

表 4-5　长生桥填埋场的渗滤液水质

水质参数	数值	水质参数	数值
COD/(mg/L)	9080	Ca^{2+}/(mg/L)	284
TOC/(mg/L)	3190	Ba^{2+}/(mg/L)	0.194
总碱度 /(mg/L)	4080	Mg/(mg/L)	248
可滤残渣 /(mg/L)	950	Fe/(mg/L)	13.5
总残渣 /(mg/L)	11100	Mn/(mg/L)	1.14
TP/(mg/L)	11	Sr/(mg/L)	4.52
NH_3-N/(mg/L)	1200	Ni/(mg/L)	0.103
NO_2^--N/(mg/L)	0.308	Cr/(mg/L)	0.476
NO_3^--N/(mg/L)	2.54	As/(mg/L)	0.005
CO_2/(mg/L)	1250	Cu/(mg/L)	0.104
F^-/(mg/L)	1.59	Zn/(mg/L)	0.154
Cl^-/(mg/L)	3080	Pb/(mg/L)	0.071
SO_4^{2-}/(mg/L)	369	Hg/(mg/L)	0.00029
Na^+/(mg/L)	953	Cd/(mg/L)	0.013

4.3.3　渗滤液处理工艺流程

长生桥垃圾卫生填埋场的渗滤液经收集管收集后，在拦渣坝下方设置防腐、防渗排水检查井，再由管道重力引入调节池旁的配水槽内。渗滤液在调节池内进行充分均化，达到均匀的水质水量后，经提升泵进入 DTRO 系统。

在 DTRO 系统内，渗滤液首先进入原水储罐，通过加入硫酸调节 pH 值到 6.0～6.5，然后进入砂滤器除去粒径＞50μm 的颗粒，再进入过滤精度 10μm 的芯式过滤器，以确保高压泵的正常运行和 DTRO 的进水水质；去除悬浮物的渗滤液经高压泵进入一级 DTRO 单元，其透过液进入二级 DTRO 做深度处理。一级 DTRO 单元的浓缩液排到浓缩液储罐，回灌至垃圾填埋场。二级 DTRO 产生的浓缩液回流至砂滤器前的进水管路中，再次进入一级 DTRO 单元进行处理。二级 DTRO 的透过液经脱气塔脱除 CO_2，提高 pH 值后进入透过液储罐。

图 4-8 为渗滤液处理工艺流程，图 4-9 为渗滤液处理的工程图片。

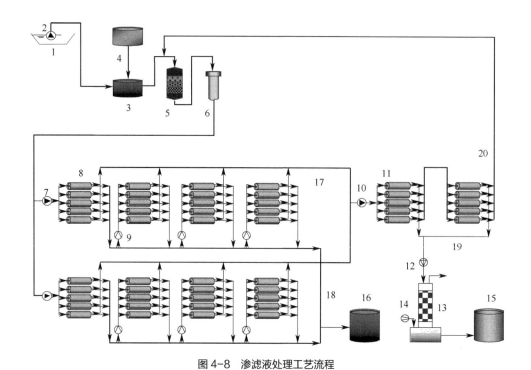

图4-8 渗滤液处理工艺流程

1—调节池；2—提升泵；3—原水储罐；4—硫酸罐；5—砂滤器；6—芯式过滤器；7—一级高压泵；8—一级DTRO膜组件；

9—一级在线增压泵 10—二级高压泵；11—二级DTRO膜组件；12—透过液泵；13—脱气塔；14—鼓风机；

15—透过液储罐；16—浓缩液储罐；17—一级透过液；18—一级浓缩液；19—二级透过液；20—二级浓缩液

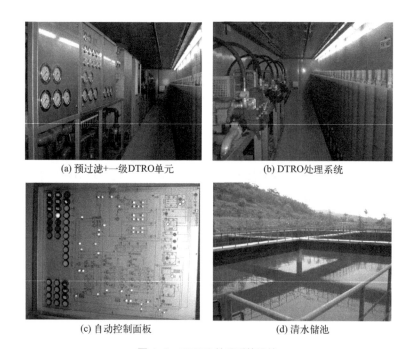

(a) 预过滤+一级DTRO单元　　　　　　(b) DTRO处理系统

(c) 自动控制面板　　　　　　(d) 清水储池

图4-9 DTRO处理系统照片

4.3.4 渗滤液处理系统设计参数

4.3.4.1 DTRO 系统设计参数

碟管式反渗透系统由预处理系统（包括砂滤器和芯式过滤器）、两级反渗透系统、自动清洗系统、PLC 控制系统、除味系统、浓缩液处理系统六个子系统组成。除浓缩液处理系统根据工程需要配套外，其余系统均整套内置。DTRO 系统的关键部分是碟管式膜柱。

DTRO 系统中，除硫酸罐、原水储罐、浓缩液储罐和透过液储罐外，均安装在 3 只标准的 40 英尺（1 英尺 =30.48 厘米）集装箱内。集装箱尺寸为 12.192m（长）×7.5m（宽）×2.435m（高）。

（1）砂滤器

3 台（2 用 1 备）交替使用，每台容积 450L，直径 614mm，长 2011mm。容器内由上至下填充三种不同粒径的细砂：3.0 ~ 5.0mm、2.0 ~ 3.0mm、0.12 ~ 0.7mm。经过砂滤器后的渗滤液中粒径大于 50μm 的颗粒被全部除去。砂滤器压力降至 0.2MPa 时需进行反冲洗，包括空气反冲洗、水力反冲洗和正向水力压实三个阶段，历时 20min，冲洗后的废水进入调节池。反冲洗可由自控系统自动完成，也可手动完成。

（2）精密过滤器

2 台，纤维滤芯过滤，过滤精度 10μm，以确保高压泵的正常运转及 DTRO 的进水水质。芯式过滤器不需清洗，当工作压力降至 0.2MPa 时必须更换。

（3）一级 DTRO

RO（反渗透）进水设计流量为 545m³/d，透过液 445.3m³/d。设计操作压力 5.0MPa。200 根膜柱分两组并联，每组膜柱按 14—29—29—28 排列，除第一段外，均设置了管道在线泵，该泵同时从高压泵和前级的膜柱组中吸收进液，因此前级部分浓缩液将再次流过膜柱组（即浓缩液循环），使得透过液产量最大化，透过液进入二级 DTRO 做精化处理，浓缩液排到浓缩液储罐，再回灌至垃圾填埋场。

（4）二级 DTRO

处理水量 445.3m³/d，净水 400.3m³/d。共 56 根膜柱，按 38—18 两段运行，该级的浓缩液通过高压泵前的补偿管回到高压泵，进行浓缩液循环。最终浓缩液通过阀门回流至砂滤器的进水端，二级反渗透的透过液进入除气塔脱除 CO_2，提高出水 pH 值。两级 DTRO 膜组件的特点及工程运行参数列于表 4-6。

表 4-6　膜柱特点及工程运行参数

参数	单位	一级反渗透	二级反渗透
膜组件	——	ROAW 91612.DTS200	ROAW 91612.DTS56
构型	——	碟管式	碟管式

参数	单位	一级反渗透	二级反渗透
膜材质	—	聚酰胺	聚酰胺
膜柱长	mm	1000	1000
膜柱直径	mm	214	214
膜面积	m^2	1549.1	482.0
膜通量	$L/(m^2 \cdot h)$	12.0	34.6
额定运行压力	MPa	5	3
膜柱数	支	200	56
运行温度	℃	5～35	5～35
处理能力	m^3/d	545	445.3
回收率	%	81.7	90

（5）脱气塔

为防止结垢而加入的硫酸会与碳酸氢盐反应产生 CO_2，CO_2 不被膜截留，因此它通过膜进入透过液中，使得透过液呈酸性；因 CO_2 通过膜时对微生物活性有抑制作用，有利于防止膜的生物污染，因此在工艺最末端，即进入透过液储罐前通过脱气塔加以排除。脱气时，透过液由脱气塔上部向下流，而空气经鼓风机向上行，二者逆向而流的过程中在填料层进行充分接触，CO_2 得以去除。脱除 CO_2 的最终产水由液位开关控制排放。

（6）罐系统

包括系统内的所有储罐，如硫酸罐、原水储罐、清洗剂罐、阻垢剂罐等。罐系统自成为独立的系统，由液位传感器控制其运行，所有易漏部位均安装有检漏装置。

4.3.4.2　辅助处理单元设计参数

渗滤液处理的主要构筑物设计参数列于表 4-7；辅助处理单元的设计参数列于表4-8。

表4-7　渗滤液处理的主要构筑物设计参数

名称	尺寸 /m	有效容积 /m^3	结构	数量	备注
调节池	135×65×6.9	50000	钢筋混凝土	1	两格，坡度 1.5%，防渗、防腐
集水井	3.0×1.2×9.0	28	钢筋混凝土	1	防渗、防腐
监控池	35×30×7.2	7000	钢筋混凝土	1	含浓缩液贮存池
浓缩液贮存池	15×10×7.2	1000	钢筋混凝土	1	防渗、防腐

注：调节池的高度按进水端低点计。

表 4-8　辅助处理单元的设计参数

设备	型号及材质	单位	数量	主要参数	备注
调节池潜水曝气机	TA151 M30-4 曝气部分：不锈钢 电机外壳：铸铁	台	5	最大浸没深度：5m 清水充氧量：4kg/h N=5kW	4 台
调节池提升泵 （带自耦装置）	AS0641S30/2D 轴：不锈钢 泵体：铸铁	台	2	H=19.4m Q=24.9m³/h N=3.0kW	1 用 1 备
调节池排泥泵 （带自耦装置）	AFP1048M185/2 轴：不锈钢 泵体：铸铁	台	2	H=60m Q=20m³/h N=18.5kW	1 用 1 备
浓缩液回灌泵 （带自耦装置）	AFP1048M185/2 轴：不锈钢 泵体：铸铁	台	3	H=60m Q=20m³/h N=18.5kW	2 用 1 备

（1）调节池

1 座，有效容积 50000m³，尺寸 135m×65m×6.9m，超高 0.5m。自带液位控制。分为两格，钢筋混凝土结构，可串联、并联或交替（单独）使用。每池安装 1 台潜水排泥泵用于提升池底污泥。在设计中，考虑到自然地形，并本着尽量减少土石方工程量的原则，两池池底高差设计为 1.9m。进水由配水槽中的闸板控制，按需要分别流入各池。

（2）集水井

1 座，有效容积 28m³，尺寸 3.0m×1.2m，钢筋混凝土结构，池深 9.0m，超高 0.5m。

（3）监控池

1 座，有效容积 7000m³，尺寸 35m×30m，钢筋混凝土结构，池深 7.2m，超高 0.5m。

（4）浓缩液贮存池

1 座，有效容积 1000m³（与监控池合建），尺寸为 15m×10m，钢筋混凝土结构，池深 7.2m，超高 0.6m。采用 C25 防水混凝土，防渗等级 S8。内设 1 台潜水排污泵，另设 1 台库存备用，自带液位控制。

4.4　DTRO 系统除污染效能

垃圾渗滤液水质的变化受垃圾组成、垃圾含水率、垃圾填埋时间、垃圾体内温度、降雨渗透量等因素影响，其中垃圾填埋时间和降雨渗透量是影响渗滤液水质变化的主要因素。

由于渗滤液成分复杂，故选取电导率、COD、BOD_5、NH_3-N 及 pH 值等几项水质综合指标来考察其水质变化规律，就具体水质指标，分为一级单元、二级单元、最终出水、浓缩液等几部分，详细分析 DTRO 的去除效果及影响因素。

4.4.1 电导率的去除

4.4.1.1 电导率与含盐量的关系

DTRO 以电导率作为渗滤液处理效果的衡量标准，其自动控制系统能自动显示出渗滤液、透过液和浓缩液的电导率变化情况，分析工作简便且快速，并易于随时掌握系统运行状况及调节运行工况。

由于水溶液中溶解的绝大多数盐分为强电解质，它们在水中能电离成离子形式，各种离子对电导率都有贡献，即盐的浓度与导电能力之间存在正相关关系：

$$TDS = k \times EC_{25℃} \tag{4-1}$$

式中　TDS ——溶解固体总量；

　　　$EC_{25℃}$ ——25℃下的电导率；

　　　k ——比例系数。

当水中 TDS 较高时即可获得较大的电导率。因此，电导率的测定结果可代表 TDS 物质的含量。本渗滤液中，含盐量与电导率的比例系数为 0.67 左右。

4.4.1.2 电导率的去除效果

电导率反映了渗滤液中的含盐量，可作为衡量 RO 性能的重要指标，DTRO 系统截留电导率的变化规律示于图 4-10。

膜进水电导率为 7600 ～ 17500μS/cm，经调节池长时间的沉淀，略低于渗滤液的电导率。一级透过液电导率为 224 ～ 501μS/cm，由于一级反渗透的出水作为二级反渗透的进水，所以一级反渗透的出水电导率也是二级反渗透的进水电导率。二级 DTRO 出水的电导率为 34 ～ 58μS/cm，电导率的总去除率达 99.9%，可看出膜具有很高的脱盐率。二级浓缩液的回收率为 90%，即将二级进水浓度浓缩了 5 倍，二级浓缩液的电导率

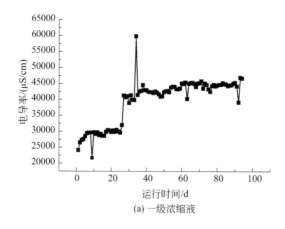

(a) 一级浓缩液

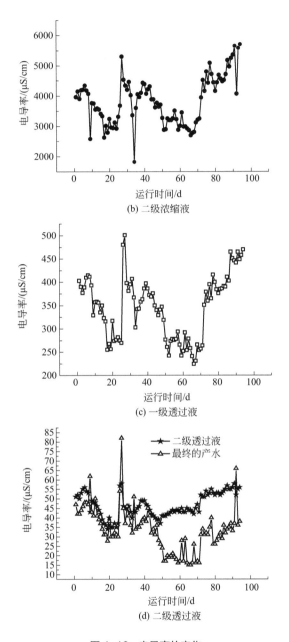

(b) 二级浓缩液

(c) 一级透过液

(d) 二级透过液

图 4-10　电导率的变化

为 1820 ～ 5700μS/cm。DTRO 系统的运行结果表明：进水电导率在 18000 ～ 20000μS/cm 范围内变化时，处理效果基本不受电导率变化的影响。

由于重金属离子的分子量比有机污染物的分子量要小得多，因此电导率的大幅下降说明垃圾渗滤液中的有机污染物已基本被反渗透膜截留。实际的检测也表明二级反渗透出水的 COD<30mg/L，BOD_5<10mg/L，NH_3-N<10mg/L。

4.4.1.3 电导率对膜柱性能的指示作用

膜柱对电导率的截留效率反映了膜柱的性能，定期测定每支膜柱的出水电导率，可及时掌握膜柱的运行状况，并加以调整。图 4-11 比较了一级 DTRO 单元中两列膜柱每段的对比情况，可看出第一列膜柱的出水电导率普遍高于第二列，说明第一列的工况劣于第二列。

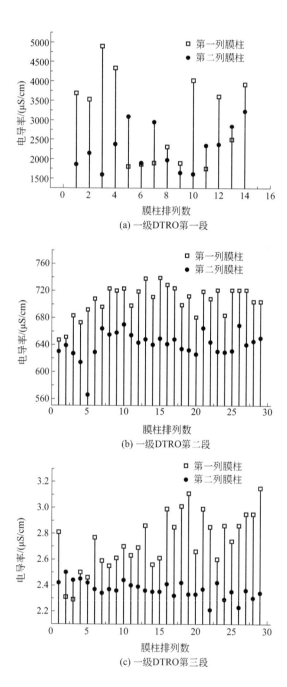

(a) 一级DTRO第一段

(b) 一级DTRO第二段

(c) 一级DTRO第三段

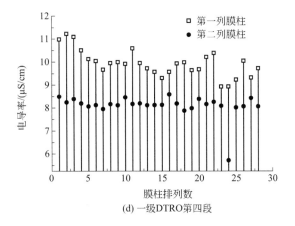

(d) 一级DTRO第四段

图 4-11　一级 DTRO 两列相应位置膜柱出水电导率

膜柱排列数表示第 X 支

4.4.2　COD 的去除

DTRO 对 COD 的去除率很高，均在 99.6% 以上（见图 4-12）；对 VOCs 的去除率可达 90% 以上；抗冲击负荷能力很强，即使进水 COD 污染负荷变化幅度很大，DTRO 出水 COD 大多仍保持在 10mg/L 以下，远远低于国家一级排放标准。

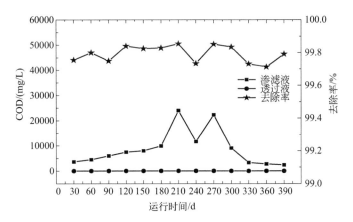

图 4-12　DTRO 对 COD 的去除

有研究表明，渗滤液的一部分 COD 为 "硬 COD"，难以被传统生物处理工艺生物降解，甚至不能被活性炭吸附，若排入外界水体，则会造成累积效应而危害环境。反渗透膜对有机物的高效截留作用可使 "硬 COD" 留在浓缩液中而不排入水体。

4.4.3 BOD₅ 的去除

从图 4-13 可知，随着垃圾填埋场的运行，渗滤液 BOD₅ 不断升高，由最初的 1880mg/L 逐渐上升至 6400mg/L 左右，随着雨季的来临，在 6 月份 BOD₅ 大幅度下降，重庆的降水 50%～60% 集中在这段时间，至 9 月份仍呈下降趋势。在渗滤液能够及时排出垃圾堆体，不存在浸没垃圾的情况下，雨水对垃圾渗滤液的稀释作用大于对垃圾的冲淋作用，使得渗滤液中 BOD₅ 浓度呈下降趋势。DTRO 对 BOD₅ 有良好的去除效果，去除率始终在 99.7% 以上。

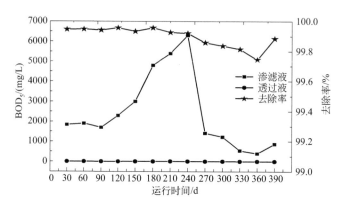

图 4-13 DTRO 对 BOD₅ 的去除

4.4.4 NH₃-N 的去除

渗滤液中的高氨氮是其主要水质特征。生活垃圾中蛋白质等含氮类物质的生物降解是 NH₃-N 的主要来源，其特点是浓度高（可达几千毫克每升），浓度变化范围大。工程在运行期间，氨氮亦呈现浓度不断升高的现象。但其变化会因降雨量的变化而有所波动。渗滤液 NH₃-N 浓度由 302mg/L 升至 1870mg/L，远远高于生活污水。尽管 NH₃-N 是中性且分子量很小，但是与 UF（超滤）和 NF（纳滤）的处理效果相比，DTRO 对 NH₃-N 的去除率很高，达 99% 以上，其中一级 DTRO 去除率为 71.5%～88.4%，二级 DTRO 去除率为 82.8%～95.6%，如图 4-14 所示。

在溶液中，氨氮以游离氨和铵根离子两种形式存在，pH 值较低时，NH_4^+ 比例较高。在渗滤液中加酸将 pH 值调至 6.0～6.5 以阻止碳酸盐结垢，其附加效应就是使得 NH_4^+ 浓度高于游离氨。NH_4^+ 可以与 HCO_3^-、SO_4^{2-} 等离子形成盐，RO 膜对盐有很高的截留率，因此氨氮得以高效截留。

DTRO 二级 NH₃-N 去除率高于一级去除率，可以由透过 RO 膜的盐流量方程式解释：

$$Q_s = k_s(\Delta c)A/\tau \tag{4-2}$$

式中 Q_s ——通过膜的盐流量；

k_s ——盐的膜透过系数；

Δc ——膜两侧盐的浓度差；

A ——膜面积；

τ ——膜厚度。

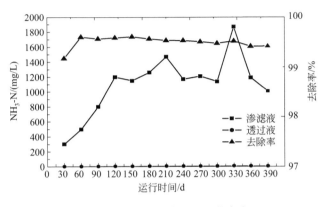

图 4-14 DTRO 对 NH_3-N 的去除

二级 DTRO 单元的进水是一级 DTRO 透过液，进料浓度低，浓差极化轻，Δc 较低，导致盐透过量 Q_s 较低，因此二级 DTRO 单元对 NH_3-N 的截留率高于一级 DTRO 单元。

4.4.5　pH 值的变化

渗滤液的 pH 值变化规律见图 4-15。渗滤液工程运行的 1 个月内（垃圾填埋场运行的第 3 个月），pH 值上升到 7.6；随后下降，并在 6.8～7.5 之间波动；随着雨季的来临，pH 值降低，在 6.7～7.2 之间波动；然后逐渐升高。

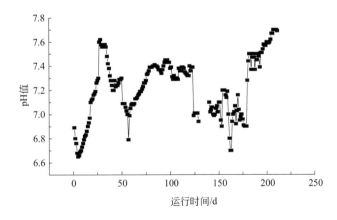

图 4-15　渗滤液的 pH 值变化规律

分析渗滤液 pH 值变化的原因如下：垃圾降解产生的 CO_2 溶于渗滤液中使渗滤液偏

酸性，这种酸性环境使得不溶于水的碳酸盐、金属及其氧化物等无机物质发生溶解，使渗滤液 pH 值逐渐上升，由最初的 pH=6.9，在 1 个月内升高至 7.6，虽此时仍属新垃圾渗滤液，但该值超过了文献曾报道的国外"老年"渗滤液的 pH 值。这是由于垃圾填埋场内垃圾的成分对 pH 值影响显著，国外的垃圾填埋场垃圾成分中无机物含量较高，而重庆市地处亚热带，且饮食业发达，生活垃圾以居民生活垃圾中的厨余垃圾为主，这部分垃圾大部分为碱性食品。随着雨季的来临，大量的雨水进入填埋场，稀释了渗滤液的成分，但由于渗滤液中 CO_2、HCO_3^- 和 CO_3^{2-} 形成缓冲溶液，致使 pH 值在雨季变化不明显。

pH 值在 5.5 ~ 6.8 之间变化时，可看出膜的浓缩液的 pH 值高于渗滤液原液的 pH 值，而膜透过液的 pH 值低于渗滤液原液，如图 4-16 所示。RO 截留盐而让溶解的气体通过，所含 CO_2 浓度与进水相同，但氧含量增加，RO 出水的碱性低，趋于酸性并具腐蚀性，因此多数情况产品水管材采用 PVC，贮槽采用 FRP 材质，泵选用不锈钢泵。

为了达到一级排放标准中要求的 pH=6 ~ 8，需要提高膜出水的 pH 值，措施可以采用加碱中和法或吹脱法，本工程采用吹脱法排除 CO_2，提高 pH 值。经吹脱后 pH 值可达到排放标准要求。聚酰胺膜对游离氯比较敏感，允许最大值也与 pH 值有关：pH<8 时，游离氯 <0.1mg/L；pH>8 时，游离氯 <0.25mg/L。

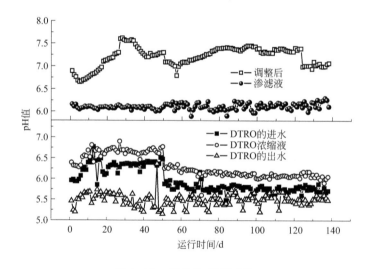

图 4-16 pH 值随时间的变化

4.4.6 DTRO 总去除效能

如表 4-9 及图 4-17 所示，DTRO 对污染物的去除效果极好，COD 及 TOC 去除率均大于 99%，NH_3-N 去除率大于 98%，金属离子去除率均大于 99%，且具有很高且稳定的脱盐率：

① 单价离子的一级去除率为 96% ~ 98%，二级去除率 >99.5%；

② 多价离子的一级去除率为 98% ~ 99.5%，二级去除率 >99.9%；

③ 在 pH=6.5 时氨氮的一级去除率为 95%，二级去除率 >99.5%；

④ 高分子有机化合物的一级去除率为 99% ～ 99.8%，二级去除率 >99.9%。

表 4-9　长生桥渗滤液处理 DTRO 系统处理效果

参数	单位	渗滤液	一级膜进水	一级透过液	二级透过液	膜总去除率 /%
pH 值	—	6.8 ～ 7.68	6.04 ～ 7.06	5.90 ～ 6.30	5.14 ～ 5.71	—
电导率	μS/cm	7700 ～ 19070	7600 ～ 17500	224 ～ 501	34 ～ 58	99.9
COD	mg/L	3680 ～ 24000	11200	79.4 ～ 197	29.6 ～ 56	99.12 ～ 99.5
TOC	mg/L	4970	4500	37	0	100
NH_3-N	mg/L	302 ～ 1870	229 ～ 438	26.5 ～ 125	4.54 ～ 5.44	>98
SS	mg/L	185 ～ 1090	340 ～ 550	0 ～ 0.25	0	100
Ca^{2+}	mg/L	532.5	520	1.06	0.383	99.9
Mg^{2+}	mg/L	299	272	0.597	0.0434	99.98
Ba^{2+}	mg/L	1.3	1.24	0.00856	0.00122	99.9

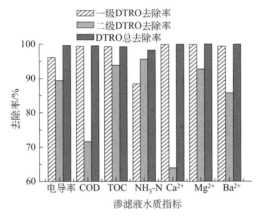

图 4-17　DTRO 对主要污染物质的总去除率

4.5　DTRO 系统出水水质及回用

4.5.1　DTRO 系统出水水质

随着城市的发展，目前我国垃圾填埋场大多位于城市郊区，远离地下排水管网，需建设单独处理工程净化垃圾填埋渗滤液。若能将处理后的水回用于生活杂用水，在水资源短缺地区意义重大。

由于 DTRO 高效的污染物截留率和高效的脱盐率，垃圾渗滤液经二级 DTRO 系统处理后，系统出水水质清澈透明，无异味，不但达到工程设计要求的《生活垃圾填埋场污染控制标准》(GB 16889) 中的一级排放标准，而且满足我国《城市污水再生利用　城市杂用水水质》(GB/T 18920) 的要求，其水质检测分析见表 4-10。长生桥卫生垃圾填埋场将 DTRO 系统出水就地回用，进行渗滤液处理场区的景观绿化。

表 4-10　DTRO 系统出水水质

项目	单位	冲厕、车辆冲洗用水	城市绿化、道路清扫、消防、建筑施工用水	两级 DTRO 处理渗滤液出水
嗅		无不快感	无不快感	无不快感
pH 值		6.0 ～ 9.0	6.0 ～ 9.0	6.5 ～ 7.0
浊度	度	5	10	<1
色度	度	15	30	<1
溶解性总固体	mg/L	1000 (2000)①	1000 (2000)①	<150
悬浮性固体	mg/L	5	10	<6
BOD_5	mg/L	10	10	<10
COD	mg/L	50	50	<50
氨氮 (以氮计)	mg/L	5	8	<20
总硬度 (以 $CaCO_3$ 计)	mg/L	450	450	15
氯化物	mg/L	350	300	100
阴离子合成洗涤剂	mg/L	0.5	0.5	未检出
铁	mg/L	0.3	—	<0.4
锰	mg/L	0.1	—	<0.1
游离余氯	mg/L	管网末端水不小于 0.2	管网末端水不小于 0.2	不需要添加氯消毒
粪大肠埃希菌群	个 /L	无	无	未检出

① 括号内指标值为沿海及本地水源中溶解性固体含量较高的区域的指标。

4.5.2　DTRO 系统出水有机物检测

由于渗滤液中含有大量有毒有害物质，有机物中有优先污染物，为了检测反渗透的出水在回用过程中可能产生的毒害作用，采用色谱 - 质谱 (GC/MS) 分析技术对出水中所含的有机物进行定性分析，为研究有机物的去除规律及评价水质提供依据。

4.5.2.1　色质联机测试条件

色质联机测试条件如下。

(1) 色谱条件

VARIAN3400 色谱仪，DBI 毛细管柱 (30m×0.25mm)，载气为氦气，汽化温度 280℃。柱子温度从 50℃起，保持 3min，然后以 8℃ /min 的速率升温到 140℃，再以 5℃ /min 的速率升温至 270℃，保持 5min。

(2) 质谱条件

INCOS50 质谱仪，离子源温度 170℃，电离电压 70eV，分子量范围 50 ～ 350，

EM 电压 1340V，发射电流 750μA。

（3）有机物检索

水样的质谱图与计算机里储存的美国 NIST 标准数据质谱库中的标准谱图相比较，选出可能性最高的对应谱图来确定该化合物。

（4）毒性检索

有机物的毒性，包括"三致"特性，可利用国家疾病预防控制局登录的数据库进行检索，数据库中"优先有机污染物"是指美国 EPA 确定的 129 种优先控制污染物。

4.5.2.2 GC/MS 分析结果

所得图谱（图 4-18）经计算机谱库检索，共检测出主要有机污染物 25 种，可信度在 60% 以上的有 14 种，大多为烷烃、羧酸类和酮类物质，具体见表 4-11，可见 RO 膜对挥发性有机酸及小分子物质的截留效果有限。

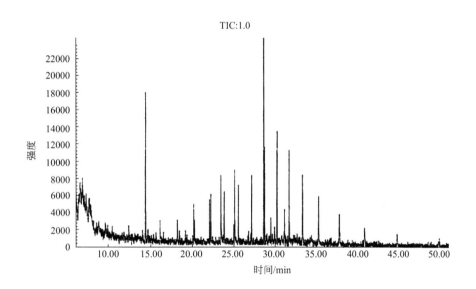

图 4-18 DTRO 系统 GC/MS 分析

表 4-11 检测出的主要有机物分析

序号	有机物	序号	有机物	序号	有机物
1	十八酸	6	乙酸	11	丙酮
2	十三烷	7	丙酸	12	2-甲基丁酸
3	十九烷	8	丁酸	13	2-甲基丙酸
4	二十烷	9	戊酸	14	硅氧烷
5	三十二烷	10	二氯甲烷		

通过 GC/MS 分析可知，渗滤液中的环境优先污染物及"三致"物质均被反渗透膜所截留，并通过浓缩液回灌最终留在垃圾填埋场内，杜绝了其对环境的污染。

4.6 DTRO 系统运行性能及影响因素

水通量、运行压力、回收率、盐截留率是衡量反渗透系统的重要指标。重点考察了这些性能指标及其影响因素，以通过运行参数的调整使系统维持最佳运行状态，使产水最大化，能耗最小化。

4.6.1 水通量

4.6.1.1 水通量的变化

水通量指单位时间透过单位膜面积的水量。水通量是膜的物理性质（厚度、化学成分、孔隙度）和系统的条件（如温度、膜两侧的压力差、接触膜的溶液的盐浓度及料液平行通过膜表面的速度）的函数。

聚酰胺反渗透膜的透过机理遵循优先吸附 - 毛细孔流理论，该理论的水通量的基本迁移方程是：

$$J_p = \frac{D_w C_w V_w}{RT\delta_m}(\Delta P - \Delta \pi) \tag{4-3}$$

式中　　J_p——膜的水通量；

　　　　D_w——水在膜中的扩散系数；

　　　　C_w——水在膜中的浓度；

　　　　V_w——水的摩尔容积；

　　　　δ_m——膜的有效厚度；

　　　　R——膜的渗透系数；

　　　　T——热力学温度；

　　　　ΔP——膜两侧的外加压力差；

　　　　$\Delta \pi$——膜两侧的渗透压力差。

由于芳香聚酰胺膜表面的固定电荷密度小，在进行反渗透水通量的迁移方程的计算过程中，可以将其考虑为非荷电膜进行处理。水通量的变化规律如图 4-19 所示。

在 DTRO 系统运行中，在进水流量恒定的情况下，为了保证相对稳定的回收率，将一级 DTRO 及二级 DTRO 的水通量设定为恒定值，并通过运行压力的变化来保证水通量的相对稳定。

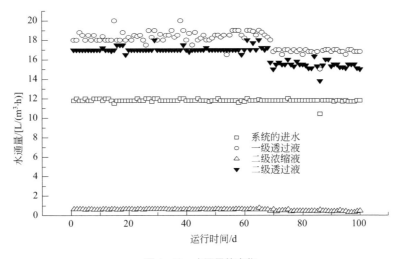

图 4-19 水通量的变化

4.6.1.2 水通量的影响因素

水通量主要取决于膜的材质、结构等因素，但也与运行条件有关。

（1）压力的影响

透过膜的水通量与进水压力呈正相关，如图 4-20 所示。

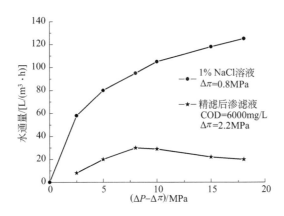

图 4-20 运行压力对水通量的影响

（2）温度的影响

进水温度对产水量有一定的影响，随着水温的升高，产水量指数几乎线性增大，温度升高 1℃，膜的透水能力（即产水量）增加约 2.7%。这主要是由于温度升高后，水的黏度降低，扩散能力增强，如图 4-21 所示。

（3）进水盐浓度的影响

水通量随着进水盐浓度增加而下降。因为进水盐浓度增加，渗透压相应上升，反渗透推动力相应下降，所以水通量下降，如图 4-22 所示。

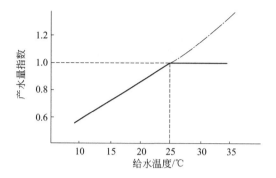

图 4-21　进水温度和产水量指数关系

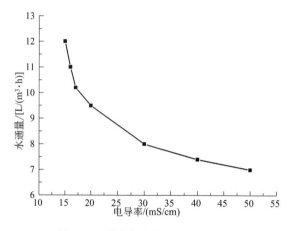

图 4-22　进水盐浓度对水通量的影响

（4）回收率的影响

水通量与回收率有关，增加回收率时，膜表面盐浓度增加和进水盐浓度增加有相同的效应。所以在回收率增加时水通量下降，如图 4-23 所示。

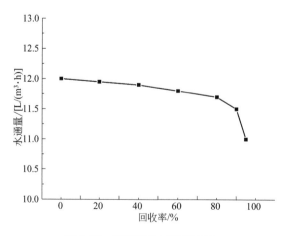

图 4-23　回收率对水通量的影响

4.6.2　系统脱盐率

4.6.2.1　系统脱盐率的变化

反渗透用于脱除渗滤液中的各种污染物，而允许水分子通过，当水分子快速透过反渗透膜时溶解性的盐分透过膜的速度十分缓慢。脱盐率是反渗透膜组件排斥可溶性离子程度的一种量度。

系统脱盐率是整套反渗透装置所表现出来的脱盐率，由于使用条件与标准条件不同，同时由于系统内膜组件的并联或串联设计，装置中每根膜元件的实际使用条件不同，故系统脱盐率有别于膜元件实际脱盐率，对于只有一根膜元件的装置，系统脱盐率才等于膜元件实际脱盐率。脱盐率与电导率的去除效果密切相关，系统对电导率的截留间接表征了系统脱盐率的变化，见图 4-24。

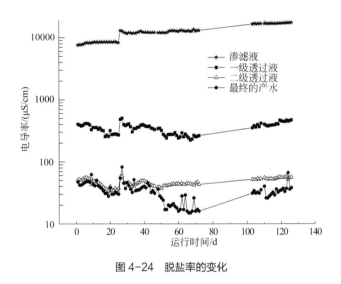

图 4-24　脱盐率的变化

膜的通量值、膜元件的流量、系统所需压力、膜污染的速率、膜的可清洗性和对化学清洗过程的耐受能力以及膜元件的长期坚固性等都应是重要的考虑因素。上述每一个影响因素都将影响用户水处理系统的故障率、总产水量以及与其相关的投资及运行费用。

4.6.2.2　系统脱盐率的影响因素

系统脱盐率是反渗透系统对盐的整体脱除率，计算公式为：

$$P=1-\frac{C_{\mathrm{p}}}{C_{\mathrm{f}}}\times100\% \tag{4-4}$$

其中，

$$C_{\mathrm{f}}=进水含盐量\times\frac{\ln[1/(1-Y)]}{Y}$$

式中　P ——系统脱盐率；

C_p ——产水含盐量；

C_f ——进水与浓缩液含盐量的对数平均；

Y ——回收率。

有时出于方便，也可以用电导率近似估算系统脱盐率：

$$P=1-\frac{E_p}{E_c}\times100\% \tag{4-5}$$

式中　P ——系统脱盐率；

E_p ——总的产水电导率；

E_c ——总的进水电导率。

以式 (4-5) 估算得到的系统脱盐率往往低于实际系统脱盐率。

系统脱盐率受温度、离子种类、回收率、膜种类及其他各种设计因素的影响，因而不同的反渗透系统的系统脱盐率亦不同。系统脱盐率的主要影响因素包括如下几方面。

（1）进液盐浓度

渗透压是水中所含盐分或有机物浓度和种类的函数，盐浓度增加，渗透压也增加，因此逆转自然渗透流动方向的进水驱动压力大小主要取决于进水中的含盐量。若压力保持恒定，含盐量越高，脱盐率越低（图 4-25）。

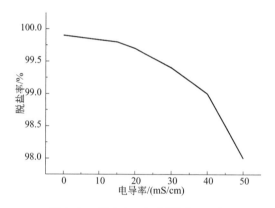

图 4-25　进水电导率对脱盐率的影响

（2）pH 值

由于 FILMTEC SW30 适用 pH 值范围较宽，DTRO 系统处理渗滤液过程中系统运行的 pH 值为 6.0 ～ 8.0，因此脱盐率相当稳定（图 4-26）。

（3）压力

进水压力影响系统脱盐率。由于 RO 对进水中的溶解盐类不可能绝对完美截留，总有一定的透过量，随着压力的增加，因为膜透过水的速率比透过盐分的速率快，使得透盐率的增加得到迅速克服。但是，通过增加进水压力提高盐分脱除率有上限限制，正如图 4-27 脱盐率曲线的平坦部分所示，超过一定压力值，脱盐率不再增加，某些盐分还会与水分子耦合一同透过膜。

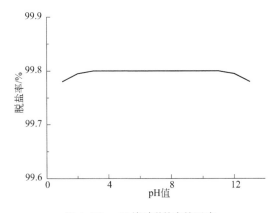

图 4-26　pH 值对脱盐率的影响

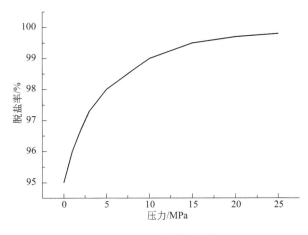

图 4-27　压力对脱盐率的影响

（4）进水温度

DTRO 膜系统产水电导对进水温度的变化非常敏感，增加水温会导致脱盐率降低或透盐率增加（见图 4-28），这主要是因为盐分透过膜的扩散速率会因温度的提高而加快。

（5）回收率

对进水施加压力，当浓溶液和稀溶液间的自然渗透流动方向被逆转时，实现反渗透过程。如果回收率增加（进水压力恒定），残留在原水中的盐含量更高，自然渗透压将不断增加直至与施加的压力相同，这将抵消进水压力的推动作用，减慢或停止反渗透过程，使渗透通量降低甚至停止（图 4-29）。

系统脱盐率的一般规律是水通量高的膜，盐透过量也高，使得系统脱盐率降低。脱盐率随下述因素的变化而变化。

① 解离度：弱酸（如乳酸）在高 pH 值条件下解离程度提高，故脱除率也提高；

② 离子价位：离子价位越高，其脱除率越高，二价离子比一价离子脱除率高；

③ 分子量：分子量越高，脱除率越高；

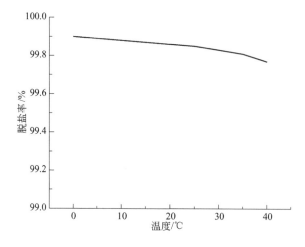

图 4-28 进水温度对脱盐率的影响

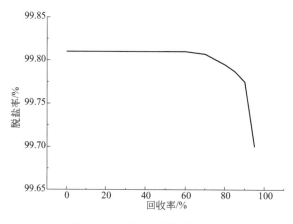

图 4-29 回收率对脱盐率的影响

④ 非极性：极性越低，脱除率越高；

⑤ 水合程度：水合程度高的离子如 Cl^- 比水合程度低的离子如 NO_2^- 脱除率高；

⑥ 分子支链程度：异丙醇比正丙醇脱除率高。

4.6.3 运行压力

4.6.3.1 运行压力的变化

反渗透是与渗透过程相反的过程，反渗透的实现要克服渗透压，运行压力对维持系统的产水量及回收率等至关重要。运行压力的变化趋势如图 4-30 所示。

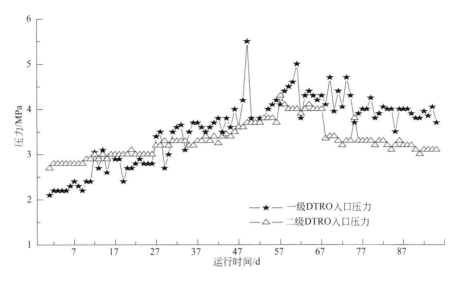

图4-30 运行压力随时间的变化

4.6.3.2 运行压力的影响因素

（1）进水含盐量

渗透压力与给水中的含盐量成正比，与膜无关。为保持相对恒定的产水量，进水含盐量越高，渗透压越大，运行压力越大。运行压力提高后，膜被压密实，盐透过率会减少；水的透过率会成比例增加，提高水的回收率。但压力超过一定极限会造成膜的老化，膜变形加剧，加速膜的透水能力衰退。当压力从 2.75MPa 提高至 4.12MPa 时，水回收率提高 40%，膜寿命缩短 50%。

（2）回收率

在进水水质相同的情况下，回收率越高，膜表面浓差极化越严重，渗透压越高，所需的运行压力也越大。

4.6.4 运行温度

DTRO 系统的运行温度受外界气候影响较大，因进水温度随气候变化而变化。系统内一级透过液温度比渗滤液高 6℃左右，一级浓缩液高 2℃左右，而二级透过液与浓缩液之间温度相差 2℃左右。

系统运行温度的限值是由膜材质决定的。芳香聚酰胺膜的连续操作温度为 0～30℃，因此系统进水温度必须控制在 30℃以下，进水为 40℃ 运行 24h 对膜是有损害的。在第一级膜柱第一段结束后，若水温超过 40℃，系统会停机；进水超过 30℃，系统也会停机。进水最低温度为 5℃，此时进水流量会低，回收率也会低，一般按 25℃ 检测。DTRO 系统的运行温度变化如图 4-31 所示。

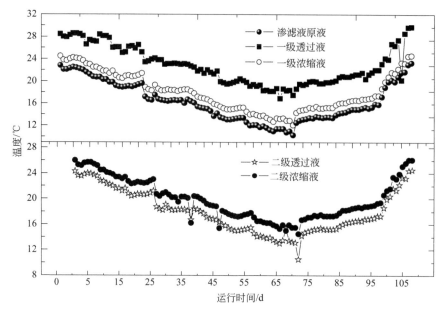

图 4-31　温度随运行时间的变化

4.7　膜污染的分析及防治

DTRO 膜组件由于独特的设计理念，具有敞开式流道、进料流程短、不易发生膜污染、易于清洗等特点，并且 DTRO 系统设计中采取了必要的膜污染控制措施，但是在系统运行过程中由于浓差极化、膜吸附等因素仍会发生膜污染。

膜污染是限制膜使用寿命、影响运行成本的重要因素之一。我国垃圾渗滤液与国外垃圾渗滤液的成分和性质有所不同，因此研究 DTRO 系统处理国内渗滤液时，膜污染的特点及控制方案是 DTRO 得以推广应用的重要因素之一。

研究解决膜污染问题主要有两种方案：一是针对膜表面的污染物组成成分进行分析，从而确定正确的清洗药剂、清洗方法和程序；二是膜污染的预防，即反渗透的预处理部分，设计经济、可靠的预处理工艺的前提就是充分了解膜污染整个形成过程，同时也只有针对复杂的实际运行系统进行膜污染的形成过程以及膜污垢层整体结构的研究才更具有实际意义。

4.7.1　膜污染的类型

膜污染是指被处理物料中的微粒、胶体粒子和溶质大分子由于与膜存在物理化学相互作用或机械作用而引起的膜表面或膜孔内吸附、堵塞，使膜产生透过流量与分离特性的不可逆变化的现象[6]。

在膜过滤过程中，由于液体中的诸如污泥絮体、有机 / 无机溶质以及胶体颗粒等和膜发生物理、化学或机械作用，在膜孔以及膜表面发生吸附和沉积，导致膜堵塞或膜面形成凝胶层，使膜孔径减小，造成过滤阻力上升、过滤效率下降，即为膜污染过程[7]。膜污染主要包括无机污染（结垢）、有机污染、微生物污染及胶体污染，各种类型膜污染的发生机理、主要污染物质及发生部位列于表 4-12。

表 4-12　膜污染的类型 [8-14]

污染类型	发生机理	主要物质	发生部位
结垢	阴阳离子达到饱和状态，结晶吸附	碳酸钙、硫酸钙、硫酸钡、硫酸锶等	常发生于膜的末端
有机污染	有机分子的吸附	聚电解质、脂膏等	系统的所有各段
胶体污染	胶体的脱水聚合、电吸附及颗粒物的沉积	铝、铁、硅的金属氧化物	常发生于膜的前端
微生物污染	微生物的黏附及生长	与主体微生物菌落成分大体相同	系统的任何一段

在膜处理过程中最大的问题就在于膜污染，不同类型的污染常常同时发生，并相互影响。一些物质沉积在膜表面或膜孔内部，导致膜孔堵塞，孔径缩小。膜污染通常分为膜孔污染和膜外污染，被污染后将直接影响膜分离技术，因此必须及时采取措施，降低膜污染影响。

4.7.2　污染膜的扫描电镜分析

研究采用的膜是在长生桥垃圾渗滤液 DTRO 处理工程运行 1 年后，在化学清洗前，为研究膜污染利用系统维护时机从后段膜柱选取的膜片。

用肉眼观察，沿渗滤液流动方向，膜片颜色逐渐由浅白色→灰白色→黄色变化，膜片上有黏滞感，这说明发生了膜污染，且浓差极化使膜污染加剧。

选取膜组件后段污染较严重的膜片，肉眼观察单片膜的污染特点。膜片的正面呈黄色，边缘处膜污染较严重，明显附着褐色污染物；膜片与水力导流盘上分布的凸点接触处呈褐色，并由内向外呈放射状。膜片背面污染较轻，颜色为浅黄色，边缘污染亦相对较重。用于 SEM 分析的污染膜照片见图 4-32。

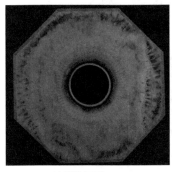  

(a) 膜片正面　　　　　　(b) 膜片正面局部　　　　　　(c) 膜片背面

图 4-32　污染的膜片

取污染膜样品，经过脆断、真空镀膜后，采用 SEM 技术进行膜表面污染垢层和膜面污染层断面（倾斜角 75°）分析，并与新膜对比，SEM 分析结果见图 4-33。

(a) 新膜

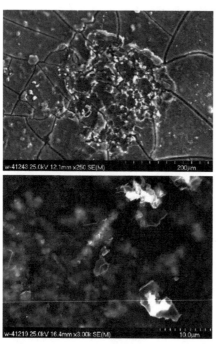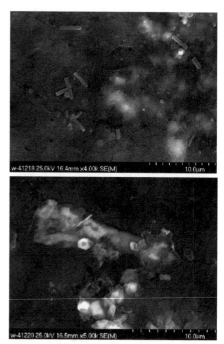

(b) 膜正面边缘处的SEM

(c) 膜背面边缘处的SEM

(d) 膜正面中部的SEM

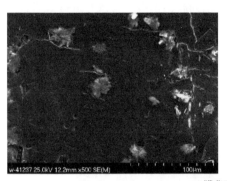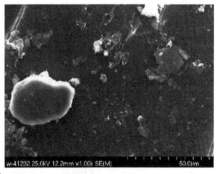

(e) 膜背面中部的SEM

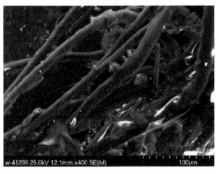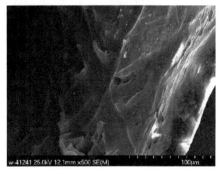

(f) 膜断面的SEM(左:膜支撑层；右:污染层)

图 4-33 污垢形态结构电镜

通过图 4-33 的 SEM 分析可知，膜正面边缘处的污染层表现为一种堆积结构，较致密，对局部点再放大可以观察到微生物的存在，局部点污染物成团簇结构；在真空条件下进行 SEM 观察时膜污染层出现断裂现象。与正面相比，膜背面边缘处的污染层较疏松，为大面积的堆积絮状。

膜中部正面部位形成了大量的形体较大的絮状污染物，且存在凹陷型的小孔，分析认为是系统运行过程中膜与水力导流盘上排布的凸点接触所致。膜背面中部局部区域颗粒物较多，但并没有吸附更多的有机物和无机离子而形成大的絮体，污染物层有较浅的凹陷孔，数量较正面少。

膜的边缘处与中部、正面与背面的污染层差异是与膜柱内水力运动状况密切相关的。进料液进入膜柱后，首先沿导流盘边缘到达膜柱底部，然后 180° 逆转到另一膜面，这些过程中水流的湍流作用不强，膜面流动的浓缩液极易在边缘处沉淀、吸附、堆积。而在膜面中部，由于水力导流盘的作用，料液在膜面形成湍流，使得浓缩液中的污染物质吸附沉淀的概率相对较小，因此污染较边缘处轻。

4.7.3 膜污染的线扫描分析

线扫描分析是联合扫描电镜与 X 射线能谱仪，以二次电子扫描像来选定待分析的区域，使电子束沿着指定的直线（方向为膜进水端指向膜出水端）对试样进行轰击，同时用阴极射线管记录和显示元素 X 射线强度在该直线上的变化，以取得元素在线度方向上的分布信息。

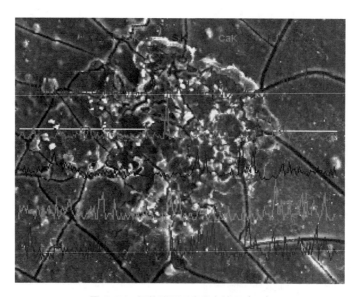

图 4-34 污染膜面元素分布情况（一）

采用 SEM-EDX 技术将膜面污染层沿直线方向进行线扫描分析，对膜面污染物的分布规律进行研究。膜面污染层中污染元素的分布情况见图 4-34（彩图见书后）和图 4-35。由图 4-35 中污染元素在直线方向的元素分布数据求得该元素在膜面上的平均浓度，分析结果见表 4-13。

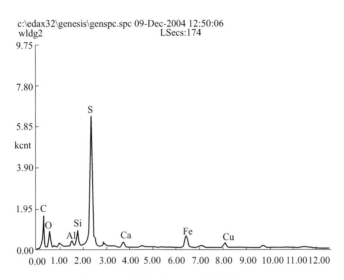

图 4-35　污染物的 EDX 分析结果（一）

表 4-13　膜面主要元素的比例

元素	质量分数 /%	原子量分数 /%
C	0.88	2.17
O	17.57	32.51
Al	1.95	2.14
Si	5.39	5.69
S	46.37	42.81
Ca	2.73	2.02
Fe	14.94	7.92
Cu	10.17	4.74

污染层中的主要元素为 C、O、Al、Si、S、Ca、Fe 和 Cu 元素，且在团簇状污染物内 Al、Si、S、Ca 和 Fe 元素表现出较一致的变化趋势，即膜面污染物分布曲线的峰值表现为具有一致的变化趋势，这说明以元素表示的污染物在膜面污染层中具有一定的相互依赖关系。

对图 4-33 中的污染结构进行局部放大，可知其为结构紧密的絮体，对该絮体颗粒物进行 SEM-EDX 分析，分析结果见图 4-36（彩图见书后）和图 4-37。由图 4-37 中污染元素在直线方向的元素分布数据求得该元素在膜表面上的平均浓度，分析结果见表 4-14。

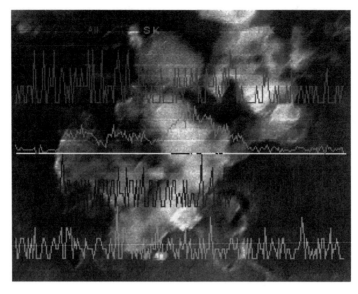

图 4-36 污染膜面元素分布情况（二）

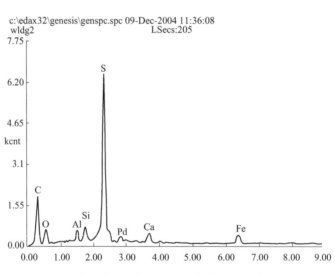

图 4-37 污染物的 EDX 分析结果（二）

表 4-14 污染物元素比例

元素	质量分数 /%	原子量分数 /%
C	1.18	2.83
O	18.04	32.46
Al	3.18	3.40
Si	3.85	3.93
S	51.81	46.51
Ca	5.06	3.64
Fe	10.86	5.60
Pd	6.02	1.63

通过线扫描分析可知，絮体的主要成分为 C、O、Al、Si、S、Ca、Fe 和 Pd 元素，其中 Pd 是因制作 SEM-EDX 分析样品时镀金而呈现的元素。由于絮体 Si、Ca、Al、Fe 等无机金属的含量都较低，排除了絮体为无机垢体的可能，而应该是以有机物为主要成分的絮体，并含有 Al、Si 等的胶体物质，以及 Fe、Ca 的化合物等。这一絮体的形成可能是：首先细小颗粒或者是 Si 和 Al 作用生成不溶性的盐在膜面截留，然后有机物、微生物不断在其表面吸附、积累，最终形成絮体，是有机物、无机物和微生物共同作用的复杂体系。

4.7.4　膜污染的 FT-IR 分析

FT-IR 技术通过波数进行化合物的定性分析，因为多数有机物的吸收峰出现在 $4000 \sim 625cm^{-1}$ 区间，对波数在 $625cm^{-1}$ 以下的未加考虑。

取污染膜并采用压片法制作样品，进行 FT-IR 分析，将得到的红外吸收光谱减去反渗透膜本底的红外吸收，结果见图 4-38。在 $1850 \sim 625cm^{-1}$ 和 $3580 \sim 2430cm^{-1}$ 区间存在吸收峰，认为膜面污染物可能主要是烷基酸类、氯代烷类以及酯羰基类化合物。

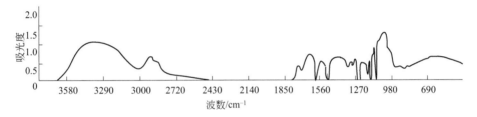

图 4-38　膜污染的 FT-IR 分析

4.8　膜污染清洗研究

膜清洗目的在于解除膜污染并恢复膜性能。虽然适当的预处理可以减缓膜污染的速率，保护膜材料免受敏感物质的破坏，但随着时间推移，膜表面仍发生化学污染 (垢、金属氧化物、胶体等) 和生物污染 (细菌黏泥等)，降低反渗透膜性能，因此膜清洗仍是维持膜处理性能的重要步骤。理想的清洗工艺不仅应能有效去除各类污染物，而且与膜作用温和，可以维持和恢复膜特性。所以，当反渗透性能下降到一定程度时要进行及时有效地清洗，恢复系统性能，避免造成严重膜污染而难以恢复，从而延长反渗透膜使用寿命。

4.8.1　膜污染清洗类型

反渗透膜清洗包括化学清洗和物理清洗两种方法，应根据污染类型选择合适的清洗方法。

（1）物理清洗

物理清洗是利用低压高流速的水或空气和水的混合流体冲洗膜面，这种方法对污染初期的膜有效，对膜基本没有腐蚀破坏作用，但效果不能持久。

（2）化学清洗

化学清洗是利用化学药品的反应能力，连续循环清洗。它能清除复杂污染，迅速恢复通量，具有作用强烈、反应迅速的特点。在化学清洗过程中，流体力学、温度和接触时间应予以考虑。

化学清洗剂包括碱清洗剂、酸清洗剂、表面活性剂清洗剂、络合剂清洗剂、聚电解质清洗剂、消毒剂清洗剂、有机溶剂清洗剂、复合型药剂清洗剂等。清洗剂的选择应根据膜污染物类型、污染程度，以及膜的物理和化学性能来进行。清洗剂可以单独使用，也可复合使用。

化学清洗剂中，强碱主要清除油脂和蛋白、藻类等的生物污染、胶体污染以及大多数有机污染物；无机酸主要清除碳酸钙和磷酸钙等钙基垢、氧化铁和金属硫化物等无机污染物；络合剂主要是与污染物中的无机离子络合生成溶解度大的物质，从而减少膜表面及孔内沉积的盐和吸附的无机污染物。为了去除诸如硅酸盐等特别难去除的沉积物，碱清洗剂常和酸清洗剂交替使用。表4-15介绍了用于聚酰胺类复合膜的污染清洗的主要方法。

表4-15 复合膜的主要清洗方法

清洗试剂①	适用的膜污染类型						
	无机盐垢	硫酸盐垢	金属氧化物	无机胶体	硅	微生物膜	有机物
0.1% NaOH 或 0.1% Na₄EDTA②	—	最好	—	—	可以	可以	可做第一步清洗
0.1% NaOH 或 0.025% Na-DDS②	—	可以	—	最好	最好	最好	做第一步清洗最好
0.2% HCl	最好	—	—	—	—	—	做第二步清洗最好
1.0% Na₂S₂O₄	可以	—	最好	—	—	—	—
0.5% H₃PO₄	可以	—	可以	—	—	—	—
1.0% NH₂SO₃H	—	—	可以	—	—	—	—
2.0% 柠檬酸	可以	—	可以	—	—	—	—

① 清洗试剂的浓度为质量分数。

② 清洗试剂的使用条件是 pH 值为 12，清洗温度不高于 30℃。

4.8.2 DTRO 污染膜片清洗研究

Chang 的研究表明有效的化学清洗可去除 DTRO 膜面复杂的结垢，并使水通量恢复 86%，而超声波清洗可将水通量恢复 83%[15]。通过对膜污染的分析，得知膜面污染的无机物质主要是 Si、Ca、Fe 和 Al 的化合物，有机物质是烷基酸类、氯代烷类和酯羰基类化合物。根据膜面污染物情况，有针对性地选用碱性清洗剂和酸性清洗剂进行化学清洗，考察清洗效果及污染层形成过程。

　　分别采用先酸洗再碱洗、先碱洗再酸洗两种方式，并对比两种清洗方式，再进行
SEM-EDX 分析，两种清洗过程的 SEM 分别如图 4-39 和图 4-40 所示。对两种清洗过程
的污染物进行 EDX 分析，结果见表 4-16 和表 4-17。

图 4-39　先酸洗后碱洗的 SEM 图

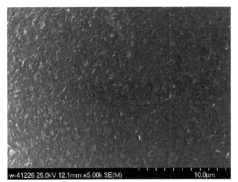

图 4-40　先碱洗后酸洗的 SEM 图

表 4-16　先酸洗后碱洗的结果　　　　　　　　单位：%

样品	外观特征	Ca	S	Si	Fe	Al
酸洗后	淡黄色	3.67	36.32	50.56	1.15	5.88
碱洗后	白色	—	19.87	22.64	1.61	—

注：酸洗过程中有大量的气泡放出，为 CO_2，说明污垢中有大量的碳酸盐垢体。

表 4-17　先碱洗后酸洗的结果　　　　　　　　单位：%

样品	外观特征	Ca	S	Si	Fe	Al
碱洗后	灰白色	43.45	12.82	6.58	2.92	0.95
酸洗后	白色	8.30	1.32	1.10	2.74	1.40

　　由图 4-39 和图 4-40 可知，先酸性清洗的，膜表面的污染物层还有一定的厚度，膜

表面的污染物呈现稀疏分布状态；先碱性清洗的，膜表面几乎观察不到污染物的存在，由此说明对于渗滤液膜面的污染物来说，膜表面无机污染物和有机污染物结合为一整体，表现为大的絮体，且碱性清洗剂对污染物的去除好于酸性清洗剂。

由图 4-39 和表 4-16 可知，先酸洗的膜表面的污染物层厚度减弱，但还有大量未被清洗掉的污染物，主要成分为 Si、Fe、Al 和 Ca；再碱洗后，对污染物的去除很好，污染物主要为 Si 和 Al 元素，这可能是因为有机物与 Ca^{2+} 架桥作用，使 Ca^{2+} 在膜上结合牢固，碱液破坏了其架桥作用，使 Ca^{2+} 从膜面污染物中除去，从而使膜表面的其他元素成为主要成分。

由图 4-40 和表 4-17 可知，先碱洗的膜表面的污染物厚度明显减少，但此时 Ca 元素的相对含量表现出来了，这可能是污染物中的 Ca 与碱液作用的结果，使得 Ca 还残留在膜表面，再酸洗后膜表面基本恢复到与新膜相近。

以上分析及图 4-41 的对比结果表明：先碱洗的效果好于先酸洗，这说明虽然膜面污染物中有机物和无机物之间存在一种协同作用，但在膜污染层中有机物的作用较大，在污染膜样品的清洗过程中碱洗液的作用表现得较突出，以至于去除了有机物，膜表面的污染显著减少，清洗基本上就可以达到满意的效果，而且进一步的清洗也变得容易进行。

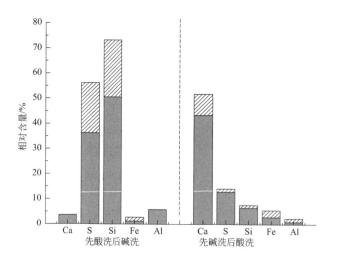

图 4-41　两种清洗程序的清洗结果对比

4.8.3　DTRO 工程清洗实践

反渗透膜的化学清洗是反渗透装置运行维护中的一个重要环节，它直接影响着反渗透膜的使用性能和使用寿命[16]。当膜表面发生污染后，为了保证设计回收率，膜组件的运行压力迅速升高，此时需要进行化学清洗。DTRO 膜柱的开放式流道能够保证化学清洗有效地去除膜污染[17]。

4.8.3.1　化学清洗特点

渗滤液处理工程中反渗透膜化学清洗的特点如下。

① 分段清洗，即一级和二级 DTRO 必须分别清洗，清洗二级 DTRO 单元膜组件时关闭第一级 DTRO 单元。

② 采用多级清洗，即碱洗和酸洗交替使用，清洗剂的使用顺序是碱洗先于酸洗。

③ 采用膜厂家推荐的专用清洗配方，要控制好清洗剂的浓度和 pH 值，保护膜的正常功能。清洗剂在使用时均稀释到 5% ～ 10%。碱洗主要清除有机物的污染，控制 pH 值略低于 12，但不得超过 12；酸洗时主要清除无机物的污染，pH 值控制在 12.4。

④ 控制好清洗时的水温，清洗结束时系统水温需达到 40℃。

⑤ 清洗方向和运行方向相同，绝不允许反向清洗，否则会损坏膜元件。

⑥ 清洗液由泵注入砂滤器的前端，经砂滤和精密过滤后再进膜组件。

4.8.3.2　清洗周期

清洗周期取决于原水中的污染物浓度和组分，DTRO 膜组的清洗由系统自动控制，也可手动操作。目前，一级 RO 累计工作 100h 进行一次碱洗，累计工作 500h 进行一次酸洗；二级 RO 的进水是一级 RO 的透过液，污染较小，需要清洗的时间间隔更长。清洗时间一般持续 2h，且可以随时终止。

4.8.3.3　清洗效果

一级 DTRO 单元的一个清洗周期内，经 100h 运行后运行压力从 3.8MPa 升至 4.7MPa，经碱洗后压力降至 3.9MPa，再运行 100h 后压力高达 5.0MPa，经碱及酸交替清洗后，压力恢复到 3.9MPa。在此清洗周期内，通量保持在 12L/(m² • h) 左右。

在工程实际运行过程中，对反渗透膜的化学清洗进行了考察，采用相同的清洗液，先碱洗后酸洗，清洗结果见表 4-18。比较膜清洗前后压力和脱盐率的结果，可知该膜组件的清洗是成功的。

表 4-18　DTRO 系统运行中膜清洗效果

项目	进水压力 /MPa	产水量 /[L/(m² • h)]	膜进水电导率 /(μS/cm)	产水电导率 /(μS/cm)	脱盐率 /%	温度 /℃
清洗前	4.6	13.8	11800	117	99	25
碱洗后	3.7	16.5	11800	56	99.5	25
酸洗后	3.4	17	11800	45	99.6	25

4.8.4 减缓 DTRO 系统膜污染措施的改进

一种观点认为[18]，在反渗透装置前不设预处理，只设简单的过滤设施，而采用加阻垢剂的方法防止结垢并进行周期性的清洗（水力冲洗和化学清洗），从而省去了预处理系统的投资与运行费用。此方法的局限性在于水质不能太差、回收率不能太高。这种反渗透膜污染防治观点在 DTRO 系统中得到实现，DTRO 的膜污染防治主要措施：a. 强化过滤预处理；b. 加入硫酸降低 pH 值；c. 加入阻垢剂。

通过研究膜污染结构和形成过程及对 DTRO 系统设计中采用的膜污染控制措施的检验，笔者提出：由于渗滤液成分复杂，若对其进行有效的生物处理以去除对膜污染层起重要作用的有机物，同时去除部分无机物，将能延长膜污染的清洗周期，从而延长膜的使用寿命。

4.9 膜污染机理分析

4.9.1 膜污染的影响因素

造成膜污染的机理和影响因素比较复杂，膜的化学性质及膜与溶质的相互作用对膜污染的性质和程度有重要的影响[19]。在污染物形成的复杂过程中，物理、化学和生物三大因素中任何一种因素的存在必将加速另两种污染的形成，三者的影响相互关联。

4.9.1.1 水质

水质对反渗透膜的污染因污染物而异。微生物对反渗透的污染首先是有机物在膜面吸附，改变膜的表面形态，随后微生物被吸附至膜面并在膜面生长，最后微生物代谢产生胞外聚合物，在膜面形成生物膜，导致膜污染。有机物对反渗透膜的污染主要是有机物与膜形成氢键吸附于膜面，使膜通量下降。胶体通常被截留在膜面，形成半胶束或双分子层的污垢，导致膜污染[20]。

4.9.1.2 膜自身因素

反渗透膜自身性质包括材料性质、结构和膜组件类型等。研究结果表明：疏水性膜有利于除盐，不利于除有机物，较亲水膜更易堵塞[21]；膜面越粗糙，越易吸附污染物形成污垢[22]，但切割分子量越大，反而越有利于减缓膜通量的下降[23]；膜组件抗污染能力自板框式、圆管式、螺旋卷式至中空纤维式依次减弱。目前常用的醋酸纤维素膜抗氧化性能较好[24]，膜面较光滑，但化学稳定性较差，易水解，衰减较快，压力要求较高。聚酰胺复合膜具有压力低、脱盐率高、通量高等优点，但不耐氯和氧化剂，抗结垢性能也不如醋酸纤维素膜。

4.9.1.3　工艺设计与运行条件

反渗透膜的工艺设计与运行条件包括水温、压力、pH 值和剪切速率等。

（1）水温

水温升高则膜通量增加，但温度越高，膜结构越不稳定，寿命越短，因此一般膜的最高耐受温度为 45℃，要求运行温度为 25 ～ 30℃。

（2）压力

压力增加则水的渗透速度加快，膜通量增加，但压力越高，胶体在膜面沉积速率越快，膜通量下降也越快[25]。当溶质（如苯酚、硝基苯、3- 氯苯酚等低分子）与反渗透膜（如醋酸纤维素膜）具有强亲和力时，提高压力将增加膜孔内溶质分子的流动性，产生的对流剪切力足以克服溶质与膜间的吸引力，使更多溶质分子透过反渗透膜，导致膜分离率降低[26]。反渗透膜对金属离子的分离率与临界压力有关[27]，在临界压力以下分离率随压力增加而上升；反之，随压力增加而下降。

（3）pH 值

pH 值影响有机官能团和膜的带电性。pH 值较高时，有机官能团和膜均带负电，使有机物分子之间及有机物分子与膜间存在静电排斥，有机物分子不易在膜上沉淀和累积，膜污染速度放缓；pH 值较低时，有机官能团呈电中性，膜带少量正电[28]，有机物很容易沉积在膜面堵塞膜孔，加速膜污染，但 pH 值较低时无机盐类不容易结垢。若水中含有 Cl⁻，在较高 pH 值下 Cl⁻ 引起聚酰胺复合膜的分离层与支撑层分离，造成反渗透膜的物理损伤；低 pH 值下与膜形成 N—Cl，当 pH 值升高到 11 以上时将发生水解，造成反渗透膜的化学损伤。

（4）剪切速率

剪切速率大，质量传递快，浓差极化弱，膜通量高，且膜通量降低慢[28]。但初始膜通量越大，膜面的污垢层越紧密，水力停留时间越长，膜通量降低越快。

4.9.2　膜污垢层的形成机理及过程

膜污染具体指的是膜通量降低以及膜的分离特性下降的现象。具体过程是，在进行垃圾渗滤液节能处理过程中废液中的微粒、胶体粒子或者是溶质中的大分子，在膜的包裹下与膜产生各种物理、化学或者机械方面的相互作用，进而在膜表面或者膜的空隙之间造成大量的离子吸附、沉积，这种粒子沉积现象使得膜的孔径变小甚至堵塞，最终导致膜污染。这种污染是随着废料与膜的接触开始就产生的，也就是溶质与膜之间的相互作用一旦开始，就会在一定程度上改变膜的特性，进而引发严重的膜污染现象[29]。

通过对 DTRO 系统运行的考察及膜清洗研究，得出 DTRO 系统膜表面污染物形成过程分为三个阶段：第一阶段为胶体颗粒在膜表面的沉积；第二阶段为膜表面一层有机黏液层的形成；第三阶段是膜表面污染层的初步形成，此时需要进行化学清洗。

（1）膜污染形成的第一阶段

第一阶段是胶体颗粒及金属氧化物在膜面的沉积，这是结晶沉淀、静电作用综合作用的结果。

渗滤液虽经 50μm 砂滤和 10μm 滤芯过滤，但进入反渗透膜的渗滤液仍含有大量的悬浮物、胶体、一定量的金属氧化物、难溶盐和微生物。DTRO 的回收率为 80%，浓缩液侧的料液浓度是进水浓度的 5 倍，大量金属氧化物因被高度浓缩处于近饱和状态而具有结晶沉淀的趋势。

在通常水处理的 pH 值范围内，聚酰胺复合膜的表面电位呈负值。一方面，膜进水中离子尤其是高价离子被反渗透膜截留浓缩，使其浓度升高，在静电引力的作用下带负电的膜表面可以吸附水中的金属阳离子如 Fe^{3+}、Al^{3+}、Ca^{2+} 等以及带正电的胶体颗粒，使其不能被水流冲走；另一方面，黏土颗粒的主要成分是 SiO_2，总是带负电荷，可与金属阳离子和带正电的胶体颗粒发生静电作用，进一步在膜表面沉积。二者相互促进，加速了膜污染的过程，任何一种因素都可能在发生浓差极化时起到提供晶核的作用，使污染物在膜表面的沉积加速。

（2）膜污染形成的第二阶段

第二阶段是有机物在膜表面的吸附，形成一层"有机膜"。在膜进水的水流主体中，有机物分子因带电荷官能团的相互排斥作用使尺寸变大，增加了有机物被颗粒物和细菌吸附截留的概率；而在膜表面，由于浓差极化，离子强度较水流主体中高，阳离子（如 Ca^{2+}）与有机物负电荷基团的结合增加了其在膜表面吸附的机会。

第一阶段水中阳离子以及带正电胶体物质在膜面的吸附截留，都会促进膜表面对带负电的有机物的吸附，使有机物（如长链脂肪酸）以及微生物等吸附到它的上面，在悬浮物颗粒的外围形成一层"有机膜"，同时浓差极化现象加速了这一膜污染的形成过程。

膜表面有机物的存在同时促进了细菌等微生物的生长，促进"有机膜"的生长，这可能因为有机物对微生物生长有以下 2 个作用：a. 促进微生物在稀松垢体内的生长和使其保持生命力；b. 有机物提供微生物生长所需的大的表面积，并使杀菌作用减弱[30]。

（3）膜污染形成的第三阶段

由于渗滤液中带负电荷的有机物以及细菌等吸附到膜表面，在膜表面形成一层带有负电荷的黏液层，增加了膜表面的负电荷，使膜进水中阳离子和阳离子胶体进一步吸附在膜表面上，从而使得膜进水中能与阳离子形成溶性盐或难溶盐的阴离子也吸附在膜表面，使得膜面上出现污染物层。

另外，高分子聚合物如蛋白质、藻类等，具有线性结构，当高聚物与胶体接触时基团能与胶粒表面产生特殊的反应而互相吸附，而高聚物分子的其余部分则伸展在溶液中，可以与另一个表面有空位的胶粒吸附；同时由于这些高分子聚合物一般带有负电荷，可以进一步吸附膜进水中的阳离子，这样聚合物就起了架桥连接作用[31]。

有机污染物和无机污染物之间的交替作用使得污染层的厚度不断增加，膜污染加剧，同时浓差极化等因素又使得膜污染过程得以加速。膜污染形成的第二阶段与第三阶段相互促进时将导致膜面污染物的积累，这是一种累积的污染，我们通常指的膜污染就是累积的污染。这种污染需要有针对性地选择清洗剂进行清洗。

4.10 反渗透浓缩液回灌的研究

浓缩液回灌是长生桥垃圾卫生填埋场的渗滤液处理工艺中必不可少的组成部分，但由于配套工程进度滞后等原因，至今未投入运行，浓缩液需外运至城市污水处理厂进行处理。为了考察浓缩液回灌的具体影响，在工程现场进行了大量的中试试验研究。

4.10.1 反渗透浓缩液处理技术

反渗透膜技术处理垃圾渗滤液必然有浓缩液产生，占渗滤液处理量的 20% ～ 25%，浓缩液的有效处理是整个反渗透膜系统中不可缺少的重要部分，也是目前反渗透技术推广的瓶颈之一。其处理方案的选择必须根据特定的填埋场进行考虑，不但要技术可行，同时也应考虑生态和经济要求。

渗滤液的反渗透浓缩液是一种高浓度的有机废液，其 COD 和电导率值往往是原生渗滤液的 3 ～ 4 倍，甚至 5 倍。但就物理性质而言，浓缩液具有很好的流动性和渗透性，并不是一种黏稠液体。

DTRO 可以单独使用，或与高压反渗透及纳滤进行优化组合，这些处理工艺产生的浓缩液的处理主要有焚烧、固化、蒸馏干燥和控制性回灌等方法。

（1）焚烧

对于高污染性浓缩液，可在现场合适的装置中或运到焚烧有害废液的焚烧厂焚烧处理。

（2）固化

采用飞灰或污水处理产生的污泥固化浓缩液，然后将干剩余物回填至填埋场进行填埋。

（3）蒸馏干燥

为了增加回收率，采用压力达 120bar（1bar=10^5Pa）的高压反渗透系统使得浓缩液量最小化，再将浓缩液采用纳滤膜＋结晶工艺，进一步浓缩后烘干结晶。

（4）控制性回灌

在时间和地点上有限度地控制浓缩液回灌填埋场垃圾体，形成生物反应器填埋场，加速有机物的生化降解过程，加速填埋场稳定化进程。

与回灌法相比，其他方法都非常昂贵，而且没有考虑浓缩液对垃圾场稳定化的促进作用，所以很少被采用。德国从 1986 年开始将浓缩液回灌填埋场，目前，德国成功运行的填埋场中大约 15 座采用 RO 系统处理垃圾渗滤液及浓缩液回灌工艺，且这一数量在其他国家还在增长。

大量的研究结果以及多座填埋场多年累积的运行实践证实：在充分考虑相关填埋场

的特征设计基础上，长期采用回灌处理浓缩液的系统，填埋场排出的渗滤液中主要污染物质浓度没有显著变化。

4.10.2　浓缩液回灌技术概述

4.10.2.1　生物反应器填埋场技术

"生物反应器"垃圾填埋技术通过独特的设计和合适的控制，实现了填埋场从传统的以贮留垃圾为主转向多功能方向发展，即一个垃圾填埋场同时具有贮留垃圾、隔断污染、生物降解和资源恢复等多个功能，代表了垃圾填埋技术的最新发展。

20 世纪 70 年代开始，欧美等发达国家开展了新一代垃圾卫生填埋场——生物反应器填埋场（bioreactor landfill）的研究。生物反应器填埋场是通过有目的的控制手段强化微生物过程，从而加速垃圾中易降解和中等易降解有机组分转化和稳定的一种垃圾卫生填埋场运行方式。它采用的控制手段包括液体（水、渗滤液）注入、备选覆盖层设计、营养添加、pH 调节、温度调节和供氧等。其中渗滤液回灌是生物反应器填埋场最常用的操作运行方式之一。

回灌法是土地处理应用于渗滤液处理中较为典型的一种，它实质是把填埋场作为一个以垃圾为填料的巨大的生物滤床。该法是将收集到的渗滤液回流至填埋区域，促使菌群和微生物酶活性增强，利用填埋场自身形成的稳定系统，使渗滤液经覆土层和垃圾层，发生一系列生物、化学和物理作用而被降解和截留，同时使渗滤液由于蒸发作用而减量。

Robinson 等 [32] 的研究表明，通过渗滤液回灌可以缩短填埋垃圾的稳定化进程（使原需 15 ～ 20 年的稳定过程缩短至 2 ～ 3 年）。Pohland[33] 提出喷洒的渗滤液量应根据垃圾的稳定化进程而逐步提高，一般在填埋场处于产酸阶段时回灌的渗滤液量宜少，在产气阶段则可以逐渐增加。此外，由于填埋场内垃圾处于不同的稳定化阶段，可以将产甲烷垃圾填埋区排出的渗滤液回灌至新填埋的产酸垃圾填埋区，而将新垃圾填埋区所产生的渗滤液回灌至老龄填埋区，这样有利于加速污染物的溶出和有机污染物的分解，同时加速垃圾填埋层的稳定化进程。Mosher 等 [34] 的研究表明，渗滤液回灌增加了填埋场的有效库容量，促进了垃圾中有机物的降解，缩短了产沼气时间。北英格兰的 Seamer Carr 垃圾填埋场将一部分渗滤液循环喷洒，20 个月后喷洒区渗滤液的 COD 值有明显的降低，金属离子浓度则大幅度下降，NH_4^+-N 浓度基本保持不变，说明金属离子浓度的下降不仅由稀释作用引起，垃圾中无机物的吸附作用也不可忽视。Carson[35] 报道了目前在美国生物反应器填埋场的技术体系已初具规模，已有 200 多座垃圾填埋场采用了此技术。该方法除具有加速垃圾的稳定化、减少渗滤液的场外处理量、回灌后的渗滤液水量水质得到均衡、降低渗滤液一些污染物浓度等优点外，还有比其他处理方案更为节省的经济效益。但是受填埋场特性的限制，回灌并不能完全消除渗滤液，且回灌后的渗滤液氨氮含量高，仍需要进一步处理后才能排放。

从 20 世纪 90 年代中期开始，我国学者相继开始对填埋场渗滤液回灌进行模拟实验研究，但就深度而言，国内对生物反应器填埋场的系统研究还有待进一步深入[36-41]。

4.10.2.2　回灌型生物反应器填埋场的结构

回灌型生物反应器填埋场工艺流程如图 4-42 所示。与传统的卫生填埋场不同，生物反应器填埋场增加了渗滤液回灌和水分调节系统及优化回灌渗滤液系统。

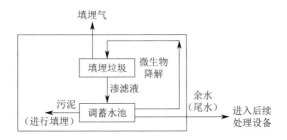

图 4-42　生物反应器填埋场流程

填埋场是一个独特的、动态的、复杂的垃圾-微生物-渗滤液-填埋气微生态系统[42]，不同年龄和稳定性的填埋垃圾层，其释放出的渗滤液具有时空上的异质性[43, 44]。生物反应器填埋场在渗滤液回流的同时，增设了回灌渗滤液水质、水量调节系统，以解除渗滤液直接回灌初期有机酸积累[45, 46]及中后期高浓度氨氮对垃圾降解微生物生理生态的毒性作用[47]。Pacey[48]采用在覆盖层或垃圾体中加入石灰、消化污泥等碱性物质，增加生物反应器填埋场的 pH 缓冲能力。Pohland 等[49]通过日常灵活的调整操作，降低产酸阶段的场区回灌量，增加产甲烷阶段的场区回灌量，可保持生物反应器填埋场的良好运行性能。Warith[50]的研究表明，在回灌渗滤液中适当补充营养物质，调节填埋场内 C、N、P 的平衡，可提高有机垃圾的降解速率。Raynal 等[51]报道，渗滤液经场外产甲烷反应器处理后再回流的系统可减少酸性 pH 对垃圾层中中性微生物（产甲烷细菌）的抑制，有利于垃圾层中微生物种群的综合协调代谢，加速垃圾的稳定化过程和渗滤液中有机物的进一步降解。有一些研究者采用将稳定化程度高的垃圾层区（产甲烷区）所排出的渗滤液回喷至新填埋的垃圾层（产酸区），而将新垃圾层所产生的渗滤液回喷至老的稳定化区，这样新、老填埋垃圾层及渗滤液相异的特性可得到互补，有利于污染物的溶出和有机污染物的分解，加速垃圾层的稳定化进程[52-55]。

4.10.2.3　回灌的方式

渗滤液回灌的方式主要分为表面回灌和地表下回灌两种。

（1）表面回灌

表面回灌是依靠表面蒸发和利用填埋层生物降解作用，降低渗滤液的有机污染物浓度，使渗滤液分布到大范围的填埋场表面，利用蒸发削减渗滤液水量。但采用此方法，渗滤液的臭味及气溶胶的扩散会影响填埋场表面的卫生状况。此外，降雨期间地表残余浓缩液可能随地表径流污染地表水。常见的表面回灌方式有表面喷洒和盲槽渗滤。表面回灌可分为表面灌溉系统、喷灌、针注。

（2）地表下回灌

地表下回灌，即渗滤液从覆盖土层下进入填埋层进行循环处理，主要被用作对渗滤液中有机质的降解。它的操作方式主要有 3 种：

① 在覆盖土层或下面铺设平面渗水管网，此法布水效果好，成本较高；

② 浅井式自然渗滤，这种方式成本较低，有时有现场监测条件；

③ 利用导气竖井进行渗滤液回灌，基建投资低，但实际运行有可能形成短流，而且存在气水混流的问题。

各种回灌方法的操作方式及优缺点见表 4-19。

表 4-19　各种回灌技术的优缺点[56]

方法	操作方式	优点	缺点
表面灌溉	（1）表面铺设穿孔管道； （2）渗滤液储池； （3）水罐车	（1）设计简单； （2）覆盖面大； （3）渗滤液经蒸发而减少； （4）不易堵塞，易修复或维护； （5）费用低	（1）产生难闻气味； （2）不利于人体健康； （3）受气候限制； （4）可能造成地表水污染； （5）劳动强度大，难以操作
喷灌	（1）滴灌； （2）人工降雨器喷灌； （3）表面铺设加压、穿孔管道	（1）覆盖面大； （2）渗滤液经蒸发而减少； （3）易根据沉降不同做调整； （4）易修复或维护； （5）费用低	（1）产生难闻气味； （2）不利于人体健康； （3）易受冰冻影响； （4）表面易饱和； （5）可能造成地表水污染； （6）劳动强度大，难以操作
针注	（1）将管道插入垃圾内（在管道下部穿孔），用 30m×30m 布点； （2）渗滤液以（2.76～4.14）×10^4Pa 压力泵入	（1）可根据需要移动； （2）覆盖面大； （3）设计、建造要求中等； （4）受气候限制中等； （5）易修复或维护	（1）易受冰冻影响； （2）可能造成地表水污染（经管道渗漏），封场后应用受限制； （3）劳动强度大，难以操作；费用高
竖井式	（1）管道输送； （2）水罐车泵入； （3）60m×60m 布井或每公顷一井； （4）采用压力总线	（1）受气候限制小； （2）不产生气味； （3）设计简单易操作； （4）可与水平井结合； （5）劳动强度小	（1）覆盖面小； （2）易产生不均匀沉降； （3）易对管道造成损害（尤其是井内管道）； （4）易堵塞，不易维护； （5）回灌周期缩短；费用高
水平井	（1）采用压力总线； （2）井间横距 20～30m； （3）纵距 12.6m； （4）井宽 1m、深 2m	（1）覆盖面大或较大； （2）受气候限制小； （3）不产生气味； （4）劳动强度小	（1）设计建造较复杂； （2）易产生不均匀沉降； （3）易堵塞，不易维护； （4）建造费用较高

4.10.2.4　工程实践中浓缩液回灌对渗滤液水质的影响

德国自 1986 年开始将浓缩液回灌填埋场，目前德国成功运行的填埋场中大约 15 座采用 RO 系统处理垃圾渗滤液及浓缩液回灌工艺，且这一数量在其他国家还在增长。

对于浓缩液回灌，人们关注的主要问题是高浓度的浓缩液对垃圾填埋场内生物活性、有机物降解、渗滤液水质的影响。大量研究结果以及多座填埋场多年累积的运行实践证实，在充分考虑相关填埋场的特征设计基础上长期采用回灌处理浓缩液的系统，填埋场排出的渗滤液中主要污染物浓度没有显著变化。

（1）Hintere Dollart 填埋场

德国第一家运用 RO 处理的填埋场，1986 年运行。填埋场占地 19hm^2，服务人口 20 万，年处理垃圾量 10 万～28 万吨。系统回收率设计为 80%，实际运行过程中回收率为 71.3%。浓缩液通过防冰冻的管线用泵扬送，利用填埋场上部的注射井回灌垃圾体。除了浓缩液短回路循环引起的电导率突然增长外，电导率值稳定在 20mS/cm 以内。

（2）Göda-Buscheritz 填埋场

位于 Bautzen 附近，Dresden 以东大约 50km，于 1990 年投入运行。处理的垃圾来自附近电厂的大量灰分，且掺杂有商业和生活垃圾。渗滤液处理系统设计处理能力 0.6m^3/h，回收率大约 70%，反渗透浓缩液通过两个特殊注射井回灌垃圾体。1993 年 7 月开始运行，渗滤液中污染物质浓度没有发生变化，电导率稳定在 14mS/cm，COD 为 1800～2000mg/L；唯一重大变化是氨氮组分的减少，1993 年氨氮浓度为 1000mg/L，1995 年氨氮浓度为 240mg/L。

（3）Halle-Lochau 垃圾场

德国北部的 Halle-Lochau 垃圾场从 1993 年开始使用反渗透法处理渗滤液，用浓缩液增加垃圾填埋层的湿度，以期加快垃圾填埋层的生物分解和增加沼气产量。从 1996 年 9 月到 1999 年 4 月对该垃圾场的渗滤液进行监测，结果显示渗滤液中的电导率、COD 和硫酸盐并没有显著的增加（见图 4-43）。电导率的变化和气候有密切的关系，图 4-43 中 1997 年初和 1998 年初电导率上升，是因为当时降雨量很大，导致渗滤液中易溶盐的大幅增加。

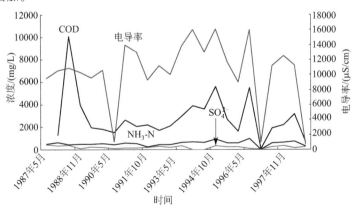

图 4-43

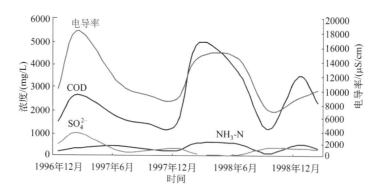

图 4-43　垃圾渗滤液水质随时间的变化

4.11　浓缩液回灌对填埋场特性影响研究

4.11.1　浓缩液回灌的中试试验研究设计

填埋场渗滤液经 DTRO 工艺处理后，出水外排并回用，而反渗透膜截留的浓缩液部分必须经过合理有效的处理，这是 DTRO 工艺能否得以推广应用的关键。设计了回灌反应器，进行了浓缩液回灌的中试试验。试验通过浓缩液回灌、渗滤液回灌、不回灌对比以及浓缩液好氧回灌与厌氧回灌的对比研究，探讨浓缩液回灌对渗滤液水质及填埋场稳定化的影响以及工程推广的可行性。

设计并建造试验装置 5 套，4 套设计为厌氧反应器，1 套设计为好氧反应器。回灌反应器为长方体，砖混结构，四壁及底部均做防渗，有效容积均为 2.797m³，尺寸为 1.26m×0.74m×3m（高），顶部设置一根导气管以导出填埋气体，底部设置一只直径为 20mm 的阀门以外排渗滤液，每个反应器的垃圾填埋高度均为 2.65m，覆土 0.05m，再铺砾石 0.05m，并在砾石层内铺设多孔布水管。好氧反应器中间安置一根直径为 40mm 的 PVC 穿孔管，外接鼓风机。反应器示意见图 4-44。

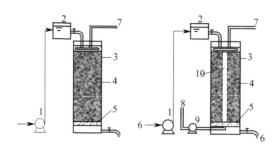

图 4-44　浓缩液回灌试验装置

1—提升泵；2—高位水箱；3—多孔布水管；4—垃圾堆体；5—砾石层；
6—渗滤液收集管；7—气体收集管；8—空气；9—鼓风机；10—布气管

实验所用垃圾取自重庆市长生桥垃圾卫生填埋场的城市生活垃圾。回灌方式采用多孔布水管进行表面喷洒。每套试验装置的具体研究对象列于表 4-20。

表 4-20　回灌研究装置的研究对象

反应器序号	反应器类型	填埋垃圾类型	回灌
1 号	厌氧	新鲜垃圾	不回灌
2 号	厌氧	新鲜垃圾	RO 浓缩液
3 号	好氧	新鲜垃圾	RO 浓缩液
4 号	厌氧	新鲜垃圾	渗滤液
5 号	厌氧	陈腐垃圾	渗滤液

4.11.2　回灌浓缩液的水质及回灌量

4.11.2.1　回灌水质

长生桥 DTRO 系统回收率为 80%，反渗透膜将渗滤液浓缩了 5 倍而成浓缩液。渗滤液与浓缩液水质见表 4-21。为使实验结果具有可比性，控制回灌的渗滤液水质为 COD 10000mg/L±1000mg/L、BOD_5 6000mg/L±100mg/L、NH_3-N 1200mg/L±400mg/L，浓缩液水质为 COD 50000mg/L±1000mg/L、BOD_5 30000mg/L±1000mg/L、NH_3-N 2000mg/L±400mg/L。

表 4-21　渗滤液及浓缩液水质

项　目	渗滤液	浓缩液
COD/(mg/L)	3000 ～ 15000	15000 ～ 75000
BOD_5/(mg/L)	1000 ～ 8000	5000 ～ 40000
NH_3-N/(mg/L)	1000 ～ 2000	5000 ～ 10000
pH 值	6.6 ～ 6.8	6.6 ～ 6.8

4.11.2.2　回灌量

长生桥垃圾卫生填埋场填埋的生活垃圾含水率较高，压实后的理论平均值约为 48%。考虑到垃圾在运输、填埋过程中的水分损失，本实验中假定填埋场内垃圾的初始含水率为 40%，为了使回灌后填埋垃圾的含水率达到最适宜垃圾降解的水分含量，即 60% ～ 75%，实验中取理论上使垃圾含水率达到 70% 的回灌量，即每次回灌量 $2.7972×2.65/3×(70\%-40\%)m^3=0.74m^3$。

4.11.3　浓缩液回灌对渗滤液水质的影响

通过中试试验，就 COD、BOD_5、NH_3-N、pH 值、金属离子等水质指标，探讨浓缩液回灌对填埋场渗滤液水质的影响，并通过垃圾堆体高度的变化研究浓缩液回灌对填埋场稳定化的影响，同时对作用机理进行了分析。

4.11.3.1 COD 的变化

在实验初期的 8 周内，每周进行一次渗滤液和浓缩液回灌。第 9 周～第 20 周，填埋垃圾体进入产甲烷阶段后，每周进行 3 次回灌。各种回灌条件下产生的渗滤液中 COD 随时间的变化如图 4-45 所示。回灌后产生的渗滤液 COD 均呈现先上升、后下降而后逐渐稳定的趋势。

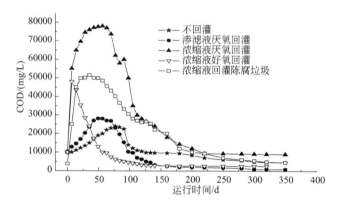

图 4-45　不同条件下渗滤液 COD 随时间的变化

对各反应器中渗滤液 COD 变化进行分析，可将其变化历程分成三个阶段。

（1）第一阶段

厌氧条件下，在实验开始后的 8 周内，出水 COD 均呈持续上升，但上升幅度不同，取决于回灌料液的不同。不回灌反应器的渗滤液 COD 从 9890mg/L 升至 20000mg/L 多，进行渗滤液回灌反应器和进行浓缩液回灌反应器的 COD 则分别从 10230mg/L 升至 28100mg/L、从 10140mg/L 升至 78000mg/L。微好氧条件下，浓缩液回灌反应器的 COD 在迅速上升后，从第 2 周起即开始迅速下降，到第 20 周时已下降至 2780mg/L，对 COD 的去除效率高达 91%，比回灌至厌氧填埋体浓缩液的 COD 去除率平均高 10%，降解有机物的速率明显高于浓缩液回灌至厌氧填埋体对有机物的降解速率。

分析 COD 上升的原因是：随回灌的进行，大量适应填埋单元环境的微生物重新进入填埋单元中，具有接种作用，并给填埋场内部提供足够的水分和营养。水解菌、产酸菌、水分、有机物和营养物等得以保持长时间相互接触，使垃圾体内可生物降解固相垃圾的水解反应、水解产物的产酸反应能连续进行。由于此时各垃圾体环境还不适宜产甲烷反应，水解酸化产物的降解和消纳尚不能实现，因而渗滤液中水解酸化产物不断积累，使渗滤液 COD 持续升高，pH 值不断下降。

另一方面，含氮、磷的有机化合物经氨化和磷酸盐化转化为氨氮和磷酸盐，同时一些重金属（Fe、Mn、Cr）离子与有机酸发生络合作用，这些产物进入液相后导致回灌，前期所产生的渗滤液 COD 浓度上升，达到很高的程度。

渗滤液回灌的 COD 上升幅度比不回灌反应器大一些，而浓缩液回灌反应器的 COD 浓度升高幅度极大，这是因为回灌浓缩液本身的 COD 浓度极高，接近 50000mg/L，在相同的回灌条件下污染负荷高、毒性大。

好氧条件下，降解有机物的速率明显快于浓缩液回灌至厌氧填埋体对有机物的降解速率。这主要是因为在好氧环境下降解垃圾和浓缩液中有机物的是好氧菌，于是有机污染物发生好氧降解过程。

有机垃圾好氧降解的一般途径如图 4-46 所示。基本规律为大分子有机物首先在微生物产生的各种胞外酶的作用下分解为小分子有机物。这些小分子有机物被好氧微生物继续氧化，通过不同的途径进入三羧酸循环（TCA），最终被分解为 CO_2、H_2O、硝酸盐和硫酸盐等简单的无机物。

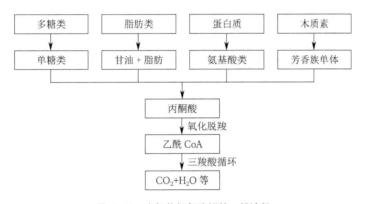

图 4-46　有机物好氧降解的一般途径

（2）第二阶段

厌氧条件下，不回灌反应器的渗滤液 COD 从第 12 周起开始缓慢下降，一直到第 20 周，产生渗滤液的 COD 浓度变化不大，在 9000 ～ 10000mg/L 之间；第 20 周后降至 9010mg/L。渗滤液回灌反应器的 COD 浓度从第 11 周开始以较大幅度下降，第 20 周后已降至 1680mg/L。浓缩液回灌反应器的 COD 浓度从第 9 周起，从 78000mg/L 大幅度下降，其下降速率比渗滤液回灌反应器快很多，到第 20 周后已降至 2470mg/L。

这一阶段发生的原因是：在垃圾体进入产甲烷阶段后，渗滤液中原来积累的水解酸化产物 VFA 被产甲烷菌快速利用，而垃圾中糖类等易水解酸化物质的水解酸化产物 VFA 亦被产甲烷菌快速利用，垃圾中糖类等易水解的固相有机物已得到较高程度的水解，剩余的固相有机物如蛋白质、木质素等的水解速率比较慢，水解反应成了可生物降解固相有机垃圾彻底消纳的限速步骤，渗滤液中 VFA 得不到及时的补充，渗滤液 COD 快速下降。

实验中发现，浓缩液回灌反应器产生的渗滤液 COD 比渗滤液回灌反应器产生的渗滤液 COD 下降得快。这是因为浓缩液回灌比渗滤液回灌带给垃圾体的有机质和微生物量更多，有机质是微生物的养料，有机质越多则微生物产生越多，对污染物的降解加快，从而促进了渗滤液中 COD 浓度的降低。

（3）第三阶段

20 周以后，渗滤液 COD 趋于稳定，这是由于渗滤液中易生物降解的有机物已大部分被降解，同时渗滤液中也存在不易被产甲烷菌利用的有机物和高浓度氨氮，对产甲烷菌的活性有一定的抑制作用。

厌氧条件下，浓缩液回灌出水稳定后对 COD 的去除率为 81.56%，渗滤液回灌对 COD 的去除率为 90.67%，而不回灌反应器对 COD 的去除率仅为 8.9%，可见，浓缩液回灌与渗滤液回灌一样，对 COD 有较高的去除率，但由于浓缩液的 COD 很高，虽然回灌对其去除量很大，但回灌后产生的渗滤液 COD 浓度仍很高。但只要低于 DTRO 系统的进水 COD 设计值，这一方案即可行。

填埋垃圾降解过程主要是厌氧生物降解。垃圾厌氧生物降解是在无氧条件下，利用多种厌氧微生物的代谢活动，将有机物转化为无机物（CO_2、H_2O 等）和少量细胞物质的过程。

垃圾厌氧降解过程一般可分为水解阶段、酸化阶段、产乙酸阶段、产甲酸阶段四个阶段。好氧条件下，COD 去除率高达 91%，比回灌至厌氧填埋体浓缩液的 COD 去除率平均高 10%。但就整个填埋场而言，由于创造准好氧环境所需的曝气量太大，耗费巨大，故不宜长时间采用。笔者认为，在填埋初期或填埋层不太厚的情况下，采用准好氧填埋，尽快使填埋底层垃圾和回灌渗滤液或浓缩液中的有机污染物稳定化，然后调整为生物反应器型填埋工艺，在厌氧条件下回灌，发挥稳定化垃圾层的厌氧生物滤床作用，最大限度地降低排出渗滤液的污染强度。

4.11.3.2　BOD_5 的去除

BOD_5 的变化趋势见图 4-47。从图中可看出，渗滤液中的 BOD_5 均呈现先上升、后下降而后逐渐稳定的趋势。其变化趋势与机理均同 COD。在厌氧条件下，浓缩液回灌出水稳定后对 BOD_5 的去除率为 82.5%，渗滤液回灌对 BOD_5 的去除率为 93.75%，而不回灌反应器对 BOD_5 的去除率为 19.22%。在好氧条件下，浓缩液回灌对 BOD_5 的去除率为 93.75%，高于厌氧条件下操作。

4.11.3.3　NH_3-N 的去除

在不同回灌条件下渗滤液中 NH_3-N 变化如图 4-48 所示。垃圾渗滤液中 NH_3-N 浓度随着填埋时间的延长而不断升高，这是因为垃圾在降解过程中含氮有机物不断水解为 NH_3-N 进入渗滤液中。而渗滤液回灌反应器的出水 NH_3-N 浓度则呈下降趋势，NH_3-N 的去除率不断上升，此后去除率一直稳定在 60% 左右。浓缩液回灌至厌氧填埋层后出水 NH_3-N 浓度在迅速上升后不断下降，去除率从 18% 升至 70%，之后一直稳定在 70% 左右。说明渗滤液回灌和浓缩液回灌对 NH_3-N 有一定的去除效果且两者对 NH_3-N 的去除率变化趋势相同。

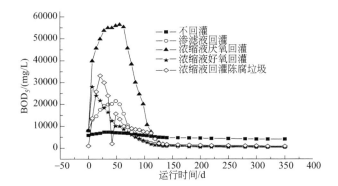

图 4-47 不同条件下渗滤液 BOD_5 随时间的变化

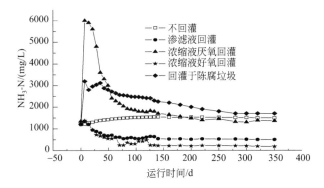

图 4-48 不同条件下渗滤液 NH_3-N 随时间的变化

　　垃圾填埋层作为一个反应器，可以大致分为三部分：上部为好氧区；下部为厌氧区；中间部分为两者的过渡区——兼性区[57]。由于是回灌到厌氧填埋体，氧在垃圾层中的扩散深度不大，有研究表明氧在厌氧填埋层中的扩散深度最多为 0.58m[58]，即好氧层和兼性层所占比例不大，厌氧区为主要部分，垃圾填埋层内部结构示意见图 4-49。

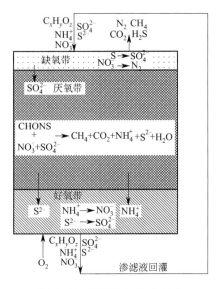

图 4-49 填埋层内部结构示意

渗滤液和浓缩液回灌后首先流经填埋层上层的好氧区域，同时回灌渗滤液和浓缩液中含有一定量的溶解氧，回灌渗滤液和浓缩液中的 NH_3-N 被氧化成为硝酸盐氮或亚硝酸盐氮，到达下层的厌氧区域后硝酸盐氮或亚硝酸盐氮被还原为 N_2 等，实现了氨氮的去除，即发生了硝化反硝化过程。在垃圾渗滤液的回灌过程中 NH_3-N 浓度高，可生化降解 COD 浓度低、C/N 值低、溶解氧和碳源量少，非常符合亚硝酸盐型硝化反硝化反应发生的条件。通过对回灌出水中 NO_2^- 的检测，发现有亚硝酸根离子累积的现象，由此可以推测回灌过程中发生了亚硝酸盐型硝化反硝化的生物脱氮反应。此外，由于垃圾层大部分为厌氧区，回灌渗滤液和浓缩液在流经好氧层和厌氧层时还可能发生好氧反硝化和厌氧氨氧化过程，这些脱氮过程的进行使得回灌渗滤液和浓缩液的出水 NH_3-N 浓度有了一定程度的降低。

浓缩液好氧回灌后对 NH_3-N 有很高的去除率，去除率从回灌初期的 77% 增至回灌 10 周后的 96%，之后 NH_3-N 去除率稳定在 91.3%，20 周后的 NH_3-N 浓度降至 220mg/L。这是由于在好氧条件下 NH_3-N 在好氧菌的作用下发生了硝化作用和好氧反硝化作用。因此，在浓缩液回灌至好氧垃圾填埋体后对 NH_3-N 有很高的去除率。

4.11.3.4 金属离子的变化

从图 4-50 可以看出，在回灌的前 10 周出水金属离子浓度比进水浓度高，这主要是因为在回灌初期垃圾填埋层中金属元素发生了复杂的物理化学反应。例如，胶体微粒的物理吸附、离子交换或发生化学反应生成螯合物等，从而导致大量金属被截留在垃圾层中。由于垃圾成分、渗滤液 pH 值等发生了变化，部分不溶性金属化合物转化成了可溶性金属化合物，从而从垃圾层中溶出，导致出水中重金属离子浓度的上升。回灌 10 周后，随着垃圾的迅速降解，垃圾中产甲烷阶段建立，垃圾层中的氧化还原电位降低，处于还原条件下的低氧化还原电位促使微生物将浓缩液中的 SO_4^{2-} 还原成 S^{2-}，浓缩液中 Cu^{2+}、Cr^{3+}、Zn^{2+}、Pb^{2+}、Cd^{2+} 等转化为 CuS、Cr_2S_3、ZnS、PbS、CdS 等沉淀，并且此时填埋场迅速向中性或弱碱性转化，也有利于金属离子形成碳酸盐沉淀和氢氧化物沉淀。形成沉淀后重金属得以大量滞留，从而使浓缩液中的重金属离子滞留在垃圾层中。

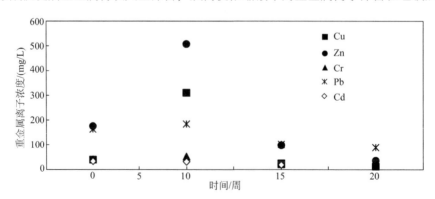

图 4-50　重金属离子随时间的变化

此外，进入产甲烷阶段后，垃圾填埋层逐渐由酸性环境变为碱性环境，浓缩液中的重金属离子会形成氢氧化物沉淀，同时会被垃圾、腐殖质和土壤吸附，而且垃圾在降解过程中生成的大分子量腐殖质类有机物能与重金属离子形成稳定的螯合物，从而使浓缩液中的 Cu 等重金属离子的浓度降低。

4.11.3.5　pH 值的变化趋势

实验初期，垃圾体中可生物降解固相垃圾逐渐发生水解和酸化反应，因为此时尚不具备甲烷化反应条件，水解产物以及酸化产物逐渐积累，导致渗滤液 pH 值下降。随着进入产甲烷阶段挥发酸等水解酸化产物被产甲烷菌及时利用，pH 值还是急速上升，直至基本稳定，如图 4-51 所示。

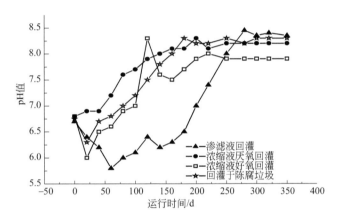

图 4-51　不同条件下渗滤液 pH 值随时间的变化

4.11.4　浓缩液回灌对垃圾堆体稳定化的影响

根据回灌法原理，回灌能给垃圾填埋体带来大量的微生物，从而加速垃圾的降解。通过对不回灌反应器、渗滤液回灌反应器、浓缩液厌氧回灌反应器和浓缩液好氧回灌反应器中垃圾堆体高度的测量，得到 4 个反应器中垃圾堆体高度随时间的变化曲线，见图 4-52。

随着时间的延长，这 4 个垃圾堆体都发生沉降。但其余 3 个回灌垃圾堆体的沉降高度明显高于不回灌垃圾堆体，且随着时间的推移，不回灌垃圾堆体的沉降高度变化不大，说明不回灌垃圾堆体的垃圾降解速率不快，降解幅度小，而 3 个回灌垃圾堆体的沉降幅度一直保持较大的趋势。在 20 周的时间里，渗滤液回灌反应器中的垃圾沉降高度达到 20%，浓缩液厌氧回灌和好氧回灌反应器中的垃圾沉降高度分别为 30% 和 38.5%，而不回灌反应器中的垃圾沉降高度仅为 8%。

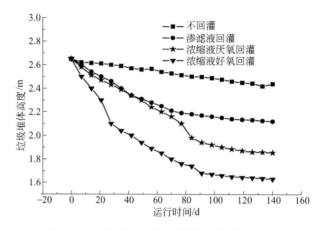

图4-52　不同条件下垃圾堆体高度随时间的变化

　　这是因为回灌带给垃圾层大量的水分、有机物和微生物，增强了垃圾中的微生物活性和繁殖速率。在大量活动旺盛的微生物的作用下，垃圾中的可生物降解部分被迅速降解为甲烷、二氧化碳气体进入空气中，导致填埋垃圾的体积减小，特别在好氧回灌条件下，好氧菌降解垃圾的速率更快，垃圾的体积减小更多，因此好氧回灌反应器中的垃圾沉降高度要高于厌氧回灌反应器中的垃圾沉降高度。不回灌的垃圾层在垃圾自然降解条件下缓慢降解，因此相对于其他3个垃圾层而言，垃圾填埋体沉降幅度最小。浓缩液回灌对垃圾的降解幅度高于渗滤液回灌是因为在回灌量和回灌频率相同的条件下浓缩液带给垃圾体更多的微生物，因而对垃圾的降解速率更快。

4.11.5　浓缩液回灌的影响因素

　　影响回灌处理效果的因素包括土壤结构、水力负荷、COD负荷及配水次数等，其中COD负荷和水力负荷是关键因素。

　　有研究表明[59]，垃圾可承受的有机污染负荷有一个限值，当在一定时间内因回灌而进入垃圾堆体中的有机污染负荷超过这一限值时，渗滤液回灌处理系统将遭到破坏且不易恢复。因此应在回灌场所已定的情况下合理确定进水负荷，或者在需回灌的渗滤液量和渗滤液浓度范围已定的情况下合理确定回灌场所的大小，以期处理系统能长期正常运行。

4.11.5.1　有机负荷的影响

　　研究了有机负荷与COD的去除率的关系。图4-53所示为较低的水力负荷下[32.38mL/（L·d）]有机负荷与COD去除率的关系曲线。由图可知，有机负荷在485.7～809.5mg/（L·d）之间时，COD去除率随有机负荷的增加而提高，当有机负

荷为 971.4～1457.1mg/（L·d）时，COD 去除率呈持续下降的趋势，从 86% 下降到
73%。可见，在一定的水力负荷下，有机负荷的变化对浓缩液回灌 COD 去除率影响较
小，浓缩液回灌维持在一个相对稳定的水平，说明垃圾层能耐一定的有机负荷变化，同
时也说明回灌浓缩液中污染物浓度的变化对回灌效果的影响不大。有机负荷的大小主要
决定了单位体积垃圾中有机养料的浓度[60]。浓度过低时，微生物不能获取足够的养料，
从而影响微生物的正常繁殖和降解有机物能力的发挥，因此有机负荷在一个较大的范围
内变化时，COD 去除率随着有机负荷的增加而上升。

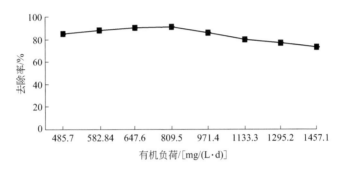

图 4-53　有机负荷对 COD 去除率的影响

对于一定量的微生物，用于自身生长和降解的有机物最大量是一定的，即处理最大
的有机负荷是一定的。当回灌的浓缩液中 COD 浓度过高，超出微生物的降解能力时，
COD 去除率下降。同时由于渗滤液中含有重金属离子等对微生物有害的物质，而且过
高浓度 COD 的浓缩液中 NH_3-N 浓度也同样过高。NH_3-N 浓度过高会对微生物的活性
有抑制作用，因此回灌过高浓度的浓缩液会使 COD 去除率下降，回灌处理的效果变差。
回灌浓缩液 COD 浓度在不超过 75000mg/L 时，COD 去除率在 85% 以上。

4.11.5.2　水力负荷的影响

实验中回灌的浓缩液取自长生桥垃圾卫生填埋场反渗透系统产生的浓缩液，其
COD 浓度在 50000mg/L±1000mg/L 的范围内，每天进行一次浓缩液回灌，出水 COD
浓度为回灌 24h 后下一次回灌前的出水 COD 浓度。

实验中获得的不同水力负荷下的 COD 和 NH_3-N 去除率变化如图 4-54 所示。回灌
浓缩液的 COD 去除率随着水力负荷的增加呈明显下降趋势。当水力负荷从 32.38mL/
（L·d）升至 202.36mL/（L·d）时，COD 去除率从 94% 下降到 70%，继续增加水力
负荷到 323.77mL/（L·d）时，出水水质恶化，COD 去除率仅为 56%，处理效果变差。
这主要是因为垃圾层在低水力负荷条件下并未达到其饱和含水率，回灌浓缩液能够在垃
圾层中停留足够的时间，有利于微生物的生化降解。随着水力负荷的增高，垃圾层达到
其饱和含水率，浓缩液在垃圾层中的水力停留时间缩短，使得微生物不能对其中的有机
质进行充分有效的降解。同时较多的水量及流速还会引起对垃圾层中微生物的冲刷，不

利于回灌接种微生物在垃圾表面的附着，从而使参与降解浓缩液和垃圾层产生渗滤液中有机物的微生物数量减少，大的水力负荷还会加快垃圾内抑制性物质的溶出，大量的抑制性物质随水溶出，这些都导致回灌处理效果的降低。

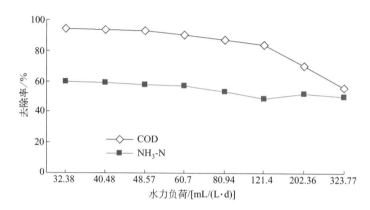

图 4-54　不同水力负荷下 COD 和 NH_3-N 的去除率

水力负荷对 NH_3-N 去除率的影响没有对 COD 去除率的影响大。水力负荷从 32.38mL/（L·d）上升至 323.77mL/（L·d）的过程中，NH_3-N 去除率为 50%～60%，整体变化不大，呈缓慢下降的趋势。随着水力负荷的升高，NH_3-N 去除率的缓慢下降同样是由于水力停留时间变短，使生物脱氮过程不能充分进行。

随着水力负荷的增加，COD 和 NH_3-N 去除率均呈下降趋势，造成这种情况的原因主要是水力负荷的增加使渗滤液在土壤柱中的停留时间缩短，不利于有机物的去除。低水力负荷对 COD 和 NH_3-N 的去除是有利的。

4.11.5.3　回灌频率的影响

有研究[61, 62]认为较低的渗滤液回灌频率有助于生物反应器填埋场快速进入产甲烷阶段。在相同的回灌负荷下，通过对不同回灌频率的研究，发现加大回灌频率不利于提高垃圾降解速率，原因在于：回灌接种的微生物在垃圾表面的附着生长有一定的时间要求，频次过高则不利于微生物的附着生长，也不利于垃圾层内填埋气的引出，易造成过水面积降低，减少水与微生物的接触，也不利于垃圾降解。但回灌频次的增加有助于降解产生的抑制性物质快速洗出。

在水力负荷为 323.77mL/（L·d）的条件下，进行了考察不同浓缩液回灌次数时 COD 去除率的实验。实验条件和实验结果如表 4-22 所列。

从表 4-22 中可以看出，COD 去除率随回灌次数的增加而明显提高，但回灌次数为 4 次和 5 次时与回灌次数为 3 次时的 COD 去除率相差不大。这是因为，回灌次数越多则布水的有机负荷分布就越均匀，可以在保证较高的每日回灌总量的情况下降低单次的水力负荷，使出水浓度平均值降低，总 COD 去除量增大。此外，微生物可以利用间歇时间对污染物进行充分降解。在每日回灌总量一定的情况下，回灌次数的多少会直接影响到浓缩液在填埋垃圾层中的停留时间，回灌次数越多停留时间就越长，垃圾层也可以利用间歇时间进行复氧。回灌次数多，还使上层有充足的落干时间，从而使其透气性比回灌次数少时要好，氧气的供应也就更快。因此，多次回灌有利于提高 COD 的去除率。但是，从实验数据来看回灌次数对 COD 去除率的影响不如水力负荷的影响大。

表 4-22　浓缩液回灌次数与 COD 去除率

回灌次数	1	2	3	4	5
回灌总量 $/m^3$	0.8	0.8	0.8	0.8	0.8
进水 COD/（mg/L）	49800	50100	48500	50000	49850
出水 COD/（mg/L）	7470	5010	2910	3500	4486.5
去除率 /%	85	90	94	93	91

如图 4-55 所示，随着回灌次数从 1 次增加到 5 次，NH_3-N 去除率变化不大，维持在 62% ～ 68% 的范围内。回灌次数对 NH_3-N 去除率的影响没有对 COD 去除率的影响大。

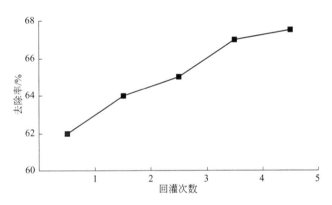

图 4-55　不同回灌次数下 NH_3-N 的去除率

4.11.5.4　pH 值的影响

浓缩液的直接回灌虽然能够起到调节垃圾中水分和接种微生物的作用，但是这些因素也同样提供了有利于产酸细菌生长的环境，产生大量的有机酸，造成填埋中的环境酸的积累，抑制产甲烷菌的生长繁殖。同时，酶是保证微生物顺利降解有机物的必要条件，酶对液体中的 pH 值变化十分敏感，强酸或强碱性环境都会破坏酶催化作用的正常发挥。因此，回灌浓缩液的 pH 值对垃圾中有机物的降解和产生渗滤液的有机污染物浓度将有重要影响。为了研究这一影响，将回灌前浓缩液的 pH 值分别用生石灰调节为 8、9、10 后再回灌到垃圾体，以改变垃圾层中的酸性环境，改善回灌效果。

（1）pH 值对 COD 和 BOD$_5$ 的影响

经过 20 周的检测，调节浓缩液 pH 值为 8、9、10 后回灌以及不调节 pH 值进行浓缩液回灌。不同条件下产生的渗滤液 COD 和 BOD$_5$ 变化规律如图 4-56 ～图 4-59 所示（分别回灌至厌氧填埋体和好氧填埋体）。

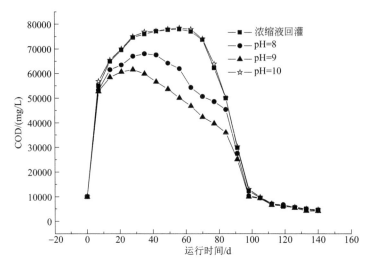

图 4-56　厌氧条件下 pH 值对渗滤液 COD 的影响

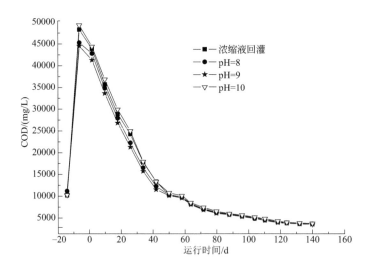

图 4-57　好氧条件下 pH 值对渗滤液 COD 的影响

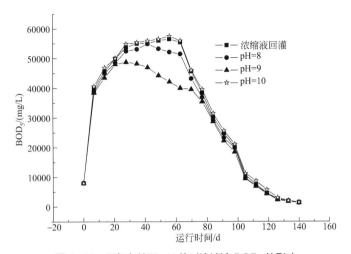

图 4-58　厌氧条件下 pH 值对渗滤液 BOD_5 的影响

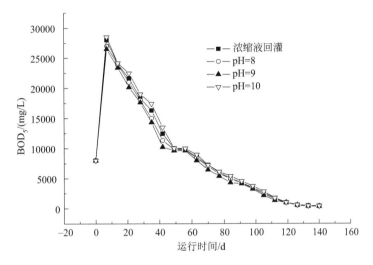

图 4-59　好氧条件下 pH 值对渗滤液 BOD_5 的影响

无论是厌氧回灌还是好氧回灌，调节 pH 值后的浓缩液回灌的出水 COD 和 BOD_5 都比未经调节 pH 值回灌的浓缩液出水 COD 和 BOD_5 更早达到临界最高点，并更早降至比较低的水平。但 20 周后，调节 pH 值回灌与未经调节 pH 值回灌对 COD 和 BOD_5 的去除率几乎相同。在 20 周的时间内，pH=9 的浓缩液回灌比 pH=8 和 pH=10 的浓缩液回灌对出水的 COD 和 BOD_5 去除率更高一些。这是因为调节 pH 为碱性后，垃圾内部的产酸期缩短，这样就使低级脂肪酸的产生数量降低，而在垃圾渗滤液的 COD 中低级脂肪酸的 COD 占 80% 以上[61]，另外，投加生石灰也起到絮凝作用，使有机物得到少量去除，从而加快垃圾的降解过程，使 COD 和 BOD_5 下降较快。pH=9 时出水 COD 和 BOD_5 的去除率高于 pH=10 时的原因可能是 pH 值继续升高使大量有机胶体产生，污泥沉降速度减慢，COD 和 BOD_5 的去除效率下降。可见浓缩液回灌的预处理选择在 pH=9 左右时对有机污染物的去除效率较高。20 周后，未经调节 pH 值回灌的浓缩液中大部分可降解有机物被垃圾中微生物降解，从而使其出水 COD 和 BOD_5 下降程度达到调节 pH 值后回灌的水平。

（2）pH 值对 NH₃-N 的影响

不同 pH 值下 NH₃-N 浓度变化如图 4-60 和图 4-61 所示。将浓缩液 pH 值调为碱性再回灌比不调节 pH 值直接回灌对 NH₃-N 的去除率要高，而且随着 pH 值的升高，NH₃-N 的去除率逐渐升高，将 pH 值调节为 11 左右时对浓缩液的 NH₃-N 去除效果最好，在此 pH 值下进行浓缩液回灌，回灌至厌氧填埋体的出水 NH₃-N 的去除率从开始回灌时的 80%，一直上升到 90% ～ 95%，且一直稳定在这个范围内；回灌至好氧填埋体的出水 NH₃-N 的去除率从开始回灌时的 92% 上升到 98% ～ 99%，并稳定在 99% 左右。pH 值继续升高到 12 时，NH₃-N 的去除率与 pH 值为 11 时相比有所下降。

浓缩液中存在如下的化学平衡式：

$$NH_3 + H_2O \rightleftharpoons NH_4^+ + OH^-$$

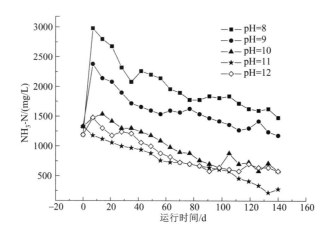

图 4-60　厌氧条件下 pH 值对渗滤液 NH₃-N 的影响

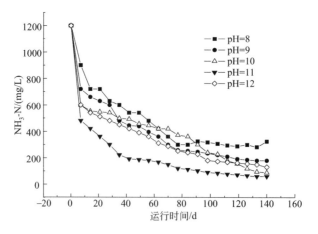

图 4-61　好氧条件下 pH 值对渗滤液 NH₃-N 的影响

在碱性环境下，此化学平衡向左移动，浓缩液中的 $NH_3\text{-}N$ 多以游离氨的形式存在，由于实验采用的是表面喷灌的回灌方式，所以一部分氨氮在喷灌时挥发到空气中，另一部分在中性或弱碱性的垃圾中被硝化，特别是当浓缩液回灌到好氧填埋层时硝化作用十分明显，导致 $NH_3\text{-}N$ 被大量去除。同时，浓缩液调节 pH 值后，回灌浓缩液也会发生好氧反硝化、亚硝酸盐硝化反硝化和厌氧氨氧化等过程去除其中的 $NH_3\text{-}N$。但强碱性的浓缩液回灌后会对垃圾中大多数的细菌活动有所抑制，导致 $NH_3\text{-}N$ 的去除率下降。随着 pH 值上升到 12，$NH_3\text{-}N$ 的去除率较 pH 值为 11 时已有所下降，可以预测，若 pH 值继续上升，$NH_3\text{-}N$ 的去除率会进一步下降。

4.12　DTRO 系统工程应用实例

4.12.1　蒙城县垃圾填埋场渗滤液处理厂

4.12.1.1　工程概况

根据对蒙城县人口规模和垃圾收集站的数量及转运能力的调查和分析，确定蒙城县垃圾填埋场[63]渗滤液产生规模为 $100m^3/d$。该填埋场垃圾主要为居民生活垃圾，垃圾渗滤液主要有两个来源：大部分渗滤液是新鲜垃圾在填埋后滤出的，另有一部分是填埋作业面和中间覆盖面降雨转化而来的。由于垃圾在储坑内的停留时间较短，渗滤液多为垃圾酸性发酵阶段的产物，属典型原生渗滤液，具有污染物浓度高、BOD/COD 值高等特点，其设计进出水水质指标见表 4-23。出水水质要求达到《生活垃圾填埋场污染控制标准》（GB 16889）中规定的排放标准。

表 4-23　进出水水质指标

项目	$COD_{Cr}/$ (mg/L)	$BOD_5/$ (mg/L)	$NH_3\text{-}N/$ (mg/L)	TN/ (mg/L)	SS/ (mg/L)	pH 值
进水指标	≤ 10000	≤ 6000	≤ 1500	≤ 2000	≤ 600	6.0～9.0
出水指标	≤ 100	≤ 30	≤ 25	≤ 40	≤ 30	6.0～9.0

4.12.1.2　工艺流程设计

垃圾渗滤液的水质受垃圾成分、处理规模、降水量、气候、填埋工艺及填埋场使用年限等因素的影响，具有成分复杂、化学需氧量（COD）高、氨氮含量高、水质变化大等特点，用常规的生化等处理方法难以处理达标。与生化法相比，膜分离技术受原水水质的变化影响小，能够保持出水水质稳定，在垃圾渗滤液等高浓度、难降解废水的处理中具有明显的优势。DTRO 是一种新型的反渗透处理技术，在高浓度料液处理中应用广泛，在垃圾渗滤液处理中也得到应用。

采用二级碟管式反渗透（DTRO）工艺，其整体系统工艺如图 4-62 所示。

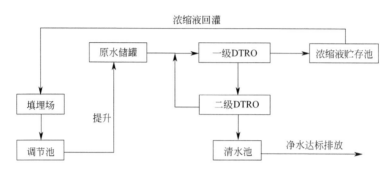

图 4-62　渗滤液处理系统整体工艺示意

填埋场的渗滤液首先汇集到调节池进行水质水量调节，原水储罐出水经加酸调节 pH 值，以防止碳酸盐类无机盐结垢，再经过砂式过滤器和芯式过滤器过滤降低悬浮物含量。经过预处理的渗滤液直接进入一级 DTRO 系统，在膜组中进行过滤，产生的透过液进入二级 DTRO 系统，一级反渗透浓缩液排入浓缩液贮存池等待回灌；二级 DTRO 系统透过液排入脱气塔，经过吹脱除去水中二氧化碳等气体，使 pH 值达到 6 ～ 9，然后进入清水池，达标后排放，二级 DTRO 浓缩液进入一级 DTRO 的进水端，重新进行处理。浓缩液的处理有控制回灌、焚烧、固化、蒸馏干燥和真空干燥等方法，但是与回灌法相比，其他方法的设备投资和运行费用都非常昂贵。填埋场垃圾堆体本身就是一个巨大的生物反应器和贮存体，垃圾中的大量有机污染物在这里得到消解和稳定。浓缩液污染物浓度虽然很高，但其污染物的总量相比于垃圾本身是较少的，大约占其污染物总量的 2.4%。因此，可以在时间和地点上有限度地控制浓缩液回灌入填埋场垃圾体，把填埋场作为一个以垃圾为填料的巨大的生物滤床，通过物理、化学和生物等多种作用实现污染物的降解。

4.12.1.3　水量平衡计算

100t/d 二级 DTRO 系统水量平衡计算见图 4-63。

4.12.1.4　浓缩液的回灌

本项目的浓缩液采用浅层回灌方式，即控制回灌管道系统的布水井点及回灌水量，使浓缩液的回灌量刚好在填埋体表层的 2 ～ 3m 厚度内得以接纳，防止因回灌量过大又过于集中致使填埋体在回灌范围内形成一个饱和柱状体。

由于浓缩液的有机污染物负荷量高，回灌率宜控制在 1.625L/（m² · h）。本工程日处理渗滤液 100m³，回收率 78%，浓缩液总产量为 22m³/d。按 1L/（m²·h）的回灌率计算回灌面积 916m²。设计 5 个圆形回灌点，每个服务面积不小于 200m²。

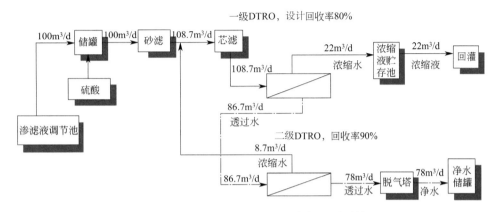

图 4-63 100t/d 二级 DTRO 系统水量平衡计算

原水电导率≤25mS/cm，温度≥15℃，总回收率≥75%，即最终出水≥75m³/d；原水电导率≤20mS/cm，温度≥15℃，总回收率≥78%，即最终出水≥78m³/d；原水电导率≤15mS/cm，温度≥15℃，总回收率≥81%，即最终出水≥81m³/d（上图中按此值进行计算）

4.12.1.5　主要构筑物设计

（1）调节池设计

调节池的功能是储蓄和调节渗滤液处理站的进水水质和水量。设计取五年一遇逐月降雨量进行来水量（渗滤液产生量）和出水量（渗滤液处理站处理量）的平衡计算，所需的渗滤液调节池池容 8424m³，设计池容 10000m³，池底表面积 3000m²，池深 4m。调节池为黏土重力坝池体，池底部和边坡铺设 HDPE 膜防渗层。调节池旁设有抽水井，设提升泵将渗滤液原液提升至处理车间。抽水井深 5m，配置 2 台提升泵，1 用 1 备，规格型号 WQ10-10-1，流量 $Q=10\text{m}^3/\text{h}$，扬程 $H=10\text{m}$。出水管 PE50，出水流速 $v=1.41\text{m/s}$。

（2）砂式过滤器和芯式过滤器

调节池出水泵进入原水储罐调节 pH 值后，进入过滤精度为 50μm 的石英砂过滤器初滤，然后进入芯式过滤器。原水中钙、镁、钡等离子和硅酸盐含量高的情况下，经 DT 膜组件浓缩后易出现过饱和状态。在芯式过滤器前加入适量的阻垢剂防止硅垢及硫酸盐结垢现象的发生。芯式过滤器为膜柱提供最后一道保护屏障，芯式过滤器的精度为 10μm。

（3）二级 DTRO 系统

DT 膜柱具有独特的结构，膜柱结构通道有 2 个。

① 原水流道：DT 膜组件采用开放式流道，料液通过入口进入压力容器中，通过 8 个通道进入导流盘中，以最短的距离快速流经滤膜的正反面，再流入下一个导流盘，浓

缩液最后从进料端法兰处流出。DT 膜组件两导流盘之间的距离为 4mm，导流盘表面有一定方式排列的凸点，处理液在压力作用下流经滤膜表面遇凸点碰撞时形成湍流，增加透过速率和自清洗功能。

② 透过液流道：过滤膜片由两张同心环状反渗透膜组成，膜中间夹着一层丝状支架，使通过膜片的净水可以快速流向出口。这三层环状材料的外环用超声波技术焊接，内环开口，为净水出口。渗透液在膜片中间沿丝状支架流到中心拉杆外围的透过液通道，导流盘上的 O 形密封圈防止原水进入透过液通道。透过液从膜片到中心的距离非常短，且组件内所有的过滤膜片均相等。

一级 DTRO 系统进水为经过高压柱塞泵加压的渗滤液。膜柱组出水分为两部分——浓缩液和透过液。浓缩液端有一个压力调节阀，用于控制膜柱组内的压力，以调节净水回收率。透过液进入二级膜柱进一步处理，浓缩液排入浓缩液储池，等待回灌或外运处置。二级 DTRO 系统用于对一级 DTRO 系统透过液的进一步处理，因此又称为透过液级，经一级 DTRO 系统处理后的透过液直接送入二级 DTRO 系统高压泵，系统运行时流量自动匹配。二级高压泵设置了变频控制，二级高压泵运行频率和输出流量将根据一级透过液流量传感器反馈值自动匹配，同时二级高压泵入口管路设置了浓缩液自补偿，使得二级系统的运行不受一级系统产水量的影响。二级 DTRO 不需要在线增压泵，由于其进水电导率比较低，回收率比较高，仅仅使用高压泵就可以满足要求。二级浓缩液端也设有一个伺服电机控制阀，用于控制膜柱组内的压力和回收率。二级膜柱浓缩液排向一级系统的进水端，以提高系统的回收率，透过液排入脱气塔，经过吹脱除去水中二氧化碳等气体，最后达标排放。一级和二级 DTRO 系统设计参数见表 4-24。

表 4-24　DTRO 膜系统设计参数

设计参数	第一级	第二级
设计进水流量 Q_d	$Q_d=108.7m^3/d$	$Q_d=86.7m^3/d$
设计净水产量 Q_p	$Q_p=86.7m^3/d$	$Q_p=78m^3/d$
膜柱数量 n_{RO}	$n_{RO}=46$ 支	$n_{RO}=9$ 支
单支膜柱面积 S_{RO}	$S_{RO}=9.405m^2$	$S_{RO}=9.405m^2$
膜总过滤面积 $S_{RO,t}$	$S_{RO,t}=433m^2$	$S_{RO,t}=85m^2$
实际操作压力	$P=50bar$	$P=35bar$
设计最大操作压力	$P_{Max}=75bar$	$P_{Max}=60bar$
高压泵台数	1 台	1 台
内置在线泵台数	2 台	1 台

注：1bar=10^5Pa。

（4）浓缩液贮存池

该项目日处理渗滤液 100m³，浓缩液产率按 20%，考虑为 11d 贮存量，则浓缩液贮存池的容积为 220m³/d。设计浓缩液贮存池的规格为 8.2m×7.5m×4.0m，采用钢筋混凝土防腐结构。浓缩液通过泵直接提升至回灌区回灌处理，在浓缩液贮存池的两端分设两个吸水点，每个吸水点设 2 台泵（1 用 1 备）。近期泵选择的泵型为 WQ15-10-1，$Q=15m^3/h$，$H=10m$。远期可选用 WQ15-20-2.2，$Q=15m^3/h$，$H=20m$。提升泵采用自耦安装方式，近远期两种泵型均使用同一型号的自耦装置（50GAK），方便更换。

4.12.1.6 工程运行效果

蒙城县垃圾填埋场渗滤液处理工程运行结果表明，二级 DTRO 系统对垃圾渗滤液中的 COD_{Cr}、BOD_5、$NH_3\text{-}N$ 等污染的去除均能达到理想的效果，二级 DTRO 系统的出水一方面可以作为回用水，用来绿化和清洁厂区道路，另一方面也可以作为渗滤液处理站内的建筑物消防水源。工程运行稳定后，各工艺单元污染物去除效果见表 4-25，系统出水完全可以满足排放标准。

表 4-25　各工艺单元污染物去除率

工艺单元	项目	COD_{Cr} / (mg/L)	BOD_5 / (mg/L)	$NH_3\text{-}N$ / (mg/L)	TN / (mg/L)	SS / (mg/L)	TP / (mg/L)	pH 值
预处理 (砂滤＋芯滤)	进水	≤ 10000	≤ 6000	≤ 1500	≤ 2000	≤ 600	≤ 50	7.5
	出水	≤ 9500	≤ 5700	≤ 1500	≤ 2000	≤ 100	≤ 47.5	6.5
	去除率 /%	> 5	> 5	0	0	> 83	> 5	—
一级 DTRO	进水	≤ 9500	≤ 5700	≤ 1600	≤ 2000	≤ 100	≤ 47.5	6.5
	出水	≤ 475	≤ 342	≤ 112	≤ 140	0	≤ 2	6.5
	去除率 /%	> 95	> 94	> 93	> 93	> 99.9	> 95	—
二级 DTRO	进水	≤ 475	≤ 342	≤ 112	≤ 140	0	≤ 2	6.5
	出水	≤ 33.25	≤ 23.94	≤ 7.84	≤ 9.8	0	≤ 0.1	6.0 ～ 9.0
	去除率 /%	> 93	> 93	> 93	> 93	—	> 95	—
排放标准		≤ 100	≤ 30	≤ 25	≤ 40	≤ 30	≤ 3	6.0 ～ 9.0

4.12.2　DTRO 处理系统在甘肃某垃圾填埋场的应用

甘肃某垃圾填埋场改扩建工程平均日处理垃圾 400t，该扩建工程在对一期渗滤液水进行监测，结合渗滤液产生量、气候条件及渗滤液排放水质要求等情况，在综合考虑技术条件和经济成本的情况下，选择 MBR 和两级 DTRO 处理工艺对渗滤液进行处理，设计处理规模为 $100m^3/d$，排放水质满足《生活垃圾填埋场污染控制标准》（GB 16889）中排放水质标准要求。

4.12.2.1 渗滤液进水水质

根据一期垃圾渗滤液的监测结果，结合扩建工程设计填埋规模以及该地区常年降雨、蒸发情况，确定该渗滤液处理规模为 $100m^3/d$，具体渗滤液进水水质指标见表 4-26。

表 4-26　污水处理厂进、出水水质

项目	COD_{Cr} / (mg/L)	BOD_5 / (mg/L)	$NH_3\text{-}N$ / (mg/L)	TN / (mg/L)	SS/ (mg/L)	pH 值
进水指标	21205	8000	1000	2000	2500	6.0 ～ 9.0
出水指标	≤ 100	≤ 30	≤ 25	≤ 40	≤ 30	6.0 ～ 9.0

4.12.2.2　工艺流程

该垃圾渗滤液采用生物 MBR 与两级 DTRO 为主的处理单元，工艺流程如图 4-64 所示。

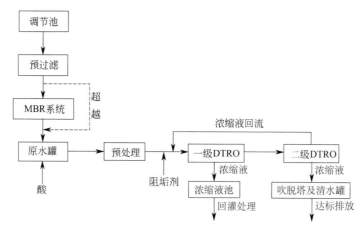

图 4-64　工艺流程

4.12.2.3　设计参数

该污水处理厂主要构筑物及设计参数见表 4-27。

表 4-27　污水处理厂主要构筑物及设计参数

序号	建筑物名称	主要特征参数	数量	结构形式
1	膜处理间	225.25m³	1	框架
2	MBR 生化反应池	121.44m³	2	钢筋混凝土
3	污水提升井	15.75m³	2	钢筋混凝土
4	浓缩液池	15.75m³	1	钢筋混凝土
5	设备、鼓风机房	39m³	1	框架
6	配电室	9.5m³	1	框架
7	加药室	19.5m³	1	框架
8	发电机房	19.5m³	1	框架
9	管理机房	39.42m³	1	砖砌
10	化粪池	6.84m³	1	砖砌
11	围墙	148m³	1	铁艺
12	消防水池	162m³	1	钢筋混凝土

4.12.2.4　工艺设计出水水质

经该工艺处理后渗滤液处理效果分析见表 4-28。

表 4-28 污水处理工艺进、出水污染浓度

工艺单元	项目	COD / (mg/L)	BOD₅ / (mg/L)	NH₃-N / (mg/L)	TN / (mg/L)	SS / (mg/L)	pH 值
MBR	进水	21205	8000	2000	2500	1000	6～9
	出水	3000	800	400	1000	15	—
	去除率/%	86	90	80	60	99	
一级 DTRO	进水	3000	800	700	1000	15	6～9
	出水	150	40	80	150	0.15	
	去除率/%	95	95	89	85	99	
二级 DT RO	进水	150	40	80	150	0.15	
	出水	15	4	16	22.5	—	6～9
	去除率/%	90	90	80	85	99.9	
排放标准		≤ 100	≤ 30	≤ 25	≤ 40	≤ 30	6～9

经该工艺处理后，对污水 COD、BOD₅、NH₃-N、TN 和 SS 的去除率分别为 99.3%、99.6%、98.7%、98.4% 和 97.0%，出水水质能够满足《生活垃圾填埋场污染控制标准》（GB 16889）标准要求。

4.12.3 DTRO 系统在云南省某乡镇生活垃圾填埋场的应用

4.12.3.1 云南省某乡镇的生活垃圾填埋场概况

云南省某乡镇垃圾填埋场[64]中的垃圾主要为生活垃圾，对垃圾填埋场服务人口规模、人均垃圾产量、服务年限等进行分析计算，确定该填埋场的渗滤液处理规模为 30m³/d。垃圾渗滤液主要由生活垃圾渗滤形成，也有小部分为降雨转化。本工程设计进水（调节池）、出水水质指标见表 4-29。

表 4-29 设计进水、出水水质

项目	pH 值	ρ (SS) / (mg/L)	ρ (NH₃-N) / (mg/L)	ρ (COD_{Cr}) / (mg/L)	ρ (BOD₅) / (mg/L)	ρ (TN) / (mg/L)
进水	6.0～9.0	200～15000	600～3000	1000～20000	300～10000	800～4000
出水	6.0～9.0	≤ 30	≤ 25	≤ 400	≤ 30	≤ 40

4.12.3.2 DTRO 工艺流程

在该垃圾填埋场渗滤液处理工艺比选时，比较了 UASB-MBR-NF-RO 工艺与二级 DTRO 工艺，这两种工艺在云南省内垃圾填埋场渗滤液处理中应用较多。由于该镇的填埋场规模较小，而二级 DTRO 工艺系统为集成系统，构筑物布置紧凑，占地面积较小；

在填埋的后期阶段，渗滤液的可生化性较差，二级 DTRO 工艺为纯物理方法，不受其影响；另外二级 DTRO 工艺对原水水质的适应能力更强，维护管理也更加方便，故本工程采用二级 DTRO 处理工艺，具体流程见图 4-65。

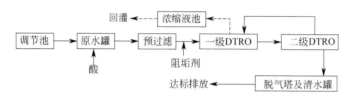

图 4-65 二级 DTRO 处理工艺流程

由于垃圾渗滤液的 pH 值会随着运行时间和环境影响而变化，为了防止钙、镁、钡等难溶盐在膜表面结垢，在反渗透前对原水进行 pH 值调节。调节池的出水进入原水罐并加硫酸调节 pH 值后，出水加压通过石英砂过滤器和芯式过滤器来降低 SS 的浓度。膜系统为两级 DTRO，芯式过滤器出水经过一级 DTRO 处理，出水再进行二级反渗透处理。由于一些溶解性气体存在于透过液中，而且它们无法被反渗透膜去除，这些气体会造成最后出水 pH 值低于排放标准，故二级 DTRO 系统透过液进入脱气塔，去除透过液中的溶解性的酸性气体。出水进入清水罐，由安装在排出管中的 pH 值传感器来判断出水的 pH 值，并且自行调节计量泵的频率以调节加碱量，使得最终出水 pH 值能够达到排放标准。

对于使用膜技术处理渗滤液的必然产物浓缩液，处理的方法有控制回灌、固化、焚烧、真空干燥、蒸馏干燥等，其中回灌法与其他的处理方法相比，在设备投资和运营费用上都低廉得多，更为经济。渗滤液的回灌就是让已经流出的中间产物再回到之前的生物反应中继续参与生物降解的过程。

4.12.3.3 水量平衡计算

$30m^3/d$ 二级 DTRO 处理系统水量平衡计算见图 4-66。

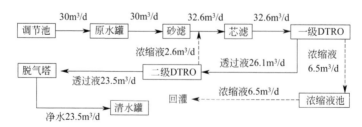

图 4-66 $30m^3/d$ 二级 DTRO 处理系统水量平衡计算

一级 DTRO，设计回收率 80%；二级 DTRO，设计回收率 90%

4.12.3.4　主要工艺单元设计参数

（1）渗滤液调节池

调节池容积为 6000m³，底面积为 1750m²，深 6m，最高水位为 4.5m，地下排放管为 DN400mm HDPE 给水管。调节池内设有 2 台型号 SP3A-9 的浮船式潜水泵（1 用 1 备），Q=1.5m³/h，H=15m，P=0.55kW。池底铺设 2.5mm 厚的 HDPE 膜，边坡铺设 15mm 厚的 HDPE 膜。

（2）过滤预处理单元

所采用的砂滤器精度为 50μm。砂滤器进、出水端都有压力表，当两端压差超过 0.25MPa 时，执行反洗程序。根据实际水质情况在芯式过滤器前加入一定量的阻垢剂防止硅或硫酸盐结垢现象的发生，芯式过滤器精度为 10μm。

（3）二级 DTRO 系统

一级、二级 DTRO 系统参数见表 4-30。

表 4-30　DTRO 膜系统参数

参数	一级 DTRO	二级 DTRO
设计回收率 Q_{RO}/%	80	90
设计进水量 Q_d/（m³/d）	32.6	26.1
设计清液产量 Q_P/（m³/d）	26.1	23.5
膜柱数量 n_{RO}/支	15	3
单支膜柱面积 S_{RO}/m²	9.405	9.405
膜总过滤面积 $S_{RO,}$/m²	141.08	28.22
正常工作压力 /MPa	5.0 ～ 6.5	3.0 ～ 6.0
循环泵 / 台	1	0
清洗泵 / 台	1	0
进水泵 / 台	1	1
处理能力 /（m³/d）	545	445.3
回收率 /%	81.7	90

（4）浓缩液处置系统

浓缩液处理量为 6.5m³/d，采用回灌至填埋区的方式进行处理。浓缩液经回灌泵提升，经过 DN50mm 的回灌管道至库区回灌系统。回灌泵 Q=10m³/h，H=50m，P=4.0kW，2 台（1 用 1 备）。回灌系统采用表面回灌，设置回灌点 4 个，每个回灌点服务面积不小于 200m²。

4.12.3.5　运行成本

二级 DTRO 工艺运行成本分析见表 4-31。

表 4-31　二级 DTRO 工艺运行成本分析

项目	消耗量	单价	运行费用 /（元 /d）	备注
电费	461kW·h/d	0.6 元 /（kW·h）	276.6	装机功率 33.1kW；运行功率 19.2kW
清洁剂 C	1.9L/d	24.0 元 /L	45.6	
阻垢剂	0.1L/d	300.0 元 /L	30.0	
硫酸	52.5L/d	1.8 元 /L	94.5	
NaOH	1.4kg/d	90 元 /kg	126	
膜更换	15 支膜柱 /3a	87 元 / 片	249.0	每支膜柱 209 片
	3 支膜柱 /3a	87 元 / 片	49.9	每支膜柱 209 片
维修费		20000 元 /a	54.8	
人工费		2000 元 /（人·月）	133.3	
合计			1059.7	

按 30m³/d 计，运行费用为 35.32 元 /m³

注：运行费用是基于电导率为 20000μS/cm，pH 值为 7.0 计算的。

4.12.3.6　结论

采用二级 DTRO 工艺处理垃圾渗滤液，工艺出水水质稳定，各项指标出水均低于《生活垃圾填埋场污染控制标准》（GB 16889）中所规定的水污染物排放限值。利用回灌方式消纳分解有机污染物，在对渗滤液的处理过程中是一个经济有效的环节。二级 DTRO 工艺运行成本低于其他垃圾渗滤液处理方式。

4.12.4　DTRO 系统在四川省安岳垃圾填埋场的应用

4.12.4.1　填埋场概况[64]

四川省安岳垃圾填埋场处理规模为项目设计垃圾处理规模 170t/d，于 2005 年开始试运行，垃圾渗滤液、场区生活污水和车辆清洗水、场址清洗水等经 80m³/d 垃圾渗滤液处理站（2000m³ 调节池 + 氨吹脱 +UBF 厌氧生化 + 气浮）处理后，由管道进入安岳县污水处理厂（处理规模为 20000m³/d，于 2008 年 9 月通过了四川省环境保护局的竣工环境保护验收）处理，最终排入岳阳河。

四川省环境监测中心站于 2010 年 3 月 24 日、25 日，5 月 6 日、7 日对该项目进行了验收监测，监测结果表明，按《生活垃圾填埋场污染控制标准》（GB 16889）标准要求，COD$_{Cr}$、BOD$_5$、SS、NH$_3$-N、TP 排放浓度均满足安岳县污水处理厂进水水质要求，去除率如表 4-32 所列。

表 4-32　安岳垃圾填埋场渗滤液处理站对污染物去除率　　　　单位：%

指标	色度	COD_{Cr}	BOD_5	SS	TN	NH_3-N	TP
去除率	98.8	85.4	85.4	67	78.4	86.5	99.6

由表 4-33 可知，填埋初期，污水处理站工艺运行稳定，各种污染物达标排放。但是垃圾渗滤液的性质是随着填埋场的运行而发生变化的，这主要由填埋场中垃圾的稳定化过程所决定，不同年龄阶段的渗滤液性质有很大差别。通常，年轻期填埋场渗滤液有机物浓度尽管较高，但是可生化性好，较易降解；随着填埋龄的增加，填埋场中产甲烷细菌逐渐成为优势菌种，尽管渗滤液有机物浓度逐年降低，但氨氮浓度因有机氮的硝化与分解而升高，其可生化性下降，较难生化处理。

表 4-33　不同填埋时间的垃圾渗滤液特征

指标	早期	中期	晚期
填埋年限 /a	< 5	5 ~ 10	> 10
pH 值	6.5 ~ 7.5	7.0 ~ 8.0	7.5 ~ 8.5
ρ (COD_{Cr}) / (g /L)	10 ~ 30	3 ~ 10	< 3
BOD /COD 值	0.5 ~ 0.7	0.3 ~ 0.5	< 0.3
ρ (NH_3-N) / (mg/L)	500 ~ 1000	800 ~ 2000	1000 ~ 3000
电导率 / (μS/cm)	18000 ~ 42000	10000 ~ 18000	< 10000

安岳垃圾填埋场运行时间已经超过 10 年，老的填埋区域垃圾渗滤液 COD 减小，可生化性降低，氨氮增加，电导率减小，原设计的污水处理工艺已经不能满足渗滤液处理需要，虽然污水处理厂在后期对原渗滤液水处理工艺进行了改造调整，例如增加人工湿地等，但效果仍不理想，随着渗滤液可生化性持续降低，人工湿地植物死亡，最后原填埋场渗滤液处理站于 2017 年 3 月停止运行，渗滤液大量积蓄于各构筑物中。本项目是安岳垃圾渗滤液污水处理厂的应急工程，DTRO 膜系统具有建设时间短、占地面积小、处理效率高等优势，能够快速建成并解决渗滤液处理站渗滤液大量积存的问题。该应急处理工程是针对上述问题设计的，两级 DTRO 出水在线监测结果表明，该应急处理工程出水 COD_{Cr} 浓度低于 17mg/L，NH_3-N 浓度低于 6mg/L，但考虑到垃圾填埋场渗滤液水质处于动态变化，且填埋后期氨氮浓度会增大，而出水水质要求氨氮浓度低于 8mg/L，因此，若该应急处理工程要兼顾垃圾渗滤液处理站后期运行处理，作为渗滤液处理站工艺改造，在工艺设计方面应该考虑一定预留，在现有基础上同预处理（如气浮、吹脱）、生化处理（如厌氧池）等工艺相结合，这样不仅可以保证膜系统稳定运行，延长膜组件寿命，还可以保证污水处理站后期运行过程中出水氨氮浓度稳定达标 [65, 66]。

4.12.4.2　工艺设计

① 水量及进出水水质工程设计进水流量为 200m³/d，根据《生活垃圾填埋场污染控制标准》（GB 16889）相关规定，在国土开发密度已经较高、环境承载能力开始减弱或

环境容量较小、生态环境脆弱的情况下，容易发生严重的环境污染问题而需要采取特别保护措施的地区，应严格控制生活垃圾填埋场的污染物排放行为，在上述地区现有和新建的生活垃圾填埋场自 2008 年 7 月 1 日起执行《生活垃圾填埋场污染控制标准》（GB 16889）中限制。工程所在地区生态环境脆弱，需采取特别保护措施，因此工程进出水水质如表 4-34 所列。

表 4-34 工程设计进出水水质

名称	进水	出水
pH 值	7.2 ~ 7.8	6 ~ 9
色度稀释倍数 / 倍	800	30
ρ（COD$_{Cr}$）/（mg/L）	17000	60
ρ（BOD$_5$）/（mg/L）	4200	20
ρ（TP）/（mg/L）	16	1.5
ρ（TN）/（mg/L）	1600	20
ρ（NH$_3$-N）/（mg/L）	1200	8
ρ（SS）/（mg/L）	700	30
粪大肠埃希菌群数 /（个 /L）	—	100

② 应急处理工艺流程结合本项目排放标准、建设投资和运行成本、运行管理和维护方便及占地指标等综合因素，本项目确定采用"预处理 + 两级 DTRO + 脱气塔"处理工艺。具体工艺流程及水量平衡如图 4-67 所示。

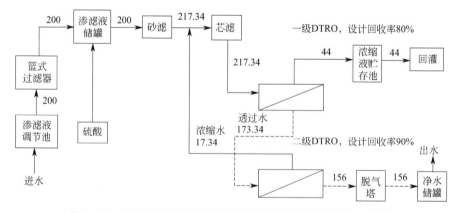

图 4-67 两级 DTRO 膜处理系统工艺流程及水量平衡（单位：m³/d）

温度 15 ~ 25℃，净水电导率 ≤ 20mS/cm，总回收率 ≥ 78%，即最终出水 ≥ 156m³/d

4.12.4.3 主要工艺单元

（1）预处理系统

工程预处理采用"调节池 + 篮式过滤器 + 砂滤器 + 芯式过滤器"的工艺，垃圾渗滤液产生量受温度、降雨、下渗速度等多种因素的影响[67]，设置调节池容纳未经处理的渗滤液可以减轻后续设施的冲击负荷；污水经篮式过滤器过滤后进入原水罐；垃圾渗滤液中含有钙、镁、硅、钡等离子，易形成难溶盐，在膜表面结垢从而影响膜系统处理能力，在原水罐中加入硫酸调节 pH 值至 6～6.5，可以防治结垢同时增大氨氮截留率；砂滤器过滤精度为 50μm，其进、出水端都有压力表，当压差超过 2.5bar 的时候必须执行反洗程序，运行 100h 后若压差未超过 2.5bar 也需进行反冲洗，以避免石英砂的过度压实及板结现象；芯式过滤器的精度为 10μm，在芯式过滤器前加入一定量的阻垢剂，防止硅垢及硫酸盐结垢现象的发生。

（2）两级 DTRO 膜系统[68]

一级 DTRO 膜系统：进水经高压泵后的出水进入在线泵或膜柱。出水分为浓缩液和透过液，透过液进入二级膜柱进一步处理。浓缩液排入浓缩液储池，用于回灌。

二级 DTRO 膜系统：二级膜系统用于对一级系统透过液的进一步处理，经一级膜系统处理后的透过液直接送入二级膜系统高压泵，一级与二级之间无须设置缓冲罐，系统运行时流量自动匹配。二级膜系统浓缩液回流至一级进水系统，透过液进入后续吹脱处理（见表 4-35）。

表 4-35　两级 DTRO 膜系统设计参数

设计参数	一级	二级
设计回收率 /%	80	90
设计进水量 /（m³/d）	217.34	173.34
设计清液产水量 /（m³/d）	173.34	156
膜柱数量 / 支	84	30
单支膜柱面积 /m²	9.405	9.405
总膜面积 /m²	790.02	282.15
正常工作压力 /bar	50～70	40～60

注：1bar=10^5Pa。

（3）脱气塔

二级 DTRO 膜的透过液排入脱气塔，经过吹脱除去水中二氧化碳等气体，使 pH 值达到 6～9，最后排入净水储罐达标排放。当气体被吹脱后，pH 值会逐渐上升至 6 以上，若未能满足排放要求，系统会自动补充碱液调节 pH 值。

4.12.4.4　运行情况

安岳污水处理站设有出水在线监测装置，监测指标为出水 COD 和 NH_3-N，因此为了解安岳垃圾填埋场渗滤液应急处理工程运行的实际情况，待两级 DTRO 膜系统调试运行稳定后，通过污水处理站在线监测系统统计了 2017 年 11 月 6 日～20 日连续 15 天出水 COD、NH_3-N 两个指标的日均值。

从表 4-36 可以看出，污水处理站出水 COD_{Cr} 浓度低于 17mg/L，NH_3-N 浓度低于

6mg/L，出水水质较稳定，且 COD_{Cr}、NH_3-N 指标低于《生活垃圾填埋场污染控制标准》（GB 16889）对渗滤液排放标准的要求。

表 4-36　出水 COD、NH_3-N 指标的运行数据（日均值）

序号	时间	ρ (COD_{Cr}) / (mg/L)	ρ (NH_3-N) / (mg/L)
1	11 月 6 日	14.2	2.565
2	11 月 7 日	16.7	3.249
3	11 月 8 日	11.4	1.955
4	11 月 9 日	13.3	5.721
5	11 月 10 日	16.8	3.060
6	11 月 11 日	10.6	1.685
7	11 月 12 日	11.6	1.757
8	11 月 13 日	15.2	2.415
9	11 月 14 日	10.8	1.932
10	11 月 15 日	14.1	2.090
11	11 月 16 日	12.6	2.547
12	11 月 17 日	11.1	1.812
13	11 月 18 日	11.7	2.537
14	11 月 19 日	10.6	1.642
15	11 月 20 日	13.4	4.658

4.12.4.5　工程投资及运行成本

（1）工程投资

应急工程总投资为 694.12 万元，包括预处理系统、两级 DTRO 膜系统、储罐及化学药剂系统、管路系统及支架、电气控制系统。

（2）运行成本

工程运行成本为 41.82 元 /t，运行成本包括设备能耗、运营人员工资、酸碱及阻垢剂等药剂、膜片更换维护费用 4 个部分。应急处理工程运营费用如表 4-37 所列。

表 4-37　工程运营费用一览表

项目	单价	用量	费用 / (元 /t)
电费	0.70 元 / (kW·h)	5483.184kW·h/d	19.19
人工费	4000 元 / 人	4 人	2.66
药剂费	约为 3000 元 /d		15
膜片更换费用	41.3 元 / 片	7942 片 / 年	4.97
合计	—		41.82

4.12.4.6　结论

对于垃圾填埋场污水处理站出现生化法不适用问题，本项目采用"预处理 + 两级 DTRO+ 脱气塔"作为应急工程，工程经适当调整可兼具填埋场渗滤液后期处理的能力，该工程总投资（694.12 万元）运行成本（41.82 元 /t）较低，经济性好。DTRO 膜系统具有出水水质稳定、抗冲击负荷能力强、工程占地面积小、便于后期管理、投产周期短、无需污泥培养等优势。通过该应急工程，安岳垃圾填埋场污水处理站出水 COD_{Cr}、NH_3-N 指标低于《生活垃圾填埋场污染控制标准》（GB 16889）对渗滤液排放标准的要求。

4.13　微滤

4.13.1　微滤技术概述

微滤（MF）是以压力差作为推动力的膜分离技术，又被称为微孔过滤，在不同过滤机理的作用下还可以被分为筛分、滤饼过滤、深层过滤三种方式[69]，主要通过溶液中微粒粒径不同从而实现分离目的。微滤膜孔径较大，一般为 $0.01 \sim 0.1\mu m$[70]，通常直接用平均孔径表示其截留特性。在压力差的作用下，粒径小于膜孔的颗粒随溶液通过微滤膜，粒径较大的颗粒被截留，从而实现不同粒径颗粒的分离。膜的截留方式主要包括机械截留、吸附截留、架桥截留和网络内部截留。由于微滤膜的截留吸附特性，常被用于去除悬浮物、大的胶体和微生物等。常见的膜材料为醋酸纤维素和硝酸纤维素等混合组成，其他还有再生纤维素膜、聚氯乙烯膜、聚偏氟乙烯膜、聚酰胺膜或陶瓷膜等，工业上主要用于无菌液体、超纯水的生产和空气过滤等领域[71]。

微滤膜孔径较大，只能有效地去除渗滤液中粒径较大的胶体和悬浮物，而对其中的小粒径污染物去除率较低。因此，在渗滤液处理中微滤膜一般不作为其深度处理工艺，而作为其他膜（UF、NF 和 RO）或者其他物理化学工艺的预处理工艺。表 4-38 总结了微滤膜的一些相关研究，其中一些研究[72, 73]将微滤膜作为反渗透膜的预处理工艺，结果表明微滤膜虽然对渗滤液中污染物去除率较低，但经微滤膜预处理的水质提高，达到反渗透膜进水要求，减少了反渗透膜的污染，而且有效提高了整个膜系统的产水水质和产水率。J. Ju 等[74]将微滤膜处理技术作为减压渗透的预处理技术，结果也证明了微滤膜预处理技术的有效性。在作为其他物理化学工艺的预处理工艺方面，牛勇等[75]研究了将微滤膜作为反渗透处理工艺的预处理，结果显示其组合工艺对污水的浊度和 COD 去除都有较好的效果。表 4-38 中实例验证了微滤膜在水处理方面的可实用性，但目前微滤膜对垃圾渗滤液中污染物去除率较低，需要结合其他工艺同时进行，使处理工艺复杂化且加大了其处理成本是微滤膜实际应用中需解决的问题之一。

表 4-38　微滤膜（MF）在渗滤液处理中的应用效果

组合工艺	MF 操作条件			MF 进料种类及条件			MF 性能			
	膜孔径 /μm	流速 / (m/s)	操作压力 /MPa	进料液种类	COD / (mg/L)	NH$_3$-N / (mg/L)	膜通量 /[L/(m²·h)]	产水率 /%	COD 去除率 /%	NH$_3$-N 去除率 /%
MF+UF+RO	0.1 ~ 0.6	4.1 ~ 4.3	—	渗滤液原液	2300	12.6	—	—	25 ~ 35	50.7
陶瓷 MF+ 两级 RO	0.22	—	0.2 ~ 0.3	稳定化渗滤液	1500 ~ 3900	1300 ~ 2000	—	65 ~ 70	50.3	30.2
Fenton 氧化 +MF+NF	0.1 ~ 0.4	—	0.025	Fenton 氧化处理渗滤液	1073	1037	16.3 ~ 32.7	—	27	15
MF+O$_3$ 氧化	0.2 ~ 1.2	—	—	渗滤液原液	4838	—	> 96	—	62.3 ~ 76.6	—

注：MF 为微滤膜技术；UF 为超滤膜技术；NF 为纳滤膜技术；RO 为反渗透技术。

4.13.2　微滤技术用于垃圾渗滤液处理的案例

目前，高效厌氧技术因具有容积负荷高、污泥产生量少等优点，常被用来处理含有高浓度有机物的废水。同时，由于膜可以有效拦截厌氧出水中的污泥及污染物，因此有利于提高出水水质。基于此，利用厌氧 / 微滤（MF）工艺处理垃圾焚烧发电厂产生的渗滤液，并考察了高效厌氧和微滤系统对渗滤液中 COD 等污染物的去除效果[76]。

4.13.2.1　进水水质

实验所用的垃圾渗滤液来自某垃圾焚烧发电厂。渗滤液在厌氧处理前需要经过预处理：首先经过自清洗过滤器和初沉池去除大颗粒的悬浮物和杂质，随后进入调节池，在调节池中经过均质、均量后由泵抽送入高效厌氧反应器。具体水质指标：pH 值为 5 ~ 7，COD 浓度为 40000 ~ 55000mg/L，氨氮浓度为 1000 ~ 2000mg/L，SS 浓度为 2000 ~ 3500mg/L，TN 浓度为 1000 ~ 2000mg/L，BOD$_5$ 浓度为 30000 ~ 40000mg/L，碱度为 12000 ~ 17500mg/L，硬度为 5500 ~ 7000mg/L。

4.13.2.2　工程系统设计

厌氧系统采用自主设计的高效厌氧反应器，与传统 IC 厌氧反应器设置的底部穿孔管或内置环形布水管的布水装置相比，本装置创造性地采用外置式循环布水主管，并沿罐壁切向布置多个插入式布水支管。此外，厌氧罐设有外部循环系统，且在其上部设有外循环集水桶，可使上部的渗滤液经循环泵输送到底部进水处，与进水混合后进入厌氧罐，产生的沼气由两层三相分离器在水面以下收集。

高效厌氧反应器结构如图 4-68 所示。

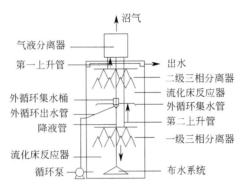

图 4-68　高效厌氧反应器结构示意

（1）反应器的特点

微生物以颗粒化污泥形式存在，因此生物量明显增加；污泥呈现悬浮和膨胀状态，污水和微生物接触概率大大增加，容积负荷可达 30kg/（m³·d）以上，处理效率高；体积小、用材省、占地省、建设成本低；污泥产量少，且沼气自提搅拌，动力消耗小，运行成本低。

（2）厌氧系统主要设备

高效厌氧反应器（10m×21m），厌氧循环泵（Q=200m³/h，H=9m，15kW），厌氧排泥泵（Q=20m³/h，H=14m，5.5kW），沼气燃烧装置（Q=800m³/h）。

微滤系统采用浸没型 SPMW-12B6 膜组件，涉及微滤进水泵（Q=1m³/h，H=10m）、带锥底的微滤水箱（1m×1m×1.5m）、微滤膜［单套膜系统的膜面积为 50m²，单支膜面积为 6m²，膜通量为 10L/（m²·h）］、反洗泵（Q=1m³/h，H=10m）、微滤自吸泵（Q=1m³/h，H=10m）等主要设备。微滤装置设置在线清洗系统，包括水力清洗和化学清洗。为了减缓微滤膜的堵塞速率，通过在膜架底部开孔对膜表面进行曝气，以增大其表面的湍流程度，防止污泥附着在膜表面造成堵塞。为了防止曝气产生的大量气泡对系统产生影响，在微滤水箱顶部设置水喷淋装置。

4.13.2.3　测试参数及方法

预处理后的渗滤液经厌氧循环泵进入高效厌氧反应器。厌氧出水进入中间储罐，随后经微滤进水泵进入浸没式微滤系统。在浸没式微滤膜中进行泥水分离，分离出来的生化污泥进入污泥池，微滤出水进入后续处理系统。厌氧过程产生的沼气经管道收集后直接送入主厂房。

厌氧系统的设计参数：容积负荷为 6.2kgCOD/（m³·d），上流速度为 2.5m/h，停留时间为 7.85d，污泥浓度为 40g/L，反应温度为 35℃。微滤膜系统的设计参数：进水流量为 1m³/h，产水流量为 0.6～0.8m³/h，产水压力≥−0.01MPa，鼓风量为 10～

$12m^3/h$。

COD、SS、BOD_5 采用标准方法测定，电导率采用雷磁 DDS-307A 电导率仪测定，pH 值采用雷磁 PHBJ-260 便携式 pH 计测定。

4.13.2.4 结果与讨论

（1）COD 去除过程

厌氧 /MF 系统对 COD 的去除效果如图 4-69 所示。可以看出，高效厌氧 /MF 系统对 COD 有很好的去除效果。当进水 COD 浓度高达 40000mg/L 以上时，厌氧出水 COD 浓度可降至 3000mg/L 以下，平均为 2622mg/L。整个系统对 COD 的平均去除率为 96.5%，经分析厌氧系统对 COD 的平均去除率为 94.3%，MF 系统对 COD 的平均去除率为 2.2%，最终出水中 COD 浓度可降至 1900mg/L 以下。可见，厌氧系统对 COD 的去除起决定性作用。分析原因，厌氧进水中 BOD_5/COD 值在 0.5 以上，说明渗滤液有很好的可生化性，容易被微生物分解；其次，本实验所用的高效厌氧反应器采用八角进水的方式，并且设置外循环系统，可使污水与污泥充分接触，提高了反应器对有机物的去除率；更重要的是，反应器容积负荷高、水力停留时间长、污泥浓度大，可使兼性或厌氧菌充分发挥作用，保证了对污染物的稳定去除。微滤膜对 COD 的截留有两方面：一是通过膜本身的截留作用，实验所用的微滤膜孔径为 0.1μm，直径小于膜孔径的有机物直接被截留；二是通过膜表面形成的沉积层的筛滤吸附作用对有机物进行截留，对于大量小于膜孔径的有机物主要通过此种方法被截留。

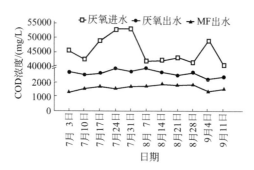

图 4-69 厌氧 /MF 系统对 COD 的去除效果

（2）微滤膜对悬浮物（SS）的拦截效果

微滤膜系统对 SS 的去除效果如图 4-70 所示。可知，微滤膜对 SS 有很好的拦截效果，平均去除率为 97.6%，SS 浓度由厌氧出水的 1750mg/L 降至 40mg/L。分析原因：一是由于膜孔径的限制，大于膜孔径的颗粒物被直接拦截；二是随着时间的延长，膜表面会形成滤饼层，滤饼层对 SS 的拦截起主要作用。当膜表面的污泥沉积到一定程度时，出水压力的绝对值会升高（由于微滤系统采用负压抽吸，出水压力为负值），上升到一定值时需要对膜进行清洗。

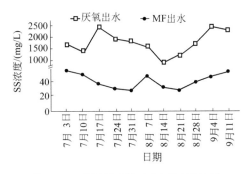

图 4-70　微滤膜系统对 SS 的去除效果

（3）微滤膜的清洗

本实验属于间歇操作，当系统再次启动时，污泥的沉积会使开机时的产水压力升高，此时可将曝气量增加至 20 ～ 30m³/h，使膜表面的湍流程度增大，从而降低产水压力，压力降到设定值后减少曝气量至 10m³/h 左右，并维持稳定。当产水压力达到 -0.05MPa 时需要对其进行水力清洗，设定清水以 30 ～ 40L/（m²·h）的流速冲洗 3 ～ 5min，水力清洗可去除膜表面的沉积物，并使膜通量恢复 96%～98%[77]。当水力清洗效果不明显时，需要进行化学清洗。首先进行酸洗，配制盐酸溶液，控制 pH 值为 2 ～ 3，循环清洗 30 ～ 40min，酸洗可以解决无机盐和氧化物对膜的污染[78]，使膜通量恢复到新膜通量的 70% ～ 80%，酸洗后需使用清水反洗；然后进行碱洗，配制浓度为 2% 的氢氧化钠溶液，循环清洗 30 ～ 40min，碱洗可以去除膜表面的大部分有机物，使膜通量恢复到新膜通量的 70% ～ 75%，碱洗后需要用清水反洗；最后配制浓度为 0.3% 的次氯酸钠溶液对膜进行杀菌消毒，然后用清水冲洗干净。本实验过程中，微滤膜系统运行比较稳定，水力清洗周期在 30d 左右，实验结束后对其进行了化学清洗。

4.13.2.5　结论

采用高效厌氧 /MF 工艺处理垃圾焚烧发电厂产生的垃圾渗滤液，能有效降低渗滤液中有机物的浓度。在厌氧进水 COD 浓度高达 40000mg/L 以上的情况下，可使微滤膜出水中的 COD 浓度降低至 1900mg/L 以下，对 COD 的平均去除率可达到 96.5%。采用的浸没型 SPMW-12B6 膜组件对 SS 有很好的拦截效果，平均去除率高达 97.6%，大大降低了后续工艺的处理负荷，减小了设备结垢的风险。当微滤膜产水压力过高，且产水通量降低时，通过对其进行正确合理的清洗，可最大限度恢复膜通量，保证系统的稳定运行。

4.14 超滤

4.14.1 超滤技术概述

超滤（UF）是介于微滤和纳滤之间，以压力为驱动力的一种膜分离技术，膜孔径在 0.001～0.1μm 之间[79]。在一定压力下，超滤膜能截留部分大分子有机物、胶体和微粒，通常其截留分子量为 1000～300000。根据超滤膜孔径对杂质进行物理筛分作用，超滤去除处理液中的部分大分子物质、胶体和微粒等，从而达到分离、浓缩和净化的目的。

超滤可有效地去除渗滤液中的部分大分子物质、胶体和微粒等，但其对渗滤液的处理效果较差，难以达到排放标准，故较少作为渗滤液的深度处理工艺[80]。近年来，超滤膜在渗滤液处理上应用较多。超滤膜在渗滤液处理方面和微滤膜一样，也通常作为纳滤或反渗透的预处理工艺。将超滤作为反渗透的预处理工艺，处理后可以降低 COD 含量[81]，提高进入反渗透膜的渗滤液水质，减小反渗透膜的污染。在研究中应选择合适且精简的预处理工艺，以形成简单高效的处理工艺，避免高成本低效率的情况发生。另一方面，渗滤液成分比较复杂，含有粒径不同的各种颗粒物、胶体以及大分子有机物等，因此在超滤膜处理过程对污染物的去除效果与膜孔径有密切联系。通过石灰絮凝 -UF 组合工艺，结果表明膜孔径越小的超滤膜对渗滤液中污染物的去除率越高，其中对 COD 的去除率最高可达 66%。然而，在应用中超滤膜的孔径也并不是越小越好，利用超滤（UF）- 水解酸化（HAR）- 好氧生物接触氧化（ABOR）组合工艺处理垃圾渗滤液，研究了不同膜孔径的超滤膜在不同操作压力的条件下处理渗滤液，结果表明同一操作压力下膜孔径小的超滤膜对污染物去除率较高，但同时也证明了膜孔径较小的超滤膜需要更大的操作压力，能量消耗更高，且更容易形成膜污染。因此，在实际应用中应根据所处理渗滤液的性质以及处理目的选择合适的超滤膜以及操作条件，避免能量消耗过高、膜污染严重以及滤出液不稳定等情况产生。

4.14.2 超滤膜用于垃圾渗滤液预处理的工程案例

某生活垃圾填埋场渗滤液处理采用 UBF- 两级 A/O- 外置超滤（UF）- 纳滤（NF）- 反渗透（RO）工艺[82]，原水 COD 浓度 10000～20000mg/L，氨氮浓度 2000～3000mg/L，碳氮比为 4～7。合适的碳氮比是保证硝化反应不可或缺的条件，对反硝化速率有较大影响，碳氮比在 5～6 时反硝化能完全进行，两级 A/O 工艺的应用可以在去除绝大部分有机污染物的同时最大限度地脱氮，针对老龄化渗滤液，该工艺增强了总氮的去除率，浓缩液处理采用高压反渗透（DTRO）- 蒸发工艺，为渗滤液处理工程提供参考。

4.14.2.1 进出水水质

我国北方某垃圾填埋场渗滤液处理设施于 2018 年 8 月开始调试运行，2019 年 2 月正式投入运行，设计规模为 850m³/d，处理工艺为 UBF- 两级 A/O- 外置 UF-NF-RO，污泥脱水后填埋处理。处理出水达到《水污染物综合排放标准》(DB 11/307—2013) 排入地表水体 B 排放标准，实际进水和设计进、出水水质见表 4-39。

表 4-39　设计进、水水质

进出水类型	pH 值	COD$_{Cr}$/ (mg/L)	NH$_4^+$-N/ (mg/L)	TN/ (mg/L)
实测进水	7.5 ～ 8.7	5900 ～ 20000	1100 ～ 3500	2818 ～ 3825
设计进水	6.0 ～ 9.0	6000 ～ 35000	≤ 2000	
设计出水	6.0 ～ 9.0	30	1.5	15

4.14.2.2　工艺流程

(1) 渗滤液处理系统工艺流程

渗滤液处理系统工艺流程见图 4-71。生活垃圾渗滤液、生活污水及设备冲洗排水汇集到集水井，泵入调节池进行水质均化和水量调节，再由厌氧进水泵提升进入 UBF 厌氧罐，渗滤液中的部分难生化降解的 COD 在厌氧条件下被水解酸化，由于原水的氨氮浓度较高，碳氮比较低，部分渗滤液直接超越厌氧系统进入 A/O 系统，以保证必要的反硝化率以及 pH 值的稳定。对于垃圾渗滤液，膜污染是首要的问题，选择外置式 UF 比较合适，膜生物反应器设有两级 A/O 系统和外置式 UF 系统，生化系统的脱氮率在 95% 以上。UF 出水进入 NF、RO 系统进行深化处理，NF 浓缩液经过高级氧化设备处理后达标排放，生化系统污泥排入污泥池脱水处理，泥饼填埋处理。NF 机组产生的清水及二级 RO 机组所产生的浓缩液进入一级 RO 系统，RO 所产生的清水排放或回用，浓缩液进入 DTRO 系统处理，DTRO 清液进入二级 RO 系统，DTRO 浓缩液排入浓缩液池，采用蒸发结晶工艺处理，蒸发清液经二级 RO 处理后达标排放至清水池，蒸发残液送至填埋山。

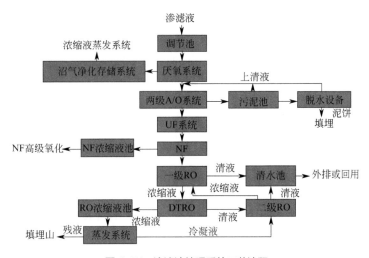

图 4-71　渗滤液处理系统工艺流程

（2）浓缩液蒸发系统工艺流程

浓缩液蒸发系统采用预处理＋余热蒸发＋浸没燃烧蒸发的组合工艺，可回收利用厌氧反应器产生的沼气和余热蒸发产生的热源，节省运行成本，工艺流程见图 4-72。

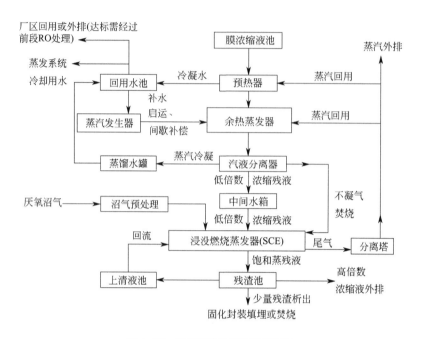

图 4-72　浓缩液蒸发系统工艺流程

首先膜浓缩液经过预处理设备去除二价离子，降低蒸发设备结垢风险，预处理后的沉淀污泥排至污泥池脱水。然后，浓缩液进入余热蒸发器，蒸发温度不超过 80℃，主要作用是预蒸发和蒸汽利用，主要热源来自余热蒸发产生的压缩蒸汽，少量蒸汽由蒸汽发生器提供，余热蒸发产生的不凝气体送入浸没燃烧蒸发器，其中的挥发性有机化合物通过高温焚毁达到最终浓缩的作用，热源来自渗滤液厌氧产生的沼气。由此，含高有机化合物、高盐的膜浓缩液得到进一步浓缩，最终产生少量残液送至焚烧炉回喷。蒸发后的冷凝水由于电导率较低，可以进入前端 RO 系统，回收率达到 90% 以上。

4.14.2.3　主要处理构筑物及设备参数

（1）调节池

分为东、西 2 座，每座调节池有效容积为 8305m³，调节池有效水位 7.55m，东、西进水井设有连通阀。调节池配备进水流量计和液位计，分别用于渗滤液计量和提升泵控制，在调节池的南侧出水泵井安装 3 台厌氧进水泵（均为变频，Q=60m³/h，H=10m，P=3.7kW，2 用 1 备）。

（2）UBF 厌氧反应器

UBF 厌氧反应器是在 UASB 的基础上增加了过滤填料，使得反应器内生物量大大提高，厌氧系统主要由 UBF 厌氧反应器、循环换热系统、排泥系统、沼气预处理系统、沼气储存系统、沼气燃烧系统等组成。反应器采用搪瓷钢结构，尺寸 $\Phi16.04m \times 17.0m$，单罐有效容积 $2100m^3$，渗滤液通过厌氧微生物的作用，有机污染物绝大部分分解成小分子物质，产生甲烷气体作为热源供给蒸发系统。

（3）两级 A/O 系统

生化部分采用两级 A/O 工艺，好氧池内的微生物通过同化和异化作用将氨氮氧化为硝态氮、亚硝态氮，通过硝化池回流和 UF 回流将硝酸盐混合液回流至反硝化池，反硝化池内设置液下搅拌装置，缺氧微生物将硝酸盐、亚硝酸盐还原为氮气。二级 A/O 系统增加了总氮的去除率。好氧池共设置 6 台曝气风机，东、西生化池曝气系统独立运行，各设置 3 台风机，其中 1 台为变频启动风机、2 台为工频启动风机，运行中东、西生化池各开启 1 台工频风机和 1 台变频风机、备用 1 台工频风机，风机温度大于 70℃更换备用风机。在东、西生化池曝气管路出口各安装有 2 个远传压力传感器，实时监测风管压力。设定一级硝化池溶解氧（DO）4.5mg/L，根据一级硝化池的 DO 值自动控制工频启动曝气风机的启、停以及变频风机的频率，实际运行中 DO 浓度为 1 ～ 4mg/L。

一级硝化池污泥通过冷却污泥泵送至板式换热器换热，通过板式换热器、冷却塔循环完成冷却，冷却塔由厂区中水补水，冷却水泵及冷却塔根据温度自动启停。硝化菌的生长温度 4 ～ 45℃、最适生长温度 35℃，氨氧化菌的适宜生长温度 35 ～ 42℃，亚硝化菌的最适生长温度 35℃，实际运行中硝化池温度控制在 32 ～ 36℃。

硝化池产生泡沫较多，通过增加消泡剂自动投加系统解决泡沫问题，在桶中加入消泡剂，用中水稀释，用计量泵输送消泡剂至末端，末端管路上安装数个喷洒头以提高喷洒面积，提高消泡剂利用率，中控系统中添加 1 个 PLC 自控模块，根据泡沫液位控制计量泵启停。

硝化池设置排泥系统，排泥泵出水口安装有电磁流量计和压力表，排泥量根据化验测出的污泥浓度调整，压力表用于监测排泥管道压力，以防压力过大排泥泵损坏，实际运行中污泥浓度在 30g/L 左右。

（4）UF 机组

分为 2 套机组，总处理量 $1000m^3/d$，由 UF 进水泵送二级硝化池水至 UF 机组，UF 膜将微生物完全截留在生化系统中，反应器的容积负荷较高，使反应器容积减小，污泥泥龄得到大幅延长，脱氮微生物繁殖、聚集使得废水中的氨氮能够完全硝化，高浓度的微生物也大大提高了有机污染物的去除率。UF 污泥回流至一级反硝化池，硝化细菌增长速率要比异养型微生物小一个数量级，需要通过污泥回流富集硝化细菌，以达到良好的脱氮效果。

日常运行中，每 4h 停机用 UF 产水反洗，在线清洗时 UF 清洗泵启动，循环清洗水回流 UF 产水罐，清洗污水回流至生化池，清水冲洗能有效减少人工通膜频次。当通量下降 20% 需要进行膜化学清洗，一般 2 ～ 4 周清洗 1 次，往 UF 清洗罐投加药剂，清洗顺序为先用次氯酸钠杀菌除垢，再用碱性清洗剂去除膜表面的生物覆层，最后用酸性清洗剂去除膜表面的无机沉积物。当化学清洗效果不佳时，需要人工清通膜设备，清通周期为 2 个月以上。

（5）NF 系统

UF 产水经 NF 进水泵、保安过滤器及 NF 增压泵进入 NF 机组处理，运行时供水泵和增压泵同时启动，根据 NF 产水池液位控制泵的启停。为了提高 NF 系统的回收率，膜排列采用一级两段的排列方式，即第 1 段的浓水为第 2 段的供水，NF 产水进入 NF 产水池。

为保证处理效果，防止膜结垢和微生物繁殖，延长膜使用寿命，为 NF 处理系统配套清洗系统和加药系统，投加药剂为盐酸、阻垢剂、杀菌剂。在本套膜系统引入移动式化学清洗装置，将清水冲洗与化学清洗分开，在膜系统停机后自动进行清水冲洗，运行人员也可依据实际运行需要手动启动清水冲洗，清水冲洗为独立的管路系统，保证了清水冲洗的效果；在膜系统运行一定周期后，需要对膜进行化学清洗，清洗用水为系统自产水，清洗后的污水排至厂区污水管网，移动式化学清洗装置罐体清洁更为方便，能够提高操作效率。

（6）RO 系统

NF 出水经 RO 进水泵、保安过滤器及 RO 增压泵进入 RO 系统，然后根据 NF 产水池的液位进行自动运行。为了出水稳定达标，RO 膜均选用海水淡化膜，产水率高，抗污染能力强，耐压等级高。本工程采用一级多段式 RO 处理系统，前两段出水达标排放。为了进一步提高回收率增设 DTRO 系统对 RO 浓缩液进行处理，DTRO 系统采用 9MPa 的膜组件，系统回收率大于 50%，DTRO 清液混合蒸发系统的蒸发冷凝水再经二级 RO 系统处理，二级 RO 系统设计的运行压力为 2MPa，DTRO 浓水进入后续蒸发结晶系统处理。

为保证 RO 系统处理效果，保证膜系统的正常运行以及出水水量达到排放标准，配套清洗系统和加药系统，投加药剂和冲洗方法同 NF 系统一样，在化学清洗过程中及结束后都需要对膜处理装置进行清水冲洗，移动式化学清洗装置罐体清洁更为方便，不影响其他设备运行，可以实现各套设备独立运行、清洗。

4.14.2.4　结果与讨论

（1）COD 去除情况

UBF 厌氧反应器的 COD 去除率受温度、停留时间、容积负荷影响。厌氧系统可以去除有机物，调节原水碳氮比，厌氧系统实际运行温度为 19 ～ 22℃，由于原水碳氮比在 4 ～ 7 之间，根据进水 COD 浓度控制厌氧系统的进水时间，当进水 COD 浓度较高时增加厌氧罐进水时间，当进水 COD 浓度较低时减少厌氧罐进水时间，此时厌氧罐主要起到水解酸化作用。实际运行中，每天进水 18 ～ 24h，流量 19m³/h，水力停留时间

4.6d，厌氧系统对 COD 去除率为 26.9%。生化系统对 COD 去除率较高，UF 出水平均 COD 去除率为 79.3%，经过后端膜系统深度处理后，出水 COD 达标。

（2）脱氮情况

两级 A/O 系统氨氮去除率达到 99% 以上，二级 A/O 系统强化总氮的去除，硝化池中硝化细菌将氨氮转化为硝态氮。本系统在典型的两级 A/O 系统基础上升级，设置一级硝化循环和二级硝化循环，一级硝化循环安装有电磁流量计，循环流量大小由渗滤液进水水量及水质确定，回流比控制在 3 ~ 8 之间，二级硝化循环通过循环泵阀门控制回流量。适当地增大回流比有利于氨氮浓度的降低，污泥停留时间（SRT）> 3d 时便可获得满意的硝化效果，实际运行 SRT 一般为硝化细菌最小世代时间的 2 倍，通常为 10 ~ 25d，本工程 A/O 系统 SRT 为 13d。通过好氧回流将硝酸盐回流到缺氧池，兼氧菌把硝态氮还原成氮气，从而达到去除总氮的目的。经处理后出水氨氮达标。

（3）各阶段污染物去除率

根据 2 ~ 4 月各处理阶段 COD、氨氮化验数据平均值，总结出渗滤液处理各阶段的污染物去除率，总氮仅测量进出水数据，去除率见表 4-40。

表 4-40　渗滤液处理各阶段去除率

处理阶段	COD 去除率 /%	NH_4^+-N 去除率 /%	TN 去除率 /%
厌氧	27	9.9	
UF	79.3	99.7	99.73
NF	82.1	85.4	
RO	98.4	57.3	

（4）处理效果分析

项目调试完毕后于 2019 年 2 月开始正式运行，连续运行 3 个月，检测进出水 COD、NH_4^+-N 数据。由图 4-73、图 4-74 可知，出水 COD 数值均在 30mg/L 以下，COD 平均值 7.8mg/L，COD 平均去除率 99.93%；出水 NH_4^+-N 数值均在 1.5mg/L 以下，NH_4^+-N 平均值 0.4mg/L，NH_4^+-N 平均去除率 99.98%，出水符合标准要求。

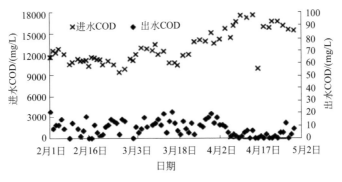

图 4-73　进出水 COD

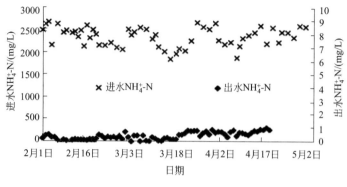

图 4-74　进出水 NH⁺₄-N

（5）经济分析

渗滤液处理设施运行费用主要由动力费、药剂费及人员工资组成，实际运行成本统计见表 4-41。此成本不包含折旧费和税费，按照系统内运营单价计算盈利。

表 4-41　成本统计

项目	单价/（元/m³）	运行费用/（万元/月）
动力费	40.13	76.87
药剂费	40.61	74.97
工资	7.98	16.00
合计	88.72	167.84

4.14.2.5　结论

采用 UBF- 两级 A/O- 外置 UF-NF-RO 工艺处理生活垃圾渗滤液，COD、NH⁺₄-N 去除率分别为 99.93% 和 99.98%，出水达到 DB 11/307—2013 排入地表水体 B 排放标准。通过 3 个月正式运行，渗滤液处理设施运营费用为 88.72 元 /m³，该项目成功运行，为两级 A/O- 深度处理垃圾渗滤液工程提供参考。

4.15　纳滤

4.15.1　纳滤技术概述

纳滤（NF）是介于超滤与反渗透之间的一种特殊的膜分离技术。纳滤膜在分离的过程中表现出两个特征：一是 NF 膜孔径较小，为 0.001 ～ 0.01μm，对分子量数百的小分子也有较好的分离效果，其截留分子量为 200 ～ 1000；二是膜表面带有电荷，对不同电荷和价态的阴离子存在不同的 Donnan 电位效应。根据纳滤膜的分离特性，对不同价态离子表现出不同的截留能力，对于高价金属离子的去除率高达 98%，对于二价金属离子的去除率也高达 95%。基于纳滤膜分离技术有高透水性以及对有机物、金属盐和胶体粒子的高截留性，纳滤技术已广泛应用于制药、化工、食品工业，尤其是污水以及渗滤液处理领域。

　　基于纳滤膜技术特殊的分离性质，在渗滤液处理中可高效地去除其中的胶体、有机物、无机物以及微生物等污染物，因此在渗滤液处理中纳滤一般作为深度处理工艺。表 4-42 中总结列举了近年来有关纳滤膜处理渗滤液的研究。其中一些研究结果显示，用纳滤独立工艺处理垃圾填埋场渗滤液，对渗滤液中 COD、TP、TOC 等都有较高的去除率。与此同时，Chaudhari 等[83] 的研究还表明纳滤膜对 Cr^{3+}、Ni^{2+}、Zn^{2+}、Cu^{2+} 和 Cd^{2+} 等各种金属离子的去除率也能高达 90%。但在这些研究中部分结果显示纳滤膜对 NH_3-N 的去除率较低，其中去除率最低仅为 13.9%。这主要是因为 NH_3-N 为中性无机物质，且分子量小，低于实验所用纳滤膜的截留分子量，从而使纳滤膜的 Donnan 效应及截留机理对 NH_3-N 去除的作用不高，而导致 NH_3-N 的去除率低。针对纳滤膜的这一特征，很多研究者提出将膜生物反应器（MBR）与纳滤膜技术结合。从表 4-42 中 MBR 产水的 NH_3-N 含量可发现，膜生物反应器几乎能将渗滤液中 NH_3-N 全部去除，其组合工艺对渗滤液能达到较好的处理效果。在纳滤膜与其他工艺结合方面，Moravia 等[84] 通过高级氧化（AOP）/Fenton- 纳滤膜组合工艺处理垃圾渗滤液，结果显示对渗滤液中各种污染物的去除率都高达 95% 以上，体现了其组合工艺处理渗滤液的优势。因此应用中需在控制处理成本的前提下选择合适的其他组合工艺处理渗滤液，以达到更好的处理效果。在 4 种膜技术中，纳滤膜比微滤和超滤对污染物去除率更高，且一般比反渗透膜的操作压力更低，膜通量更高，因此纳滤技术是渗滤液处理中最为理想的处理技术。目前，在实际应用中纳滤膜污染问题和浓缩液的处理问题是其应用面临的主要问题。在纳滤膜污染中，除了普通的吸附沉积污染外，还有由于膜本身带有电荷由静电效应形成的膜污染，因此需从两个方面对膜进行优化，以减轻膜污染。另一方面，渗滤液的浓缩液中富集了大量的污染物，还有运行过程中添加的阻垢剂等。因此，需进一步研究对渗滤液浓缩液的处理，完善其处理工艺。

表 4-42　纳滤（NF）在垃圾渗滤液处理上的应用效果

组合工艺	NF 操作条件			NF 进料种类及条件			NF 性能			
	膜面积 /m^2	操作压力 /MPa	进料液种类	pH 值	COD /（mg/L）	NH_3-N /（mg/L）	膜通量 /[L/（$m^2 \cdot h$）]	产水率 /%	COD 去除率 /%	NH_3-N 去除率 /%
NF-RDM	0.0581	0.5	渗滤液原液	7.7～8.5	1192	1590	10.1～17.9	95	51.9	13.9
NF-300	0.015	0.4～2	渗滤液原液 A	6.8	56521	196	—	—	53～88.6	38～70
			渗滤液原液 B	6.7	109205	236			42.5～93	36～68
MBR+NF	0.1042	0.5～0.8	MBR 产水	7	500～800	5.6～8.6	19～22	—	75	较低

组合工艺	NF 操作条件			NF 进料种类及条件			NF 性能			
	膜面积 /m²	操作压力 /MPa	进料液 种类	pH 值	COD / (mg/L)	NH₃-N / (mg/L)	膜通量 /[L/ (m²·h)]	产水率 /%	COD 去 除率 /%	NH₃-N 去 除率 /%
MBR+NF	0.24	0.7	MBR 产水	—	568 ~ 850	0 ~ 2	10	—	> 90	—
MBR+NF	—	0.5 ~ 2.5	MBR 产水		945	9.4		85	91.5	较低
Fenton 氧化 +MF+NF	2.6	1.25	MF 产水	7	781	884	—	—	94	91

注: MF 为微滤膜技术; UF 为超滤膜技术; RO 为反渗透技术; NF-RDM 为旋转盘纳滤膜; MBR 为膜生物反应器。

4.15.2 纳滤膜在武陵源区生活垃圾填埋场渗滤液深度处理中的应用

纳滤膜属于近年来开发的最新系列的滤膜之一，它的孔径范围为几微米，截留分子量较大。因此，纳滤膜也被称为"多孔"膜和选择性膜。基于此，将其应用在武陵源区生活垃圾填埋场渗滤液深度处理中，并考察了系统对渗滤液中各类污染物的去除效果[85]。

4.15.2.1 处理水量及进出水水质

考虑到武陵源区的年平均降雨量（180.4m³/d）和最大日降雨量（7025m³/d），武陵源区生活垃圾填埋场垃圾渗滤液的处理规模通常参考年度径流，略高于平均污水量。该项目的处理规模确定为 200m³/d 左右。进、出水水质如表 4-43 和表 4-44 所列。

表 4-43 渗滤液处理站进水水质

项目	BOD₅	COD$_{Cr}$	NH₃-N	色度 / 度	SS
水质指标 / (mg/L)	7000	15000	1500	600	600

表 4-44 渗滤液处理站出水水质

项目	BOD₅	COD$_{Cr}$	NH₃-N	色度 / 度	SS
水质指标 / (mg/L)	≤ 30	≤ 100	≤ 30	≤ 40	≤ 25

4.15.2.2 工程系统设计

武陵源区生活垃圾填埋场的垃圾渗滤液处理采用的工艺为膜生物反应器 + 纳滤膜工艺。采用混凝沉淀作为预处理。预处理后，膜生物反应器中流程为反硝化 + 硝化 + 超滤。进水通过上述反应器后从超滤池的出水如果达不到排放标准，则进入纳滤池进行深度处理。为了保证出水可达标排放，纳滤系统是由环路循环泵、膜组件及清洗设施等组成。所选用的膜材料为进口膜组件，质量比较可靠。纳滤净化水回收率约为 80%。工艺流程如图 4-75 所示。

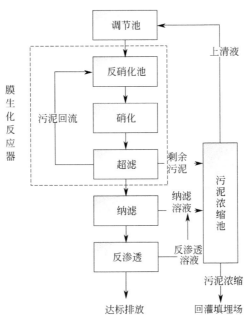

图 4-75　渗滤液处理工艺流程

膜污染和降解是膜分离技术应用中最大的问题之一。纳滤作为一种压力驱动膜，在实际应用中也遇到了膜污染和膜清洗问题。膜的污染和是否需要清洗通常由膜单元的产水率、出水水质和膜的压降决定。清洗系统包括快速冲洗物理清洗和化学清洗系统，由于垃圾渗滤液水质不稳定，进水条件难以控制。纳滤装置会配有自动快冲洗装置，通过设置电动球阀来实现自动快速冲洗。

4.15.2.3　结果与讨论

该案例中采用重铬酸钾法测定 COD，并作为主要的检测指标。通过测定，纳滤系统的进水 COD_{Cr} 为 750mg/L，出水 COD_{Cr} 为 75mg/L，COD 去除率可达到 90%，其他指标：BOD、NH_4^+-N 和 SS 进出水及处理情况如表 4-45 所列。

表 4-45　各工艺段的分段处理效果

单元	项目	水量 / (m³/d)	COD / (mg/L)	BOD / (mg/L)	NH_4^+-N / (mg/L)	SS / (mg/L)
MBR	进水	> 100	15000	7000	1500	3000
	出水	> 100	750	175	1.5	0
	去除率	—	95%	97.50%	99.90%	100%
NF/RO	进水	118	750	175	1.5	—
	出水	100	75	17.5	1.5	—
	去除率	—	90%	90%	—	—
要求	出水	100	≤ 100	≤ 30	≤ 25	≤ 30

　　膜处理系统主要用于去除难降解有机物质的小分子和大分子。纳滤膜孔径可有效拦截分子量为 200 ~ 1000 的物质。实验数据表明，纳滤工艺可以有效地应用于垃圾渗滤液的处理，处理效果可以达到《生活垃圾填埋场污染控制标准》（GB 16889）的一级标准。

4.15.2.4　结论

　　该工程主要处理流程为预处理 - 超滤 - 纳滤，介绍了在垃圾渗滤液深度处理中的纳滤膜技术。通过纳滤膜的应用实例研究发现，现阶段的纳滤技术应用于垃圾渗滤液的处理效果良好。随着膜分离技术的不断发展和新型膜材料的开发和应用，膜组件价格不断下降，处理成本也会进一步降低。尽管膜污染是纳滤技术不可避免的问题，但通过反冲洗等措施将得到改善，对纳滤膜在垃圾渗滤液处理中的应用未来还会有更大的发展空间。

参考文献

[1] 国家统计局.中国统计年鉴—2020 [M].北京，中国统计出版社，2020.

[2] 佚名.解读 GB 16889—2008——生活垃圾填埋场污染控制标准 [J].标准生活，2009 (4)：41-45.

[3] 刘陈.反渗透技术在水处理中的应用研究 [J].技术与市场，2021，28 (2)：135，137.

[4] 胡兴亿.环境工程中反渗透技术的应用 [J].科技视界，2018 (16)：26-27.

[5] 许安全.重庆长生桥垃圾填埋场环境现状分析与建议 [J].资源节约与环保，2015 (7)：181.

[6] 宋静文，汤大伟.膜生物反应器工艺运行要素分析 [J].北京水务，2019 (4)：6-9.

[7] 胡明.厌氧膜生物反应器膜污染解析及其控制方法研究进展 [A].北京水问题研究与实践（2018 年）[C]．北京：中国水利水电出版社，2019: 6.

[8] Al-Ahmad M. Biofouling in RO membrane systems (part 1)：fundamentals and control [J]．Desalination, 2000，132: 173-179.

[9] Yiantsios S G. The effect of colloid stability on membrane fouling [J]．Desalination, 1998，118: 143-152.

[10] Vrouwenvelder J S. Diagnosis of fouling problems of NF and RO membrane installations by a quick scan [J]．Desalination，2002，153: 121-124.

[11] Sangho L E E. Control of scale formation in reverse osmosis by membrane rotation [J]．Desalination, 2003，155: 131-139.

[12] 霍随立.反渗透膜元件胶体污染的预防 [J].洁净煤技术，2004，10 (2)：67-68.

[13] 朱琳.反渗透膜的污染与防治 [J].华东电力，2004，32 (7)：45-47.

[14] Xie W, Li H, Branch Y, et al. Control methods for organic fouling in reverse osmosis membranes [J]．Industrial Water Treatment, 2015，35 (09)：7-10.

[15] Chang G K, Tai I Y, Myung J L. Characterization and control of foulants occurring from DTRO, fluorine manufacturing process wastewater [J]．Desalination, 2002，151: 283-292.

[16] 肖世全. 反渗透膜污染机理及防控措施 [J]. 广东化工, 2016, 43（21）: 119-120, 123.

[17] Peters T A. Purification of landfill leachate with membrane filtration [J]. Filtration and Separation, 1998, 35（1）: 33-36.

[18] 王乐云. 反渗透膜的污染及其控制 [J]. 水处理技术, 2003, 29（2）: 102-105.

[19] Fane A G, Beatson P, Li H. Membrane fouling and its control in environmental applications [J]. Wat Sci Tech, 2000, 41（10/11）: 303-308.

[20] 邱嘉艳, 陈天生, 苏伟. 反渗透膜污染影响因素及典型案例分析 [J]. 广东电力, 2012, 25（8）: 113-116.

[21] Sangyoup L, Wui S A, Menachem E. Fouling of reverse osmosis membranes by hydrophilic organic matter: implications for water reuse [J]. Desalination, 2005, 187（1）: 313-321

[22] Song L F, Singh G. Influence of various monovalent cations and calciumion on the colloidal fouling potential [J]. Journal of Colloid and Interface Science, 2005, 289（2）: 479-487.

[23] Peng W H, Isabel C E, Donald B W. Effects of water chemistries and properties of membrane on the performance and fouling——a model development study [J]. Journal of Membrane Science, 2004, 238（1）: 33-46.

[24] 周立正. 反渗透水处理应用技术及膜水处理剂 [J]. 工业水处理, 2005（11）: 8.

[25] Zhu X H, Elimelech M E. Colloidal fouling of reverse osmosis membranes: measurements and fouling mechanisms [J]. Environmental Sciences & Technology, 1997, 31（12）: 3654-3662.

[26] Mehdizadeh H, Molaiee-Nejad Kh, Chong Y C. Modeling of mass transport of aqueous solutions of multi-solute organics through reverse osmosis membranes in case of solute-membrane affinity [J]. Journal of Membrane Science, 2005, 267（1/2）: 27-40.

[27] Qin J J, Maung-Nyunt W, Maung-Htun O, et al. A feasibility study on the treatment and recycling of a wastewater from metal plating [J]. Journal of Membrane Science, 2002, 208（1/2）: 213-221.

[28] Liu L F, Yu S C, Wu L G, et al. Study on a novel polyamide-urea reverse osmosis composite membrane (ICIC-MPD) [J]. Journal of Membrane Science, 2006, 281（1/2）: 88-94.

[29] 袁道迎. 垃圾渗滤液膜污染的节能处理及防治措施 [J]. 资源节约与环保, 2015（02）: 57.

[30] Vincen G, Bernadette G. Organic matter as loose deposits in a drinking water distribution system [J]. Water Research, 1999, 33（4）: 1014-1026.

[31] 顾夏声, 黄铭荣, 王占生, 等. 水处理工程 [M]. 北京: 清华大学出版社, 1985.

[32] Robinson H D, Maris P J. The treatment of leachate from domestic wastes in landfill-aerobic biological treatment of a medium-strength leachate [J]. Water Research, 1983, 17（7）: 1573-1548.

[33] Pohland F G. Landfill bioreactors: fundamentals and practise [J]. Water Quality International, 1996, 5: 18-22.

[34] Mosher F A, Mc Bean E D, Crutcher A J et al. Leachate recirculation for rapid stabilization of landfills: theory and practise [J]. Water Quality International, 1997（11/12）: 33-36.

[35] Carson D A. The municipal solid waste landfill operation as a bioreactor [J]. Washington: US Environmental Protection Agency, 1995: 1-8.

[36] 徐迪民, 李国建, 于晓华, 等. 垃圾填埋场渗滤水回灌技术的研究I——垃圾渗滤水填埋场回灌的影响因

素［J］. 同济大学学报，1995，23（4）：371-375.

［37］王琪，董路，李姐，等. 垃圾填埋场渗滤液回流技术的研究［J］. 环境科学研究，2000，13（3）：1-5.

［38］董路，王琪，李姐，等. 填埋场加速稳定技术的研究［J］. 中国环境科学，2000，20（5）：461-464.

［39］唐晓武，罗春泳，陈云敏. 回灌渗滤液运移过程的数值模拟［J］. 中国给水排水，2003，19（9）：73-75.

［40］王洪涛，殷勇. 渗滤液回灌条件下生化反应器填埋场水分运移数值模拟［J］. 环境科学，2003，24（2）：66-72.

［41］孙英杰，宫殿松. 渗滤液回灌加速填埋场稳定化的机理与影响因素［J］. 青岛建筑工程学院学报，2003，24（1）：18-21.

［42］Kouzell-Katsiri A, Bosdogianni A, Christoulas D. Prediction of leachate quality from sanitary landfills［J］. Journal of Environmental Engineering, 1999, 10: 950-958.

［43］Kjeldsen P, Christophersen M. Composition of leachate from old landfills in denmark［J］. Waste Management and Research, 2001, 19: 246-256.

［44］Calace N, Liberatori A, Petronio B M, et al. Characteristics of different molecular weight fraction of organic matterin landfill leachate and their role in soil sorption of heavy metals［J］. Environmental Pollution, 2001, 113: 331-339.

［45］Inanc B, Matsui S, Ide S. Propionic acid accumulation in anaerobic digestion of carbohydrates—an investigation on the role of hydrogen gas［J］. Water Science and Technology, 1999, 40（1）: 93-100.

［46］Liliana B, Iván L, Carlos A. Hydrolysis constant and VFA inhibition in acid genic phase of MSW anaerobic degradation［J］. Water Science and Technology, 1997, 36（6-7）: 479-484.

［47］Lay J J, Li Y Y, Noike T, et al. Analysis of environmental factors affecting methane production from high-solids organic waste［J］. Water Science and Technology, 1997, 36（6-7）: 493-500.

［48］Pacey J G. Landfill gas enhancement management［C］. Seminar Publication: Landfill Bioreactor Designand Operation, 1995: 175-183.

［49］Pohland F G, Yousfi B. Design and operation of landfills for optimum stabilization and biogas production［J］. Water Science and Technology, 1994, 30（12）: 117-124.

［50］Warith M. Bioreactor landfills: experimental and field results［J］. Waste Management, 2002, 22（1）: 7-17.

［51］Raynal J, Delgenès J P, Moletta R. Two-phase anaerobic digestion of solid wastes by a municipal liquid faction reactors process［J］. Bioresource Technology, 1998, 65（1）: 97-103.

［52］Chynoweth D P, Owens J, O' Keefe, et al. Sequential batch anaerobic composting of the organic fraction of municipal solid waste［J］. Water Science and Technology, 1992, 25（7）: 327-339.

［53］Chynoweth D P, Bosch G, Earle J F K, et al. A novel process for anaerobic composting of municipal solid waste［J］. Applied Biochemistry and Biotechnology, 1991, 28/29: 421-432.

［54］Chugh S, Chynoweth D P, Clarke W, et al. Degradation of unsorted municipal solid waste by a leach-bed process［J］. Bioresource Technology, 1999, 69（1）: 103-115.

［55］李秀金，郝霄楠. "生物反应器"型垃圾填埋场的调控、特性与应用［C］. 第一届固体废弃物处理技术与工程设计全国学术会议论文集，2004：35-44.

［56］王罗春，李华，赵由才，等. 垃圾填埋场渗滤液回灌及其影响［J］. 城市环境与城市生态，1999，12(1)：44-46.

[57] Schmidt I, Sliekers O, Schmid M, et al. Aerobic and anaerobic ammonia oxidizing bacteria competitors or natural partners？[J]. FEMS Microbiology Ecology, 2002, 39 (7): 175-176.

[58] 罗春泳, 胡亚元, 陈云敏, 等. 垃圾填埋场渗滤液回灌效果的理论研究 [J]. 中国给水排水, 2003, 19 (2): 5-7.

[59] 何厚波, 徐迪民. 垃圾堆体高度对渗滤液回灌处理的影响 [J]. 中国给水排水, 2003, 19 (1): 9-12.

[60] 李青松, 金春姬, 乔志春. 渗滤液回灌在实际应用中应注意的问题 [J]. 四川环境, 2004, 23 (4): 78-79.

[61] 欧阳峰, 李启彬, 刘丹. 生物反应器填埋场渗滤液回灌影响特性研究 [J]. 环境科学研究, 2003, 16(5): 52-54.

[62] 王宝贞, 王琳. 水污染治理新技术——新工艺、新概念、新理论 [M]. 北京: 科学出版社, 2004: 110-113.

[63] 程峻峰, 郑启萍, 徐得潜. 二级 DTRO 工艺在垃圾填埋场渗滤液处理中的应用 [C]. 华东地区给排水技术情报网第十九届年会论文集, 2016.

[64] 邵泽岩, 冯燕, 刘延芳. 二级 DTRO 工艺处理垃圾渗滤液工程实例 [J]. 工业用水与废水, 2016, 47(5): 73-75.

[65] 高鑫, 付永胜. 基于两级 DTRO 膜系统处理垃圾渗滤液的工程应用 [J]. 四川环境, 2018, 37 (3): 98-104.

[66] 张亚斌. 几种膜技术在废水处理方面的应用研究分析 [J]. 电力学报, 2013, 28 (2): 177-180.

[67] Piatkiewicz W, Biemacka E, Suchecka T. A polish study: treating landfill leachate with membranes [J]. Filtration & Separation, 2001, 38 (6): 22-26.

[68] 郭健, 邓超冰, 冼萍, 等. "微滤 + 反渗透"工艺在处理垃圾渗滤液中的应用研究 [J]. 环境科学与技术, 2011, 34 (5): 170-174.

[69] 伊磊. 试论膜分离技术在水处理中的研究及应用 [J]. 化工设计通讯, 2020, 46 (5): 244-251.

[70] 张汝嘉. 微滤 - 反渗透 - 蒸发集成设备处理电镀园含镍废水的工程实例 [J]. 节能与环保, 2020 (6): 54-55.

[71] 朱伟浩, 肖阳. 微滤膜技术在淡水资源回收利用领域的应用 [J]. 山东化工, 2019, 48 (17): 231-232.

[72] 于潇. 微滤 - 反渗透双膜法深度处理造纸废水的试验研究 [J]. 华东纸业, 2020, 50 (04): 28-31.

[73] Belgada A, Achiou B, Younssi S A, et al. Low-cost ceramic microfiltration membrane made from natural phosphate for pretreatment of raw seawater for desalination [J]. Journal of the European Ceramic Society, 2021, 41 (2): 1613-1621.

[74] Ju J, Choi Y, Lee S, et al. Comparison of different pretreatment methods for pressure retarded osmosis (PRO) membrane in bench-scale and pilot-scale systems [J]. Desalination, 2020, 496: 114528.

[75] 牛勇, 钟选斌, 王钢. 微滤应用于反渗透预处理在污水回用中的探讨 [J]. 清洗世界, 2018, 34 (1): 17-19, 32.

[76] 陈方方, 古创, 姚春阳, 等. 厌氧 / 微滤工艺处理垃圾焚烧发电厂渗滤液 [J]. 中国给水排水, 2019, 35 (3): 117-120.

[77] 王姚武. 外压浸没式中空纤维膜清洗过程数值模拟分析 [D]. 天津: 天津工业大学, 2017.

[78] 杨光兴, 黄龙辉, 陈炳森, 等. MBR-RO 组合工艺中 RO 膜清洗剂的筛选及优化 [J]. 广东化工, 2017,

44（15）：78-80.

[79] Sathish R R,Chitra D V,Mothil S,et al.A review on fabrication,characterization of membrane and the influence of various parameters on contaminant separation process［J］. Chemosphere,2022，306：135629.

[80] 赵信新，于辉，刘欣，等.碟管式纳滤膜组合工艺处理高含盐水中试研究［J］.现代化工，2021，41（12）：203-207.

[81] 都军东，邱宗炼，学贤，等.软化改性耦合超滤膜预处理垃圾渗滤液［J］.能源与环境，2021（4）：61-63.

[82] 段菁激，徐忠新，侯富，等.UBF- 两级 A/O-UF-NF-RO 工艺在垃圾填埋场渗沥液处理中的应用［J］.环境卫生工程，2019，27（6）：80-83.

[83] Chaudhari L B, Murthy Z V P. Treatment of landfill leachates by nanofiltration［J］. Journal of Environmental Management，2010，91（5）：1209-1217.

[84] Moravia W G, Amaral M, Lange L C. Evaluation of landfill leachate treatment by advanced oxidative process by Fenton's reagent combined with membrane separation system［J］. Waste Management，2013，33（1）：89-101.

[85] 孟庆礼，孙征.城市垃圾渗滤液处理的深度处理工艺中纳滤膜技术研究［J］.住宅与房地产，2020（23）：117-118.

第 5 章
垃圾渗滤液的稳定塘与土地处理工艺

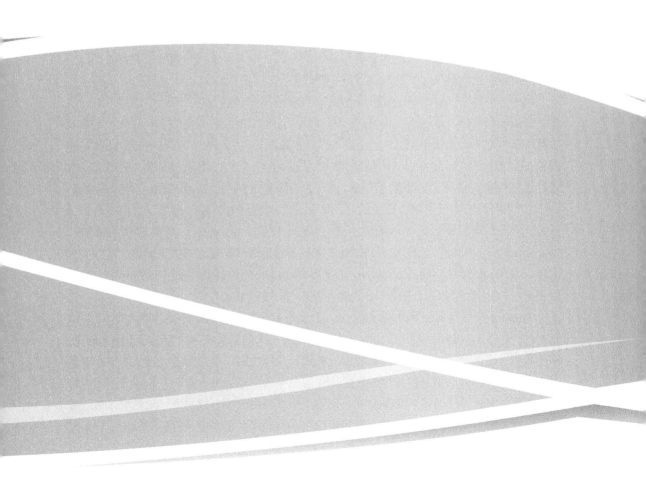

由于垃圾渗滤液水量水质的变化性很大，同时还受到不同时间和地区的气候特征、废物特性、场地设计、沉降和废物填埋时间等条件的限制，造成传统污水处理工艺运行的困难，实践证明改进传统的处理方式可以适应渗滤液水质的变化要求，但其建造和运行费用昂贵。因此，应开发填埋渗滤液处理的生态处理技术，其中利用塘和人工湿地技术处理垃圾渗滤液的实践和研究最受重视，而且研究和实际应用也较成熟。

5.1 垃圾渗滤液塘和土地处理系统的应用现状

5.1.1 塘处理系统

垃圾渗滤液稳定塘（垃圾渗滤液塘）旧称氧化塘或生物塘，是一种利用天然净化能力对污水进行处理的构筑物的总称。其净化过程与自然水体的自净过程相似。通常是将土地进行适当的人工修整，建成池塘，并设置围堤和防渗层，依靠塘内生长的微生物来处理污水；主要利用菌藻的共同作用处理废水中的有机污染物。

与活性污泥法相比，稳定塘体积大，有机负荷低，尽管降解进度较慢，但由于其工程简单，在土地辽阔的地区是最经济的垃圾渗滤液好氧生物处理方法。同时，氧化塘还具有基建投资低、能耗低、运转管理简单易行等特点，因其较长的水力停留时间使其抗冲击负荷和去除有毒有害物质的性能强，是一种很有竞争力的处理方法。

美国、加拿大、英国、澳大利亚和德国的小试、中试及生产规模的研究都表明，采用曝气稳定塘能获得较好的垃圾渗滤液处理效果。

例如，英国在 Bryn Posteg Landfill 投资 60000 英镑建立一座 1000m³ 的曝气塘，设置 2 台表面曝气机，最小水力停留时间为 10d，氧化塘出水经沉淀后流经 3km 长的管道入城市下水道。此系统于 1983 年开始运行，渗滤液 COD 最高达 24000mg/L，BOD_5 最高达 10000mg/L，F/M=0.05 ～ 0.3kg COD/（kg MLSS·d），处理水量约 150m³/d，在运行过程中需投加磷。处理效果显著，COD 去除率达 97%，出水 BOD_5 平均为 24mg/L。但考虑到日常运行费用、投资偿还及其利息，与渗滤液直接排至市政管网相比，每年可节约 7500 英镑。英国水研究中心（Water Research Center）对英国东南部 New Park Landfill 的渗滤液（COD > 15000mg/L）开展了曝气稳定塘的中试研究，当负荷为 0.28 ～ 0.32kg COD/（kg MLSS·d）或者 0.04 ～ 0.64kg COD/（kg MLSS·d），泥龄为 10d 时，COD 和 BOD_5 去除率分别达到 98% 和 91% 以上 [1]。

Orupöld 等 [2] 用氧化塘处理渗滤液，COD 去除率和酚去除率分别达到 55% ～ 70% 和 95% ～ 99%。另外，英国在许多填埋场进行芦苇床处理系统净化曝气塘出水的研究。结果表明，曝气塘出水经芦苇床处理系统的进一步净化后，可有助于处理出水维持在较高标准，并且可以达到某种程度的反硝化作用。中国广东省中山市狗仔坑垃圾卫生填埋场采用氧化塘系统处理填埋场渗滤液。该处理系统采用过滤、植物塘、动物塘系统。渗滤液经拦截坝过滤后进入天然集水坑初步稳定，然后进入植物塘进行植物吸附、进入动物塘进行动物净化，渗滤液通过这一系列的处理，水质得到净化，COD 从 2912.8mg/L 降至 66.52mg/L、BOD_5 从 820mg/L 降至 18.3mg/L。福州市红庙岭垃圾填埋场用厌氧塘 - 兼性塘 - 好氧塘作为后续处理，其表面负荷和停留时间分别为 416kg BOD_5/（$hm^2 \cdot d$）、70kg BOD_5/（$hm^2 \cdot d$）、100kg BOD_5/（$hm^2 \cdot d$）和 6.6d、33d、5.5d，最终出水达到国家三级排放标准[3, 4]。陶涛用厌氧塘 - 兼性塘 - 水生植物 - 曝气塘 - 好氧塘工艺处理 COD 4000mg/L、BOD_5 2000mg/L、NH_4^+-N 750mg/L、TP 20mg/L 的渗滤液时，出水达到国家二级排放标准[5]。

5.1.2　土地处理系统

人工湿地技术凭借其缓冲容量大、处理效果好、投资省、能耗低和运行费用低、设备简单、维护和操作以及管理方便、即使在填埋场封闭后仍能发挥作用等优点，已成功地应用于英国、美国和德国曝气塘出水的二级和三级处理中。

湿地主要分为表流湿地（自由水面湿地）、潜流湿地（地下水流湿地）、天然湿地和渗滤湿地四类，而被广泛应用的人工湿地主要有表流人工湿地和潜流人工湿地[6, 7]两类。表流人工湿地将地面设计成具有一定高度差的坡形地，废水沿地表流动，地表中有耐水植物，类似水田，在地表、植物根茎和所附着的微生物的共同作用下使废水净化。其特点是投资少，但占地面积大，易孳生蚊蝇。潜流人工湿地中废水主要在地表下流动。按照流动方式又可分为水平潜流湿地、垂直潜流湿地、折流湿地 + 侧向潜流湿地的复合人工湿地。其中，水平潜流湿地中废水从湿地一侧进入，水平流过湿地内填料，使废水得以净化，但由于系统复氧能力有限，湿地内部主要以厌氧 - 兼性微生物为主；垂直潜流湿地中废水由湿地表面布水系统纵向流入湿地的底部，使废水得以净化，湿地内填料处于不饱和状态，不能完全发挥填料的作用，氧气可通过大气扩散和植物传输进入人工湿地系统，该系统的硝化能力强过水平潜流湿地，因此，脱氮效果较好。折流湿地 + 侧向潜流湿地的复合人工湿地中，折流湿地由多级渗滤型湿地组成，各级湿地内设有垂直阻隔墙，隔墙底设有过水口，废水以上下形式流动，各级湿地再以潜流湿地相连，湿地以自然复氧为主，实现了厌氧 - 缺氧 - 好氧多次循环，显著增强了湿地的硝化作用；另外，可以保证湿地内布水均匀，充分提高容积利用率，减小占地面积。潜流湿地具有美观、无恶臭和不孳生蚊蝇的特点，但是相对表流湿地控制较为复杂。

人工湿地技术可用于污水处理，主要是因为其具有较高的植物产率，在水生植物浸水部分的茎、叶和根系上有大的吸附表面积，并逐渐形成生物膜，从表层到内部存在着 DO 梯度，相应形成好氧、缺氧和厌氧层，其中有大量的活性微生物。这些微生物种群可以迁移、转化或利用卫生填埋场内渗滤液中的各种污染物质。

湿地系统亦具有美化、绿化、观赏和休闲的功能。由于不需要曝气，人工湿地运行成本很低。据人工湿地运行结果[8, 9]，处理成本通常在 0.10 ~ 0.15 元 /t 之间。在基建投资方面，人工湿地的吨水处理投资通常为 150 ~ 800 元，是城市污水厂二级处理的

1/5 ～ 1/2。此外，人工湿地一次性投资建成后易于系统的管理和维护。

同济大学采用不同填料与不同植物的人工湿地处理雨水径流和村镇废水的研究发现，村镇废水中悬浮颗粒物较多，单独采用传统的自然生态处理系统易造成自然生态处理系统或土地渗滤层的堵塞。虽然人工湿地对有机物、氮、磷均有良好的去除效果，但其出水中的溶解氧、病原菌和硫化物不达标，不能直接用来回用或补充地表水。赵大传[10]研究 ABR 与人工湿地的组合工艺处理低浓度生活污水，结果表明：ABR 的最佳 HRT 为 12h，COD 的平均去除率为 76%，人工湿地的最佳 HRT 为 4d，ABR-人工湿地组合工艺 COD、BOD_5、SS 的总去除率分别为 89%、95%、95%，出水 COD、BOD_5 和 SS 的浓度分别为 51mg/L、11.2mg/L 和 9.1mg/L。谷先坤等[11]采用复合垂直潜流人工湿地处理废水厂二级出水，结果表明，在进水负荷为 $0.32m^3/（m^2 \cdot d）$、HRT 为 3d 的条件下，系统对浊度、COD、NH_3-N、TN、TP 的平均去除率分别为 65.47%、46.87%、50.06%、52.88%、70.06%。于水利等[12]在济南市玉清湖引黄水库修建了表流人工湿地、往复流人工湿地和推流人工湿地，考察了人工湿地对微污染原水中高锰酸盐指数的去除效果。结果表明，人工湿地对微污染原水中的高锰酸盐指数有较好的去除效果，表流人工湿地、往复流人工湿地、推流人工湿地对高锰酸盐指数的去除率分别为 17.10% ～ 34.45%、31.37% ～ 58.12%、27.10% ～ 57.65%。

随着人民生活水平的提高，填埋场渗滤液的排放要求将越来越严格。在目前我国资金有限的条件下，投资低、运行费用低、维护技术要求低的渗滤液处理工艺将会受到重视。可以预料，人工湿地系统这样的新型渗滤液处理模式将在我国得到进一步开发和应用。

5.2　渗滤液塘和人工湿地系统应用研究

5.2.1　渗滤液生物塘应用研究

大通采空塌陷天然湿地修复示范区位于安徽省淮南市大通区[13]。1983 年原大通煤矿矿井报废后，缺乏管理，一些化工企业在此偷排化工垃圾，附近居民也在此倾倒生活垃圾。2007 年，淮南矿业集团在原大通煤矿采煤塌陷区开展矿区环境修复工作，将塌陷地和取土坑等大型的坑塘改造成小型湖泊，在低洼处因地制宜利用地形特征种植植被形成生物塘；对化工垃圾表面覆盖土壤并种植植被，在周围设置截留渠收集渗滤液，并将渗滤液导入后续生物塘处理系统进行处理。整个修复示范区占地面积 20000 m^2，其中生物塘面积 235m^2，设计水力负荷为 $0.4m^3/（m^2 \cdot d）$，植被为芦苇，种植密度为 10 ～ 20 株 /m^2。当渗滤液经过生物塘时，经沉淀、过滤、渗透、植物吸收或土壤持留及生物降解等共同作用，渗滤液中污染物被去除。植被类型、长度、季节、降雨、蒸腾和蒸发、温度、植物收割等因素都不同程度地影响生物塘处理效果。实验采样时间为 2009 年，采样地点为大通湿地。采样点分别为截留沟渠内、生物塘入口处、生物塘中段（取径流方向两侧和中部等体积水样，混合后做一个水样）和出水口处。用同一采样点每天采集数据的平均值来研究人工湿地沿程水质变化情况，并分析讨论生物塘处理污染物的效果。

实验水体来源于化工垃圾渗滤液，该类废水可生化性差，N、P含量低，有毒有机物含量偏高。水质见表 5-1。

表 5-1　原水水质

项目	ρ / (mg/L)		
	平均	极大	极小
COD	648	726	586
BOD_5	52	74	41
TN	5.615	8.02	4.15
TP	0.433	0.71	0.29
DCBs	1.014	1.72	0.61
TCBs	2.351	3.45	1.34
TeCBs	0.172	0.466	0
PCB	0.0124	0.0704	0
HCB	0.004	0.0115	0
Cu	0.0514	0.286	0
Pb	0.341	0.861	0.051
Cr	0	0.001	0
Cd	0.013	0.0754	0
Ni	0.012	0.082	0

注：DCBs、TCBs、TeCBs、PCB 和 HCB 分别为二氯苯、三氯苯、四氯苯、五氯苯和六氯苯。

5.2.1.1　有机物的去除效果

生物塘依靠基质 - 植物 - 微生物形成的复合处理系统，通过土壤和植物吸收净化以及微生物的新陈代谢过程对污水中有机质进行净化处理。处理效果如表 5-2 所列。

表 5-2　沿程水质变化及 COD 去除率

位置	COD/ (mg/L)	BOD_5/ (mg/L)	COD 去除率 /%
截留沟渠内	648	52	—
生物塘入口	606	62	6.5
生物塘中部	328	57	49.4
生物塘出口	267	45	58.8

由表 5-2 可以看出，渗滤液中 COD 沿水流方向逐渐降低，渗滤液进入生物塘后，在前半段 COD 降低量较明显，COD 从进水中 648mg/L 降低到 267mg/L，整个处理系统对 COD 的去除率达到 58.8%，其中生物塘对 COD 的去除率为 55.9%。渗滤液进入生物塘后，BOD_5 开始略有升高。生物塘中植物生长的生物质及腐殖质溶解于水中，原

渗滤液中 COD 在生物塘中转化为可被微生物降解的物质，是造成 BOD_5 上升的可能原因。BOD_5 在生物塘内沿水流方向逐渐降低，从入口处 62mg/L 到出口处 45mg/L，降低速度缓慢。对可生化性指标 BOD_5/COD 值进行分析，从渗滤液截留渠到人工湿地出口处，其值从 0.08 到 0.17，上升幅度超过 1 倍，说明生物塘对提高化工垃圾渗滤液的可生化性具有显著效果。

5.2.1.2 N、P 营养物质的去除效果

N、P 营养物质是造成水体富营养化的重要因素，在水中有多种存在形式。实验考虑到被监测的渗滤液中 TN、TP 含量较低，就未对其他形式 N、P 营养物质进行分析研究。生物塘对 N 的去除主要通过微生物脱氮作用和植物生长的吸收与挥发作用，对 P 的去除主要通过微生物的同化吸收作用和植物生长的吸收作用。

如表 5-3 所列，TN、TP 在水流方向总体上呈现出降低趋势，渗滤液进入人工湿地后，在人工湿地前段得到了较好的处理，后段其含量有所上升，但 TN 变化很小，TP 含量升高幅度约 10%，可能与溶解性 P 释放有关[14]。该类物质经过处理系统前后均呈现较低的含量，出水 TN、TP 的质量浓度分别为 4.579mg/L 和 0.045mg/L，远低于 GB/T 8978—1996 中相应的 I 类水中的含量。

表 5-3　沿程营养性物质质量浓度变化

位置	ρ/（mg/L）	
	TN	TP
截留沟渠内	5.615	0.427
生物塘入口	5.765	0.414
生物塘中部	4.559	0.041
生物塘出口	4.579	0.045

5.2.1.3 重金属的去除效果

大通采空塌陷天然湿地修复示范区多处采用煤矸石填埋，而煤矸石中有害微量元素在雨水淋滤冲刷下，便从煤矸石中淋溶析出重金属[15, 16]。生物塘对重金属的去除，主要依靠土壤的吸附和土壤中有机质及硫化物与重金属形成难溶的螯合物[17]；此外，种植植物对重金属的去除也有一定的效果[18, 19]。实验所测 5 种重金属物质在环境中均有潜在危害，研究生物塘对其处理效果具有实际意义。如表 5-4 所列，除 Pb 外，其余所测重金属经生物塘处理系统处理，均得到较好的去除，与人工湿地入口处相比较，在出口处所测的重金属去除率在 43.8% ～ 100%，其中 Cr 未检出；Pb 在人工湿地水流方向上基本无变化，说明生物塘对 Pb 的去除效果不明显，可能是植物无法吸收其进入水体的特殊结合形态或无法氧化得以沉降[20]。

表 5-4　处理流程重金属含量变化

位置	ρ/ (μg/L)				
	Cu	Pb	Cr	Cd	Ni
截留沟渠内	51.4	341.2	0	12.9	11.8
生物塘入口	20.4	443.0	140.6	24.9	55.5
生物塘中部	9.9	432.8	137.7	20.1	21.9
生物塘出口	8.1	418.5	36.6	14.0	0

从整个处理流程中重金属含量变化来看，除 Cu 在截流沟渠内比人工湿地入口处高外，其余变化相反，说明进入生物塘的水体除截留沟渠内化工垃圾渗滤液外还存在别的潜流水体进入生物塘，而这些潜流水体淋溶煤矸石带入重金属进入低处的生物塘，导致生物塘入口处重金属含量超过化工垃圾渗滤液截流沟渠内。Cu 的含量偏高，可能是因为化工垃圾中存在含量较高，来源可能是作为催化剂残留于化工垃圾中或城市生活垃圾中有较多的 Cu 金属废物。

采用生物塘处理化工垃圾渗滤液，对于污染物的去除有较好的效果。例如，COD 去除率可达 58.8%；对 Cd、Cr、Cu、Ni 4 种重金属的去除率达到 43.8% ~ 100%。

5.2.2　渗滤液人工湿地系统应用研究

5.2.2.1　中国生活垃圾填埋场人工湿地处理系统

某生活垃圾填埋场始建于 2005 年，总占地面积 $1.47 \times 10^5 m^2$，共设置 2 个填埋区，分别于 2009 年、2012 年停止填埋，后于 2018 年进行封场并建设渗滤液处理工程，其工艺流程见图 5-1。渗滤液处理工程因地制宜，利用填埋场内闲置场地及现有水塘进行建设[21]。

渗滤液处理工程设计处理水量 50m³/d，设计进水水质: COD_{Cr} 3500mg/L、BOD_5 600 mg/L、SS 500 mg/L、NH_3-N 1500mg/L。

（1）设计和施工

1）渗滤液集水井

生活垃圾填埋场渗滤液通过填埋区底部导流盲沟收集至渗滤液集水井中，集水井内设置一道人工清渣平板格栅，并设置渗滤液提升泵，将集水井内渗滤液提升至调节池。

2）调节池

设置一座调节池来容纳未经及时处理的渗滤液，以减轻冲击负荷对后续处理设施的影响。调节池的池型按厌氧塘设计，在调节水质水量的同时可进行水解、产酸及甲烷发酵等厌氧反应过程，即同时起到厌氧预处理的作用，改善废水的可生化性。调节池出水经自流流入兼性 / 曝气塘。

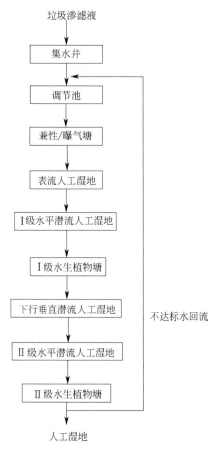

图 5-1　渗滤液处理工艺流程

3）兼性/曝气塘

兼性/曝气塘分为兼性区、曝气区、沉淀出水区三个区域。由于调节池出水污染物浓度较高，且溶解氧浓度较低，故将其送入兼性/曝气塘内可进一步降解污染物，使出水溶解氧浓度提高，有利于后续处理。

4）表流人工湿地

兼性/曝气塘出水经提升泵送至表流人工湿地配水渠，向湿地表面布水，水流在湿地表面呈推流式前进，在流动过程中与填料、植物及植物根部的生物膜接触，通过物理、化学以及生物反应，污水得到净化，并在集水渠流出。

5）Ⅰ级水平潜流人工湿地

表流人工湿地出水进入Ⅰ级水平潜流人工湿地，污水由配水渠一端沿水平方向流动的过程中经填料、植物以及植物根部的生物膜接触，流向集水渠一端，以达到净化目的。Ⅰ级水平潜流人工湿地出水进入集水井，之后经提升泵送入Ⅰ级水生植物塘。

6）Ⅰ级水生植物塘

水生植物塘是种植水生植物的稳定塘，通过水生植物的吸附作用及微生物的降解作用降低水中污染物浓度。

　　7）下行垂直潜流人工湿地

　　Ⅰ级水生植物塘出水经提升泵送至下行垂直潜流人工湿地。在下行垂直潜流人工湿地中，污水由表面纵向流至床底，在纵向流的过程中污水经过植物及植物根部、填料的生物膜接触，达到净化的目的。

　　8）Ⅱ级水平潜流人工湿地、Ⅱ级水生植物塘

　　下行垂直潜流人工湿地出水送入Ⅱ级水平潜流人工湿地，之后自流入Ⅱ级水生植物塘，进一步降解废水中污染物。Ⅱ级水生植物塘出水若未达标则回流至调节池继续处理，若达标则排入人工湿地，该人工湿地利用场地内原有水塘再进行开挖连通而成。

　　9）人工湿地种植植物

　　人工湿地种植植物包括芦苇、黄菖蒲、香蒲、常绿鸢尾、再力花等。

　　（2）运行效果

　　工程投运以来，出水水质情况：pH 7.82 ～ 7.91，COD_{Cr} 34 ～ 45mg/L，BOD_5 10.9 ～ 15.3 mg/L、SS 8 ～ 14mg/L、NH_3-N 0.074 ～ 13.5mg/L，达到《生活垃圾填埋场污染控制标准》（GB 16889—2008）标准要求。

5.2.2.2　中国村镇垃圾渗滤液人工湿地应用实践 [22]

　　ABR 与人工湿地均具有能耗低、便于管理维护的特点，该研究使用分区进水 ABR-多级垂直潜流人工湿地组合工艺处理垃圾渗滤液。

　　多级垂直潜流湿地长、宽、高分别为 200cm、80cm、50cm，湿地设计为 5 个格室，前部设有污水调配池，内填有寸石，以保证湿地均匀布水；湿地内填料下部为粒径 3 ～ 8cm 的寸石，中间为粒径 1cm 的火山岩，上部为粒径 0.3 ～ 0.5cm 的石英砂；湿地内设上、下导流隔墙，下导流隔墙埋于地表以下 10cm，污水可由此进入下行池。上导流隔墙高出湿地表面 10cm，墙底部设有过水孔，下行池中废水可由此进入上行池。湿地种有芦苇，湿地各上行格室与下行格室均设有取水口，出水口距地面 10cm。分区进水 ABR- 多级垂直潜流人工湿地组合系统如图 5-2 所示，多级垂直潜流人工湿地工艺运行参数如表 5-5 所列，垃圾渗滤液废水水质如表 5-6 所列。

表 5-5　多级垂直潜流人工湿地工艺运行参数

项目	HRT	垃圾渗滤液
截留沟渠内	3d	180L/d

表 5-6　垃圾渗滤液废水水质

指标	COD / (mg/L)	BOD_5 / (mg/L)	NH_3-N / (mg/L)	pH 值	TN / (mg/L)	TP / (mg/L)
垃圾渗滤液	5000 ～ 15000	3000 ～ 9500	800 ～ 1200	6.5 ～ 7.5	1000 ～ 1500	10 ～ 60

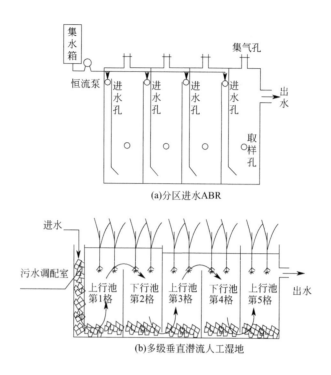

图5-2　分区进水 ABR- 多级垂直潜流人工湿地组合系统示意

（1）COD 的去除效果

在人工湿地处理养殖废水后进行了人工湿地处理垃圾渗滤液的处理实验，结果见图 5-3 和图 5-4。

运行从 4 月份开始，多级垂直潜流湿地对渗滤液中 COD 的去除呈增加趋势，至 7 月份系统对 COD 的去除率达到最大值，COD 的平均去除达 86.5%，而后对 COD 的去除率开始降低，12 月份湿地对 COD 的去除率表现出最低值 61.5%。全年的实验数据表明，多级垂直潜流湿地各月出水 COD 值最低值为 7 月份的 1136.46mg/L，最高值为 12 月份的 2829.37mg/L。

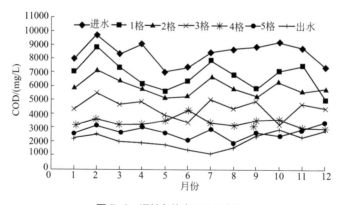

图5-3　湿地各格室 COD 变化

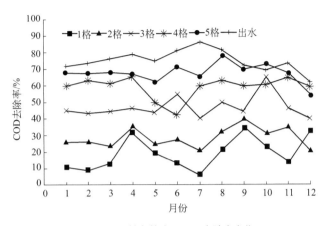

图 5-4　湿地各格室 COD 去除率变化

虽然湿地后一格室对 COD 的去除率高于前一格室，但在 7 月份后表现出对污染物的去除有降低的趋势。这是由于经分区进水 ABR 处理后的垃圾渗滤液中部分难降解的有机物被分解，而大部分难降解的有机物进入湿地，经湿地内土壤颗粒的吸附、土壤中微生物的降解和芦苇的吸收共同作用，渗滤液中的有机物得以进一步被大量去除。因此，在 4～7 月期间，多级垂直潜流湿地对渗滤液中 COD 的平均去除率由 79.0% 升至 86.5%，夏季多级垂直潜流湿地处理渗滤液后出水中 COD 浓度在 1136.46～2170.22mg/L 之间。但是湿地填料对渗滤液中难降解的有机成分吸附能力有限，而湿地内的微生物对其难以快速降解，加之渗滤液中重金属对微生物的毒害，抑制了微生物的活性，致使后期湿地对 COD 的去除率有所降低。而在冬季芦苇枯萎后，更加降低了对 COD 的去除率，冬季湿地对 COD 的去除率为 61.5%～76.2%，出水中 COD 的浓度在 1987.06～2829.37mg/L 之间。湿地出水中 COD 主要是难降解的有机物，再增加湿地单元格数，只能在短期内降低对 COD 的去除率，即靠湿地内填料的吸附作用，并非从真正意义上对有机物进行降解。

（2）氮的去除效果

多级垂直潜流湿地系统对垃圾渗滤液中氮的去除与对 COD 的去除规律类似，湿地在 7 月份对 NH_3-N 与 TN 的去除率达到最大值，平均去除率分别为 84.5% 和 83.4%，出水中 NH_3-N 与 TN 的平均浓度分别为 144.31mg/L 和 208.16mg/L。而后湿地对 NH_3-N 与 TN 的去除率开始降低，12 月份湿地对 NH_3-N 的去除率表现出最低值 65.4%，3 月份对 TN 的去除率表现出最低值 59.2%，NH_3-N 与 TN 的出水平均浓度分别是 296.87mg/L 和 354.16mg/L，结果见图 5-5～图 5-8。各月份湿地对 NH_3-N 与 TN 的去除率在后一格室均高于前一格室，从实验数据来看，垃圾渗滤液中的 TN 大部分是由 NH_3-N 构成的。夏季运行时，湿地系统中的芦苇通过光合作用将产生的氧气传至芦苇的根系，在芦苇的根系周围形成了有氧或微氧的环境，这有利于硝化细菌进行硝化作用，废水中的有机组分、湿地内的枯枝腐叶及填料内含有的可利用碳源为硝化和反硝化过程提供了丰富的碳源。

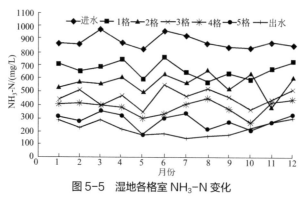

图 5-5　湿地各格室 NH₃-N 变化

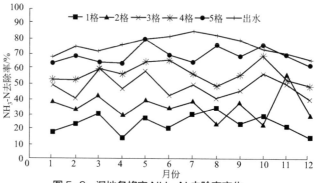

图 5-6　湿地各格室 NH₃-N 去除率变化

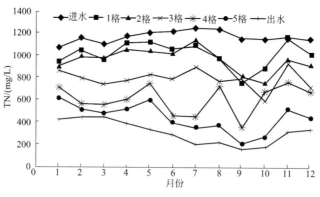

图 5-7　湿地各格室 TN 变化

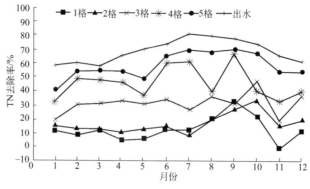

图 5-8　湿地各格室 TN 去除率变化

在多级垂直潜流湿地系统中，垃圾渗滤液中 TN 的去除是由湿地填料、芦苇和微生物共同完成的。湿地系统中含有丰富的微生物种群，氮的去除率与硝化细菌和反硝化细菌的数量密切相关，由于湿地系统中存在大量的硝化与反硝化细菌，这些微生物为垃圾渗滤液中 TN 的去除做出了主要贡献。废水在湿地内多次流经有氧区和缺氧区，大大地增强了湿地内的硝化过程。硝化反硝化是湿地系统主要的脱氮方式，芦苇根系的生长增大了土壤孔隙率，使反硝化过程产生的氮气得以挥发排除。

（3）TP 的去除效果

多级垂直潜流湿地系统对 TP 的去除主要依靠芦苇的吸收和湿地内填料的吸附，聚磷菌对磷的摄取作用也可以去除渗滤液中的部分 TP。实验结果如图 5-9 和图 5-10 所示，随着湿地格室的增加，湿地对磷的去除率逐渐增加，在开始运行的 4 月份，湿地对 TP 的平均去除率为 75.3%。随着气候转暖，由于湿地内芦苇的快速生长，湿地对磷的去除率逐渐升高，至 7 月份表现出最大的 TP 去除率 83.4%，而后变化趋势与 COD 相似。在冬季与夏季各月份湿地对 TP 的去除率保持在 69.7% ～ 73.4% 和 79.2% ～ 83.4% 之间，出水中 TP 的浓度在 7.62 ～ 12.46mg/L 和 6.13 ～ 6.99mg/L 之间，多级垂直潜流湿地对垃圾渗滤液中 TP 有较好的去除效果。

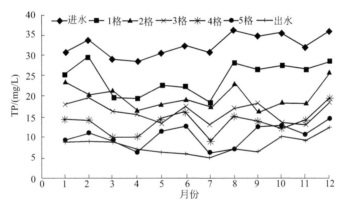

图 5-9　湿地各格室 TP 变化

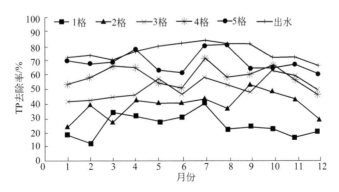

图 5-10　湿地各格室 TP 去除率变化

（4）重金属离子的去除效果

多级垂直潜流湿地对垃圾渗滤液中 Cu^{2+}、Zn^{2+} 的去除主要依靠湿地土壤颗粒对其吸附、湿地中芦苇对 Cu^{2+} 和 Zn^{2+} 的吸收。此外，在垃圾渗滤液中有机物产酸降解阶段完成后，渗滤液的 pH 值开始逐渐升高，渗滤液中的部分 Cu^{2+}、Zn^{2+} 形成氢氧化物沉淀，也可使 Cu^{2+}、Zn^{2+} 浓度进一步降低。由图 5-11 和图 5-12 可知，夏季湿地对 Cu^{2+} 的去除率略高于冬季，冬季与夏季各月份湿地对 Cu^{2+} 的去除率在 51.5% ～ 58.6% 和 59.3% ～ 65.5% 之间，全年湿地出水中 Cu^{2+} 的浓度在 0.41 ～ 0.47mg/L 之间。由图 5-13 和图 5-14 可以发现，夏季湿地对 Zn^{2+} 的去除率明显高于冬季，冬季与夏季各月份湿地对 Zn^{2+} 的去除率在 42.8% ～ 53.7% 和 57.4% ～ 66.2% 之间，全年湿地出水中 Zn^{2+} 的浓度为 0.36 ～ 0.59 mg/L。湿地在冬夏对 Cu^{2+} 的去除差异不大，而对 Zn^{2+} 的去除差异明显。这是由于芦苇对 Cu^{2+} 的吸收能力较弱，而对 Zn^{2+} 的吸收能力强过 Cu^{2+}。因此，湿地芦苇是 Cu^{2+} 和 Zn^{2+} 在冬夏去除差异的主要原因。

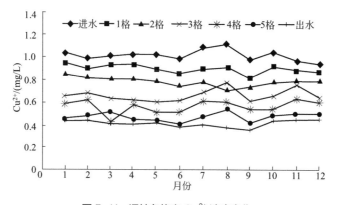

图 5-11 湿地各格室 Cu^{2+} 浓度变化

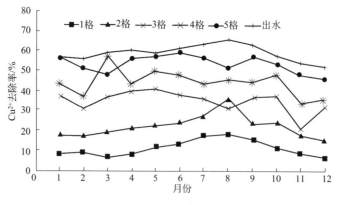

图 5-12 湿地各格室 Cu^{2+} 去除率变化

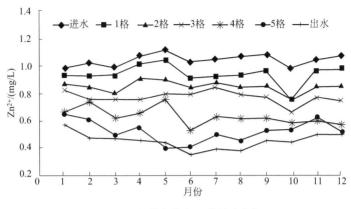

图 5-13　湿地各格室 Zn^{2+} 浓度变化

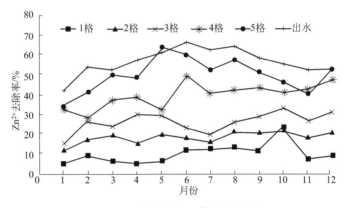

图 5-14　湿地各格室 Zn^{2+} 去除率变化

5.3　垃圾渗滤液的塘联用处理技术

5.3.1　废水稳定塘工艺处理某市垃圾填埋场渗滤液

5.3.1.1　垃圾填埋场渗滤液概况 [23]

　　确定填埋场渗滤液排出量为 200m³/d，其主要水质指标 COD 为 4000mg/L，BOD₅ 为 2000mg/L、NH₃-N 为 750mg/L、TP 为 20mg/L、pH 值为 6.5 ～ 8.0，要求经处理后出水达到《污水综合排放标准》（GB 8978—1996）第二类污染物最高允许排放浓度的二级标准，即 COD 为 150mg/L、BOD₅ 为 60mg/L、SS 为 200mg/L、NH₃-N 为 25mg/L。

　　处理工艺流程如图 5-15 所示。

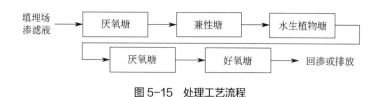

图 5-15　处理工艺流程

填埋场渗滤液经渗滤管收集后进入厌氧塘，塘中设置上流式厌氧污染槽，以便更好地分解和稳定有机物。出水采用 3 根混凝土管以使塘中水流具有对称性。兼性塘前部必要时增设 2 台 HP 型活动曝气机，以进行氨的硝化和吹脱。水生植物塘中种植凤眼莲，利用其根须吸附有机污染物，并经常在收获后填埋。曝气塘中设置 6 台 HP 型活动曝气机，进一步降低废水中有机物和脱氮。设置好氧塘的目的是进一步稳定出水水质。出水口采用多水位排水。最后，处理水回灌填埋场或排放。

废水稳定塘各构筑物主要的设计参数见表 5-7。

表 5-7　各构筑物主要设计参数

项目	厌氧塘	兼性塘	水生植物塘	曝气塘	好氧塘
设计进水负荷 / [kg BOD_5/ ($m^3 \cdot$ d)]	0.293				
设计去除负荷 / [10^{-4}kg BOD_5/ ($m^2 \cdot$ d)]		416.1	149.3	127.2	83.3
平均水深 /m	3.5	3.5	3.0	4.0	4.0
水力停留时间 /d	6.8	28.5	97.8	118.1	54.4

稳定塘一般按厌氧塘 - 兼性塘 - 好氧塘布置，也有在一个塘系统中采用 4 个塘串联，并凭经验设计。针对渗滤液中有机物浓度高的特点，采用厌氧塘能使水中不溶性有机物水解成溶解性有机物，大分子有机物转化为短链的有机酸，难降解的有机物变为易降解的有机物，最终在产甲烷菌的作用下转变为甲烷和二氧化碳。为强化上述功能，设计中在厌氧塘设置了上流式厌氧污泥槽，它能使废水与槽内储蓄的污泥充分接触，提高厌氧塘对有机物的去除率，减少后续处理单元的有机负荷。

为有效地去除渗滤液中高浓度的氨氮，在塘系统中采用曝气塘或者在兼性塘前部增设曝气装置。这样可以加强生物的硝化 - 反硝化作用，使气体氨尽快逸入大气。

在气候温暖地区可采用水生植物塘。例如凤眼莲在快速生长阶段能吸收有机质、重金属和其他有机物，其根系也承载着很活跃的生物群体，并参与降解和去除污染物，能使总氮浓度显著降低。

塘系统最后设置好氧塘和采用多水位排水，以保证出水水质，各塘之间的连接既要考虑到布水均匀，又要考虑到使短流减至最少。

5.3.1.2　设计参数

城镇废水厌氧塘的设计主要根据表面有机负荷 [10^{-4}kg BOD_5/ ($m^2 \cdot$ d)] 和水力停留时间，而对于垃圾渗滤液厌氧塘的设计应当根据有机容积负荷 [kg BOD_5/ ($m^3 \cdot$ d)]。因为厌氧生化反应是停留时间而不是表面积的函数。有机负荷指标取决于地理位置，地理位置影响水的物理、化学和生物性质以及水的温度；温度对有机物分解的动力学速度有影响，温度低于 15℃，则急剧抑制有机物的分解。因此厌氧塘应保持在 15℃ 以上，最好是 32℃ 左右。渗滤液厌氧塘的设计有机容积负荷建议为 0.2 ~ 0.4kg BOD_5/ $(m^3 \cdot d)$。另外，为了保证有足够时间产生必需的生化反应，水力停留时间也必须是温度的函数。一般说来，夏季最短设计停留时间为 2d，较冷的冬季则增至 5d 以上，对于塘深一般支持采用的是 2.4 ~ 3.7m 的深塘。深塘可以储蓄较多的固体，损失能量较少，氧传递程度降低。

渗滤液兼性稳定塘的设计，可沿用城镇废水兼性塘根据有机负荷和水力停留时间制定简单设计标准、经验设计方程或理论设计方程式。塘中进水有机负荷与去除负荷呈线性增长关系。进水负荷越高，去除负荷越大，设计中可根据设定去除量确定设计负荷，水力停留时间取 20 ~ 80d。另外，为了降低渗滤液中的氨氮浓度，设计中考虑在兼性塘前四分之一处设置曝气装置，并根据氨氮去除量确定曝气强度。

通常，水生植物塘设在已有的废水稳定塘工艺之内，所采用的设计负荷与低负荷的兼性塘大致相同。

曝气塘是采用废水稳定塘处理渗滤液废水时首选的一种塘组合。美国、加拿大、英国和我国的小试和中试规模研究都表明，采用曝气塘能够获得较好的垃圾渗滤液处理效果。考虑到氨氮的去除，设计有机去除负荷一般取 $(100 \sim 400) \times 10^{-4}$ kg BOD_5/ $(m^2 \cdot d)$，最短理论停留时间大于 4d，塘深 3 ~ 4m。

好氧塘的设计采用典型的设计参数，即有机容积负荷取 40 ~ 120kg BOD_5/ $(m^3 \cdot d)$，塘深 1 ~ 2m，水力停留时间大于 10d。

5.3.1.3　运行管理

科学的运行管理，对于塘系统的正常运行，保证处理水达标排放至关重要。有机负荷和水力停留时间是控制运行的重要参数。稳定塘处理效果受温度影响较大，应根据季节对运行参数进行适时调整。夏季应通过调节塘系统的水位来增加有机负荷，同时减少水力停留时间；冬季则应减少有机负荷，增大水力停留时间；必要时，还可采取控制出水的方法，即在塘的翻转期间和藻华期间不让塘出水，将塘的放流控制在满足现行排放要求之内进行。

在塘系统运行期间，应及时检测废水中的 pH 值、溶解氧浓度、生物量、污泥浓度、混合条件和微生物活性等，并使之保持最佳。因为有机物的去除取决于微生物的代谢功能，而微生物的新陈代谢又受水温、pH 值、溶解氧等诸多环境因素的影响。例如，塘中气体氨逸入大气的速度主要取决于 pH 值、温度、水力负荷和混合条件。而生物硝化作用取决于适合硝化细菌生长的环境条件，并受温度、溶解氧浓度、pH 值、停留时间和废水性质等因素的影响。

为了保证塘系统的正常运行，在曝气塘中还应注意渗滤液的营养比；而水生植物塘中的植物应及时收割并加以填埋；直接排入水体的出水还应考虑出水的消毒，以杀灭各种传染性病菌；还可适时采用处理水回灌方式以保持垃圾湿润，保持填埋场的稳定。

5.3.1.4 结论

针对垃圾填埋场渗滤液的水质、水量特征，通过对渗滤液处理中稳定塘设计和运行参数的分析讨论，可得出如下结论：

① 废水稳定塘用于垃圾填埋场渗滤液处理是可行的。推荐采用的塘系统可以是：厌氧塘—兼性塘（前端曝气）—好氧塘或厌氧塘—曝气塘—好氧塘或厌氧塘—兼性塘—水生植物塘—曝气塘—好氧塘或 4 个串联的曝气塘组合。另外，在厌氧塘中宜增设上流式厌氧污泥槽，在好氧塘出口处宜设置多层排水控制出水。

② 有机负荷和水力停留时间是废水稳定塘设计的重要参数。渗滤液厌氧塘设计宜采用的有机容积负荷为 $0.2 \sim 0.4 \text{kg BOD}_5/(\text{m}^3 \cdot \text{d})$，水力停留时间 $> 5\text{d}$，塘深 $2.4 \sim 3.7\text{m}$；兼性塘设计根据设定去除量确定设计负荷，而水力停留时间为 $20 \sim 80\text{d}$；水生植物塘采用的设计负荷与低负荷的兼性塘大致相当，水生植物宜采用凤眼莲；曝气塘设计去除负荷一般取 $(100 \sim 400) \times 10^{-4} \text{kg BOD}_5/(\text{m}^2 \cdot \text{d})$，最短理论停留时间应大于 4d，塘深 $3 \sim 4\text{m}$；好氧塘的设计与传统稳定塘类似。

③ 为了保证塘系统有良好的处理效果，应加强对塘系统的运行管理，适时调整塘系统运行参数，检测塘中环境条件。水生植物应及时收获并加以填埋。还可采用控制出水、塘出水消毒和处理水回灌的办法提高出水水质，使渗滤液的污染程度降到最低。

5.3.2 上海老港填埋场垃圾渗滤液塘处理工艺 [24]

5.3.2.1 上海老港填埋场概况

上海老港填埋场位于距市区 60km 的东海边，占地约为 5000 亩，每天消纳城市生活垃圾 6000 ~ 8000t。该填埋场从 1989 年开始接纳垃圾，每个填埋单元填埋高度为 4m，是目前我国最大的垃圾填埋场。目前老港填埋场渗滤液的处理工艺为：先把新产生的渗滤液用收集管道引到调节池；再经过厌氧塘、好氧塘处理；最后经芦苇塘排入东海。此工艺在国内渗滤液处理中具有一定的典型性，工艺流程如下所示：

渗滤液—调节池—厌氧塘—兼性塘—好氧塘—芦苇湿地—排水

渗滤液经调节池的蓄调、厌氧塘的厌氧处理、兼性塘的缺氧处理和好氧塘的好氧处理后，进入芦苇湿地，利用植物和土壤的吸收、消解作用，进一步净化水质。有学者进行了实验测定各水质指标，实验选择调节池、厌氧塘、兼性塘和好氧塘出水渗滤液（以下分别称为调节池渗滤液、厌氧塘渗滤液、兼性塘渗滤液和好氧塘渗滤液），以及 1991 年填埋单元产生的渗滤液（以下称为 91 年渗滤液）作为研究对象。

调节池、厌氧塘、兼性塘渗滤液的色泽为黑色，具有强烈的臭味，特别是调节池渗滤液；好氧塘渗滤液色泽仍为黑色，但黑度较调节池、厌氧塘和兼性塘渗滤液要低得多，臭味明显减弱；91 年渗滤液则为黄色，臭味较弱。

5.3.2.2　各处理塘渗滤液水质指标

各处理塘渗滤液的水质指标（平均值）如表 5-8 所列，91 年渗滤液的水质指标如表 5-9 所列。

表 5-8　各处理塘渗滤液的水质指标（平均值）

项目	COD_{Cr} /(mg/L)	碱度（以碳酸钙计）/(mg/L)	pH 值	氨氮 /(mg/L)	电导率 / ($10^3\mu$S/cm)	TS /(mg/L)	DS /(mg/L)	SS (mg/L)
调节池渗滤液	15504	25525.5	8.41	2894	2.10	16630	15040	1590
厌氧塘渗滤液	3876	21771.7	8.75	2074	2.06	12180	10000	2180
兼性塘渗滤液	3019	18618.6	8.40	2053	2.14	10180	9320	860
好氧塘渗滤液	1795	16416.4	8.64	808	1.65	9740	8940	800

表 5-9　91 年渗滤液的水质指标

项目	COD_{Cr} /(mg/L)	碱度（以碳酸钙计）/ (mg/L)	pH 值	氨氮 /(mg/L)	电导率 / ($10^3\mu$S/cm)	TS /(mg/L)	DS /(mg/L)	SS /(mg/L)
91 年渗滤液	1142	15315.3	8.35	1220	1.23	6640	5340	1300

5.3.2.3　各处理塘渗滤液处理结果

从表 5-8 中可以看出，老港填埋场现有的生物处理工艺对降低渗滤液的污染浓度起到了一定作用。经过调节池的蓄调及厌氧塘、兼性塘和好氧塘的处理，渗滤液 COD_{Cr} 值从 15504mg/L 降低到 1795mg/L，去除率为 88%；氨氮浓度从 2894mg/L 降低到 808mg/L，去除率为 72%；碱度、TS、DS 和 SS 都有所下降；而总体上，pH 值变化不大；电导率略有降低；好氧塘出水渗滤液的电导率为 $1.65\times10^3\mu$S/cm。渗滤液经过处理后，好氧塘出水 COD_{Cr} 值为 1795mg/L，仍然属于高浓度有机污水，远远未达到规定的排放标准，这说明该工艺只能对渗滤液中能生物降解的成分进行处理，还有大量不能生物降解的成分存在，需要用其他方法进一步处理。

91 年渗滤液未经过任何处理直接排放，其 COD_{Cr} 值为 1142mg/L，比好氧塘渗滤液的 COD_{Cr} 值 1795mg/L 还低，同时前者氨氮含量为 1220mg/L，后者为 808mg/L，这说明随着填埋时间的推移，渗滤液的性质在不断发生变化，污染物浓度逐渐减少。另外，91 年渗滤液的电导率降低为 $1.23\times10^3\mu$S/cm，TS 和 DS 分别为 6640mg/L 和 5340mg/L，而 pH 值为 8.35，与好氧塘渗滤液接近。

将各处理塘渗滤液和 91 年渗滤液各取 50mL 置于 5 个 100mL 烧杯中，在室温下敞开放置 1 周后，测定渗滤液中 COD_{Cr}、pH 值和 SS 的变化，其结果见表 5-10。

表 5-10　实验室内敞开放置 1 周的渗滤液各指标的变化

实验室室内敞开放置 1 周	COD_{Cr}/ (mg/L)	pH 值	SS/ (mg/L)
调节池出水	10450	8.41	2640
厌氧塘出水	3202	8.71	2750
兼性塘出水	2700	8.45	1270
好氧塘出水	1465	8.41	1130
91 年渗滤液	1058	8.29	1590

各处理塘渗滤液和 91 年渗滤液敞开放置 1 周以后，与采样时测得的指标比较，各水样的 COD_{Cr} 值均有所降低，调节池出水降低程度为 32.6%，厌氧塘出水降低程度为 17.4%，兼性塘出水为 10.6%，好氧塘出水为 18.4%，91 年渗滤液从 1142mg/L 降低到 1058mg/L，降低程度为 7.4%；pH 值基本没有变化；SS 含量增加，调节池渗滤液增加幅度 66.0%，厌氧塘为 26.1%，兼性塘为 47.7%，好氧塘为 41.3%，91 年渗滤液增加幅度为 98.8%。

经采样后在实验室内敞开放置 1 周，渗滤液由黄色变到深褐色，可能的原因是渗滤液中 Fe^{2+} 被氧化成 Fe^{3+}，后者形成 $Fe(OH)_3$ 胶体，也有可能是腐殖质的形成，使得渗滤液的颜色变深。因此，渗滤液样品采集以后如不能及时测定其各项指标，在厌氧条件下的贮存是十分必要的，这样尽可能使渗滤液性质不发生改变。此实验中，仅经过生物厌氧处理后 COD 的去除率达到了 75%，而经过兼性和好氧工艺以后总的去除率为 88% 以上，说明经处理的渗滤液主要含有易生物降解的有机物，例如低分子量的挥发性脂肪酸。此外，经好氧处理后出水渗滤液各项指标与 91 年渗滤液指标较接近，说明好氧处理后残留的污染物质与填埋后期渗滤液中有机物成分应该是类似的。对这类渗滤液，不宜再用生物处理工艺，因为它们所含的有机物主要是难生物降解的有机物，此时应采用物化方法进一步处理。

5.4　垃圾渗滤液的人工湿地处理技术

人工湿地技术作为垃圾渗滤液处理的一种方法，能够取得较好的处理效果。但是，直接将未经预处理的渗滤液引入人工湿地处理，经常会产生淤塞现象，经常需清淤并增加人工湿地的维护难度。因此很有必要将沉淀池或稳定塘作为人工湿地系统的前处理单元。例如，在和稳定塘联合使用时，稳定塘不但对垃圾渗滤液水量、水质有调节和均和作用，而且可以完成部分有机物和氨氮的氧化，这样可以充分保证湿地处理系统的稳定连续运行，效果优于单独的湿地处理。在现场条件允许的情况下，采用塘 - 人工湿地复合处理系统，不但运行维护简单，而且可以在填埋场封场后继续运行，很少需要维护，这是传统的就地处理系统不可能实现的。

5.4.1　塘与人工湿地联合处理工艺在挪威 Esval 填埋场的应用

5.4.1.1　Esval 处理区 [25]

Esval 处理区位于挪威首都奥斯陆东北方向 50km 处的 Nes 市 Esval 垃圾填埋场。地处北纬 60°，属典型的温带大陆性气候，1 月份平均气温 –7℃（1994 年 2 月为 –12℃），年降雨量 800mm。Esval 垃圾填埋场从 1972 年起开始填埋垃圾，主要的垃圾成分为生活垃圾、工业固体废物和消化污泥。1993 年统计的垃圾填埋量为 27000t。1992 年，在填埋场内设置了黏土衬层，从而使由渗透带来污染的渗滤液体积减至最少。

Esval 处理厂（图 5-16）应用厌氧塘和好氧塘及后续的水平潜流型人工湿地和自由水面型人工湿地综合系统处理垃圾渗滤液。此系统建于峡谷的下游，并于 1993 年开始连续运行。据估计，平均的渗滤液排放量为 120m³/d（其范围是 30 ～ 300m³/d）。

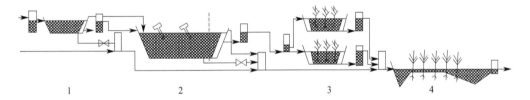

图 5-16　Esval 垃圾填埋场渗滤液处理系统的横断面

1—厌氧塘；2—曝气塘；3—两个并联运行的水平潜流人工湿地；4—深度处理自由水面型人工湿地

第一段是一个 400m³ 的厌氧塘，在这里有机物进行沉淀和厌氧分解，平均停留时间为 3d。第一段的出水进入一个 4000m³ 的曝气塘（第二段），它有 3 个 3.5HP❶ 漂浮的 AIRE-O2 抽吸式螺旋桨曝气机。在此曝气机的作用下，空气连续不断地进入水中并借助螺旋桨的旋转进行混合。该垃圾渗滤液处理厂主要的运行费用就是曝气机的能量消耗费用。可以根据要求的处理程度调整曝气量的大小。在此曝气塘内有机物、NH_4^+-N 和 Fe 被氧化，并设计达到 50% 的硝化。硝化细菌对低温和有毒物质的抑制作用相当敏感，因此采用较低的负荷。理论上的平均停留时间为 30d。排水出口位于水流静止的沉淀区域。当塘底的积泥量太多时要定期地（5 ～ 10 年）进行清泥处理。

第三段是并联的两个水平潜流型人工湿地。由于有机物和 NH_4^+-N 的浓度较高，因

❶ HP 是功率单位，叫作马力，即电动机的额定功率。常见于柴油机、汽轮机等，1HP ≈ 0.746kW。

此人工湿地（CWs）对原生渗滤液的处理效果较差。其他一些污染物也可被证实具有直接的毒害作用。此外，滤床上 Fe、Mn 和 Ca 的大量沉降也会影响到植物根茎的生长和减弱介质的渗透能力。当进水的 NH_4^+-N 和 SS、残留的 COD 和 BOD_5 浓度较低时，利用人工湿地可以将其进一步去除，并且在缺氧区内使硝酸盐发生反硝化反应。高负荷的污染物将意味着相对小的滤床上能处理大量的渗滤液。这就需要有渗透性强的土壤介质，如细小的砾石。每个滤床的尺寸为 13m×25m×0.9m，并由两部分组成：a. 水磨砾石；b. 轻质膨胀陶粒（LECA），尺寸为 10～20mm。由于 LECA 的相对密度小于 1，因此在 LECA 滤池上铺有一层 10cm 厚的砾石。并且每个单元设有 2% 的坡度以便排水和维修，底层的上面有 10cm 厚的护根层。两个并联的水平潜流式 CWs（第三段）被设计用来处理小于 500m³/d 的夏季负荷量，停留时间为 5d 或更长。第四段是一个 2000m² 的自由水面型人工湿地，种植有芦苇和香蒲。深度在 0.1～1.2m 之间。当植物生长起来以后 CWs 才能达到完全的处理能力，这需要几年的时间。整个系统的总水力停留时间为 40d。这些处理塘和自由水面型人工湿地能够与周围的环境相协调，处理场总投资为200000 美元。

5.4.1.2　渗滤液特点

Esval 填埋场垃圾渗滤液属低浓度渗滤液，是已"老化"填埋区渗滤液与新填埋区渗滤液的混合液。冬季渗滤液的浓度最高，COD 浓度超过了 2000mg/L，NH_4^+-N 浓度也达到最高值近 230mg/L，BOD_5 浓度小于 300mg/L。新填埋区渗滤液中有机物浓度较高，但很容易分解。一些 NH_4^+-N 被氧化成亚硝酸盐并很快进行反硝化，甚至在气温相对较低的环境条件下也能发生。大部分的氮是在曝气塘中去除的，在人工湿地中得到进一步的去除。LECA 填料人工湿地和砾石填料人工湿地的处理效果差不多。渗滤液中磷的含量很低，TP 在 0.4～1.1mg/L 之间变化，P 与 COD 的比值小于 1：1000。磷作为生物处理过程中必需的营养物质，对于大多数的城市垃圾填埋场的渗滤液来说磷的含量是不够的，目前为止 Esval 填埋场还没有向渗滤液中投加磷酸盐。渗滤液含有许多种金属，包括 Fe、Mn 和 Ca 等。原始渗滤液中 Fe 的含量从未超过 50mg/L，在系统中得到了一定的去除。在渗滤液所含有的毒性较大的金属中，Zn 的浓度相对较高（0.5mg/L）。在整个运行过程中没有观察到垃圾渗滤液对水生植物产生不利的影响。

5.4.1.3　运行效果

从 1992 年 1 月起开始对原始垃圾渗滤液进行每月一次的取样检测。从 1993 年 6 月开始对渗滤液处理系统各段的进水和出水取样检测（取样点为 S1～S6），检测项目有 pH 值、电导率、温度、BOD_5、COD、TOC、SS、NH_4^+-N、NO_3^--N、TN、PO_4^{3-}-P、TP、Cl^-、重金属（Fe、Cd、Cr、Cu、Mn、Zn、Pb 和 Ni）和粪大肠埃希菌（采用挪威水质分析标准）。图 5-17 是 1993 年 6～12 月间处理系统的处理效果的平均值、中值和标准偏差。1993 年 6 月到

1994 年 6 月间原始渗滤液和处理系统出水（曝气塘出水和最后湿地出水）COD 浓度的变化情况如图 5-18 所示。表 5-11 是未考虑稀释时系统的总去除率。

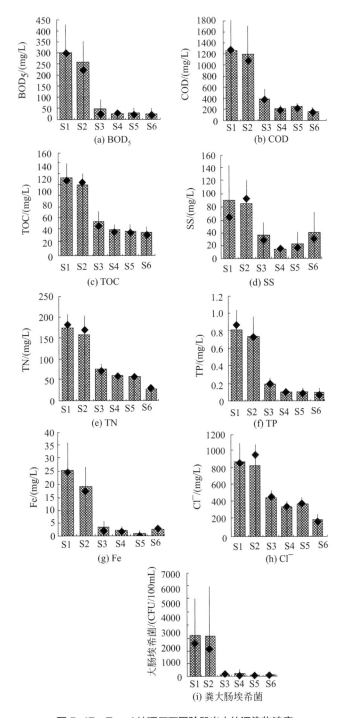

图 5-17　Esval 处理厂不同阶段出水的污染物浓度

取样点：原始渗滤液（S1）、厌氧塘出水（S2）、曝气塘出水（S3）、LECA 填料人工湿地出水（S4）、砾石填料人工湿地出水（S5）、自由水面型人工湿地出水（S6）；图形表示的是平均值（柱状图）、标准偏差和中值

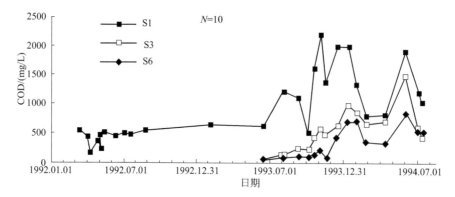

图 5-18　原始渗滤液（取样点 S1）、曝气塘出水（取样点 S3）、深度处理自由水面型人工湿地（取样点 S6）出水 COD 浓度的变化情况

表 5-11　1993 年 6 ～ 12 月的调查期间污染物的总去除率

参数	去除率[①]/%
COD	88
BOD$_5$	91
TOC	71
TN	83
TP	88
Fe	88
粪大肠埃希菌	95

①未考虑稀释时系统的总去除率。

　　到 1994 年 7 月，厌氧预处理塘（第一段）和人工湿地（CWs）（第三、四段）的处理效果并不是很明显，曝气塘（第二段）的处理效率很高。整个系统对有机物（COD、BOD$_5$、TOC）、N、P、Fe 和病原菌的总去除率能达到 60% ～ 95%，但在接下来的时间内，尤其是冬季气温低时，处理系统的效果还不确定，1994 年 6 ～ 12 月期间塘内温度降至 1℃，这段时间内低温并没有对出水水质产生显著影响。12 月份塘将完全结冻，曝气机停止运行，这期间出水水质未能达到排放标准。如图 5-18 所示，1994 年 1 月份测试的出水中 COD 的浓度有所增加，这可能是由于低温对生物处理过程产生了影响，未能进行充分的氧化，或者是由于原始渗滤液的浓度增加了（最近一年垃圾填埋场增加了垃圾的填埋量）。人工湿地的处理效果不太明显，可能是因为湿地植物和根系层还未完全成熟，随着人工湿地成熟度不断提高，它对有机物的氧化降解能力、硝化能力和反硝化能力有望得到提高。因为 Fe$_2$O$_3$ 的沉淀会导致人工湿地填料层的堵塞，所以将人工湿地放在传统的好氧处理工艺后，作为渗滤液的深度处理更为合适。

5.4.1.4　结论

　　以厌氧塘—曝气塘—水平潜流型 CWs—自由水面型 CWs 组成的垃圾渗滤液复合处

理系统，对有机物（COD、BOD$_5$、TOC）、N、P、Fe 和病原菌（粪大肠埃希菌）的总去除率能达到 60% ～ 95%，但要预测将来的去除情况是困难的，尤其是冬季。这里应特别注意温度的影响、集水区域的沉降和一些水文变量。以初步的测试结果来做结论是不够充分的。人工湿地的作用到目前为止还不明显，曝气塘已非常有效地发挥了其作用。当植被覆盖和根系系统发展成熟时，可望人工湿地内不但硝化/反硝化过程能够增强，而且有机物的氧化降解也能增强。在运行的垃圾填埋场内将人工湿地与曝气塘串联起来使用，已达到了在合理费用的前提下提高出水水质的目的。

　　所有的垃圾填埋场内实际的垃圾渗滤液控制/处理，是在减少渗滤液处理费用的基础上使填埋场内每套处理设施都能最优地发挥其作用。在挪威的垃圾填埋场，由塘系统内以延时曝气方式进行的好氧预处理（第一段）和沉淀（第二段）及接下来的人工湿地（第三段和/或第四段）或其他的一些天然处理系统构成的综合系统似乎是人们感兴趣的。

5.4.2　美国佛罗里达州 Escambia 县 Perdido 填埋场渗滤液塘——人工湿地处理系统

5.4.2.1　Perdido 固体废物填埋场概况 [26]

　　Perdido 固体废物填埋场于 1975 年开始运行，并且连续接受亚拉巴马州 Mobile 市的固体废物（153m^3/d）。该垃圾填埋场于 1989 年达到了其设计容量，因此随后关闭。这个特定的城市固体废物填埋场，如同在这期间运行的其他填埋场，是在 EPA 的 D 项管理条款颁布实施之前建造的，因而没有填埋场设计、建造和关闭的国家标准。在该填埋场运行期间很少考虑潜在的危害，例如渗滤液的产生以及其污染物迁移到饮用水源中。在这座填埋场运行期间固体废物处置的做法是：挖一个坑，将固体废物排入其中。如所预料，这样处置操作产生的渗滤液既与雨水接触，也与其下面的地下水接触。

　　水文地质的调查研究发现，在这座填埋场场地的下面有一层厚的黏土层。虽然这一黏土层的厚度还不清楚，但是它出现在该填埋场底面以下 9.2 ～ 12.2m 处。幸运的是这样的地层构造限制了渗滤液的向下渗漏并且防止了它对下面主要含水层的污染。但是，这一黏土层也支持了在其上的季节性滞留水层，它却被填埋的废物污染得很严重。由于地表和地下水与填埋场中的废物相互作用的水动力学非常复杂，显然需要某种形式的补救措施以防止污染物进一步迁移。大多数检测井测得的污染物浓度超过了规定的饮用水标准。为确定地下水的特性而分析的水质参数如下：COD，TOC，EC（电导率），TSS，TDS，SO$_4^{2-}$，pH 值，Cl（氯化物），Ca，Mg，Fe，Zn，Pb，Ni，Ba，Cr，Cd，K，Hg，Na，大肠埃希菌。电导率值被用作渗滤液在无衬层的填埋场的底部迁移的程度和形式的指示参数。所以选用这一参数是因为实际应用中，这一测量方法相当方便和经济，以及它能够指示出渗滤液污染带的范围和严重程度。利用收集的数据可以制成组合的污染带地图。电导率值的范围为 0 ～ 50μS/cm，被认为是污染带的边界极限。

5.4.2.2 渗滤液的延时曝气 – 串联地表径流湿地处理系统

　　用于水质改善的人工湿地，其成功应用取决于植物、最佳的水层深度、适宜的基质层和某些微生物群落 4 个主要因素。湿地植物以及在湿地中产生的有机碎屑（如枯叶、枯枝等），其主要作用是为微生物的附着和增殖提供适宜的环境，同时使水流平缓和截留悬浮固体。挺水维管束植物特别适于作为湿地植物，因为它们能够将氧气输送到厌氧沉积层中植物的根部。因此，这些水生植物能够在氧浓度很低的条件下完成其生理功能。这样，这些获得氧的植物根系表面提供了一层薄的界面，在其中发生许多基本的化学和生物学的过程。基质如土壤、砂和黏土不仅为植物提供物理支撑层，而且还为简单的和复杂的离子的吸附和解吸以及为微生物种群的附着提供反应表面。特别是这些黏土的吸附能力，如对磷的去除，具有决定性的作用。

　　微生物由细菌、真菌、藻类、原生动物和后生动物组成，它们利用有机污染物作为产能的底物，并将其化学形态进行迁移和转化而获得营养物和能量。其他微生物则从氧化和 / 或还原无机物获得能量。硫和铁细菌便是这样的例子。此外，还有一些其他微生物种群，它们能够捕食和消灭病原微生物。湿地处理废水的效果取决于这些微生物是否保持最佳的环境。这些微生物的特征是天然发生和无处不在的，并且能够快速突变以便利用新的污染物作为新的底物，通过复杂的酶促过程将其转化为能源。人工湿地在渗滤液处理方面的优点之一是它通过蒸腾作用能够减少废水体积。湿地研究实验室（wetland research laboratory）正在定量研究这种水损失的程度。

5.4.2.3 人工湿地处理系统的设计

　　由于 Perdido 填埋场是典型的带衬层的固体废物填埋场，在其中产生的渗滤液是从带衬层的垃圾填埋场的底部收集的，并且汇入渗滤液截留管道系统，随后因重力流入 2.2hm^2 和 11m 深的曝气塘中，其储存水容量为 113000m^3。在一级处理塘中理论停留时间为 500d。这座延时曝气塘能有效地氧化有机物，使一些有机物挥发，也使进入的渗滤液和沉淀物保持均匀混合。

　　Perdido 填埋场中用于处理渗滤液的人工湿地系统是地表径流系统。其中要被处理的渗滤液流经每一块湿地单元（用于固定植物根系、微生物集聚和化学吸附）基质材料的表面。该湿地的总面积为 1.1hm^2，共有 10 块湿地单元，每块尺寸为 11m×97m（图 5-19）。渗滤液以推流形式流经每一个湿地单元，进水点处比出水排水管具有稍高的水位。湿地单元在最深端的最大设计深度为 0.5m，该系统对渗滤液的储存容积为 4528m^3。在水力负荷为 227m^3/d 时的水力停留时间为 20d，这相当于在这一处理系统中约有 1km 的接触距离。目前只有出水流量计在运行，处理湿地中的所有数据都是以观测水位为基础的。

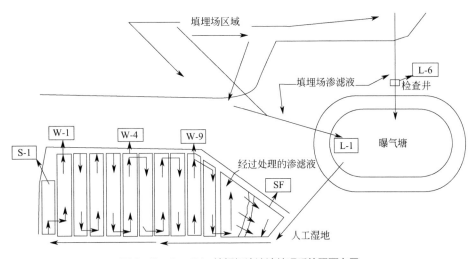

图 5-19 Perdido 填埋场渗滤液处理系统平面布置

该填埋场处理设施的植物共有大叶挺水植物、芦苇、浮水植物三类。主要物种有宽叶香蒲、梭鱼草、慈姑、水葱、茭白、马蔺、芦苇、凤眼莲和红马蹄草。这些植物种属具有强劲的移植能力，能很快地生长和形成密集的植物群落。

5.4.2.4 人工湿地处理系统水力负荷

处理后的渗滤液的处置方法，最初是用泵将最后一个湿地单元的渗滤液出水抽入运输槽车中，并由它们送到城市污水处理厂中，与城市污水混合做进一步处理。为了减轻 1 天 24h 输送总量超过 $1020m^3$ 的处理后渗滤液的任务和节省费用，自 1995 年改为 1 天 8h 运送 $624m^3$ 渗滤液。这一新的输送渗滤液方案提供了独特的机会来考察过量的水力负荷下是否会形成水力短流和会产生怎样的处理效果（见表 5-12）。

表 5-12 Perdido 填埋场人工湿地水质分析结果一览表

参数	原生渗滤液			一级处理塘出水			最后湿地出水			去除率 /%
	最大	最小	平均	最大	最小	平均	最大	最小	平均	
TPO_4^{3-}	11	0.4	2.4	59	0.3	4.6	3.5	0.1	0.6	90
NH_3-N	630	12	405	59	5.4	10	15	0.3	0.7	>99
TKN	690	27	474	64	3.2	13	22	0.1	3.6	>99
NO_x-N	1.0	0.1	0.2	18	0.1	12.8	8.0	0.1	0.4	—
碱度	4000	970	2981	700	230	490	690	180	346	88
氯化物	1500	170	927	250	79	192	220	80	138	85
TSS	10000	31	2969	11000	11	530	91	3	12	>99
Mn	7.9	0.04	2.0	0.8	0.03	0.21	0.60	0.02	0.09	95
Fe	1100	4.8	351	100	1.1	9.5	8.1	0.2	1.2	>99
大肠埃希菌	22000	110	5700	5000	300	900	13000	20	2078	64

注：除大肠埃希菌单位为 CFU/100mL 外，其余参数单位均为 mg/L。

地表水水样是从处理系统中 10 个取样点取出的，每月一次。代表性的水质参数包括营养物、金属、COD、BOD$_5$、TOC 和微生物等。所有的样品取出后用美国国家环境保护署（US EPA）批准的方法（载于 WRL QA/QC 手册中）分析。分析结果列于表 5-12 和表 5-13。

表 5-13　两个不同的水力负荷下的进出水水质对比

水样	Q/ (m³/d)	HRT/d	TSS / (mg/L)	TN / (mg/L)	NH$_3$-N / (mg/L)	TKN / (mg/L)	TPO$_4^{3-}$ / (mg/L)	COD / (mg/L)	TOC / (mg/L)
进水	1020	4.4	3400	391	350	390	3.4	1800	270
出水			12	2.2	0.1	4.1	0.2	110	47
进水	624	7.2	1380	534	452	534	1.7	1800	340
出水			10	1.0	1.0	5.0	0.2	180	49

由分析结果可见，在 2 个不同水力负荷下运行的塘-湿地串联系统都具有高效的处理效果：NH$_3$-N、TKN、Fe 和 TSS 的去除率都大于 99%；TPO$_4^{3-}$ 和 COD 去除率约 90%；氯化物和碱度也分别被去除 85% 和 88%。但是，该塘-湿地系统对大肠埃希菌的去除效果不佳，仅为 64%。BOD$_5$、COD 和 TOC 的进水和出水以及去除率列于表 5-14。由该表可见，BOD$_5$、TOC 和 COD 的去除效率分别为 95.2%、91.7% 和 88.5%。

表 5-14　塘-湿地系统进、出水的有机物参数分析结果

项目	COD/ (mg/L)	TOC/ (mg/L)	BOD$_5$/ (mg/L)
原生渗滤液	1182	423	310
湿地最后出水	136	35	15
去除率 /%	88.5	91.7	95.2

5.4.2.5　人工湿地处理系统蒸腾作用

塘-湿地处理系统的另一个优点，就是通过蒸腾作用能增强渗滤液的水分损失，从而使其体积缩小。这一过程有两处最为重要：一是一级处理曝气塘，其上覆盖有凤眼莲（水葫芦）；二是人工湿地，其上生长着挺水植物。一些研究证明，水葫芦的蒸腾速率为露天水面的 3 倍 [27]。在佛罗里达州 Kissimmee 的水葫芦塘，其计算的蒸腾速率为 20 ～ 33L/(m² · d)，这大约是洼地蒸发速率的 3 倍 [28]。湿地的蒸腾率因气候和种植的植物不同而有很大的差异。湿地的蒸腾率通常可以取为附近 A 级洼地蒸发率的 80%。这样，湿地的蒸腾率与湖的蒸发率大致相同，因为洼地的 A 级蒸发率为湖的蒸发率的 1.4 倍 [29]。渗滤液的产生有两种来源：一是其部分体积直接来自固体废物的含水量，也是最明显的来源；二是与填埋废物接触的降水，包括渗滤液的处理设施以及其附属的储存设施。

对该填埋场正在运行的渗滤液处理系统提出了渗滤液总量的估算值，封闭的和运行中的填埋区产生的年渗滤液的估算量是用 EPA's Hydraulic Evaluation of Landfill Performance（HELP）模型计算的。计算渗滤液产生区的总面积，以确定受降水影响的

总面积。然后取年均降雨量178cm来计算由于降水使渗滤液增加的体积。蒸腾（ET）值取自在相近纬度的挺水植物湿地和种植水葫芦的水面。湿地蒸腾率值按洼地蒸发值的80％计算。每年由降水进入该系统的水量＞81270m³。水葫芦塘具有高的蒸腾率，每年损失水量30240m³。大面积的挺水植物湿地，其ET值较小，每年水量增加3780m³。由降水增加的水量显然对渗滤液有稀释作用。这一稀释作用几乎出现于气候相似的所有土地处理系统中。稀释虽能使污染物浓度减小，但增加了处理渗滤液的难度（水量增大）。该系统的估算渗滤液年净增量为54810m³。目前该县获得了工业废水使用土地渗滤法的就地处置许可证。其具体的允许排放浓度为：TSS和BOD_5均小于20mg/L；硝酸盐浓度小于3mg/L。其他需要每周检测的参数有COD、TOC、Pb、Cd、Fe和Mn。

5.4.2.6 人工湿地处理系统运行效果

固体废物填埋场需要有效地收集和处理渗滤液，以防止其污染地表水和地下水。传统的办法，例如就地设置常规处理厂或者将渗滤液运送到场外的城市污水处理厂，存在许多问题，现场处理厂的运行和维护费用昂贵，而且在填埋场封闭后还必须投入人力看管和运行。浓缩废液的运输和处置也需昂贵的费用。将渗滤液送到城市污水处理厂，大幅度增加了污染物，尤其是氨氮、重金属等会干扰处理厂生物处理设施的正常运行。因此，有些城市污水处理厂认为渗滤液会影响其正常运行而拒绝接受渗滤液入厂。

渗滤液的现场处理方法所需费用低廉，在填埋场封闭后只需很少的维护。塘和人工湿地具有这些优点，并且具有处理渗滤液的一些有利的特点：大的植物生物量，在水中淹没的植物根系和茎、叶上附着生长的生物膜中有大量的多种多样的微生物种群，以及在底部沉积层有很大的吸附表面积，它能通过多种机理有效地净化渗滤液。此外，植物还能够增强渗滤液在塘和湿地中的蒸腾作用而使其体积减少。

在佛罗里达州Escambia县的Perdido固体废物填埋场正在运行的塘-湿地系统，考察了其去除某些污染物（COD、BOD_5、TSS、NH_3、TKN、TPO_4^{3-}，选定的金属和大肠埃希菌）的效果。目前获得的结果是令人满意的。借助渗滤液流经湿地时所发生的许多化学、物理和生物过程，使其中有机物、营养物、金属和病原菌得到有效去除。

由于渗滤液成分的变动性和复杂性，使其处理几乎不可能形成具有广泛准确性的设计指南。本文介绍的渗滤液处理方法，对于Perdido固体废物填埋场来说被证明是合适的。在评价处理方案之前，必须首先考虑渗滤液的成分、体积和对这种处理方法的适应性，但是也要考虑管理机关是否能接受和批准这一处理方案，以及每一种可行方案的经济性。人工湿地不仅能有效和经济地处理运行的填埋场的渗滤液，而且在填埋场关闭后也能予以最经济的运行和维护。

5.4.3 渗滤液处理的塘-湿地系统优化设计和运行的考虑事项

通过本章的介绍，可以看到以塘和人工湿地为主体的自然或生态处理系统能经济、节能和有效地处理垃圾填埋渗滤液，而且由塘和湿地组成的复合处理系统能更加有效地处理渗滤液。设计、建造和运行合理的塘-湿地复合系统，能高效地处理渗滤液，并使最后出水达到规定的排放标准。

为使最后出水达到排放标准，建议塘-湿地复合系统采用如图 5-20 所示的处理流程。

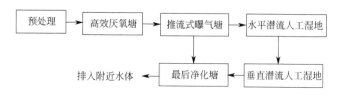

图 5-20 建议采用的塘-湿地复合系统处理流程

预处理包括格栅和沉砂池，它们起着重要的保护作用。大块污物和砂石、灰渣等进入塘中会严重影响其正常运行。如果不预先予以去除，它们会在第一个塘中发生大量的沉积，最后会使该塘大部分有效容积被沉积物占据而失去作用，并成为腐败发臭的污染源。为此，建议采用粗、细两级格栅和多格间平流沉砂池。

对于处理高浓度的渗滤液来说，宜在塘系统的前段设置厌氧塘。设计合理的、先进的和高效的厌氧塘，可以实现生物体（厌氧活性污泥）的停留时间（SRT）跟水力停留时间（HRT）的分离。为此可以将厌氧塘设计成按 UASB 或 ABR 等新型厌氧反应器的工作原理运行，例如 W. J. Oswald 研发的高效厌氧塘或兼性塘，在其底部设置多个厌氧发酵坑（fermentation pits），进入塘中的污水首先导流至建在塘底的发酵坑的底部，并自下而上地流经发酵坑，与其中的厌氧活性污泥接触，按 UASB 原理工作。设计合理的 Oswald 厌氧塘，在 HRT=3 ～ 5d 和适宜的有机负荷下，处理生活污水时，可达到 70 % 的 BOD_5 去除率。我们在广州市番禺区尖峰山养猪场设计建造了处理养猪废水的厌氧塘-兼性塘-藻菌共生塘-养鱼塘系统，其中的高效厌氧塘去除 COD 和 BOD_5 的效率分别高达 85 % 和 90%[30]。

在厌氧塘之后最好接以曝气塘，这是因为厌氧塘出水含有较多的中间产物，包括挥发性有机酸，以及有臭味的硫化氢、硫醇和游离氨等，通过曝气充氧，能对其进行快速和高效的氧化降解。另一方面，曝气塘出水含有高的溶解氧浓度，进入潜流型人工湿地后，能使其保持较高水平的溶解氧浓度，有助于湿地的正常运行和具有高的处理效率。

由于曝气塘出水含有一定量的悬浮物，其后最好接以地表径流（或称自由水面）型人工湿地，如果直接接以潜流型人工湿地，则很容易发生芦苇床的堵塞，而采用地表径流型人工湿地（SF-CW），在进水均匀分布的情况下，则会在湿地的前部发生沉淀，也会被浸没于水中的芦苇等水生植物的茎、叶捕获和截留，并在微生物的作用下形成生物膜，每一根芦苇茎上的生物膜相当于一个小生物反应器，从外表向内层由于存在 DO 的浓度梯度而有好氧 / 缺氧 / 厌氧层，渗滤液中各种不同的有机化合物进入其中会被好氧、兼性和 / 或厌氧菌降解。地表径流型人工湿地运行优良的关键，是要在其中均匀种植生长茂密、苗壮的芦苇以及其他净化能力强的湿地植物。此外，全宽度均匀进水和均匀出水系统（通常采用溢流堰出水）能显著改进湿地的处理效果。设计、建造和运行、维护良好的地表径流型人工湿地，能使出水 SS 和 BOD_5 达到 $5 \sim 10mg/L$ [31]。

SF-CW 的出水进入潜流型人工湿地（SSF-CW）或称芦苇床湿地，污水通过表面均匀布水系统（最好是间歇式布水，如用于生物滴滤池的倒虹吸管 - 喷头间歇式布水系统），自上而下地流经芦苇床中芦苇根系和滤床填充层。后者最好由渗水性能好的砾石、人造陶粒、火山凝灰岩颗粒等作填充床。借助芦苇床中的芦苇根系的微生物群落和滤床颗粒上的生物膜的综合生物作用、根系的吸收和滤料的物理化学反应等机理去除各种污染物。

出水最后进入净化塘，或称熟化塘。水在其中做进一步稳定净化，多级串联净化塘能高效地杀灭病原菌、病毒等，同时有机物、营养物、悬浮物也会得到进一步的去除，使最后的出水 BOD_5 和 SS 均 $\leqslant 5 \sim 10mg/L$，COD $\leqslant 40 \sim 50mg/L$，$NH_3-N \leqslant 1 \sim 2mg/L$，大肠埃希菌 $\leqslant 1 \times 10^3 MPN/L$。细菌总数和大肠埃希菌的去除率可达 99.99%，多塘串联系统的灭菌效率要比氯化消毒和紫外线消毒杀菌的效率高得多。

如果将塘系统作为预处理设施，其处理出水再送至附近的城市污水处理厂与城市污水进行混合处理，则最好采用厌氧塘 - 兼性塘系统，其中厌氧塘应采用按照 UASB 或 ABR（折流板厌氧反应器）原理工作的高效厌氧塘。此外，为了提高厌氧塘的处理效率，一定要形成厌氧环境，为此应在溢流出水堰前设置浮渣截留挡板，或水面下堰孔出水，其目的：一是保证出水质量，使其不含浮渣，以利于其下游的兼性塘的正常运行；二是保证在厌氧塘的表面形成全覆盖的浮渣层，隔绝大气中的氧气进入厌氧塘。这可保证在其中进行水解酸化和在绝对厌氧环境下进行甲烷发酵，通过 CH_4、CO_2 和 H_2 等的释出将液态和固态存在的有机物转化为气体从被处理的废水中去除而使废水得到净化。如果形不成绝对的厌氧环境，在其中将主要进行水解酸化，而难以进行甲烷发酵，或者只能发生少量的甲烷发酵，严重影响其去除有机物的效率。

兼性塘宜设计成多廊道推流式和上下翻腾折流式，以改进其水力流动和水与活性污泥接触的条件，提高污水处理效率。

这样的高效厌氧塘 - 兼性塘系统对渗滤液进行处理，可达到的效率：BOD_5 70% $\sim$ 80%，COD 60% $\sim$ 70%，SS 60% $\sim$ 70%，NH_3-N 70% $\sim$ 80%，TN 30% $\sim$ 40%。这可大幅度降低接受渗滤液的城市污水处理厂的有机物和营养物负荷，可保证城市污水处理厂的正常运行。

塘系统和塘 - 人工湿地负荷处理系统，与常规处理工艺相比，具有投资省、运行维护费用低廉、节省资源和能耗、运行稳定可靠、处理效能的波动性远比常规处理工艺小等优势。

在处理渗滤液时，还要考虑渗滤液成分和性质的主要特点：其生物降解性随填埋年龄逐渐降低。从年轻填埋场渗滤液的很易生物降解到老龄填埋场渗滤液的极难生物降解，致使所有生物处理工艺都难以有效地处理老龄填埋场渗滤液，此时应当与其他处理工艺相结合，尤其是反渗透 / 纳滤膜分离工艺、高级氧化工艺和 / 或渗滤液在填埋场的就地回流循环处理。

在生物处理中，带有厌氧反应器的常规生物处理系统，或者带有厌氧塘（尤其是按 UASB 或 ABR 原理工作的高效厌氧塘）- 兼性塘的生物处理系统，能最有效地处理生物降解性较差的渗滤液，这是因为通过厌氧反应器或厌氧塘处理后，其出水的生物降解性要比进水有明显的提高，在适宜的条件下，可将渗滤液的 BOD_5/COD 值从 0.1 ~ 0.2 提高到 0.4 ~ 0.5[32]。渗滤液的另一个主要特点是 C、N、P 含量比例失调，其中氨氮含量很高，而 P 的含量很少。这将影响生物处理工艺的正常运行和处理效能。为此建议适当投加磷酸盐，使 BOD_5：TP=100：1，这会显著改善生物处理系统包括塘 - 湿地处理系统的处理效能。

垃圾填埋场通常都远离市区，建在偏僻的郊区，尤其是山区，有较大的地面可供利用，考虑到其基建费低廉、处理效率稳定可靠、易于运行和维护管理，特别是封场后运行和维护管理的简便性，宜优先考虑塘和湿地处理系统。

参考文献

[1] 张祥丹，王家民 . 城市垃圾渗滤液处理工艺介绍 [J] . 给水排水，2006，26（10）：8-15.

[2] Orupöld K, Tenno T, Henrysson T. Biological lagooning of phenols-containing oil shale ash heaps leachate. [J] .Water Research, 2000, 34（18）：4389-4396.

[3] 唐若富，李国建 . 城市垃圾填埋场渗滤液处理工艺比较 [J] . 环境卫生工程，1995（2）：15-20.

[4] 汪黎东，胡满银，赵毅 . 垃圾填埋场渗滤液处理技术发展现状 [J] . 电力情报，2002（1）：59-61.

[5] 陶涛 . 稳定塘在垃圾填埋场渗滤液处理中的应用 [J] . 环境卫生工程，1998（3）：115-119.

[6] 王世和 . 人工湿地污水处理理论与技术 [M] . 北京：科学出版社，2007.

[7] 尹军，崔玉波 . 人工湿地污水处理技术 [M] . 北京：化学工业出版社，2006.

[8] 于少鹏，王海霞 . 人工湿地污水处理技术及其在我国发展的现状与前景 [J] . 地理科学进展，2004，23（1）：22-29.

[9] 杨晓彤，徐景涛 . 人工湿地污水处理技术研究进展 [J] . 科技风，2021（3）：5-6.

[10] 赵大传 . ABR- 人工湿地组合工艺处理生活污水 [J] . 安徽大学学报（自然科学版），2011，35（1）：97-101.

[11] 谷先坤，王国祥，刘波，等 . 复合垂直流人工湿地净化污水厂尾水的研究 [J] . 中国给水排水，2011，27（3）：8-11.

[12] 于水利，修春海，杨月杰 . 人工湿地基质对微污染原水中有机物的去除效果 [J] . 中国给水排水，2011，27（3）：56-58.

[13] 查甫更，张明旭，耿艳，等 . 生物塘处理化工垃圾渗滤液的研究 [J] . 水处理技术，2010，36（11）：104-106，112.

[14] 刘燕，尹澄清，车伍 . 植草沟在城市面源污染控制系统的应用 [J] . 环境工程学报，2008，2（3）：334-339.

[15] 李松，崔龙鹏，胡友彪 . 煤矸石中有害微量元素的静态淋溶试验研究 [J] . 上海环境科学，2004（5）：193-197.

[16] 白建峰，崔龙鹏，黄文辉.煤矸石释放重金属环境效应研究——淮南煤矿塌陷区水体试验场实例调查 [J].煤田地质与勘探，2004，32 (4)：7-10.

[17] Chague-Goff C. Assessing the removal efficiency of Zn, Cu, Fe and Pb in a treatment wetland using selective sequential extraction : a case study [J]. Water Air & Soil Pollution, 2005, 160 (1-4): 161-179.

[18] 尚爱安，党志，文震.两类典型重金属土壤污染研究 [J].环境科学学报，2001，21 (4)：501-503.

[19] 李红霞，赵新华，马伟芳.排污河道沉积物中重金属的植物修复 [J].吉林农业大学学报，2008，30(3)：324-327.

[20] 周益洪.人工湿地处理垃圾渗滤液工艺研究 [D].上海：同济大学，2006.

[21] 周菊霞.生活垃圾填埋场渗滤液处理工程实例分析 [J].清洗世界，2020，36 (4)：13-14.

[22] 彭举威.分区进水 ABR- 多级垂直流人工湿地处理废水技术研究 [D].长春：吉林大学，2013.

[23] 陶涛.废水稳定塘在垃圾填埋场渗滤液处理中的应用 [J].环境卫生工程，1998，6 (3)：115-117，122.

[24] 欧远洋.渗滤液化学性质研究 [D].上海：同济大学，2004.

[25] Mæhlum T. Treatment of landfill leachate in on-site lagoons and constructed wetlands [J]. Wat Sci Tech, 1995, 32 (3)：129-135.

[26] Martin C D, Johnson K D. The use of extended aeration and in-series surface flow wetlandsfor landfill leachate treatment [J]. Wat Sci and Tech, 1995, 32 (3) 119-128.

[27] Reddy K R, Suttan D L. Water hyacinths for water quqlity improvement and biomass production [J]. J Environmental Quality, 1984, 13 (1): 1-8.

[28] Amasek Inc.Assessment of operations, water hyacinth, nutrient removal, treatment process, pilot plant [R]. Florida Dept of Environmental Regulation, FEID, 1986: 59-60.

[29] Hammer D A. Creating freshwater wetlands [M]. Chelsea, MI : Lewis Publishers Inc, 1992: 298.

[30] Wang B Z, Deng W Yi, Zhang J L, et al. Experimental study on high rate pond system treating piggery wastewater [J]. Wat Sci Tech, 1996, 34 (11): 125-132.

[31] Peng J F, Wang B Z, Wang L. Combined ponds-wetland system for municipal wastewater treatment and utilization [C] // Conference Procedings of Stabilization Ponds and Wetland in France, 2004.

[32] Wang B Z, Shen Y L. Performance of an anaerobic baffled reactor (ABR) as hydrolysis and acidogenesis unit treating landfill leachate mixed with municipal sewage [J]. Wat Sci Tech, 2000, 42 (12) 115-121.

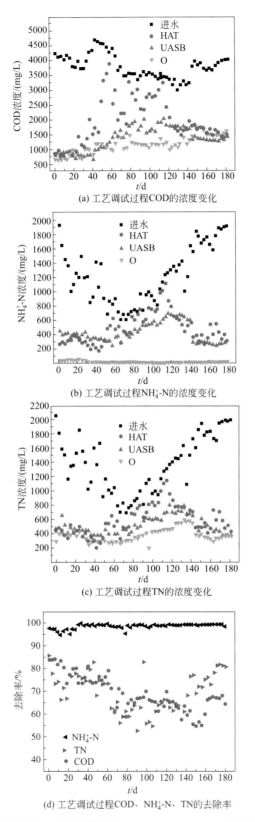

(a) 工艺调试过程COD的浓度变化

(b) 工艺调试过程NH₄⁺-N的浓度变化

(c) 工艺调试过程TN的浓度变化

(d) 工艺调试过程COD、NH₄⁺-N、TN的去除率

图 2-40　垃圾渗滤液处理系统调试过程中 COD、NH_4^+-N、TN 的浓度变化和去除率

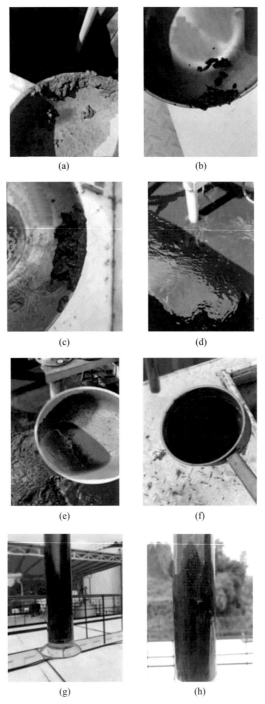

图 2-43　水解酸化池污泥（a ～ e）、UASB 的出水（f）和底泥（g）以及 O 池泥水分离状况（h）

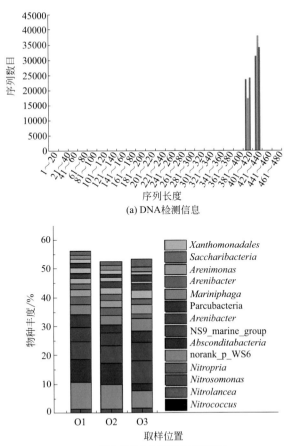

(a) DNA检测信息

(b) O池微生物群落丰度柱形图

图2-44　微生物检测信息

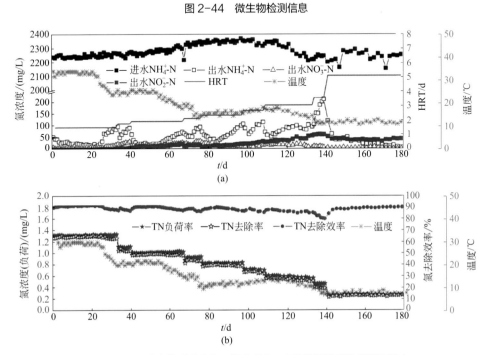

图2-46　温度变化对反硝化-部分硝化-厌氧氨氧化系统脱氮的影响

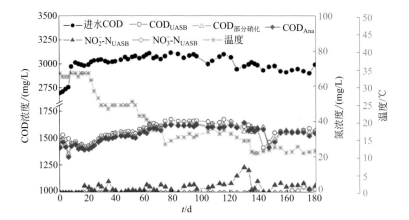

图 2-47 温度变化对反硝化中 NO$_3^-$-N 和有机物质去除的影响

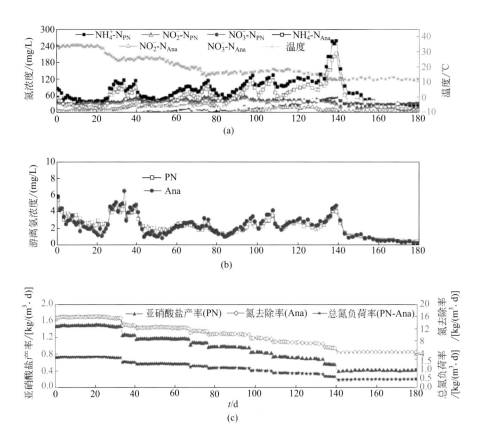

图 2-48 温度变化对部分硝化 - 厌氧氨氧化脱氮的影响

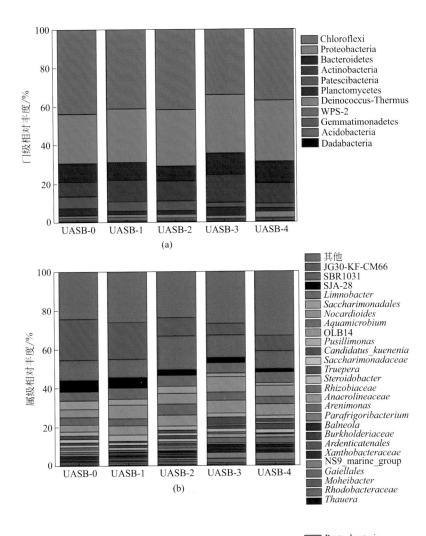

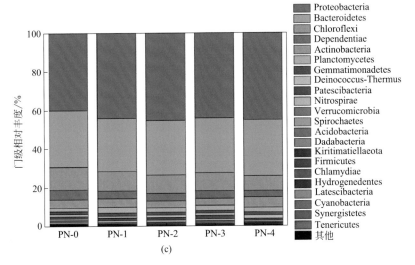

图 2-49

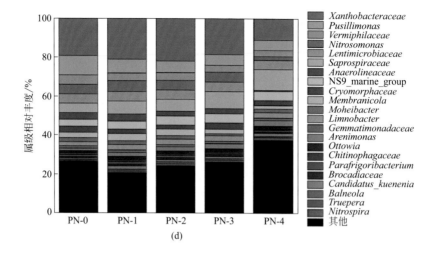

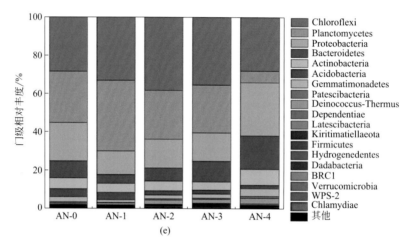

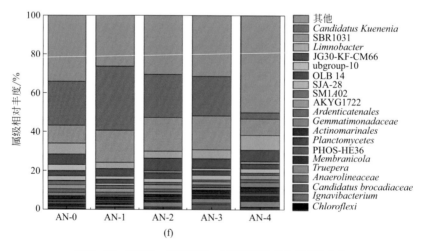

图 2-49　反硝化－部分硝化－厌氧氨氧化微生物群落变化

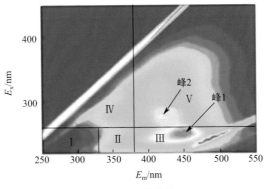

(a) 未经处理

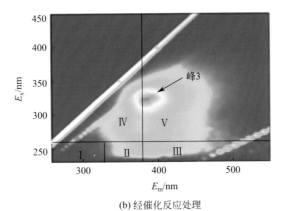

(b) 经催化反应处理

图 3-47　3D-EEM 荧光光谱

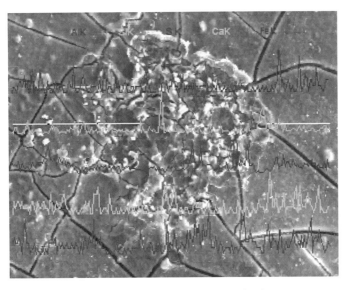

图 4-34　污染膜面元素分布情况（一）

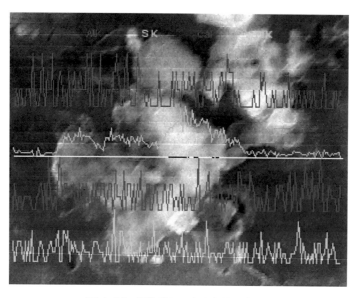

图4-36 污染膜面元素分布情况（二）